量子输运理论及应用

罗国忠 著

U0393195

吉林大学出版社
·长春·

图书在版编目（CIP）数据

量子输运理论及应用 / 罗国忠著. -- 长春 ：吉林大学出版社，2023. 10

ISBN 978-7-5768-2517-6

Ⅰ. ①量… Ⅱ. ①罗… Ⅲ. ①量子力学-信息传输-研究 Ⅳ. ①O413. 1

中国国家版本馆 CIP 数据核字（2023）第 210907 号

书　　名　量子输运理论及应用
　　　　　LIANGZI SHUYUN LILUN JI YINGYONG

作　　者　罗国忠
策划编辑　黄忠杰
责任编辑　刘守秀
责任校对　陈　曦
装帧设计　周香菊
出版发行　吉林大学出版社
社　　址　长春市人民大街 4059 号
邮政编码　130021
发行电话　0431-89580036/58
网　　址　http：//www. jlup. com. cn
电子邮箱　jldxcbs@ sina. com
印　　刷　天津鑫恒彩印刷有限公司
开　　本　787mm×1092mm　1/16
印　　张　15
字　　数　360 千字
版　　次　2025 年 1 月　　第 1 版
印　　次　2025 年 1 月　　第 1 次
书　　号　ISBN 978-7-5768-2517-6
定　　价　78. 00 元

前　言

在量子力学中，人们用波函数来描述系统的状态，波函数有振幅和相位，遵从波的叠加原理，因而有一系列与相位相联系的波动现象，如干涉、衍射、本征模式等。这是量子力学描述与经典描述的最本质区别，也是宏观和微观的区别。那么宏观和微观之间的区别是什么呢？

把载流子的非弹性散射平均距离定义为一个有物理意义的尺度，称为相位相干长度 L_φ，把尺度相当于或小于 L_φ 的小尺度体系称作介观体系（mesoscopic system），表示介于宏观体系与微观体系之间。

介观体系的物理性质有许多特殊的表现，如普适电导涨落、弱局域化、介观量子干涉效应、库仑阻塞、单电子隧穿等。

对介观物理的研究，前人已经做了大量的工作，本书主要对介观物理的量子输运做了研究。自参加工作以来，笔者一直在关注和研究介观系统的量子输运。在科研和学习过程中，先后撰写了几篇介观系统量子输运的学术论文，即本书第二部分的内容。本书主要由三部分组成，第一部分是介观系统量子输运的基本理论和方法，第二部分是在介观环、量子点阵列和超晶格上的应用，第三部分是传输矩阵在量子输运中的应用。第一部分主要包括三章：第一章对介观系统和介观量子输运做了概述，第二章概述了量子输运现象，第三章讲述了量子输运的基本计算方法。第二部分也包括三章：第四章讲述了单介观环和多介观环的持续电流，第五章讲述了单介观环和多介观环以及在自旋轨道耦合作用下的电导，第六章主要讲述了量子波导理论（包括杂质量子波导理论）的应用。第三部分包括四章：第七章主要讲述了传输矩阵在多终端量子点阵列的介观系统中的应用研究，第八章主要讲述了在一维量子点阵列自旋链上的量子信息传输，第九章主要讲述了传输矩阵在势垒的量子隧穿中的应用，第十章主要讲述了磁性 WSe_2 超晶格的量子输运。

对于介观物理的研究，目前已经发展到有人开始研究介观系统，如双耦合量子点的热输运，还有单分子磁体的热输运和磁调控等性质。随着自旋电子学和谷电子学的发展，二维材料越来越受到研究者的关注，成为国际材料科学领域的研究热点。

总之，由于材料科学技术和微加工技术的进步，也由于人们对固体中载流子运动的认识的深入，出现了介观物理这一新的学科领域，它有着重要的基础研究的意义，也为进一步发展固体电子学提供了物理基础，成为凝聚态物理中近年来发展得很快的研究热点。很多问题还有待深入研究，如单分子磁体的热电输运特性和磁性调控理论研究，还有关联电子对在单分子、量子点体系中的输运特性研究以及分子磁体的量子调控的研究。

近十多年来，以石墨烯为代表的二维材料已经成为凝聚态物理学和材料科学领域的研究热点。石墨烯独特的能带结构，特别是低能态的电子行为，使其在电学、光学和力学等方面表现出卓越的性能。但是，石墨烯的零带隙特性极大地限制了其在电子和光电子器件中的应用。继石墨烯后，其他二维晶体材料也相继涌现，如：硅烯、单层二硫化钼、二硒化钨等。这些二维材料由于具有与石墨烯类似的结构特征，即实空间原子排列的平面投影均呈六角蜂窝状晶格结构，因此可以将它们统称为类石墨烯材料。类石墨烯材料在构成原子的本身性质、实空间的价键结构及对称性方面与石墨烯存在着显著差异，这必将导致不同的电子性质。随着对各种二维材料的研究，人们发现电子除了具有电荷和自旋外，还有另一个属性，即谷自由度。如何高效地控制电子的自旋和谷自由度，并设计出具有特殊功能的电子和光电器件已经成为一个新兴的研究方向。

本书并未包括介观物理量子输运理论的全部，但是希望能给对这一领域感兴趣的读者提供帮助，也诚恳地希望读者对本书错误及不妥之处提出批评指正。本书的成稿得到山西省高等学校教学改革创新项目（项目编号：J2020288）的支持，对此作者深表感谢。

罗国忠

2023 年 8 月 5 日于忻州师范学院

目　　录

绪　论

众所周知，当前信息技术的不断进步主要归功于低价格、高速度、高密度和高可靠的信息表达和处理方式的进步。固体电子器件小型化和集成度持续不断的发展是计算机技术取得成功的关键。先进的多媒体技术的基础部件和未来信息处理的需求也都需要进一步减小芯片上器件的尺寸。现代科学技术的发展日益向小型化和集约化的方向发展，但是芯片上元件的几何尺寸总不可能无限制地缩小下去，这就意味着，总有一天，芯片单位面积上可集成的元件数量会达到极限。面对这样一种情况，人们自然会问，现代半导体器件的物理极限是多少？当传统晶体管和集成电路最终达到它的极限的时候，信息技术将如何发展？这一趋势提醒人们必须在“极限”来临之前探索和实现完全按照量子力学原理工作的量子器件，以期实现体积最小、消耗最少、成本最低而功能效率最高的生产装置。早在20世纪50年代末，美国物理学家费曼（Feyman）提出“如果能够按照自己的意志来安排原子的实际排布，则将会给人们的生活带来革命性的转变”。随着分子束外延（MBE）技术的进步及光学和电子束纳米微刻（nanolithography）技术的日臻完善，人们目前已研发和制备了各式各样的低维半导体结构，如半导体超晶格、量子阱、量子线、量子点等，在此基础上，研究电子输运的量子效应、弹道输运、电导涨落和库仑阻塞等，并寻求突破现有固体器件的物理极限，已成为近年来物理学界的一大热点。它们所展现出的新奇效应为开发具有新原理、新结构的固态电子、光电子器件提供了广阔的前景。

第一节　介观物理简介

一、介观物理研究的体系

介观体系是指介于宏观体系和微观体系之间的一类系统，其尺度相当于或小于相位相干长度，但又比原子、分子的尺度大得多。其确切的尺度范围应视所研究的特性和所处的温度而定，对于所处的温度在1 K左右的系统而言，其系统尺寸可达到0.1~1 μm即$10^{-7}\sim10^{-6}$ m数量级，从而到达传统宏观世界的边界。从广义上讲，凡是出现量子相干现象的体系都属于介观体系，包括团簇、纳米体系、亚微米体系等。在这些体系中由于维度和尺寸的减小，电子的性质完全受量子力学规律的支配，由于能带人工可剪裁性、量子尺寸效应和量子相干属性产生了许多新现象和新效应，这使得介观体系成为凝聚态物理中的前沿研究领域。而电子的量子相干性正是引起介观系统中一系列新效应的根本原因。同时，随着现代信息工业的迅速发展对材料和器件的要求越来越高，平均来说电子元器件的尺度每两年就要减小一半，电子器件小型化的趋势要求人们必须在经典极限来临之前探索和实现完全按量子力学原理工作的量子器件。

二、介观物理学发展史

在20世纪80年代以前，物理学所研究的系统一般只分为宏观系统和微观系统，微观系统的尺度约为原子大小的数量级，即 10^{-8} cm，且包含了个数不多的粒子。系统的物理规律由量子力学所支配，其中描述系统的波函数的位相对系统的性质起着重要作用。而宏观系统的尺度就要远远大于原子的尺度。它包含了许多大量的粒子，通常构成了眼前所熟悉的物质世界，它的数量级约为阿伏加德罗常数，即 10^{23} 数量级。大量粒子组成的宏观体系的特点是具有统计平均性。也就是说系统物理性质并不只是由经典物理规律决定，还必须是大量微观粒子的统计平均的结果。因此，宏观系统和微观系统的最重要的区别就在于它们所遵从的物理规律是不同的。

那么，本节就想知道处于微观和宏观之间的物理系统，它们遵从怎样的物理规律，有什么样的物理特性呢？直到20世纪70年代末80年代初，物理学家们提出介观系统（mesoscopic system）的概念。相比于微观和宏观系统，介观系统非常与众不同。介观系统的尺度是微观尺度的100~1 000倍，通常包含了 10^{11} 个微观粒子，所以介观系统的物理量仍然是大量微观粒子性质的统计平均。但粒子波函数相位相干性没有被统计平均掉，量子力学显示其支配作用，于是，出现了大量的量子现象，从而使得介观系统和宏观系统截然不同，介观系统是一个具有微观特征的宏观系统。因此，它成为量子力学、统计物理和经典物理交叉的研究对象。20世纪80年代中期以后，介观物理已经成为凝聚态物理中一个令人关注的研究领域。从理论上讲，由于介观系统所处的地位特殊，它可以作为理解宏观性质的桥梁，这有助于量子力学和统计力学中的一些基本概念和原理进行理论上的澄清和实验上的检验；从应用的角度来看，介观物理一方面给出了减小原有器件尺度的下限；另一方面，一些新现象的发现又为新型纳米器件和量子器件的研究提供了基础。

自从人们发明半导体器件以来，微型半导体器件的物理特性及其微型化一直是人们关注的焦点，通过不断地缩小半导体元件的尺度，人们能够把越来越多的电子器件集成到一块很小的芯片上，制成具有存储、运算等各种功能的芯片。随着集成工艺技术的不断进步，计算机的计算速度正在不断地翻倍，其元件尺寸也在进一步地缩小。如今，在半导体工业生产线上，生产线度为0. 25 μm的电子元件已成为常规技术。随着信息工业的迅速发展和人们不断提高的要求，还需要具有更高集成度的芯片。但是，当电子元件的尺度进一步减小时，器件中的载流子的波动性将起重要作用。传统的电子器件是将电子作为载流子，其生产的产品有一个“经典极限”。要想进一步地缩小尺寸，人们就必须寻找全新的纳米器件和量子器件来代替它们。而量子器件是利用量子效应制成的线度为纳米数量级的原子、分子器件。量子器件的优点是体积非常小，而且其工作原理和现有的半导体电子器件完全不同。各种硅半导体器件一般是控制电子数目来实现信息交换和处理的，而量子器件则不是单纯通过控制电子数目的变化，而是主要通过控制电子波动性的相位而进行工作的。从物理工作原理上讲，量子器件具有更高的响应速度和更低的功耗，可以从根本上解决日益严重的能耗问题。

自从 20 世纪 80 年代以来，随着实验条件的进一步发展以及亚微米加工技术的进一步成熟，人们已经可以制造出具有各种性能和符合人们要求的微小尺度器件。在较低的温度下，这些微结构器件中载流子的相位相干长度可达微米以上，其尺度已比微结构器件的量级还大。因此，在这样的系统中物理性质完全表现出量子特性。进而，人们就把这种尺度相当于或小于相位相干长度但比单个原子、分子的尺度大得多的系统称作介观系统。“介观（mesoscopic）”一词第一次是由 Van Kampen 于 1981 年在他关于随机过程的文章中提到的。直观地讲，介观系统是指尺度介于微观和宏观尺度之间的系统，它可以看成尺度缩小的宏观物体。它的标志特征在于其物理可观测性质中明确地呈现出量子相位相干的效应。因此，从物理意义上讲，尺度与相位相干长度接近的电子系统就是介观的。研究这类尺度缩小的宏观物体中量子相干性引起的物理问题，便形成了所谓“介观物理”的学科。

介观系统一方面从尺度上是宏观的，但实验上是可测量的，并且在实验室中已经可以制作出这种尺度的样品，并进行常规的物理测量；另一方面由于电子波动的相干，同时也会出现一系列新的与波函数相位相联系的干涉现象。这样一来，介观系统的基础性研究就成为理论物理学家与实验物理学家同时关注的领域。重要的是介观系统中载流子的输运过程，不能够用通常的求宏观系统的统计平均的方法来处理，虽然许多粒子的统计平均效应仍然存在，但粒子波函数经相干叠加后，其相位并未被统计平均掉，而表现出量子相干性，因此又把介观系统中的电子输运称为介观输运。系统中电子的输运过程可按其两个特征长度，非弹性散射平均自由程（相位相干长度）L_φ 和电子弹性散射平均自由程 L_m 之间的关系分为两类，即扩散输运和弹道输运两个输运区域。L_m 定义了一个长度，在这个长度上，输运是弹道式的，不受散射。在电子态相位因非弹性碰撞而遭破坏之前，可能要经历几次弹性碰撞。由于弹性碰撞不破坏电子态的相位记忆，在两次相邻的非弹性碰撞之间，载流子走过的距离称为相干长度 L_φ，也就是载流子保持相位记忆的长度。当体系尺度远大于载流子的弹性散射平均自由程而小于非弹性散射平均自由程时，载流子走无规路径，输运属量子扩散区，其规律用欧姆定律描述。导体的弱局域电性，普适电导涨落，都发生在这个区域。当系统的尺寸比弹性散射平均自由程小或相近时，载流子在器件中的输运进入弹道输运区。对于弹道式输运，电子输运过程实质上就是电子在量子波导中的传播过程，电子的相干效应最为明显。后来在介观尺度上这些都得到了实验的证实。

近些年来，介观物理学又取得了一些新的发现。最近人们开始关注基于介观系统局域自旋的量子计算。早期在介观系统中，人们只是关注电子的电荷自由度，而很少考虑电子的自旋自由度。当今越来越多的自旋相关的实验，表明介观系统中自旋有着不寻常的退相干时间（可达毫秒量级），这使得电子的自旋有可能提供信息和信息传输的新机制（在 100 μm 范围内相位相干的传输）。另外，研究人员在实验中测量了单石墨薄片在外磁场下的导电性，并且在低温下垂直于石墨薄层的强磁场作用下，有非同寻常的霍尔效应被发现。① 还有，当人们研究微波照射下电子系统的输运时，发现把超洁净 CaAs/AlGaAs 异质结样品置于磁场中和微波下时，可以观察到零电阻态和非常强的磁阻振荡。因而，有人认为鉴于存在负的局域电阻，它将导致循环电流，使得有能量耗散。因而，宏观上测量到的几乎就是零电阻。随着介观物理学的实验和理论工作的不断深入，必将给介观物理研究和纳米器件制造展示出更加美好的前景。

三、介观物理学的提出

在 20 世纪 80 年代以前，物理学研究的系统通常有微观和宏观之分，微观系统的尺度为原子数量级，即10^{-8} cm 数量级，包含个数不多的粒子。宏观系统的尺度远大于原子尺度，包含大量的微观粒子，约为阿伏加德罗常数，即 10^{23}数量级。宏观系统和微观系统的最重要的区别在于它们所服从的物理规律十分不同，在微观系统中宏观规律（经典力学规律）不再适用，需要服从量子力学规律，波函数的相位起着非常重要的作用。介观系统这一概念起源于 20 世纪 70 年代末和 80 年代初，是在研究凝聚态物理中的无序体系的电子输运性质时逐步形成的。1990 年 3 月的美国物理学凝聚态年会首次将相关内容冠名为介观物理学（mesoscopic physics）。20 世纪 80 年代以来，对介观系统的研究逐步成为凝聚态物理学的一个新领域。这一方面是因为介观系统可以作为理解宏观性质的一个中介途径，而另一方面是它们本身表现出一些特殊现象，有助于对量子力学和统计力学的一些基本理论进行理论上的澄清和实验上的检验。近十几年来随着微电子技术的发展使元件的尺寸进入了介观范围，基于经典输运理论的常规器件在原理上也走向了它的物理极限。电子器件向小型化发展的需求，使介观系统也成为材料科学工作者研究的热门课题。

介观（mesoscopic）这个词汇，由 Vankampen 于 1981 年所创，指的是介于微观和宏观之间的状态。因此，介观尺度就是指介于宏观和微观之间的状态；一般认为它的尺度在纳米和毫米之间。介观尺度常常在介观物理学（mesoscopic physics）中被提到，而且在凝聚态物理学近年来的发展中被广泛应用。介观（mesoscopic）系统，顾名思义，是指介于传统的宏观系统和微观系统之间，其确切的尺寸范围应视研究的物性和系统的温度而定。对于备受重视的电导性而言，系统的尺寸应足够小，温度足够低，以至于从一端到另一端能保持电子的量子相干性。对于温度约为 1 K 的低温系统，其相干尺寸可达几十至几百微米。这里可以用牛顿力学和爱因斯坦的相对论来描述宏观体系，而用原子（粒子）物理、量子力学来描述微观系统，对于宏观体系和微观体系的研究，现在都已非常全面，然而，人们对于介观体系的认识还远远不及宏观体系和微观体系。介观体系一方面具有微观属性，表现出量子力学的特征；另一方面，它的尺寸又几乎是宏观的。一般来说，宏观体系的特点是物理量具有自平均性，即可以把宏观物理看成由许多的小块所组成，每一小块是统计独立的，整个宏观物体所表现出来的性质是各小块的平均值，如果减小宏观物体的尺寸，只要还是足够大，测量的物理量，例如电导率和系统的平均值的差别就很小。当体系的尺寸小到一定的程度，不难想象，由于量子力学的规律，宏观的平均

① NOVOSELOV K S, GEIM A K, MOROZOV S V, et al. Two-demensional gas of massless Dirac Fermions in grahene [J]. Nature, 2005, 438: 197-200.

性将消失。人们原来认为这样的尺寸一般是原子的尺寸大小，或者说晶体中一个晶格的大小，最多不过几个晶格的尺寸大小，但是 20 世纪 80 年代的研究表明，这个尺度的大小在某些金属中可以达到微米的数量级，并且随着温度的下降还会增加，它已经超出了人们的预料之外，属于宏观的尺度大小。

因此，介观物理是介于宏观的经典物理和微观的量子物理之间的一个新的领域。在这一领域中，物体的尺寸具有宏观的大小，又具有那些原来认为只能在微观世界中才能观察到的许多物理现象，因而在介观物理系统中涉及量子物理、统计物理和经典物理的一些基本问题。在理论上有许多方面有待深入研究。从应用的角度看，介观物理系统的研究一方面可以给出现有器件尺寸减小的下限，这时候原来的理论分析方法如欧姆定律已经不再适用；另一方面，新发现的现象为制作新的量子器件也提供了丰富的思路，也许会成为下一代更小的集成电路的理论基础，所以这一领域的研究常被称为“介观物理和纳米科技”。因此，人们把研究介观层次的物理称为介观物理。

半个多世纪以前，著名物理学家费曼在一次题为“There's plenty of room at the bottom”的演讲中，开创性地预言了未来纳米科技的发展。如今，费曼的许多预言早已变成了现实，纳米科技已经融入日常生活之中，尺度持续减小的纳米器件给大众生活带来了巨大的优越性。

第二节　介观物理的研究内容

一、介观输运的概述

研究介观层次的物理称为介观物理，介观物理研究的量子输运现象称为介观量子输运，简称为介观输运。介观体系的大小尺寸由相位相干长度 L_φ（即粒子的非弹性散射的平均自由程）决定，而相位相干长度是随温度下降而增加的，当温度在几开尔文时，干净的正常金属的相位相干长度可达微米量级，而半导体则可以更长一些。20 世纪 80 年代以来微加工技术已经可以加工到亚微米，甚至纳米尺度，这为研究介观物理提供了实验条件，这也是介观物理在 80 年代兴起的原因。

近年来，有关输运方面的研究工作大都是以砷化镓半导体异质结为对象，即在 CaAs 和 $Al_xCa_{1-x}As$ 的界面处形成一个二维导电薄层，其结构为在 CaAs 底质层上用分子束外延技术等生长 100 nm 厚的 Si（硅）掺杂的 $Al_xCa_{1-x}As$，这里 x 一般为 0.3 左右。

由于宽带隙的 $Al_xCa_{1-x}As$ 层的费米能量 E_F 比窄带隙的 CaAs 层要高。因此电子从 n-$Al_xCa_{1-x}As$ 中溢出而留下正的施主电荷，电荷积累在 $Al_xCa_{1-x}As$ 的界面处，电子密度出现尖锐的峰值的空间（费米能量在导带内），形成一个导电薄层，即通常所说的 $Al_xCa_{1-x}As$/CaAs 半导体异质结二维电子气（two-dimensional electron gas，简记为 2DEG）或量子阱，这就是崔琦[①]观察到的分数量子霍尔效应（1998年获诺贝尔物理学奖）。在二维电子气两边加上一些对称的金属门电极，就可以把电子控制在一个狭长的区域中运动。当该区域的长度 L 远大于其宽度 D，并在 L_φ 量级时就形成了半导体异质结量子线（quantum wire）或量子波导（quantum waveguide）；当长度 L 与其宽度 D 相当时，人们称之为量子点接触（quantum point contact）。如果在左右两边再加金属电极，那么电子就被“囚禁”在一个小的区域，这时就变成了零维系统，人们称之为量子点（quantum dot）或人造原子（artificial atom）。

这些都是当今介观输运中研究最多的基本介观系统。

1988年 van Wees 等[②]和 Wharam 等[③]利用控制电极将半导体异质结中的二维电子气限制在一个很窄的通道中，通过对其电导的测量，观察到了电导量子化现象。此后，人们对这一方面的研究热情高涨，对介观量子输运的研究也随之深入。

值得指出的是，除半导体异质结形成的二维电子气外，还有较早前观测到整数量子霍尔效应（同样获得了诺贝尔物理学奖）的硅反型层中形成的2DEG系统以及液氦表面形成的2DEG系统。但由于现代制备工艺能使半导体异质结具有高纯度、高载流子迁移和它的相干长度等优点，它已成为介观量子输运研究的主要物理体系。

通常客观物质可分为两个层次，即宏观层次和微观层次，其物理规律分别用经典物理学和量子物理学来描述。对于宏观材料，其尺寸远超过了电子的平均自由程（mean free path）和相位相干长度（phase coherent length）。电子在定向运动中要不断受到晶格、杂质、边界、光子以及其他电子的散射，电子的这种输运称为扩散输运（diffusive transport）如图0-1所示。

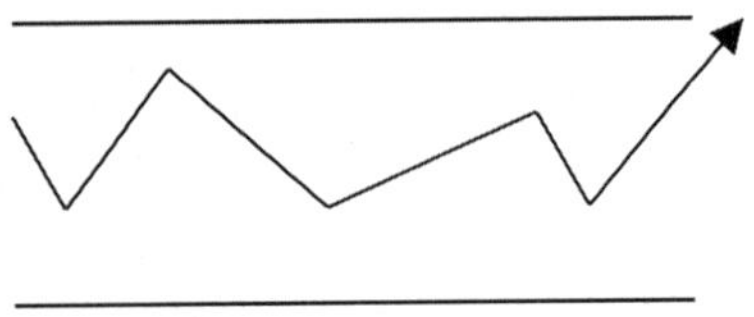

图0-1　电子的扩散输运示意图

图0-1表示电子的运动不断受到无规散射，从而损失相位记忆。图0-2表示电子在运动中受到边界的弹性散射后，相干性得到保持，其规律用欧姆定律描述。但是，当材料的几何尺寸缩小到与其平均自由程相比拟，即达到介观层次时，除受到边界的少数弹性散射外电子在输运过程中几乎不受到其他的散射，电子的波动性显示出来，它在运动中“记忆”波函数的位相，因而呈现量子相干行为，电子的这种输运称为弹道输运（ballistic transport）。

---

① TAYLOR P L, HEINONEN O. 凝聚态物理学的量子方法［M］. 北京：世界图书出版社，2003：50-52.

② WEES B J V, HOUTEN H V, BEENAKKER C W J, et al. Quantized conductance of point contacts in a two-dimensional eletron gas［J］. Physical Review Letters, 1998, 60 (9): 848-850.

③ WHARAM D A, THORNTON T J, NEWBURY R, et al. One-dimensional transport and the quantisation of the ballistic resistance［J］. Journal of physics C: solid state physics, 1988, 21 (8): 209.

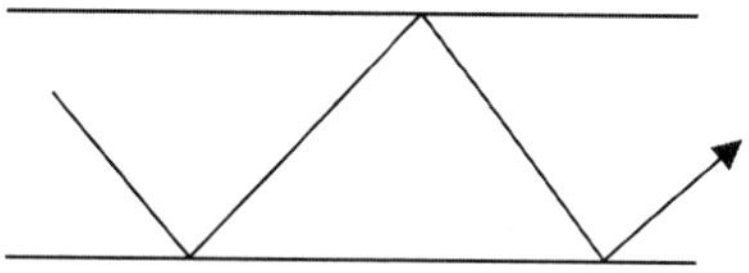

图 0-2　电子的弹道输运示意图

通常，可以根据系统尺度的大小或者包含分子、原子数目的多少，将其划分为宏观系统和微观系统两大类。对于宏观物理系统，它由大量的微观粒子组成，空间尺度远大于德布罗意波长，其物理性质遵循经典牛顿力学规律，体系的宏观物理量是大量微观粒子物理量的统计平均结果，其基本研究理论已趋于成熟。而对于微观物理系统，其尺度为原子、分子大小量级，物理性质主要由量子力学原理来决定。这时，电子波函数将起着重要的作用。因此，微观系统具有一系列与相位相关的波动现象，如干涉、衍射、本征模式等。而在宏观系统中，这些与相位相干的量子特性都将被掩盖，微观粒子的波动特性将被忽略。

但正如费曼所预言，自 20 世纪 80 年代以来，随着纳米加工技术的不断进步，诸如气相沉淀、光学或电子束刻蚀等技术的发展，人们已经能够制造出微米级，甚至是纳米级的金属或者半导体样品，而这些样品的尺度将介于宏观和微观尺度之间，人们通常将介于这种尺度的体系称为介观体系。介观体系具有许多不同于宏观和微观体系的特殊而有趣的物理效应。对于介观体系，一方面，体系大小为几十纳米到几百纳米，几乎已经到了宏观尺度，实验上可观测，且其物理量仍可采用宏观系统定义方法进行常规测量，如介观样品的伏安特性曲线，仍可采用四端测量方法。

另一方面，在样品环境温度足够低（$T<1$ K）的情况下，粒子的相位相干长度 L_φ 将大于样品尺寸 L，系统中只存在弹性散射，电子波函数将保持相位记忆。因此，尽管介观体系的物理量仍是大量微观粒子性质的统计平均，但它却表现出明显的量子力学行为。介观体系正是因具有这种特性，使得在实验上观察到了许多新奇的量子现象，如量子化电导、AB（Aharonvo-Bohm，阿哈罗诺夫-玻姆）效应、弱局域与反弱局域、量子霍尔效应、介观环中磁通诱导的持续电流等。因此本节把介观体系定义为其物理性质中呈现出明显的量子相位相干效应的体系。

如今，介观物理已成为凝聚态物理中的一门热门研究领域。对于介观物理的理论研究，其意义在于发现或者预言新的物理现象或规律。而随着社会生产力的进步，传统器件已经接近其工作原理的“物理极限”，进一步的发展有赖于对介观物理的实验研究。因此，介观体系所包含的日益丰富的新结构、新材料，以及新性能将为实验物理工作者提供更为丰富的广阔研究空间，使介观物理的研究具有重大的应用背景。

二、低维介观系统及其物理效应

在经典的电子输运模型中，电子被看作粒子，各种相互作用被纳入相应的弛豫时间内，电子作为波的运动特征，相位被完全忽略了。实验证明这种忽略在许多情况是合理的。如考察电子在固体中的扩散，这种忽略相位的合理性就很容易理解。电子从一点到另一点有很多路径可供选择，那么电子到达另一点的可能性为各路径的可能性的叠加，如果固体尺寸远大于相位相干长度，则各路径间的相位关系将很不确定，其平均值为零。所以，对大多数固体而言，电子波的相位可不予考虑，电子可以看成经典粒子，但如果器件尺寸与相位相干长度可比拟时，就必须考虑不同路径的干涉效应，正是这种干涉效应，介观体系中的电子输运明显不同于经典电子扩散，因此称介观体系的电子输运为介观输运、相干输运或量子输运。对介观系统电导性的研究表明，电子的量子相干性是引起介观体系一系列新物理效应的根本原因。这些新效应中比较著名的有：普适电导涨落、Aharonov-Bohm（AB）效应、Altshuler-Aronov-Spivak（AAS）效应、弱局域化现象、电导量子化、介观正常金属环中的持续电流、自旋轨道耦合作用等。

三、介观输运的物理特征长度

今天，纳米科学与技术的发展使得有可能构建各种介观系统，如量子点（quantum dot）、量子线（quantum wire）、量子管（quantum tube）、量子环（quantum ring）和介观隧道结（mesoscopic tunneling junction）等。这些介观结构可能含有多种缺陷，缺陷与介观结构的形状和几何尺寸都会引起结构中载流子的态的变化，从而影响其输运结果。为了描述这些纳米器件中的输运，需要引入若干物理特征长度和界定输运范围，如共振隧道效应器件、自旋器件和单磁通器件的几何长度为10~100 nm。物理特征长度一般可以用空间尺度来表征。现在通常由下列三种尺度来描述，即德布罗意波长、相位相干长度、平均自由程。

第三节　介观物理的研究方法

研究介观系统的量子输运的方法有很多。面对介观电子输运现象，人们迫切需要发展考虑电子的波动性并且建立在量子力学基础上的输运理论来研究介观输运的物理过程和设计新的介观电子器件。此外，介观系统通常不具有普通大块晶体材料中常见的平移周期性，并且介观输运问题所研究的系统一般是开放系统，这使得对这类问题的处理变得更加复杂。为解决非弹性散射对电子输运的影响和了解介观电子输运中的非线性效应，人们发展了一些输运理论。早期较为著名的有 Kubo 和 Greenwood 于 1957 年提出的线性响应理论公式（Kubo 公式）和 Landauer 于 1957 年提出的 Landauer 理论。[①] Kubo 公式原则上只适用于终态具有连续能谱的系统，而对于实际的介观系统，它的分立能级由于环境的影响展宽成一个具有有效连续能谱的系统，所以线性响应理论在此还是成立的，但其对介观系统的处理显得不是非常方便，特别是一些弹道输运的介观系统。Landauer 理论是基于散射矩阵来表示出系统的电导公式，适合研究两端口介观系统。20 世纪 80 年代后

---

① LANDAUER R. Spatial vaviation of currents and fields due to localized scatterers in metallic conduction [J]. IBM Journal of Research and development, 1957, 1 (3): 223-231.

期，Büttiker 等人[①]对 Landauer 理论加以改进，提出了更加普适的多端口多通道电导公式，即著名的 Landauer-Büttiker 公式。在介观体系的研究中，目前人们常用的理论方法有紧束缚理论、密度矩阵方法、格林函数方法、量子波导理论、散射矩阵方法，传输矩阵方法等。

第四节　量子输运的研究进展

二维材料是随着石墨烯的首次成功制备而提出的，它是指在二维平面上生长的有序结构，或者说是电子仅可在两个维度的非纳米尺度上运动的材料，如超晶格、纳米薄膜、量子阱等。近年来，在材料的制备技术快速发展的同时，一批新型的二维材料被相继成功制备，如与石墨烯同主族的硅烯、过渡金属二硫化合物等。这些二维材料在导体、半导体、超导体和绝缘体等众多领域，都表现出了一些与体相材料截然不同的物理和化学性能，受到了材料科学、凝聚态物理学、量子计算和信息处理等领域科学家们的特别关注，是凝聚态物理学的重点研究课题之一。

一、自旋电子学及其发展

众所周知，电子具有电荷自由度和自旋自由度，对这两个自由度的操控和应用的相关研究形成了自旋电子学，并于 20 世纪在微电子领域得到了迅速的发展。自旋电子学开始的标志为 1988 年法国的科学家在铁/铬周期性多层膜中发现的巨磁电阻效应。但由于只有在很高的外磁场下，通过该实验装置才能观察到巨磁电阻效应，所以这种装置并不能被广泛应用于器件领域。[②] 之后不久，美国的科学家提出了一种新型的类似三明治结构的场效应晶体管。这种晶体管具有两个电极，分别被称为“源极”和“漏极”，在两个电极之间的通道中填充的是由半导体异质结形成的二维电子气。它最大的优点是可以通过外电场来调控系统中的自旋轨道耦合作用。[③]

近年来，石墨烯的相关产业得到了迅猛的发展，对自旋电子学的发展也产生了极大的推动作用。例如，采用隧道势垒的方式克服了石墨烯和铁磁电极之间的电导适配问题，提高了实验装置的自旋注入效率；在室温下，石墨烯自旋阀器件中的电子自旋的传输级别可以达到几个微米以上；石墨烯采用 SiC 外延生长法后，自旋弛豫时间增加，自旋扩散系数减小；当对石墨烯样品进行离子体处理后，样品中会产生 sp3 杂化方式的缺陷，使得样品中自旋电子的寿命得到延长，可以从 0.5 ns 提高到 2.5 ns 等。经过 30 年左右的发展，自旋电子学以及自旋电子器件的研究已经积累了相当丰厚的成果，比如巨磁电阻隧道结、自旋发光二极管、自旋控制激光器等，在实验上都已成功制备。如今，二维纳米

---

① BÜTTIKER M, IMRY Y, LANDAUER R, et al. Generalized many-channel conductance formula with application to small rings [J]. Physical Review B, 1985, 31 (10): 6207.

② BAIBICH M N, BROTO J M, FERT A F, et al. Giant magnetoresistance of (001) Fe/ (001) Cr magnetic superlattices [J]. Physical Review Letters, 1998, 61 (21): 2472-2475.

③ DATTA S, DAS B. Electronic analog of eletro-optic modulator [J]. Applied Physics Letters, 1990, 56 (7): 665-667.

材料的相关研究为自旋电子学的发展注入了新的力量，使人们可以更加方便地调控电子的自由度，在推动自旋电子学发展的同时也加快了信息变革的频率，为自旋电子纳米器件的发展和研究带来了新的机遇。

二、谷电子学及其发展

在二维六角晶格材料中，电子除了具有电荷和自旋自由度外，还具有谷自由度。所谓谷就是能谷，表示固体材料中能带结构的极值点，具体来说就是布洛赫电子能带结构中“山谷”形状的极值区域（导带底或价带顶）。在能谷材料中，如果这些极值区域通过对外部条件的调控能够实现独立的极化，并通过实验装置可以进行观察和测量，那么这些“山谷”便可以作为电子的一个新的自由度（谷自由度）并加以利用，通过对其调控可以进行信息处理、设计相关的谷电子功能器件、实现量子计算和量子通信等。与电子的自旋自由度类似，对电子谷自由度的操控和应用的相关研究称为谷电子学。

谷电子学的发展主要表现在具有六角形蜂窝状晶格结构的二维纳米材料中，例如对称性破缺的石墨烯、具有能隙的硅烯、单层或多层的过渡金属二硫化物等。谷电子学的概念最早是由美国得州大学的牛谦小组①于 2007 年提出的，他们在具有空间反演对称性破缺的石墨烯系统中，通过打破其空间反演对称性，发现在石墨烯能带结构的极值点处会打开一个能隙，致使该系统具有奇特的量子输运行为和能谷圆偏振光二色性选择吸收性。

自提出超晶格的概念以来，其结构在控制二维半导体中电流的输运性能方面表现得非常成功。目前，有关石墨烯超晶格的理论研究已经非常成熟，且实验室中已经成功合成石墨烯超晶格。然而，鲜有关于硅烯超晶格中的电子、自旋、谷和赝自旋的输运性质以及极化调控的理论和实验研究。

随着石墨烯、硅烯等二维材料被发现，自旋电子学和谷电子学受到了广泛的关注，且相关的研究也非常成熟。例如，在石墨烯体系中通过栅压、电场和交换场调控电流的自旋极化和谷极化；在铁磁硅烯超晶格中实现电流的完全自旋极化和完全谷极化等。由于石墨烯和硅烯的能带结构中费米面附近的电子行为都可用无质量的相对论 Dirac 方程来定量描述，最近，人们开始研究石墨烯/硅烯/石墨烯异质结和石墨烯/（铁磁）硅烯/石墨烯结中电子的输运性质，从中得到了完全自旋极化和完全谷极化的电流。

① XIAO D，YAO W，NIU Q. Valley-contrasting physics in graphene：magnetic moment and topological transport［J］. Physical Review Letters，2007，99（23）：236809-1-236809-4.

第一章　介观系统

第一节　介观系统的一些基本概念

一、介观系统概述

在 20 世纪 80 年代以前，人们对物质系统的研究可分为宏观和微观两个层次。宏观层次研究的对象在尺度上没有上限，但有一下限即人的裸眼能够看见的最小物体；微观层次研究的对象在尺度上的上限是分子和原子，其下限为最小的基本粒子夸克。对于宏观导体，在保持外界条件不变的情况下，把它分成两块，每一块的物理性质，如温度、比热、电导率等等，应保持不变，这已经为大量的实验所证实，并在此基础上建立了普通物理学、热力学和统计物理等。可以一直这样分割下去而保持每一个子系统具有相同的物理性质吗？现代物理学告诉我们，答案是否定的。在接近粒子的德布罗意波长的微观尺度内，粒子具有波粒二象性，它的坐标和动量、能量和时间满足测不准关系。经典意义上的粒子轨道的概念失去了物理意义，而只能用波函数来描述系统的状态。波函数有振幅和相位，振幅的平方表示粒子在该点出现的概率，相位表示粒子的量子相干，一般情况下它是时间和坐标的函数。相位的出现有其深刻的物理含义，而不是数学上的一个简单相因子，它表示粒子内在的波的本性。并且波函数遵从波的叠加原理，因而有一系列与相位相联系的波动现象，比如干涉、衍射、本征模式等。这是量子力学描述与经典描述最本质的区别。但是，粒子的量子行为随着系统尺度的增大，大量粒子的热运动以及杂质的散射破坏了粒子的量子相干性而迅速消失，这就是为什么除了超导、超流和量子霍尔效应等外，观察不到一般宏观系统的量子现象。

根据欧姆定律，一个长方体导体的电导 G 与它的横截面积 S 成正比而与它的长度 L 成反比，即 $G=\sigma S/L$。这里电导率 σ 只与导体的内部性质有关，而与导体的大小、形状没有关系。物理学家们非常关心在什么条件下欧姆定律成立。因为在微观尺度下，比如接近于粒子的德布罗意波长时，粒子的量子行为将占主导地位。在应用固体理论和统计物理研究系统的物理性质时，通过取热力学极限（即取系统的体积和粒子数趋于无穷大，而保持粒子数密度不变）而得到系统的物理性质。除了在系统的连续相点外，系统的宏观尺度远大于任何粒子量子行为的微观特征长度，因此系统的量子行为很难被观察到。20 世纪 80 年代中期随着科学技术的发展和微加工技术的进步，实验上可以制备出接近微观特征长度的样品，使观测和测量系统的一些重要的量子行为变成可能。

介观（mesoscopic）系统，顾名思义，是介于宏观和微观之间的系统。更确切地说，尺度接近下面所定义的，表征粒子量子行为的特征长度的系统称为介观系统。如果一个导体它的电导满足欧姆定律，则该导体的尺度必须远大于下面三个表征粒子量子行为的特征长度中的任何一个：①在费米面（Fermi surface）附近的电子的德布罗意波长 λ_F；②平均自由程 l（mean free path），它表示占据初始动量本征态的电子被散射到其他动量本征态之前电子所传播的平均距离；③位相相干长度 L_φ（phase coherence length），它表示相继两次非弹性散射间电子扩散运动的距离，它一般由电子与电子、电子与声子、电子与杂质等的非弹性散射所决定。这些特征长度对外界环境有很强的依赖性，比如温度、外磁场等等，并且对不同的材料其变化范围也不同。正因为如此，我们可以在一个很大的范围内观测到不同于宏观输运的介观输运现象。在介观输运现象中，很多在经典输运中的原理不再有效，比如串联的电阻不满足相加原理和并联的电导也不满足相加原理等。

二、弹性散射和非弹性散射

弹性散射和非弹性散射对导带电子的影响有着本质的区别。弹性散射不改变电子的能量，只是使它从一个动量本征态散射到另一个本征态。弹性散射平均自由程可表示为 $l=v_F\tau_0$，这里 τ_0 是电子保持在某一个动量本征态的平均时间。弹性散射是电子与静态的杂质的散射，这种散射所导致电子的波函数相位的改变不随时间变化，多次散射后初态与末态的相位差是每一次散射所导致的相位的改变的累加，这通常称为相位“记忆”。这种记忆具有时间反演对称性。原则上，弹性散射不破坏电子的相干性，但是对实际系统，存在大量的散射路径，总的位相累加会远远大于 2π 导致电子的相干性消失。相位累计达到 2π 可能要经过很多次电子与杂质的弹性散射，通常情况下，τ_φ 要比 τ_0 大几个数量级。

非弹性散射是一种动力学散射，散射前后电子的能量发生改变，即电子从一个能量本征态散射到另一个能量本征态。非弹性散射是由于库仑相互作用导致的与其他电子的散射、与声子的散射和与具有内部自由度的杂质的散射等。非弹性散射所导致的电子波函数相位的改变是随时间无规变化的，因此电子的相干性经过多次散射后消失。这就是弹性散射和非弹性散射的本质区别。弹性散射弛豫时间 τ_0 基本不随温度变化，因为它是由静态杂质散射决定的，而非弹性散射弛豫时间 τ_φ 与温度有很强的依赖关系，因为它是一种动力学散射，散射体在不同温度区间对电子的散射不同，在高温区声子的散射起主导作用，而在很低温度区电子间的散射及与杂质的散射起主导作用。

三、扩散区与弹道区

对于宏观系统，它包含大量的尺度大于或者接近于位相相干长度的子系统，每一个子系统可以用一个独立的薛定谔方程来描述，而可观测量是在子系统中相应量的系综（ensemble）平均。对于介观系统，它的尺度小于或者接近于位相相干长度的子系统，整个系统可以用一个独立的薛定谔方程决定，因此对不同的系统可观测量表现会不同，并且电子的量子行为可直接观测到。

根据介观体系的尺度 L 和平均自由程 l 大小的不同，可将介观体系分为扩散区（diffusion）和弹道区（ballistic regime）。在扩散区，$L_\varphi > L \gg l$，电子的输运过程可以看成扩散过程，载流子走无规则路径，并且不依赖于系统的形状，而只与系统的尺寸有关。在弹道区，$L \ll l$，此时，载流子的输运是弹道式的。而系统的边界作为对电子散射的散射体，对载流子的输运扮演着重要角色。因此，系统的输运性质都将取决于系统的形状。

四、电导和透射率

与通常的宏观系统不同，介观系统的输运表现出很多新奇的特性，比如串联系统的电阻和并联系统的电导是不可相加的，电阻表现出非局域性，每个系统所特有的非周期振荡的磁阻和普适电导涨落等。介观系统的所有这些特性都是由电子的量子相干产生的。在固体理论中，通常利用 Kubo 线性响应理论研究系统的输运性质。原则上它只适用于终态具有连续能谱的系统。对于实际的介观系统，由于环境的影响而使它的分立能级展宽成一个具有有效连续能谱的系统，Kubo 线性响应理论还是成立的，但是处理介观系统不是很方便，特别是对于一些弹道输运的介观系统。基于散射矩阵来表示系统的电导的 Landauer-Büttiker 公式，不但特别适合研究两端或者多端介观系统的电导，更重要的是可以给出一个直观的物理图像。

1957 年，Laudauer 首先建立了一维导线的电导与在费米能级的透射和反射概率（transmission and reflection probabilities）的关系：

$$G = 2\frac{e^2}{h}\cdot\frac{T}{R} = 2\frac{e^2}{h}\cdot\frac{T}{1-T} \tag{1.4.1}$$

这里因子“2”来源于电子的自旋自由度，h 是普朗克常数，T 是电子的透射概率，$R=1-T$ 是电子的反射概率，e 是电子电荷。式（1.4.1）称为 Laudauer 公式。对于电子的弹道输运 $T=1$，从 Laudauer 公式可知电导是无限大，即电阻为零。很显然，Laudauer 公式给出的是金属导线的电导。另外一种电导与透射概率的关系式为

$$G = 2\frac{e^2}{h}T \tag{1.4.2}$$

式（1.4.2）通常称为 Büttiker 公式。这两个表达式合起来称为 Landauer-Büttiker 公式。很明显，这两个公式具有不同的物理意义，式（1.4.2）包含了导线与电极（或者电子库）的接触电导 $G_c = 2\frac{e^2}{h}$。接触电导起源于具有大量通道的电子库向单通道或者较少通道边界的几何过渡，比如电子库的大量通道向理想导线的单通道的过渡，它完全由连接的几何形状来决定，而与所测量的导线的电导无关。接触电阻是普适的，对每一个通道其接触电阻都相同。对于弹道输运，Büttiker 公式给出的电导不为零，而是接触电导，因此 Büttiker 公式所给出的电导是电子库两端的电导，实验中所测量的电导一般是 Büttiker 公式所给出的电导。根据介观系统的电导与透射率的这个简单关系，只要计算出电子在费米面附近的透射率就可以得到系统的电导，这比用 Kubo 公式要简单很多。下面本节将给出 Landauer-Büttiker 公式的简单推导，由此可建立它的一个直观的物理图像。这个将在第二章详细叙述。

第二节 介观系统的基本属性及特征

一、介观体系的特征长度

基于以上所述，量子相位相干效应在未被破坏的范围和程度内，理论上可由以下特征长度来定性分析粒子的量子力学行为。

（一）费米波长（Fermi Wavelength）

费米波长，是指费米面（Fermi surface）附近的德布罗意波长，表示为：$\lambda_F = 2\pi / k_F$，其中，k_F 为费米波矢的大小。费米波长能够刻画出粒子的涨落，当体系尺寸接近于其费米波长时，粒子的量子涨落非常强，当体系尺寸远大于其费米波长时，粒子的量子涨落变得相对较弱，而此时，粒子的相位相干性很容易被破坏掉。

（二）平均自由程 l（mean free path）

介观体系内电子的散射分为弹性散射和非弹性散射，其对导带电子的影响有本质上的区别。弹性散射前后电子的能量一般不发生改变，只是使电子从一个动量本征态，$|K\rangle$，散射到另一个动量本征态，$|K'\rangle$。

弹性散射的平均自由程 l 定义为占据初始动量本征态的电子被散射到其他动量本征态之前所传播的距离。换句话说，也就是表示粒子动量的弛豫。在低温情况下，系统的输运性质主要由费米面附近的电子所决定。因此，电子的平均自由程 l 可表示为：$l = (h / m_0 \lambda_F)\tau$，其中 τ 为粒子的弛豫时间（relaxation time），其物理意义为电子处于某一动量本征态的平均寿命。一般地，弹性散射使电子保持了相位“记忆”，不破坏电子的相位相干性。

而非弹性散射是一种动力散射，电子的能量要发生改变，即电子从一个能量本征态，$|E\rangle$，散射到另一个能量本征态，$|E'\rangle$。这种散射所导致的电子波函数相位的改变是随时间无规律变化的，因此，电子的相干性被破坏掉。

（三）位相相干长度 L_φ（phase coherence length 或 dephasing length）

由动力学相互作用（比如电子-电子、电子-声子互作用）所导致的电子非弹性散射将破坏电子的相位相干记忆，电子波函数将不再保持相位相干性。那么，电子保持相位相干性所传播的距离就定义为相位相干长度 L_φ，即电子完全失去相位相干性之前所传播的平均距离，它反映了电子保持相位记忆的最大范围。在扩散区，相位相干长度可表示为 $L_\varphi = \sqrt{D\tau_\varphi}$，$D$ 为导带电子的扩散系数（diffusion coefficient）。而在弹道区，电子几乎不受杂质的散射，相位相干长度可表示为 $L_\varphi = v_F \tau_\varphi$，其中 τ_φ 为相位相干时间，一般情况下，它可以表示成随温度变化的函数。

以上所介绍的三个特征长度一般与材料和外界因素有关。比如，金属或者半导体都存在一定程度的由杂质、掺杂、晶格不完整等因素引起的无序。电子将与这类无序晶格势相互作用，从而导致上述特征长度随着材料的不同而不相同。另外，上述特征长度随着体系温度的变化和是否有外界磁场也发生变化。

二、介观体系的特征区域

对于宏观系统，它由大量的尺度大于或接近于相位相干长度的子系统组成，每一个子系统都可以由相对独立的薛定谔（Schrödinger）方程来描述，而宏观观测量则是子系统中相应量的系综（ensemble）平均。对于介观系统，体系尺度接近于甚至小于相位相干长度，此时体系可由单个薛定谔方程来描述。因此，处于不同特征区域的介观体系，可观测量可能不一样。

根据介观体系的尺度 L 和平均自由程 l 大小的不同，可将介观体系分为扩散区（diffusion）和弹道区（ballistic regime）。在扩散区，$L_\varphi > L \gg l$，电子的输运过程可以看成扩散过程，载流子走无规则路径，并且不依赖于系统的形状，而只与系统的尺寸有关。在弹道区，$L \ll l$，此时，载流子的输运是弹道式的。而系统的边界作为对电子散射的散射体，对载流子的输运扮演着重要角色。因此，系统的输运性质都将取决于系统的形状。

当固体中的电子受到无序杂质散射时，电子会受到无序势场的作用。当无序势场足够强时，单个薛定谔方程的解就会变成局域的，局域波函数局限在某一局域范围之内，并随着与中心距离的增大呈指数衰减，这时，系统将称为局域区。并且，当局域区足够强时，会观察到金属到绝缘体的转变，这是电子波动性的本质反应。

三、介观体系的有效维数

表征介观系统的另一个重要的特征长度是电子的费米波长 $\lambda_F = 2\pi/k_F$。当系统的尺度接近费米波长时，量子涨落非常强；当系统尺度远远大于费米波长时，粒子的涨落比较弱，主要是因为它的量子相干性容易受到破坏。

物理上，人们定义系统的维数是将几何尺寸与物理内禀特征长度进行比较而得到的。

通常采用的内禀长度是费米波长 λ_F。根据电子的费米波长，我们可以定义系统的有效维数。设一矩形样品，三维空间长度分别为 L_x，L_y，L_z，于是则有：

（1）当 $\lambda_F \ll L_x$，L_y，L_z 时，则系统的有效维数是三维；

（2）当 $\lambda_F \sim L_x \ll L_y$，$L_z$ 时，则系统的有效维数是准二维；

（3）当 $L_x \ll \lambda_F \ll L_y < L_z$ 时，则系统的有效维数是二维；

（4）当 $L_x \ll L_y \sim \lambda_F \ll L_z$ 时，则系统的有效维数是准一维；

（5）当 L_x，$L_y \ll \lambda_F \ll L_z$ 时，则系统的有效维数是一维；

（6）当 L_x，L_y，$L_z \sim \lambda_F$ 时，则系统的有效维数是零维。

在零维情况下，系统变成了量子点，电子间的库仑相互作用变得非常重要。以上对系统有效维数的定义一般是对于电子的弹道输运区而言，对于量子扩散区，系统的有效维数是由电子相位相干长度来定义的，费米波长则要用电子相位相干长度 L_φ 来替代，系统的有效维数变成了扩散区的定义。

四、介观系统的量子力学属性

与微观系统一样，介观体系遵循的物理规律仍是量子力学。介观体系特殊的尺寸，使得它既不表现出微观体系的物理特征，更不具有大块宏观体系的行为，而有着其独特的物理属性。

当介观体系的尺寸达到与粒子的德布罗意波长可比拟的时候，粒子便展现出波粒二象性，它是微观粒子的“原子性”与波的“相干叠加性”的统一。此时，粒子的动量、坐标以及能量和时间将满足测不准原理。经典的牛顿力学理论对粒子不再适用。在量子力学中，粒子的一切属性都将由它的状态波函数来描述。其中波函数的相位是对粒子的量子相干性的具体表征，它可以明确地呈现在介观体系可观察的物理性质中。例如，可以观察到电子的干涉或衍射现象。

通常，波函数的相位是时间和坐标的函数。但是，增大系统的尺度，粒子的热噪声运动，以及与杂质的非弹性散射等因素都将破坏掉粒子的量子行为，其结果便是使粒子的量子相干性消失。比如，介观环中磁通诱导的持续电流将会随着体系尺寸的增大、温度的上升，以及无序度的增强而减小。

下面这一节中将着重介绍几种典型的介观结构及其物理性质。

第三节　介观系统及其电子输运的物理性质

在介绍几种典型的介观结构及其物理性质之前，本节首先强调一下介观系统的物理性质。物理学所研究的系统通常有微观和宏观之分。微观系统的尺度为原子数量级，包括个数不多的粒子；宏观系统的尺度远大于原子尺度，包括大量的微观粒子。可以用经典力学规律来描述宏观系统，而在微观系统中这些规律不再适用，需要用量子力学规律来描述，波函数的相位起着重要作用，这是宏观系统和微观系统的最重要的区别。近20年来，人们发现了尺度介于两者之间的介观系统。介观系统的尺度是微观尺度的100～1 000倍，包括约10^8～10^{11}个微观粒子，基本上属于宏观范围，其物理量仍然是大量微观粒子统计平均的结果，但粒子波函数相位的相干叠加并没有统计平均，量子力学规律起着支配作用。

在介观系统中，其量子微观特征在宏观测量时仍能观察到，出现了许多既不同于宏观系统也不同于微观系统的奇异现象，如 Aharonov-Bohm 电导振荡、普适电导涨落、介观环中的持续电流，等等。自 20 世纪 80 年代以来对介观系统的研究已成为凝聚态物理中一个令人瞩目的领域。这是因为：一方面，从基础理论研究的角度看，对介观系统的研究既可以作为理解宏观性质的一个中介途径，又有助于理论澄清和实验检验量子力学和统计力学的一些基本原理；另一方面，微电子技术的发展使器件的尺寸进入了介观范围，这使基于经典输运理论的常规器件在原理上也走向了它的物理极限，电子器件的小型化发展推动了介观系统的应用研究。

简单地说介观系统在空间尺寸上介于宏观和微观之间比较笼统。介观系统电子行为的主要特征是电子通过样品之后仍能保持自己波函数的相位相干性，这就对样品的尺寸和温度加上了严格的限制。低温下，电子的有效相干长度可达到微观特征长度的100~1 000倍，最重要的量是相位相干长度，定义为 $L_\varphi = \sqrt{D\tau_{in}}$，其中 D 是扩散系数，τ_{in} 是非弹性散射时间。非弹性散射率 $1/\tau_{in}$ 随温度 T 降低而下降。相位相干长度在不同材料中有很大的变化范围，并且受到温度、磁场等因素非常强烈的影响。因此，介观系统的尺度可以从几纳米到上百纳米。对于一个尺寸约为 1 μm 的样品，当温度 T<1 K 时，只存在弹性杂质散射，弹性杂质散射不会破坏电子相位相干性，这时此系统已属于介观系统。人们可以从不同的角度研究介观系统的各种性质，如能带人工裁剪、量子受限效应、共振隧穿、库仑阻塞、弹道输运和光学性质，等等。其中大量的研究集中于输运性质，也就是将介观系统连接到一些电极上，研究粒子从一个电极到另一电极的输运情况。

介观系统与宏观系统中电子输运性质最重要的两个区别在于：其一，电子的电荷是不连续的，这已在单电子隧穿现象中得到证实；其二，通过较短的空间尺度后电子的波函数仍然保持相位相干。近年来，利用分子束外延（MBE）、有机化学气相沉积（MOCVD）等先进的薄膜生长技术并结合光刻、腐蚀等超细微加工技术或通过化学合成和组装办法，能制造出各种各样的量子受限系统，它们的尺寸比载流子的相位相干长度要小。根据电子的能量是否大于束缚势能，电子在这样的量子系统中的运动性质可以分成两种基本效应。一种效应是：如果电子的能量小于束缚势，电子在束缚势方向的运动受到限制，从而引起了电子的动量和能量量子化。另一种效应是：电子的能量大于束缚势或者束缚势是非常有限的以至于电子可以隧穿过这样的势垒，电子的运动性质与系统的传播态有关。势垒空间尺度变化小于相位相干长度时，系统输运性质由电子波函数的透射和反射决定，因此，可以根据 Landauer 公式引入电导的定义。这个将在第二章详细叙述。

第四节 几种典型的低维介观结构

纳米结构是一种人工微结构，最早可能是用化学方法制造的。在人工微结构中，包括量子阱、量子线和量子点，电子的运动由有效势控制。有效势在一、二或三个方向上对电子加以限制。这些限制将带来明显的量子效应，对设计能带结构和剪裁物理性质很有用。一个关键的问题是微结构的特征尺寸应该多大，才能对电子的光学、输运和磁性质产生显著的影响。由于大多数物理性质都由费米面处的电子决定，故可以设想，费米波长就相当于这个特征尺寸。本节可以得到自由电子气的费米波长。以这个简单情况为例，发现费米波长随电子浓度增加而降低。根据材料的参数容易发现，对于半导体，这个特征尺寸差不多为 200 nm；而对于金属，大约为 1 nm；前者相当于纳米尺寸的上限，后者相当于其下限，差异比较显著。因此，在纳米尺度上制作的人工结构，即量子限制纳米结构，当温度不太高时，可以显示量子限制效应。

一、异质结

异质结是两种不同材料的物质相接触所形成的界面区域，由于两种异质材料具有不同的物理化学参数（如晶格常数、介电常数、带结构、电子亲和势等），接触界面处物理化学属性的失配，使得异质结具有两种异质各自的 PN 结都不能达到的优良的光电特性。例如，在电学上有单向注入效应、量子效应、迁移率（mobility）变大、对注入载流子的空间定域限制效应；在光学上有窗口效应、波导效应等，使它适宜制作超高速开关器件、激光打印机、光电调制器、人造卫星通信、移动电话、太阳能电池以及谱线窄、温度系数小和可调谐的量子阱激光器等。

按照两种材料的导电类型不同，异质结可分为同型异质结（P-p 或 N-n）和异型异质结（P-n 或 p-N）。按两种异质结晶格常数的失配程度，异质结可分为匹配型异质结和失配型异质结两类，前者以 CaAs/Ge 为代表，后者以 Ge/Si 为代表，它们的失配度分别为 0.08 和 4.1。通常形成半导体异质结的条件是：两种半导体有相似的晶体结构、相近的原子间距和热膨胀系数。异质结的制造可利用界面合金、真空积淀、技术外延生长、辅助化学法技术等。

自 20 世纪 60 年代以来，人们十分重视对异质结材料和器件的研究。尤其是以Ⅲ-Ⅴ族材料制成的异质结，并且取得举世瞩目的成就。比如 CaAs/AlGaAs 双异质结激光器在室温下连续工作寿命达百万小时。通过异质结结构高低掺杂，研究调制掺杂场效应晶体管，解决了高传输速率和低内阻的矛盾，使得器件响应速度达到 13~17 ps。

二、二维电子气

利用分子束外延技术可在 CaAs 上生长一层 AlGaAs，从而形成 CaAs/AlGaAs 异质结。在该异质结上可形成具有高电子迁移率的二维电子气。二维电子气结构可分为超晶格和量子阱。

（一）超晶格

1969 年江崎和朱兆祥提出一个全新的概念：半导体超晶格（superlattice，简记为 SL）。[①] 半导体超晶格可以是将两种晶格参数匹配得很好的半导体材料（如 CaAs 和 AlGaAs）以几个纳米到几十个纳米的厚度交替排列的周期性结构，周期长度小于电子的德布罗意波长。1973 年张立纲等用分子束外延技术生长出第一例人造半导体超晶格。[②] 根据超晶格匹配组分的不同可分为：

（1）组分超晶格：用两种晶格匹配的材料交替成层，得到周期变化的半导体人工周期晶格结构。若组成超晶格的两种材料之间晶格失配较大则称为应变超晶格。在对组分超晶格的研究中，人们发现了量子霍尔效应、近零电阻阻态和负微分电导等新的重要物理现象。

---

① ESAKI L, TSU R. Superlattice and negative differential conductivity in semiconductor [J]. IBM Journal of Research and development, 1970, 14 (1): 61-65.

② 张立纲，普洛格. 分子束外延和异质结构 [M]. 上海，复旦大学出版社，1988：1.

（2）掺杂超晶格：用一种材料如 AlGaAs 交替掺以 N 型和 P 型杂质，得到掺杂超晶格。

（二）量子阱

两种半导体 S_1（如 GaAs）和 S_2（如 AlGaAs）组成异质结，在异质结的 S_1 一侧再连接上一层 S_2，就组成一个 S_2-S_1-S_2 型的三层结构。如果中间的 S_1 层厚度小到量子尺度，对于 S_1 区电子来说，无论向左还是向右离开 S_1 进入 S_2 都必须越过势垒，电子在 S_1 区如同在势阱中。由于体系的尺寸达到了量子尺度，故称该体系为量子阱（quantum well，简记为 QW）。

在量子阱中，电子的运动在平行阱壁的平面的方向上不受势垒的限制，可看成自由的；在垂直阱壁的方向受到势垒的限制，由于阱宽为量子尺度，在这个方向上的运动表现出量子尺寸效应。

在 CaAs 和 $Al_xCa_{1-x}As$ 的界面处形成一个二维导电薄层，在交界处，由于 N 型 AlCaAs 层中电子向 CaAs 扩散，留下带正电荷的施主杂质对电子的散射，在界面处一般要设置一不掺杂的 AlCaAs 间隔层，同时由于 CaAs 和 $Al_xCa_{1-x}As$ 有几乎相同的晶格常数，界面的出现并不破坏晶格的周期性。界面处边界散射的减小大大提高了电子的迁移率。势阱内的电子，在平行界面方向可自由运动，但在垂直界面方向，电子运动将由于能级分裂而被冻结。这样的电子系统被称为二维电子气结构或量子阱结构。该系统电子能量是 $E=\hbar^2k^2/2m+E_n$，其中 k 为平行于界面方向的波矢，E_n 为垂直界面方向的量子化能级，$\hbar$ 为约化普朗克常数，$\hbar=\dfrac{h}{2\pi}$（h 为普朗克常数）。

在这可以补充强调一下，量子阱和超晶格都可以在 CaAs/AlGaAs 异质结上形成。在 CaAs/AlGaAs 异质结中，由于 AlGaAs 的禁带比 CaAs 的禁带宽，主要在导带形成一个约 0.3 eV 的台阶，AlGaAs 的禁带的导带电子流向 CaAs，在界面处形成空间电荷区和势阱。

在一般体材料中，电子的波长远小于体材料尺寸，因此量子局限效应不显著。如果将其某一个维度的尺寸缩到小于一个波长，此时电子只能在另外两个维度所构成的二维空间中自由运动，这样的系统称为量子阱（quantum well）；如果再将另一个维度的尺寸缩到小于一个波长，则电子只能在一维方向上运动，称为量子线（quantum wire）；当三个维度的尺寸都缩小到一个波长以下时，就称为量子点（quantum dot）。对于量子线和量子点将在下文中详细介绍。

二维电子气结构有着非常丰富的物理性质。一方面，它不但可以用来研究弱局域化现象和弹道输运，还可以用来研究电子的磁输运现象，如整数量子霍尔效应、分数量子霍尔效应、Weiss 振荡等；另一方面，人们可利用它来研究二维体系的金属-绝缘体相变。此外，二维电子气系统还可以进一步加工成一维、零维纳米结构。

三、准一维体系（量子波导或量子线）

顾名思义，准一维结构中的电子在一个方向可自由运动，在其他两个方向，电子的运动受到限制。现在有很多种方法实现准一维结构。在这里，本节只介绍利用分裂栅技术在二维电子气上获得的准一维结构。在 CaAs/$Al_xCa_{1-x}As$ 异质结上沉积两块金属栅极，加负偏压到与 $Al_xCa_{1-x}As$ 层形成肖特基势垒接触的金属分裂栅上时，由于静电作用，其下方二维电子气中的电子耗尽，留下一窄的电子通道。这种方法最大的好处是在某一阈值以上增加负偏压，通道的宽度和电子密度连续可调。在准一维结构中，电子的能量可表示为

$$E_{mn}(k_y)=E_{mn}+\hbar^2k_y^2/2m$$

其中，E_{mn}是由束缚引起的量子化能量，k_y 是沿量子线纵向的电子波矢大小。

在前文中研究了在某一个方向受限制的束缚态电子，它们在另外两个方向是自由的。可以设想，对电子做进一步限制，将它们的有效维数减为一，就得到了量子线。

对于半导体量子线，如果在空间上对半导体材料的 $\boldsymbol{r}=(x, y)$ 两个方向引入限制势，那么电子就只能沿 z 方向自由运动。考虑这种限制势的二维薛定谔方程：

$$\left[-\frac{\hbar^2}{2m^*}\left(\frac{\partial^2}{\partial x^2}+\frac{\partial^2}{\partial y^2}\right)+V(\boldsymbol{r})\right]\varphi_{mn}(\boldsymbol{r})=E_{mn}\varphi_{mn}(\boldsymbol{r}) \tag{1.4.1}$$

电子总的波函数和本征能量分别是

$$\psi_{mnk}(\boldsymbol{r}, z)=\varphi_{mn}(\boldsymbol{r})e^{ikz} \tag{1.4.2}$$

和

$$E_{mn}(k)=E_{mn}+\frac{\hbar^2k^2}{2m^*} \tag{1.4.3}$$

一个简单又易获得明晰结果的二维势是矩形的。在矩形内部势能为零，而外部势能为无穷大。这是一个二维无限深势阱问题。设电子沿 k_x，k_y 和 k_z 三个方向运动的有效质量分别为 m_x，m_y 和 m_z。本节仍采用在原子尺度被认为是缓变的包络函数，可以写出有效质量近似下的包络波函数：

$$\psi_{mnk}(\boldsymbol{r}, z)=\left(\frac{4}{ab}\right)^{\frac{1}{2}}\sin\frac{\pi mx}{a}\sin\frac{\pi ny}{b}e^{ikz} \tag{1.4.4}$$

其中，m，$n=1, 2, 3, \cdots$是量子数，k 为波矢大小，a，b 分别为矩形的长和宽。沿导线运动的电子产生子能带结构，其能量为

$$E_{mn}(k)=\frac{m^2\pi^2\hbar^2}{2m_xa^2}+\frac{n^2\pi^2\hbar^2}{2m_yb^2}+\frac{\hbar^2k^2}{2m_z} \tag{1.4.5}$$

波矢 $k=0$ 时，子能带能量通常是非简并的（不计及自旋）；但对 $a=b$ 的正方形，量子数 $m\neq n$ 时，m，n 和 n，m 的态是简并的。长度为 L 的量子线中，量子数为 m，n 的一维子能带的态密度为

$$g(E)=2\cdot 2\frac{L}{2\pi}\cdot\frac{dk}{dE}=\left(\frac{L^2m_z}{\pi\hbar^2}\right)^{\frac{1}{2}}(E-E_{mn})^{-\frac{1}{2}} \tag{1.4.6}$$

其中，第一个因子“2”来源于波矢 k 取正负两值，第二个因子“2”来源于自旋简并。顺便说一下，对于有限势垒的矩形量子线，目前还没有关于能级的简单解析解。

四、零维纳米结构（量子点）

本节可以进一步将电子或空穴在三个方向的运动都限制住，于是得到具有零维结构的量子点，有时被称为人工原子。量子点中的电子只能占据类似于原子的分立的能量状

态。因为在任何方向都不可以自由运动，所以态密度为一组 δ 函数。通常，量子点的尺寸小于 1 nm，其中的电子数目为 1～10 000 的量级。

由于电子运动在所有的方向都受到限制，量子点结构中的量子效应最为明显，因此量子点结构是被人们研究得最多的一种纳米结构。量子点结构有很多种叫法，如量子盒（quantum box）、人造原子（artificial atom）、纳米微滴（nanoscale droplet）等。当前已发展了许多技术来制造量子点结构。利用分裂栅技术从二维电子气获得量子点结构最为普遍。很显然，由于三维量子束缚，量子点中的电子能量将是分立的，即 $E=E_{ijk}$，此完全离散化量子能级导致零维能态密度为一系列的峰结构，每一峰对应于一量子能级。

零维量子点结构的离散态密度引起许多有趣的光学及输运现象。从能量和电荷分立的角度来看，量子点与原子具有紧密的相似性，这启发人们借助于类比方法去探索量子点中的电子排列规律和电子波函数特征。科学家可以在量子点中进行在原子中所不能实现的一些实验，因为量子点具有很强的可调性。更为重要的是，量子点中的电子有着极强的关联，研究量子点中的电子输运有助于对电子强关联行为的理解。

五、量子点接触

实验中，通过栅电极控制半导体异质结中的二维电子气，可产生一个纳米尺度的受限区域，如果这个受限区域的尺度远小于电子的弹性散射的平均自由程，则电子在这个区域内的传播是弹道式的，这类系统称为量子点接触（quantum dot contact）。

六、量子点阵列

现在的半导体微加工技术可以将多个量子点耦合在一起，相邻量子点中用来描述电子运动的波函数在空间有一定的重叠，由量子力学知识可知原来束缚在某一特定量子点中的电子就可以以一定的概率隧穿到邻近的其他量子点上，所以说电子是属于整个耦合量子点体系的。

如果单个量子点可以被认为是人造原子，那么，当多个量子点耦合时，体系就可以被认为是人造分子。同理，如果将大量的量子点按某种周期各自排列起来，便形成了所谓的人造固体。由于量子点排列的周期性，这种结构又称为量子点阵列（quantum array）或量子点晶体。无论是格子的空间对称性，还是量子点的尺寸、相互间耦合强度都是可人为调控的，从而实现了操纵固体材料的梦想。因此，人类选择材料和器件原型时的自由度大为提高，从这种意义上讲，量子点阵列的相关研究具有革命性的意义。

关于这个领域的实验技术方法，主要是按指定结构生成量子点阵列，提高量子点阵列的对称性。目前制备有序性很高的纳米阵列结构对实验物理学家来说仍是一个挑战。

与单量子点结构相比，电子通过互相耦合的多量子点体系的隧穿呈现出更为复杂的行为。这是由于多量子点体系为电子的隧穿提供了更多的费曼路径，如果耦合量子点体系的尺度小于或接近于电子的位相相干长度，那么通过不同费曼路径的电子波之间的干涉就起到了很大作用。实验中观察到许多有趣的现象，如共振隧穿现象。在这种机制中，量子点阵列中的电子输运特性敏感地依赖于量子点的电子能级，当电极的费米能级和量子点阵列的电子能级相一致时，线性电导表现为极值，这样在电导谱上会出现一系列峰值，揭示了量子点阵列的分立的电子能谱结构。在这些量子点列阵体系中，原来由量子束缚导致的量子化能级会因纳米单元间的耦合作用而展宽。

七、纳米阵列（array）结构

在孤立结构中，由于量子尺寸效应，电子表现出奇特的介观输运特征。人们很自然地联想到，如果把孤立的纳米单元像晶体中的原子组装成比较有序的周期结构，一定可以发现许多孤立纳米结构所没有的物理及化学特性。因为纳米单元之间的耦合，纳米阵列体系将具有与半导体超晶格非常类似的电子行为。目前，在实验室中已制造出二维量子线阵列、三维量子线阵列、一维量子点阵列、二维量子点阵列、三维量子点阵列、（量子点晶体）及磁纳米点阵列。在这些纳米阵列体系中，原来由量子束缚导致的量子化能级会因纳米单元间的量子耦合作用而展宽、重排成能带结构。纳米有序阵列结构已被广泛用来研究维度转变、金属-绝缘体相变和作为具有高效光学及电学器件的可能性。但是，制备有序性很高的纳米阵列结构对实验物理学家来说仍是一个严峻的挑战。

八、耦合量子点系统

由于量子点受到来自三个方向的量子限制，具有明确的分离的电子能级。类似于单个原子的情况，被人们称为“人造原子”。当两个、三个，或更多的量子点被耦合到一起时，经常被称为“人造分子”。量子点之间的耦合类型又往往决定着“人造分子”的电子态和输运性质。耦合类型不外乎有两种类型：一种是当量子点的隧穿概率较弱时，量子点之间可以通过静电相互耦合，这时，可以采用正统的库仑阻塞理论来描述；另外一种，当量子点之间的隧穿概率较大时，量子点中的电荷变得不确定，正统的库仑阻塞理论不再适用。对于一般的耦合量子点系统，往往两种耦合类型共同决定着系统的输运性质。

具有可调势垒的串联耦合的量子点系统是在 CaAs/AlGaAs 异质结雕刻而成的。用多个栅极来控制这些全同的串联耦合的量子点，有选择加电压到一些栅极上，这个系统可产生单个、隧穿耦合的两个或三个量子点系统。通过每个量子点的电导都能单个测量。

顺便补充一下，当有较多的量子点相互耦合到在一起时，常常被称为超晶格系统。

第二章　介观输运的量子现象

在经典输运模型中，电子被看成粒子，通过近似各种相互作用被归入到相应的弛豫时间中，因此电子相位完全被忽略了。经典物理中，一般情况下忽略了电子的相位是合理的。我们考察了电子在器件中的扩散，电子从一点到另一点可以选择很多路径，电子到达另一点的可能性为各个路径可能性的叠加，如果器件尺寸远大于电子相位相干尺度，则各个路径之间的相位关系很不确定，其平均值为零。所以对大尺寸器件而言，电子的相位可以不予考虑，电子可以被看成经典粒子。但是如果器件尺寸与相位相干长度差不多，就必须考虑不同路径之间的干涉效应。正是这种干涉效应使得介观系统中的电子输运非常不同于经典物理中的电子的扩散，从而体现出丰富的介观现象。

第一节　介观系统的特点

一、介观结构的界定

一方面，在微观尺寸范围的系统里，例如0.1 nm左右尺度的一个原子或一个小分子，所有的能级都是分立的。因而，系统的物理性质主要由量子行为控制。另一方面，对于一个尺寸大于1 nm的宏观样品，通常经典的或半经典的处理方法是适用的，例如，电导率是由平均散射率决定的。在各向同性近似中，玻尔兹曼（Boltzmann）输运理论给出的电导率是 $\sigma_0 = ne^2\tau(E_F)/m^*$。室温下，由于晶格振动导致的电子非弹性散射的速率非常高，非弹性散射时间 τ_{in} 满足 $1/\tau_{in} \approx k_B T/\hbar \approx 10^{13}\,s^{-1}$，因此有 $\tau_{in} \approx 10^{-13}$ s。相位信息总是被破坏掉，因为费米速度 $v_F \approx 10^8$ cm/s，非弹性散射平均自由程为 $l_{in} = v_F\tau_{in} \approx 100$ nm，而电子保持相位相干性的典型距离只有1～10 nm，这一距离就是弹性散射自由程。因此，这种情况下电子可作为半经典粒子处理，波动特征可被忽略，只有电导率的局域干涉修正需要计及。

随着微加工技术（诸如分子束外延及光学和电子束蚀刻）得到发展之后，尺寸 $L<1\ \mu m$的金属或半导体样品已经可以制备。所谓纳米结构，例如某一方向上有纳米尺寸的半导体超晶格等，在前面已有所讨论；接下来，所涉及的样品的尺寸将在不止一个方向上很小。对于这些样品，如果温度低到 $T<1$ K，波的相干长度将大于样品尺寸，玻尔兹曼

方程将不再适用于描述电子的输运。它们的物理行为介于熟悉的宏观半经典图像和原子或分子的描述方法之间。因此，很明显，存在一个介于微观尺度和宏观尺度之间的尺寸，低温时，量子相干性对于具有此尺寸的系统极为重要，并在其许多物理性质上表现出来，这就界定了介观结构。

低温下电子的有效相干长度可达到微观特征长度的 100~10 000 倍，而关联作用牵涉到多于10^{11}个粒子。最重要的量是相位相干长度，被定义为 $L_\varphi \equiv \sqrt{D\tau_{\text{in}}}$，这里 D 是扩散系数。非弹性散射率 $1/\tau_{\text{in}}$ 随温度 T 下降。对于一个尺寸约为 1 μm 的样品，当温度 $T<1$ K 时，已达到介观区。这种情况下，只存在弹性杂质散射。弹性杂质散射是保持电子相位相干性的。于是，很多的量子现象，包括量子化电导、Aharonov-Bohm 效应、弱局域化、磁指纹等，在小尺度的金属或半导体样品中被观察到。事实上，在各种宏观无序系统中，除了有电子的强定域化，还有由相干效应引起的弱定域化。弱定域化可以看作体材料中的介观效应。经典波在无序材料中的传播，波动的相干性在通常的宏观样品中也很容易达到，体现了与介观结构电子行为类似的效应。

二、不同的输运区

对于电子输运，有两种描述方式。其一是局部性的$\boldsymbol{j}=\sigma\boldsymbol{E}$，电导率 σ 把局部电流密度 $\boldsymbol{j}$ 和电场 $\boldsymbol{E}$ 联系起来；另一是全局性的，$I=GV$，总电流 I 通过电导 G 和电压降 V 相联系。对于大块的均匀导体，两者之间并没有本质的差别，本节可以得到以下的关系：

$$G=\sigma L^{d-2} \tag{2.1.1}$$

这里 d 是样品的维度。电导 G 和电导率 σ 在二维情况下有相同的单位。然而，对于介观结构，局部值失去了它的意义，因而，通常讨论电导而不是电导率。为表征介观性质，可以采用几个特征长度，如弹性平均自由程 l、样品的长度 L 和宽度 W、定域化长度 ξ。本节可以定义在介观结构中的几种电子输运机制。①弹道性；②准弹道性；③扩散性。本节可以以宽度为 W、长度为 L 的二维电子气中的缩颈谈谈这三种情况的电子输运机制。

首先是弹道式的情况，W，$L<l<\xi$。典型的例子是点接触，这时杂质散射可被忽略，电子散射只在边界处发生。注意局部值失去了它的意义，因此，现在只有电导起作用，而非电导率。

第二种情况，$W<l<L<\xi$，边界和内部杂质散射同样重要，这种输运称为准弹道式的。

第三种情况是扩散的，$l<W$，$L<\xi$。导电样品中含有相当数目的杂质原子或无序结构。杂质的浓度和散射强度导致弹性平均自由程 l 约 10 nm，其弹性散射长度与温度无关，简化的电输运图像是无规行走。

对于三维情况，扩散系数为 $D=v_{\text{F}}l/3$，二维情况下为 $D=v_{\text{F}}l/2$。最后将遇到强定域化情况 $L>\xi$，但本节在此不讨论它。

三、量子通道

van Wees 等在 1988 年通过连接两个半平面的小缩颈来研究二维电子气①。他们发现，

① WEES B J V, HOUTEN H V, BEENAKKER C W J, et al. Quantized conductance of point contacts in a two-dimensional eletron gas [J]. Physical Review Letters, 1998, 60 (9): 848-850.

当缩颈的宽度在栅极电压作用下在 0~360 nm 范围内连续变化时，电导形成了间距为 $2e^2/h$ 的阶梯。当 $T<1$ K，$l\geqslant 10$ μm 时输运是弹道式的，一旦当缩颈的宽度增加 $\Delta W=\lambda_F/2$ 时，电子就有一个新的通道通过接触点。

对量子通道的基本概念可以做如下的解释。两个金属被带有一个小孔的绝缘势垒隔开。$T=0$ K 时，电子填满费米面以下的能带。借用经典热力学的结果可以得到，粒子每秒钟碰撞到面积为 W^2 的小孔的数目是 $Q=nvW^2/4$，其中 n 是数密度。压力的差异能引起 n 的差异，粒子流能从小孔中流过。平衡时，两边的费米能相等，$E_F^0(\mathrm{L})=E_F^0(\mathrm{R})$，所以没有净的粒子流动。如果加在左边的电势为 $-V$，右边为 0，那么

$$E_F(\mathrm{L})=E_F^0(\mathrm{L})+eV,\ E_F(\mathrm{R})=E_F^0(\mathrm{R}) \tag{2.1.2}$$

这种不平衡导致能量接近费米能的电子从左边运动到右边。对于 $eV\ll E_F$，数密度为 $n=g(E_F)eV$。每秒通过小孔的电子总数 Q 为

$$Q=g(E_F)eVv_FW^2/4 \tag{2.1.3}$$

在自由电子近似下，费米能为 $E_F=\hbar^2k_F^2/(2m)$，费米面的态密度为 $g(E_F)=4mk_F/h^2$，那么电导是

$$G=I/V=eQ/V=\frac{2e^2}{h}\frac{W^2}{4\pi}k_F^2 \tag{2.1.4}$$

为了简化起见，本节把小孔看成一个具有宽度 W 的二维无限正方势阱，描述电子运动的薛定谔方程的解是

$$\psi(x,\ y)=\sqrt{\frac{4}{W^2}}\sin\left(\frac{n_x\pi}{W}x\right)\sin\left(\frac{n_y\pi}{W}y\right) \tag{2.1.5}$$

横向量子能量为

$$E_n=\frac{\hbar^2}{2m}\left(\frac{\pi}{W}\right)^2(n_x^2+n_y^2) \tag{2.1.6}$$

这里 n_x 和 n_y 是量子数。

在二维简并电子气中，量子态由（n_x，n_y）标记，从(0，0)开始直至费米波数 k_F 被电子占据的量子态总数为

$$N=\frac{W^2}{(2\pi)^2}\int \mathrm{d}k=\frac{W^2}{4\pi}k_F^2 \tag{2.1.7}$$

比较式（2.1.4）和式（2.1.7），有

$$G=\frac{2e^2}{h}N \tag{2.1.8}$$

这里 N 是通道数，因子“2”来自电子自旋，e^2/h 可以看作单通道的电导。$e^2/h\approx(25.8\ \mathrm{k\Omega})^{-1}$，可作为所有量子输运过程中电导的自然尺度。式（2.1.8）解释了 van Wees 等人的实验结果。

N 增加 1，电导增加 $2e^2/h$，这与栅极电压控制的小孔尺寸变化相一致。

前面的讨论把缩颈看成一个纵向没有长度的二维小孔。如果缩颈的长度不为零，那么它像一条隧道。它有两种可能性：其一，小孔的直径是均匀的，在小孔内没有散射体，先前的讨论仍然适用；其二，小孔是用真实的小金属做成的，直径可能不均匀，存在散射体，比如缺陷、杂质等。通道的一一对应被打破，故通道发生混杂，于是需要定义有

效通道数 N_{eff}，而此时的电导为

$$G=\frac{2e^2}{h}N_{\mathrm{eff}} \tag{2.1.9}$$

明显地，有 $N_{\mathrm{eff}}\leqslant N$。

第二节　弹道输运

在介观器件中最简单的输运情况是电子通过器件时是没有任何散射的，这种输运称为弹道输运。

介观器件输运性质由器件两边电子波函数透射和反射来决定，也就是可以利用散射矩阵近似来研究。电子通过器件除了感受到一个可能势垒的反射是没有散射的，电子运动是弹性的。因此，如果左右电子库的费米能为 E_{Fi} 和 E_{Fr}，加一小电压 δV，那么只有从左端满态电子流入右端空穴的电子对电流有贡献。在温度为零时，费米能级以下的态是完全填满的，费米能级以上的态是完全空的，此时很容易出现这种现象。如果不存在势垒，电流只能取决于离开左端电子库的电子数目；当存在势垒时，一部分电子被势垒反射回左端电子库，另一部分电子隧穿过势垒达到右端电子库。本节以势垒隧穿为例，研究通过器件的电流的性质。如图 2.1 所示，势垒左端和右端流入的电流分别为 j_i 和 j_i'。由于所加电压，左端费米能级被提升了 $e\delta V$，结果出现在 i 通道但被反射回 r 通道的电子被左端电子库吸收。在左端费米能表面会出现一个高过平衡值的额外电子密度：$\delta n=\frac{\mathrm{d}n}{\mathrm{d}E}e\delta V$，同时左端额外电子密度可表示为

$$\delta n=\frac{j_i+j_r}{v_i}-\frac{j_i'+j_0}{v_r}=\hbar R\,\frac{j_i-j_i'}{\mathrm{d}E/\mathrm{d}k} \tag{2.2.1}$$

其中，j_0 为左端到右端的电流。

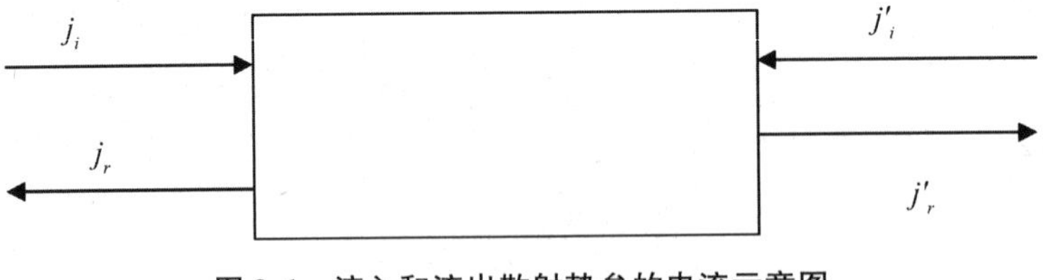

图 2.1　流入和流出散射势垒的电流示意图

第三节　Landauer-Büttiker 型电导

介观系统显示出许多有趣的导电性质。由于这些系统的组态可能是复杂的，往往不能通过解薛定谔方程来处理问题。Landauer 及其他人提出的唯象方法被证明是很有效的，

可用于研究两端单通道、两端多通道、多端单通道和多端多通道的情况。① 作为示例，这里只讨论前两种情况。

一、Landauer 公式

在介观物理学出现以前很久，Landauer 就建议研究一维无序导体的电导。在其他模型里，电子受到的散射等效于一个势垒的作用，如图 2.2、图 2.3 所示，于是一方面，可以用势垒的隧穿图像来处理这个问题。假定流入样品的电流的速度为 v，密度为 n。线性输运下的净电流密度 j 满足

$$j=nevT=nev(1-R) \tag{2.3.1}$$

这里 T 和 R 分别是透射系数和反射系数。另一方面，也可使用扩散图像，此时电流密度为

$$j=-eD\nabla n \tag{2.3.2}$$

其中，D 是扩散系数。假如电流从左向右流动，势垒左边和右边的相对粒子数密度是 $1+R$ 和 $1-R$，两边的密度是 $n(0)=(1+R)n$，$n(L)=Tn=(1-R)n$，平均密度梯度为 $\nabla n=-2Rn/L$。由式（2.3.1）和式（2.3.2），可得到扩散系数：

$$D=\frac{vL}{2}\cdot\frac{1-R}{R} \tag{2.3.3}$$

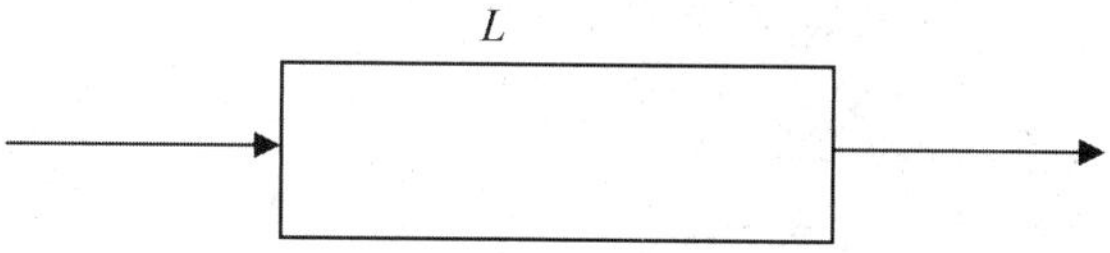

图 2.2　一维导体示意图

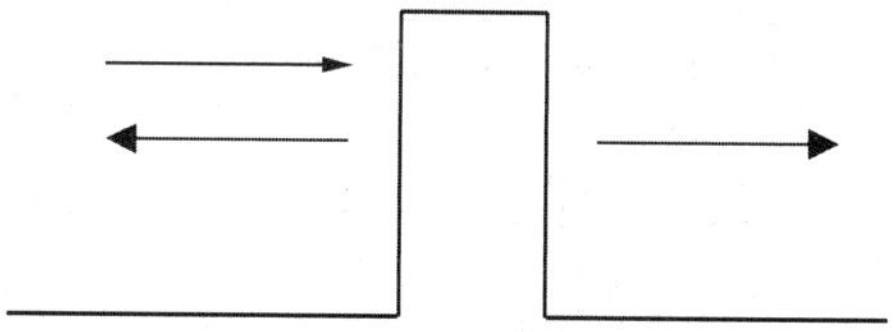

图 2.3　一维导体的等价势垒模型

电导率与扩散系数满足爱因斯坦关系：

$$\sigma=e^2D\frac{\mathrm{d}n}{\mathrm{d}E} \tag{2.3.4}$$

这里 $\mathrm{d}n/\mathrm{d}E$ 是费米面的态密度，对于一维自由电子系统，有

$$\frac{\mathrm{d}n}{\mathrm{d}E}=\frac{2}{\pi\hbar v} \tag{2.3.5}$$

所以有

$$\sigma=\frac{2e^2}{h}L\frac{1-R}{R} \tag{2.3.6}$$

① DATTA S. 介观系统中的电子输运［M］. 北京：世界图书出版社，2004.

结合公式（2.1.1），就得到电导公式：

$$G=\frac{2e^2}{h}\cdot\frac{T}{R} \tag{2.3.7}$$

这就是著名的 Landauer 公式。当 $T=1$ 时，$R=0$，$G\to\infty$，这相当于理想电导。

二、二端单通道电导

Landauer 公式［式（2.3.7）］有点不切实际。通过一个系统传输电流的普遍方式是将其两端连接理想导线至化学势为 μ_1 和 μ_2 的电子库。为了方便起见，假定 $\mu_1>\mu_2$，如图 2.4 所示，量子点接触是具有在 0 和几百纳米之间可控宽度的短线的例子。对于单通道系统，本节在下面将证明，代替 Landauer 公式，可测量的电导应是

$$G_c=\frac{eI}{\mu_1-\mu_2}=\frac{2e^2}{h}T \tag{2.3.8}$$

很自然，即使 $T=1$，G_c 仍是一个有限值。

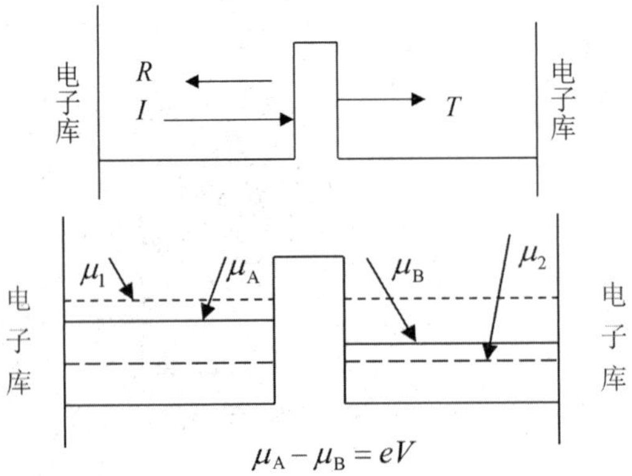

图 2.4　两种类型的电导

对于两端单通道的第 i（$i=1$，2）个端点与电极相连接的情形，入射电流为

$$I_i=\frac{2}{2\pi}e\int f(k,\ \mu_i)v\mathrm{d}k=\frac{2e}{h}\int_0^{\mu_i}f(E,\ \mu_i)\mathrm{d}E \tag{2.3.9}$$

这里 $v=\hbar^{-1}\mathrm{d}E/\mathrm{d}k$ 是电子速度，f 是费米分布函数。在 $T=0$ K 时，式（2.3.9）给出

$$I_i=\frac{2e}{h}\mu_i \tag{2.3.10}$$

如果两端电极的化学势之差 $\mu_1-\mu_2$ 非常小，则线性输运得到满足，故

$$I=(I_1-I_2)T=\frac{2e}{h}T(\mu_1-\mu_2) \tag{2.3.11}$$

现在已经清楚，原先在式（2.3.7）中定义的 G 是样品本身的电导，由

$$G=\frac{eI}{\mu_A-\mu_B} \tag{2.3.12}$$

给出，这里 μ_A 和 μ_B 是在势垒左边和右边的化学势，两者在系统连到化学势为 μ_1 和 μ_2 的电子库后由电子对引线上空态的填充状况来决定。注意在能量 μ_2 以下所有的态都已被填满，所以只要考虑从 μ_2 到 μ_1 的能量范围。基于上述讨论，本节可得

$$T\left(\frac{\partial n}{\partial E}\right)(\mu_1-\mu_2)=2\left(\frac{\partial n}{\partial E}\right)(\mu_B-\mu_2) \tag{2.3.13}$$

和

$$T\left(\frac{\partial n}{\partial E}\right)(\mu_1-\mu_2)=2\left(\frac{\partial n}{\partial E}\right)(\mu_1-\mu_A) \tag{2.3.14}$$

结合上面两式，有

$$\mu_A-\mu_B=R(\mu_1-\mu_2) \tag{2.3.15}$$

实际上，由式（2.3.7）和式（2.3.8）可得

$$G_c^{-1}=G^{-1}+\pi\hbar/e^2 \tag{2.3.16}$$

这里的 $\pi\hbar/e^2$ 可以被看作两个接触电阻，每个接触电阻是 $\pi\hbar/e^2$。电子库间总电阻是势垒电阻和两接触电阻之和。

在温度不为零时，若仍假定 $\mu_1-\mu_2$ 很小，那么

$$I=\frac{2e}{h}\int T(E)\,[f(E-\mu_1)-f(E-\mu_2)]\,\mathrm{d}E=\frac{2e}{h}\left[\int T(E)\left(-\frac{\partial f}{\partial E}\right)\mathrm{d}E\right](\mu_1-\mu_2) \tag{2.3.17}$$

所以有

$$G_c=\frac{2e^2}{h}\int T(E)\left(-\frac{\partial f}{\partial E}\right)\mathrm{d}E \tag{2.3.18}$$

同样地，可以确定化学势差 $\mu_A-\mu_B$。通过对式（2.3.14）和式（2.3.15）乘以 $-\partial f/\partial E$，并对它们进行能量积分，得到

$$\mu_A-\mu_B=\frac{\int(-\partial f/\partial E)R(E)(\partial n/\partial E)\,\mathrm{d}E}{\int(-\partial f/\partial E)(\partial n/\partial E)\,\mathrm{d}E}(\mu_1-\mu_2) \tag{2.3.19}$$

从而样品的电导为

$$G=\frac{2e^2}{h}\left[\int T(E)\left(-\frac{\partial f}{\partial E}\right)\mathrm{d}E\right]\frac{\int(-\partial f/\partial E)v^{-1}(E)\,\mathrm{d}E}{\int(-\partial f/\partial E)R(E)v^{-1}(E)\,\mathrm{d}E} \tag{2.3.20}$$

三、两端多通道电导

若样品有一个有限的截面 $\boldsymbol{A}$，那么上面的 Landauer-Büttiker 理论必须推广到多通道情况，如图 2.5 所示。由于横向量子化，出现分立能级 E_i，在费米能 E_F 以下有 $N_\perp$ 个导电通道，在零温时每个由一个纵向波矢 k_i 标志，因此

$$E_i+\hbar^2k_i^2/2m=E_F,\quad i=1,\ \cdots,\ N_\perp \tag{2.3.21}$$

这里 $N_\perp$ 约为 Ak_F^{d-1} 的大小。

本节可构造一个 $2N_\perp\times2N_\perp$ 的 $\boldsymbol{S}$ 矩阵.

$$\boldsymbol{S}=\begin{bmatrix} r & t' \\ t & r' \end{bmatrix} \tag{2.3.22}$$

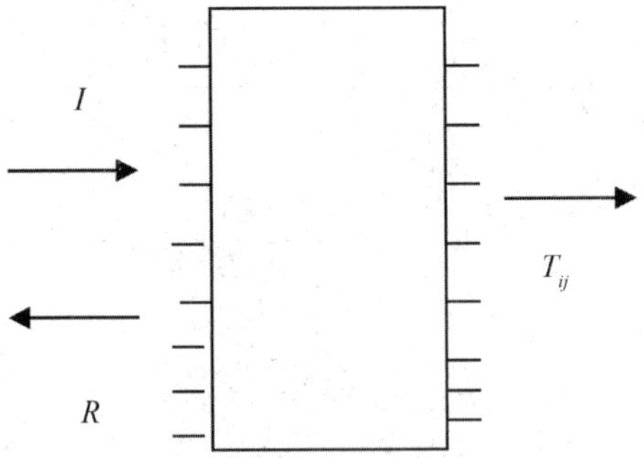

图 2.5　$N_{\perp}$ 个通道出射波和入射波之间的关系

图 2.5 通过一个两端多通道系统的透射和反射来描述这 $N_{\perp}$ 个通道的出射波和入射波之间的关系。定义 T_{ij} 和 R_{ij} 分别代表入射波从左边的 j 通道透射进右侧的 i 通道的概率和反射进左侧的 i 通道的概率。同样地，也可定义 T_{ij}' 和 R_{ij}' 代表从右侧而来的入射波概率。故对于第 i 通道的总发射和反射概率为

$$T_i = \sum_j T_{ij},\ R_i = \sum_j R_{ij},\ T_i' = \sum_j T_{ij}',\ R_i' = \sum_j R_{ij}' \tag{2.3.23}$$

电流守恒条件要求：

$$\begin{cases} \sum_i T_i = \sum_i (1 - R_i) = N_{\perp} - \sum_i R_i \\ \sum_i T_i' = \sum_i (1 - R_i') = N_{\perp} - \sum_i R_i' \end{cases} \tag{2.3.24}$$

如果势垒两侧所有的入射通道满占据，所有的出射通道也满占据，那么有更细致的等式：

$$R_i' + T_i = 1,\ R_i + T_i' = 1 \tag{2.3.25}$$

两电子库间总电流是

$$I = \frac{2e}{h} \sum_i \int \mathrm{d}E [f_1(E) T_i(E) + f_2(E) R_i'(E)] \tag{2.3.26}$$

这是式（2.3.11）的延伸。考虑到 $\mu_1 - \mu_2$ 很小，在 $\mu = \mu_2$ 点展开 $f_1(E)$ 得到

$$I = (\mu_1 - \mu_2) \frac{2e}{h} \int \mathrm{d}E(-\partial f / \partial E) \sum_i T_i(E) \tag{2.3.27}$$

当 $T \neq 0$ K 时，电子库间的电导

$$G_c = \frac{eI}{\mu_1 - \mu_2} = \left(\frac{2e^2}{h}\right) \int \mathrm{d}E(-\partial f / \partial E) \sum_i T_i(E) \tag{2.3.28}$$

当 $T = 0$ K 时，

$$G_c = \frac{eI}{\mu_1 - \mu_2} = \left(\frac{2e^2}{h}\right) \sum_i T_i(E_F) \tag{2.3.29}$$

本节也研究了样品本身的电导，其定义为 $eI/(\mu_A - \mu_B)$，作为单通道情况式（2.3.19）的推广。

$$\mu_A - \mu_B = \frac{\int \mathrm{d}E(-\partial f / \partial E) \sum_i (1 + R_i - T_i) v_i^{-1}}{2 \int \mathrm{d}E(-\partial f / \partial E) \sum_i v_i^{-1}} (\mu_1 - \mu_2) \tag{2.3.30}$$

最后，利用式（2.3.28）和式（2.3.30），求得样品电导：

当 $T \neq 0$ K 时，

$$G = \frac{eI}{\mu_A - \mu_B} = \frac{4e^2}{h} \cdot \frac{\left[\int dE(-\partial f/\partial E) \sum_i T_i\right]\left[\int dE(-\partial f/\partial E) \sum_i T_i^{-1}\right]}{\int dE(-\partial f/\partial E) \sum_i (1 + R_i - T_i) v_i^{-1}} \tag{2.3.31}$$

当 $T=0$ K 时，

$$G = \frac{eI}{\mu_A - \mu_B} = \frac{4e^2}{h} \cdot \frac{\sum_i T_i \sum_i v_i^{-1}}{\sum_i (1 + R_i - T_i) v_i^{-1}} \tag{2.3.32}$$

当所有的 $T_i \ll 1$ 时，则 $1+R_i \approx 2$，$G \approx G_c$，即散射很强时，接触电阻可忽略，这适用于 $N_\perp$ 很大或样品长度 $L \gg l$ 的情形。

第四节　回路中的电导振荡

作为曾经讨论过的磁场中的电子输运的延伸和推广，本节考虑电磁势加在介观环形结构上的情形。这时在电子输运过程中将产生一些重要的效应，这些效应的主要特点是电导振荡。

一、电子波函数的规范变换

与电子波函数有关的一种对称性，称为规范不变性，一般它与电子在电磁场中的运动有关。描述电磁场有两种等价的形式，磁场 $\boldsymbol{B}$ 和电场 $\boldsymbol{E}$ 或者矢势 $\boldsymbol{A}$ 和标势 φ，这两种表示由以下两式联系：

$$\boldsymbol{B} = \nabla \times \boldsymbol{A}, \quad \boldsymbol{E} = -\nabla\varphi - \frac{\partial \boldsymbol{A}}{\partial t} \tag{2.4.1}$$

但是，这种联系并不是一一对应的。如果一个任意的标量函数 $\Lambda(r, t)$ 满足：

$$\boldsymbol{A}' = \boldsymbol{A} + \nabla\Lambda, \quad \varphi' = \varphi - \frac{\partial \Lambda}{\partial t} \tag{2.4.2}$$

那么新的矢量 $\boldsymbol{A}'$ 和标势 φ' 对应于同样的磁场 $\boldsymbol{B}$ 和电场 $\boldsymbol{E}$。式（2.4.2）称为规范变换，在规范变换下，任何物理量都是不变的。

在经典电动力学里，带电粒子的基本运动方程可以直接用场来表示。引入矢势 $\boldsymbol{A}$ 和标势 φ 只是为数学上便于得到正则形式。对于相同的 $\boldsymbol{B}$ 和 $\boldsymbol{E}$，四维势 (A, φ) 并不唯一，因此必须对其加以限制，这种限制称为规范条件。常用的有库仑（Coulomb）规范 $\nabla \cdot \boldsymbol{A} = 0$ 和洛仑兹（Lorentz）规范 $\nabla \cdot \boldsymbol{A} + (1/c^2)\ \partial\varphi/\partial t = 0$。

在量子理论中，正如研究 Landauer 能级时所看到的那样，矢势和标势对给出运动方程的正则形式起着更加重要的作用。这里可以进一步讨论电磁势的深层含义。单电子的哈密顿量可以表示成 $\boldsymbol{A}$ 和 φ 的形式：

$$\boldsymbol{H}=\frac{1}{2m}\left(\frac{\hbar}{\mathrm{i}}\nabla+e\boldsymbol{A}\right)^2-e\varphi+V(\boldsymbol{r}) \tag{2.4.3}$$

其中，$V(\boldsymbol{r})$表示除了电磁势之外的其他散射势。规范不变性源于表征系统状态的波函数，包括振幅和相位两部分。在外部电磁势作用下的单电子的薛定谔方程为

$$\mathrm{i}h\frac{\partial}{\partial t}\psi=\left[\frac{1}{2m}\left(\frac{\hbar}{\mathrm{i}}\nabla+e\boldsymbol{A}\right)^2-e\varphi+V(\boldsymbol{r})\right]\psi \tag{2.4.4}$$

当电磁势变换满足式（2.4.2）时，可以发现，波函数相应地做如下变换：

$$\psi'=\psi\mathrm{e}^{-\mathrm{i}e\Lambda(r,t)/\hbar} \tag{2.4.5}$$

则薛定谔方程式（2.4.4）形式上保持不变，变换后的波函数有一个附加的相位因子：

$$\frac{e}{\hbar}\Lambda(\boldsymbol{r},\ t)=\frac{e}{\hbar}\int(\varphi\mathrm{d}t-\boldsymbol{A}\cdot\mathrm{d}\boldsymbol{r}) \tag{2.4.6}$$

当Λ是变量时，式（2.4.2）称为第二类或局部规范变换，当Λ是常量时，称为第一类或全局规范变换。电磁势$(\boldsymbol{A},\ \varphi)$是一种规范场。

二、金属环中的 Aharonov-Bohm 效应

先讨论只有矢势$\boldsymbol{A}$的情形，即设$\varphi=V(\boldsymbol{r})=0$。这时式（2.4.4）的波函数$\psi(\boldsymbol{r})$与$\boldsymbol{A}=0$时的波函数$\psi_0(\boldsymbol{r})$之间由下式联系：

$$\psi(\boldsymbol{r})=\psi_0(\boldsymbol{r})\exp\left(-\frac{\mathrm{i}e}{\hbar}\int\boldsymbol{A}\cdot\mathrm{d}\boldsymbol{r}\right) \tag{2.4.7}$$

可以看出，即使电子运动的实际路径上没有物理场$\boldsymbol{B}$，矢势$\boldsymbol{A}$也将直接影响电子的行为。这就是有名的 Aharonov-Bohm（AB）效应。

为检验这个设想，Aharonov 和 Bohm 提出了一个实验方案。图 2.6 所示是电子束双缝实验的几何布置，但在双缝的后面加上一个螺线管。

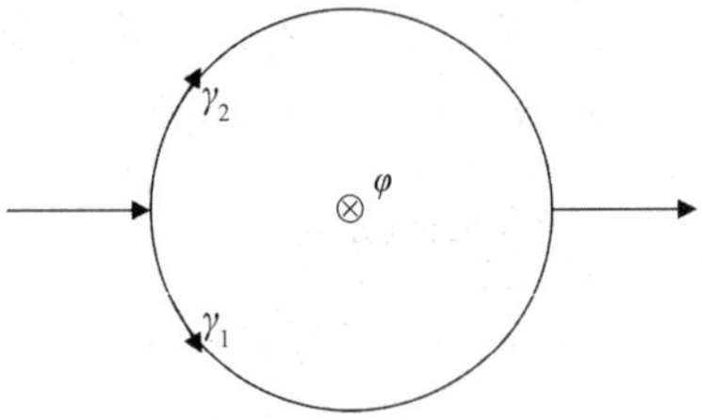

图 2.6　Aharonov-Bohm（AB）效应的测量示意图

通过路径γ_1和γ_2的波函数分别为

$$\psi_1(\boldsymbol{r})=\psi_0(\boldsymbol{r})\exp\left(\frac{\mathrm{i}e}{\hbar}\int_{\gamma_1}\boldsymbol{A}\cdot\mathrm{d}\boldsymbol{r}\right),\ \psi_2(\boldsymbol{r})=\psi_0(\boldsymbol{r})\exp\left(\frac{\mathrm{i}e}{\hbar}\int_{\gamma_2}\boldsymbol{A}\cdot\mathrm{d}\boldsymbol{r}\right) \tag{2.4.8}$$

接收屏上的电子密度为

$$|\psi_1+\psi_2|^2=2|\psi_0|^2+2|\psi_0|^2\cos\frac{2\pi\Phi}{\varphi_0} \tag{2.4.9}$$

其中，

$$\Phi=\int_{\gamma_1-\gamma_2}\boldsymbol{A}\cdot\mathrm{d}\boldsymbol{r}=\oint\boldsymbol{A}\cdot\mathrm{d}\boldsymbol{l}=\iint\boldsymbol{B}\cdot\mathrm{d}\boldsymbol{S}$$

为通过螺线管的磁通量，而 $\varphi_0=h/e$，定义为磁通量子。当无外磁场时，$\Phi=0$，式（2.4.9）给出干涉图样，证明了电子的波动性。现在增加磁通量，干涉条纹将周期性地移动，其周期是磁通量子 φ_0。这种量子效应来源于矢势 $\boldsymbol{A}$ 对波函数相位的调制。AB 效应证明了，在量子水平上矢势 $\boldsymbol{A}$ 是一个物理实在，在描述外磁场中运动的电子时必须考虑它的作用。从量子力学的基本观点来看，AB 效应是演示微观粒子绝热循环演化导致的几何相位的最佳例证。AB 效应可以用来检验超导中空圆柱体中的冻结磁通，但由于库珀（Cooper）对的存在，基本磁通量子为 $h/2e$。

在验证 AB 效应的早期实验中，电子波只在自由空间中传播。至于在金属中是否可以实现 AB 效应，许多人认为这时电子在样品中的扩散运动将使得相位相干性丧失，故没有 AB 效应。然而，正如本节前面讨论的，弹性散射并不破坏相位相干性，只有非弹性散射才会破坏相位相干性。因此，对于小块材料，例如介观金属环，仍有可能观察到 AB 效应。

考虑一个金属环。经典力学认为，粒子进入金属环可以选择两种可能的路径之一通过。但电子的量子特性允许它同时通过两条路径，并在环的末端产生干涉效应。环电阻的高低来自相长或相消干涉的结果。

本节可以对这个问题给出更详细的讨论。仍如图 2.6 所示，现在两相干电子束在介质中经过多重散射。一开始，在原点入射束的波函数为

$$\psi_1=\psi_2=\psi_0\exp\left(-\frac{\mathrm{i}}{\hbar}Et\right) \tag{2.4.10}$$

这里 E 为本征能量。在弹性散射中，E 保持不变，但出现碰撞相移 α_1 和 α_2，故接收屏上的波函数为

$$\psi_1(\boldsymbol{r},\ t)=\psi_0(\boldsymbol{r})\exp\left(-\frac{\mathrm{i}}{\hbar}Et+\mathrm{i}\alpha_1\right),\ \psi_2(\boldsymbol{r},\ t)=\psi_0(\boldsymbol{r})\exp\left(-\frac{\mathrm{i}}{\hbar}Et+\mathrm{i}\alpha_2\right) \tag{2.4.11}$$

于是干涉项变成

$$\psi_1^*\psi_2+\psi_1\psi_2^*=2\,|\psi_0|^2\cos(\alpha_1-\alpha_2) \tag{2.4.12}$$

其中，$\alpha_1-\alpha_2$ 与弹性散射体的分布有关。在介观系统中，虽然存在这些散射体，但仍将给出固定的干涉条纹分布。

然而，如存在非弹性散射，E 就会改变，波函数可以写成

$$\psi_1(\boldsymbol{r},\ t)=\psi_0(\boldsymbol{r})\exp\left(-\frac{\mathrm{i}}{\hbar}E_1t+\mathrm{i}\alpha_1\right),\ \psi_2(\boldsymbol{r},\ t)=\psi_0(\boldsymbol{r})\exp\left(-\frac{\mathrm{i}}{\hbar}E_2t+\mathrm{i}\alpha_2\right) \tag{2.4.13}$$

干涉项相应地转化为

$$\psi_1^*\psi_2+\psi_1\psi_2^*=2\,|\psi_0|^2\cos\left(\alpha_1-\alpha_2+\frac{E_1-E_2}{\hbar}t\right) \tag{2.4.14}$$

因为对金属样品的测量所用时间一般是宏观短但微观长的，所以对时间的平均将使得式（2.4.13）的贡献为零。

现在已经明确，只有弹性散射保持相位相干性。因此，在这种情况下，对小的金属样品，若在环中有磁通 Φ，则式（2.4.12）成为

$$\psi_1^*\psi_2+\psi_1\psi_2^*=2\,|\psi_0|^2\cos\left(\frac{2\pi\Phi}{\varphi_0}+\alpha_1-\alpha_2\right) \tag{2.4.15}$$

也就是说电子在传输过程中保持相位记忆，这就是金属环中的 AB 效应。

在 1 K 温度下，金属环中的非弹性散射时间大约是 $\tau_{\text{in}}=10^{-11}$ s，又由 $v_{\text{F}}=10^{8}\ \text{cm}\cdot\text{s}^{-1}$，则非弹性散射长度 $l_{\text{in}}=v_{\text{F}}\cdot\tau_{\text{in}}\approx10^{4}$ nm，这是电子不会丢失相位记忆的长度。因此，为观察金属环中的干涉效应，样品的线度必须比 10 μm 的相位相干的长度要短。随着微制作技术的提高，金属环中的周期性的磁电阻振荡已被观察到。

三、持续电流

值得注意式（2.4.9）中由磁通引起的相位改变可以写成

$$\Delta\theta=2\pi\Delta\Phi/\varphi_0 \tag{2.4.16}$$

当 n 为任意整数时，磁通量 Φ 和 $\Phi+n\varphi_0$ 不可区分。对此，本节用一维无序圆环的简单模型加以讨论。设环的周长为 L，则式（2.4.7）的循环边界条件与元胞尺寸为 L 的周期势作用下的布洛赫（Bloch）函数 ψ_k 相似。从而可知，$2\pi\Phi/\varphi_0$ 和 kL 在两个问题中建立了一一对应的关系。绕环一周相当于跨过一个元胞。

可以考察在低温下系统总能量 E 对磁通量的依赖性。由式（2.4.3）当 $\varphi=0$ 时，定态薛定谔方程为

$$\frac{1}{2m}\left(\frac{\hbar}{\text{i}}\frac{\text{d}}{\text{d}x}+eA_x\right)^2\psi+V(x)\psi=E\psi \tag{2.4.17}$$

这里定义 x 沿环的方向，磁场沿垂直于环面的 z 方向。因为 $\oint A_x\text{d}x=\iint\boldsymbol{B}\cdot\text{d}\boldsymbol{S}=\Phi$，所以可求得 $A_x=\Phi/L$。$V(x)$ 为环中的散射势，其周期为 L。对于理想环 $V(x)=0$，定态薛定谔方程简化成

$$\frac{1}{2m}\left(\frac{\hbar}{\text{i}}\frac{\text{d}}{\text{d}x}+\frac{e\Phi}{L}\right)^2\psi=E\psi \tag{2.4.18}$$

将平面波解 $\psi(x)=C\exp(\text{i}kx)$ 代入上式，结合周期性的边界条件 $\psi(x+L)=\psi(x)$，波数可定出为 $k=2\pi n/L$，n 是整数。式（2.4.18）中的本征能量为

$$E=\frac{\hbar^2}{2m}\left(\frac{2\pi}{L}\right)^2\left(n+\frac{\Phi}{\varphi_0}\right)^2 \tag{2.4.19}$$

由环的几何形状可知，E 为 Φ 的周期函数。当考虑 $V(x)$ 为弱散射势时，正如近自由电子近似，可以得到具有能隙的一维能带结构。第一布里渊（Brillouin）区满足（$-\varphi_0/2$）$<\Phi<\varphi_0/2$。

由于量子相干性，在介观环中存在持续电流，其磁通依赖的形式为

$$I(\Phi)=-\frac{e}{L}\sum_n v_n(\Phi)=-\sum_n\frac{\partial E_n(\Phi)}{\partial\Phi} \tag{2.4.20}$$

求和是对费米能以下同一 Φ 值的所有能带进行。因为 n 越大 $\partial E_n/\partial\Phi$ 越大，所以电流主要决定于费米能附近的能带。强散射导致平直的能带，对应于小的电流。$I(\Phi)$ 也是 Φ 的周期函数，周期为 Φ_0。

当 $T=0$ K 时，总电流是通过对所有能量低于费米能的能带上的贡献求和得到的。对于有确定电子数 N 的孤立圆环，费米能为 $E_{\text{F}}=\hbar^2(N\pi)^2/(2mL^2)$。

总持续电流的大小随电子数 N 的奇偶性而不同。当 N 为奇数时，其结果为

$$I(\Phi)=-I_0\frac{2\Phi}{\varphi_0},\quad -0.5\leqslant\frac{\Phi}{\varphi_0}<0.5 \tag{2.4.21}$$

而当 N 为偶数时，可以得到

$$I(\Phi)=\begin{cases}-I_0\left(1+\dfrac{2\Phi}{\varphi_0}\right), & -0.5\leqslant\dfrac{\Phi}{\varphi_0}<0\\ I_0\left(1-\dfrac{2\Phi}{\varphi_0}\right), & 0\leqslant\dfrac{\Phi}{\varphi_0}<0.5\end{cases} \tag{2.4.22}$$

这里 $I_0=heN/(2mL^2)$。两种情况都已表示杂质散射会影响持续电流。为简化起见，在式(2.4.17)中本节考虑自由电子模型下杂质的作用，这里杂质势是 δ 型的，即 $V(x)=\gamma\delta(x)$。可以定义一个约化参数：

$$\gamma^*=\frac{\hbar v_F}{\pi}=\frac{\hbar^2N}{mL} \tag{2.4.23}$$

则 $\gamma\ll\gamma^*$ 和 $\gamma\gg\gamma^*$ 分别代表弱和强的散射情形。

第五节　弱局域化现象

1958 年，安德森首先提出了局域化概念。① 20 世纪 70 年代的标度理论又进一步发展了局域化理论。电子在固体中做扩散运动时，可以以一定的概率返回到它的出发点，这种路径称为闭合路径，如图 2.7 所示。考虑处于 K 态的电子从空间 1 点开始，可沿顺时针方向经过 2 至 5 点经多次散射后回到 1 点并处于-K 态，其波函数记为 A_+；同时它也沿逆时针方向以相同的概率经由 5 至 2 的散射返回到 1 点，其波函数记为 A_-，且其 $A_+=A_-=A$。由于这两个路径的顺序具有时间反演对称性，故称之为时间反演路径。假设电子受到的散射全部都是弹性散射，电子受到相同的时间反演路径（杂质散射从 K′态到 K″态和从-K″态运动到-K′态）所附加的相移 δ_φ 是一样的。因此，A_+ 与 A_- 具有相同的振幅和相同的位相。那么这两支分波相干叠加的结果为：$|A_++A_-|^2=|A_+|^2+|A_-|^2+2\mathrm{Re}A_+A_-^*=4A^2$。

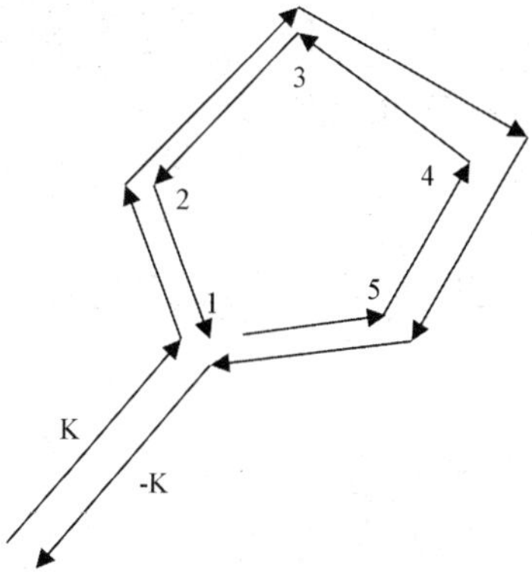

图 2.7　弱局域化现象

① ANDERSON P W. Absence of diffusion in certain random lattice [J]. Physical Review, 1958, 109 (5): 1492-1505.

这一结果 $4A^2$ 就是到 1 点的概率。它比非相干电子的经典结果 $2A^2$ 增加了一倍。这就是说，相干电子更倾向于留在原来的位置，这就是弱局域化现象。显然，这是由于电子波函数的量子干涉效应引起的。

第六节 Altshuler-Aronov-Spivak（AAS）效应

弱局域化现象诱导了许多可观测的物理现象。比较有趣的实验结果包括：①正常金属在低温下的剩余电阻；②AAS（Altshuler-Aronov-Spivak）效应引起的弱磁场下的负磁阻效应。这里简单介绍一下 AAS 效应。AAS 效应类似于 AB 效应，但它们又有本质的不同。电子沿互为时间反演的含磁通 Φ 的闭合路径传播，返回出发点，并产生相位干涉，两路径的相位差 $\Delta\varphi = \frac{2e}{\hbar}\oint \boldsymbol{A} \cdot \mathrm{d}\boldsymbol{l} = 4\pi\Phi/\Phi_0$，式中 Φ_0 为磁通量子 h/e。当 $\Delta\varphi = 2n\pi$（n 为整数）时，相长（constructive）干涉导致电阻增加，这时 $\Phi = n\Phi_0/2 = nh/2e$，当 $\Phi = (n+1)\Phi_0/2$ 时，相消（destructive）干涉导致电阻减小，因此磁电阻振荡将以 $h/2e$ 磁通周期进行（AB 效应的振荡周期为 h/e）。该理论发表后不久，Altshuler 等①就在石英丝上沉积的金属镁膜的轴向磁致电阻上观测到 AAS 振荡。

第七节 静电 Aharonov-Bohm 效应

至此本节还没有讨论标势 φ 对电子波函数相位的贡献。当给电子波加一个静电势时，波函数将累积一个相因子，这就是所谓的静电 Aharonov-Bohm 效应。在这种情况下，电子相位与电势 φ 成比例，可以写出两者的关系为

$$\Delta\theta = (e/\hbar)\int \varphi \mathrm{d}t \tag{2.7.1}$$

电子相位改变 2π 所对应的势差为 $\Delta\varphi = h/e\tau$。在这里 τ 是积分上限，应为电子穿过器件的时间和相位相干时间 τ_{in} 中较小的那个值。

第八节 电导涨落

这一节讨论包含大量杂质原子的无序介观金属系统。理论和实验都已证实，介观电导对杂质异常敏感，在低温下，出现由电子波跨越整个系统的相干性导致的有趣的电导涨落现象。

---

① ALTSHULER B L, ARONOV A G, SPIVAK B Z. The Aharonov-Bohm effect in disordered conductors [J]. JETP Letters, 1981, 33 (2): 94-97.

一、电导的非局域性

欧姆定律虽然在任何经典电阻体中成功地描述了线性的电流-电压曲线，但在相位相干的输运中却失效了。假定一个具有无规杂质势的小导体放在两个具有不同化学势的电子库间，由于偏置存在，使得无规势分布倾斜。这样一个偏置杂质势的有效电阻是偏置电压的无规函数。当 $L<L_\varphi$ 时，电子波函数扩展到整个样品，在某个点的任何扰动将调整整个波函数，特别是样品里其他点的电子相位。所以，局域电导率失去了意义，欧姆定律不再适用，I 和 V 之间的关系是非线性的。当 I 改变时，电导涨落十分强烈。如果定义 ΔG 作为电导的测量值和经典值之差，则其涨落振幅的量级为 e^2/h。

一个值得指出的现象是，交换电池的两级，测得的电阻并不对称。也就是说，作为电流的函数，$R(I)$ 并不等于 $R(-I)$，这说明，正偏压和负偏压没有内禀的对称性，因为电势在一个真实的金属线中不再具有中心反演对称。

I-V 曲线的非线性已经在实验上被测量到。在低温下 Sb 金属线中发现了非欧姆定律行为。可以看出，对欧姆定律的偏离是很显著的。量子干涉引起电导在所研究的电流范围内无规但重复地涨落，靠近零电流时，涨落十分尖锐，均方根振幅为 e^2/h。

一个有趣的实验结果来自用四端方法测量的样品。当测量电压的端口间的长度 L 小于 L_φ 时，电压涨落的均方根振幅与长度 L 无关。

二、普适电导涨落

在介观系统中，量子相干性导致样品特殊并可重复的电导涨落。对于长度 $L\leqslant L_\varphi$ 的介观导体，电导涨落因样品的不同而不同，但它的均方根值

$$\Delta G\equiv\sqrt{\langle (G-\langle G\rangle)^2\rangle} \tag{2.8.1}$$

粗略地可由 e^2/h 给出，且几乎与杂质组态、样品尺寸和空间维度无关，因此被叫作普适电导涨落。这里 $\langle\cdots\rangle$ 是指对一组具有不同杂质位置布局的相似的介观导体的平均。正如前文所述，e^2/h 是量子输运过程的基本电导单位，因此它作为介观导体中电导涨落的基本尺度并不令人意外。

从半经典输运理论的观点来看，这些普适电导涨落超乎寻常地大。在半经典输运的玻尔兹曼理论中，平均电导归因于无序散射。在具有 N 个散射体的宏观样品中，N 是个大数，故改变一个散射体，很难看出效果。但对于一个介观样品，散射体数目相对较小，带电载流子将访问到每个杂质，而路径的相移将是所有散射体贡献的相移总和，因此改变一个杂质的效应不能忽略。理论上对普适电导涨落可以做一个启发式的讨论。从两端多通道 Landauer 公式

$$G=\frac{e^2}{h}\sum_{\alpha\beta}|t_{\alpha\beta}|^2 \tag{2.8.2}$$

出发，这里 $t_{\alpha\beta}$ 是从左边的入射通道 β 到右边的出射通道 α 的透射振幅。量子力学中透射振幅可以写为

$$t_{\alpha\beta}=\sum_{i=1}^{M}A_{\alpha\beta}(i) \tag{2.8.3}$$

这里 $A_{\alpha\beta}(i)$ 代表连接通道 β 到 α 通道的第 i 个费曼路径的概率幅。本节可以半经典地意外认为，第 i 个费曼路径是从样品的左边到右边的经典无规行走路径。费曼路径被看成限制

于连接两端点的半径为 λ_F 的窄管。无序的存在意味着电子是扩散的，费曼路径是覆盖样品大部分区域的无规行走，故 M 是很大的。假定 $A_{\alpha\beta}(i)$ 是独立的无规复变量，由此本节能计算 $|t_{\alpha\beta}|^2$ 的涨落，由 $\Delta\langle|t_{\alpha\beta}|^2\rangle = [\langle|t_{\alpha\beta}|^4\rangle - \langle|t_{\alpha\beta}|^2\rangle^2]^{\frac{1}{2}}$定义。

在适当近似下，有

$$\langle|t_{\alpha\beta}|^4\rangle = \sum\langle A^*_{\alpha\beta}(i)A_{\alpha\beta}(j)A^*_{\alpha\beta}(k)A_{\alpha\beta}(l)\rangle = 2\langle\sum|A_{\alpha\beta}(i)|^2\rangle^2 = 2\langle|t_{\alpha\beta}|^2\rangle^2 \tag{2.8.4}$$

于是马上得到

$$\Delta\langle|t_{\alpha\beta}|^2\rangle = \langle|t_{\alpha\beta}|^2\rangle \tag{2.8.5}$$

这表示每个透射率的相对涨落的数量级为 1。

本节试图从式（2.8.2）和式（2.8.5）来估计电导 G 的涨落。最简单的假设是不同的通道是不关联的，即 $|t_{\alpha\beta}|^2$ 与 $|t_{\alpha'\beta'}|^2$ 之间不存在联系。但这样算出的结果与实验相比过小。注意到为了穿越样品，$t_{\alpha\beta}$应包括多重散射，所以在输运通道之间存在很强的关联，然而反射振幅可能只由少数几次散射事件决定。实际上，正确的答案应该从反射振幅 $r_{\alpha\beta}$ 而不是透射振幅 $t_{\alpha\beta}$得到。引入

$$R = \frac{e^2}{h}\sum_{\alpha\beta}|r_{\alpha\beta}|^2 \tag{2.8.6}$$

通过条件 $G+R=\frac{e^2}{h}N$，可以确认 G 的涨落与 R 的涨落是一样的。用与得到式（2.8.5）同样的推理方法，本节得到

$$\Delta\langle|r_{\alpha\beta}|^2\rangle = \langle|r_{\alpha\beta}|^2\rangle \tag{2.8.7}$$

如果假定 $|r_{\alpha\beta}|^2$ 在输运通道之间是不关联的，则有

$$\Delta R \approx \frac{e^2}{h}N\langle|r_{\alpha\beta}|^2\rangle \tag{2.8.8}$$

容易论证，$G\approx\frac{e^2}{h}N\ (l/L)$，这里 L 是样品尺寸，l 是平均自由程，于是，

$$\langle|t_{\alpha\beta}|^2\rangle \approx \frac{l}{NL} \tag{2.8.9}$$

并由此得到

$$\langle|r_{\alpha\beta}|^2\rangle \approx \frac{1}{N}\left(1-\frac{l}{L}\right) \tag{2.8.10}$$

这说明只要 $l\ll L$，大多数入射电子束被反射到 N 个通道。结合式（2.8.8）和式（2.8.10），就得到普适电导涨落

$$\Delta G = \Delta R \approx \frac{e^2}{h} \tag{2.8.11}$$

实验中，从一个样品到另一个样品的电导涨落的观察是用一个放在变化的外磁场中的样品获得的。在各种无规散射事件中，磁场给电子分波增加了相因子，这与样品中杂质位置的变化有同样的效果。所以可以测量磁电阻来验证介观系统中的普适电导涨落。对于大块金属样品，电导随外场平滑地变化。大块样品的物理性质取决于材料，但同一材料的各种样品有相同的物理性质。低温下，金属线的磁电阻的涨落图样是样品特殊的，即对于由同一材料组成的另一样品，磁电阻图样将不同，因为两个样品中的散射体的数目和分布不一样，这叫作磁指纹。而对于给定样品，图样是可以重复的。

介观样品中的磁电阻与 AB 效应紧密相关。考虑如图 2.8 所示的一个进入由各种散射体组成的导体的电子的路径。这个路径代表这些所有可能路径中的一个，路径由各种回圈组成。当加上磁场时，按 AB 效应，在回圈的每段有一个与场有关的相移。在下一个节点干涉图样随磁场振荡。振荡的幅度在每个路径中为 e^2/h 的数量级。其周期是 $\varphi_0=h/e$ 除以回圈的面积 A。因为面积 A 可以取从零至样品横截面积的任何值，故样品的电导是这些与回圈周期和相位有关的振荡的叠加，最后导致一个非周期涨落。

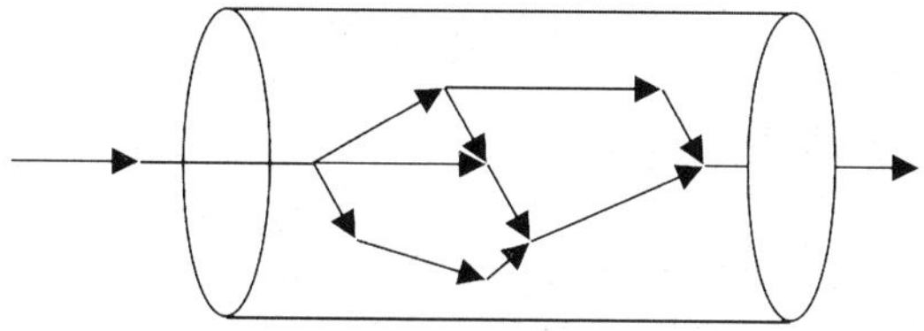

图 2.8　在外磁场下多通道中的电子运动的一个路径

第九节　自旋-轨道耦合相互作用

自旋在本质上是一个量子力学的概念，而在其角动量性质方面上，有其经典的对应。由于自旋和角动量矢量是相互联系的，而电子的磁矩是轨道角动量和自旋角动量共同产生的，从而决定了自旋和磁现象是密不可分的。然而，自旋的量子力学性质使得它不同于经典的角动量。最大不同就是自旋是量子化的，并且只能取离散值。自旋矢量的各分量不对易。因此电子自旋在很多情况下只能用量子力学方法来处理。在半导体自旋电子学中，自旋是由电子或空穴来运载的，自旋的动力学特性可以通过磁场控制。例如外加磁场、在材料中掺杂杂质或自旋载流子、利用自旋-轨道相互作用等等。

近年来，利用电子的自旋轨道耦合作用作为一个操纵电子自旋的可能手段，已引起日益浓厚的兴趣和关注。许多科学工作者对此已经进行了大量的研究工作。塞曼效应是电子自旋自由度与外磁场耦合的结果。其实，即使没有外磁场，一个垂直于电子运动方向上的外电场，在电子的运动坐标系下也会产生一个磁场，电子“感受”到的这个等效磁场与自旋角动量相互作用，从而导致自旋劈裂。这个自旋劈裂的机制就叫自旋轨道耦合。

自旋-轨道相互作用（spin-orbit interaction）是自旋磁矩和轨道磁矩之间耦合的相互作用。起因就是电子绕核运动产生了一个磁场，于是此磁场和自旋磁矩就有了相互作用。在凝聚态物理中许多微观的相互作用都可以用非相对论方法来精确描述，但是，自旋-轨道相互作用是一个例外，它其实就是最大的相对论效应，是原子精细结构的主要来源。

自旋-轨道耦合是广泛存在的，对于存在体对称破缺的晶体，如 GaAs 的闪锌矿结构，局域电场会导致 Dresselhaus 自旋轨道耦合，此外，电场还会和非对称势耦合导致 Rashba 自旋轨道耦合。自旋轨道耦合本质上是外电场对运动自旋的作用，是相对论的结果。在通常情况下自旋轨道耦合作用很弱（可以忽略），在某些半导体体系中却表现出很强的作用，而且它的耦合强度可以通过外电压或外电场来调节和控制。

当考虑晶体结构时，自旋-轨道相互作用与材料的对称性有关。这里仅仅考虑两种在自旋电子学的应用中有着重要意义的机制：Rashba 和 Dresselhaus 自旋–轨道相互作用。

自旋–轨道相互作用一般用一项自旋–轨道耦合哈密顿量来表示。这个自旋–轨道耦合哈密顿量可以通过对狄拉克（Dirac）方程做非相对论近似来得到。从而可分为两种自旋轨道耦合项：Rashba 自旋轨道耦合和 Dresselhaus 自旋轨道耦合。对于具有闪锌矿结构的半导体，Rashba 自旋轨道耦合产生于接触面限制势的结构反演不对称性，例如在调制掺杂的异质结或外电场所形成的势阱中；而 Dresselhaus 自旋轨道耦合产生于晶格结构反演不对称性。

一、原子中的自旋–轨道耦合

原子中电子在中心力场中的哈密顿量可写为

$$\boldsymbol{H}=\boldsymbol{H}_0+\boldsymbol{H}_{\mathrm{sp}} \tag{2.9.1}$$

其中，$\boldsymbol{H}_0=\frac{p^2}{2\mathrm{m}}+\mathrm{V}(\boldsymbol{r})$，$V(\boldsymbol{r})$ 表示库仑势，$\boldsymbol{H}_{sp}$ 为自旋–轨道耦合项，表示为

$$\boldsymbol{H}_{\mathrm{sp}}=-\frac{\mu}{c}(\boldsymbol{E}\times\dot{\boldsymbol{r}})\cdot\boldsymbol{S} \tag{2.9.2}$$

若 $\boldsymbol{S}=\frac{\boldsymbol{\sigma}}{2}\hbar$ 表示自旋算符，则自旋磁矩常数是 $\mu=\frac{e\hbar}{mc}$，中心力场的电场强度可表示为

$$E=-\frac{1}{e\boldsymbol{r}}\cdot\frac{\mathrm{d}V(\boldsymbol{r})}{\mathrm{d}\boldsymbol{r}}\boldsymbol{r} \tag{2.9.3}$$

因为 $\dot{\boldsymbol{r}}=\frac{\boldsymbol{p}}{m}$ 和轨道角动量定义 $\boldsymbol{L}=\boldsymbol{r}\times\boldsymbol{p}$，

自旋–轨道哈密顿量变为

$$\boldsymbol{H}_{\mathrm{sp}}=\frac{\hbar^2}{2m^2c^2}\frac{\mathrm{d}V(\boldsymbol{r})}{\boldsymbol{r}\mathrm{d}\boldsymbol{r}}\boldsymbol{l}\cdot\boldsymbol{\sigma} \tag{2.9.4}$$

式中的 $\boldsymbol{l}$ 代表无量纲的轨道角动量算符，而 $\boldsymbol{\sigma}$ 则是泡利（Pauli）算符。自旋–轨道耦合导致了原子光谱的精细结构。

二、半导体中的自旋–轨道耦合

半导体介观体系中的自旋–轨道耦合和二维系统中基于自旋–轨道耦合的自旋霍尔效应研究，近年来引起广泛的注意，因为人们寄希望于开发出自旋量子器件。本节仍然从自旋粒子的经典拉格朗日量出发，只考虑自旋–轨道耦合哈密顿量，方程中的哈密顿量有

$$\boldsymbol{E}=-\nabla V \tag{2.9.5}$$

和 $\boldsymbol{p}=\hbar\boldsymbol{k}$ 以及 $\boldsymbol{S}=\frac{\hbar}{2}\boldsymbol{\sigma}$。

自旋–轨道耦合哈密顿量则为

$$\boldsymbol{H}_{\mathrm{so}}=\frac{\mu\hbar^2}{2mc}\boldsymbol{\sigma}\cdot(\nabla V\times k)=-\frac{\mu\hbar^2}{2mc}(\boldsymbol{\sigma}\times\boldsymbol{k})\cdot\nabla V \tag{2.9.6}$$

（一）Rashba 耦合作用

自旋轨道耦合是相对论效应，通常很小，但在半导体中当能隙和自旋轨道耦合劈裂

在同一量级时，由外场引出的自旋-轨道耦合不能忽略，

$$\boldsymbol{H}_{so}=\frac{\mu\hbar^2}{2mc}\boldsymbol{\sigma}\cdot(\nabla \boldsymbol{V}\times\boldsymbol{k})=-\frac{\mu\hbar^2}{2mc}(\boldsymbol{\sigma}\times\boldsymbol{k})\cdot\nabla \boldsymbol{V} \tag{2.9.7}$$

$\boldsymbol{H}_R=\alpha(\boldsymbol{\sigma}\times\boldsymbol{k})\cdot\boldsymbol{z}$，称为 Rashba 自旋-轨道耦合，和波矢 $\boldsymbol{k}$ 是线性关系，$\boldsymbol{z}$ 是外场方向单位矢量，α 是耦合系数。

（二）Dreashauls 耦合作用

另一种被称为 Dreashauls 耦合的哈密顿量可写为

$$\boldsymbol{H}_D=\beta(\boldsymbol{k})\cdot\boldsymbol{\sigma} \tag{2.9.8}$$

其中，

$$\beta(\boldsymbol{k})=\beta\left[k_z(k_x^2-k_y^2)e_z+k_y(k_z^2-k_x^2)e_y+k_x(k_y^2-k_z^2)e_x\right] \tag{2.9.9}$$

是晶体内禀等效磁场，对波矢 $\boldsymbol{k}$ 的依赖是非线性的。

第十节　Fano 效应

一、Fano 效应

Fano 共振效应是干涉实验中普遍存在一种现象，在很多领域都可以观测到，比如：中子散射、原子光电离、拉曼散射、光吸收以及介观系统中的电子输运等。介观系统中，在每一个能量下，如果电子存在两条相互干涉的通道，其中一条通道是共振态通道，如量子点中的分立态；另一通道为连续态通道，如量子线或开放环中的电子态，那么系统的电导峰将呈反对称线型。这种效应就是本节常说的 Fano 效应。

量子点 Fano 系统可以在 Aharonov-Bohm 环的其中一臂上嵌入量子点来实现。量子点中呈现离散的能级，在库仑阻塞区，量子点中的单粒子能级可以用门电压 V_g 来调节。也就是说，只有在该能级与电极的费米面对齐时，电子才被允许通过量子点。而无量子点的一臂是直接通道提供连续的能态。这样 Aharonov-Bohm 干涉仪可以被看成一臂是连续态，而含量子点的一臂具有离散态的 Fano 系统。这正是在相干电子输运系统中实现 Fano 效应的一种方式。如果将含量子点调到近藤区，同样用门电压调节单粒子能级，就可以研究 Fano 效应和近藤效应的相互影响。事实上，在与量子点耦合的量子线、量子点接触等一维输运通道中也发现了 Fano 共振现象。这种结构使得人们可以独立地调控离散共振能级和连续非共振能态之间的耦合。虽然此结构与嵌有量子点的 Aharonov-Bohm 环相比电导线型比较难调节，但是共振谱包含了纯粹的电子相干部分，从而人们可以研究电子通过量子点的相位特征。比如，让电子在一维传输通道中部分地透射，同时又不让进入量子点，就可以观测一维传输通道对量子点中电荷的电感应。如果降低量子点的隧穿势垒就相当于将电子从一维传输通道推向量子点，使得所有导电电子都要穿越量子点，这样就能够观测到库仑阻塞现象。在这两种现象之间是库仑阻塞修正了的 Fano 效应。因此，可以从中获取共振参数，并用来推算连续输运通道和量子点间的耦合强度。

Fano 效应在许多介观系统和问题中都有出现，并且被应用于不同的方面。如：表面

杂质、碳纳米管、相位探测和自旋过滤器等。

二、Fano 共振

分立能级和与其能量简并的连续态之间发生量子耦合，就会组成新的量子态。分立能级两侧的不同相位造成量子跃迁振幅的相干和相消干涉，并由此产生以不对称吸收峰为特征的 Fano 共振现象。近年来，Fano 共振现象在若干半导体微结构中被实验观测到。

当系统的有限个离散态和连续态（分别对应于分立能级和连续能谱）耦合在一起时，其哈密顿量可写为

$$\boldsymbol{H}=E_{\varphi}|\varphi\rangle\langle\varphi|+E'|\psi_{E}'\rangle\langle\psi_{E}'|+(V_{E}'|\psi_{E}'\rangle\langle\varphi|+V_{E}^{*}{}'|\varphi\rangle\langle\psi_{E}'|)$$

其中，E_{φ} 和 φ 分别为离散态的本征能级和本征态，E' 和 ψ_{E}' 分别为连续态的能量和波函数，V_{E}' 表征离散态和连续态之间的耦合强度。

这样的一个体系具有以下三个显著的特点：

（1）离散态和连续态的共振耦合导致离散能级发生有限大小的展宽，展宽大小标记为 Γ。

（2）离散能级 E_{φ} 的大小取决于系统波函数的相位移动，整个系统的波函数会发生大小为 π 的相位移动，并且这个相移是在展宽 Γ 的宽度上连续过渡完成的。

（3）如果系统通过这个共振通道演化，并且和另一个非共振通道（在系统中，将其作为参考通道，它在 Γ 能量范围内的相位变化很小）发生干涉时，在能谱上的 E_{φ} 能级附近产生非对称的线型，称为 Fano 线型。用数学表示为 $\frac{(\varepsilon+q)^2}{1+\varepsilon^2}$，这里，$\varepsilon=\frac{(\varepsilon-\varepsilon_0)}{\Gamma}$。$q$ 称为 Fano 反对称因子，描述线型对称的程度，q 越大，线型越趋于对称的洛伦兹（Lorentz）谱型，而当 $q=0$ 时，谱线将完全不对称。

由于以上这些性质是 Fano 在 1961 年的研究中首先发现的，于是这三个性质被统称为 Fano 效应，其对应的共振则被称为 Fano 共振。

在理论和实验上都能比较成功实现 Fano 效应的一个典型模型是单臂上镶嵌一个量子点的 AB 环结构。

第十一节　Kondo（近藤）效应

Kondo（近藤）系统是凝聚态物理中非常著名和研究得最为全面的一个强关联电子系统。对 Kondo 系统研究的意义，不仅在于认识和了解产生 Kondo 效应内在的物理机理，更为重要的是，由于 Kondo 模型可以精确求解，为了检验处理其他强关联电子系统的数学方法是否可靠，可以通过把这种方法用于处理 Kondo 系统而得到验证。所以，Kondo 系统是人们研究其他强关联电子系统的一个非常理想的模型。

通常，随着温度的降低，金属原子的晶格振动逐渐变小，电子变得更为容易通过金属晶格，电阻变小。然而，在超低温下（<10 K），金属的电阻表现为三类现象：一类是金属的电阻在温度低于 10 K 以下逐渐达到饱和，甚至在非常低的温度下都保持一个恒定有限的电阻，譬如铜和金，这类金属的低温电阻由晶格中的静态缺陷数所决定，电阻正

比于晶格缺陷数。第二类金属，如铅、锡、铝等，在一定的低温下会突然失去电阻变成超导体，这种超导体转变涉及相变。另外，还有一种特别的情况就是当一些简单金属（如：铜、金、银）中加入少量过渡金属元素（如：铁，锰等）或稀土元素（如：钴、铀等）时，这就形成了稀磁合金。与简单金属相比，当温度降到低温区时（<10 K），稀磁合金出现了完全不同的热力学性质和输运性质，统称为反常现象，主要有：电阻反常、磁化率反常和比热反常。在低温下，随着温度的降低电阻先减小达到最低值，然后不断升高，这个过程中没有涉及相变。这种金属电阻随着温度降低出现的反常增加行为，早在20世纪30年代就被发现，然而对于该现象的合理解释，曾长期成为困扰科学界的难题。直到1964年，Kondo首次从理论上阐明了导致稀磁合金出现反常的物理机制，他指出反常的电阻增加行为来源于磁性杂质。所以，这种现象就被称为“Kondo effect（近藤效应）”。

Kondo理论的提出引起了科学家的普遍兴趣。因为Kondo效应并不仅仅是稀磁合金的一个简单性质，同时也是许多多体体系的一个基本的物理性质，譬如量子物理、粒子物理。而且Kondo效应出现在特定的温度之下 T_k，通常称之为Kondo温度。在此温度下，金属电子自旋会屏蔽杂质电子的局域自旋。1961年，Anderson提出了单杂质模型，也叫s-d混合模型（s-d mixing model）。① 该理论假设杂质只有一个能级，能量为 ε_0，杂质自旋为$\frac{1}{2}$，在 z 方向上的投影只有向上或向下，交换过程能有效地倒逆杂质局域自旋，即向上自旋$\frac{1}{2}$倒逆为向下自旋$-\frac{1}{2}$，或相反。同时，在费米海创造一个自旋激发。这种自旋交换改变了系统的能谱。当连续的交换持续进行时，一个新的状态就产生了，通常称之为“Kondo resonance”（近藤共振）。有必要指出，“Kondo resonance”（近藤共振）是持续共振的，条件就是系统温度达到足够“冷”，到Kondo温度 T_k 以下。Kondo效应改变了系统的能谱，所以系统总是在共振，即使系统的初始能级 ε_0 远大于费米能。Kondo共振能有效地散射能量靠近费米能级处的传导电子，而低温金属的电阻由传导电子的输运特性决定，所以近藤效应决定了稀磁合金电阻的反常增加。

第十二节 电导量子化

电导量子化是指量子点接触的电导量子化，也就是说在二维电子气中短而窄的收缩区里得到的，电子在其中做的是完全的弹道输运，即 $L \sim W$，L 和 W 分别是电子波导的长度和宽度，且它们均远小于电子平均自由程 l。

1988年van Wees等②和Wharam等③独立地发现改变分裂栅的电压从而使得量子点接

① ANDERSON P W. Absence of diffusion in certain random lattices [J]. Physical Review, 1958, 109 (5): 1492-1505.

② WEES B J V, HOUTEN H V, BEENAKKER C W J, et al. Quantized conductance of point contacts in a two-dimensional eletron gas [J]. Physical Review Letters, 1998, 60 (9): 848-850.

③ WHARAM D A, THORNTON T J, NEWBURY R, et al. One-dimensional transport and the quantisation of the ballistic resistance [J]. Journal of physics C: solid state physics, 1988, 21 (8): 209.

触宽度改变（范围在 0~30 nm 之间）时电导呈台阶式变化，台阶近似是 $2e^2/h$ 的整数倍。从量子力学的观点出发，一个电子穿过分裂栅，就必须占据一个由分裂栅条件决定的量子态，这就相当于 Laudauer 理论中的多通道情况。应用 Laudauer 公式与量子点接触体系，可得到电导：

$$G = \frac{2e^2}{h}\sum_{n=1}^{N} T_n$$

其中，$T_n = \sum_{m=1}^{N} |t_{nm}|^2$，这里 t_{nm} 是从第 m 个模过渡到第 n 个模的传输概率幅。在量子点接触区，电子弹道式地通过，没有散射，从而不发生模式之间的转换，因而 $t_{nm} = \delta_{nm}$。由于被占据的子带数总是整数，随通道的宽窄而改变，所以电导呈台阶式变化，这样使得实验和理论得以结合。

第十三节　单电子隧穿和库仑阻塞

什么叫库仑阻塞？定义如下：

带电粒子，受电场作用做定向运动，产生电流，在多体带电系统中，由于库仑作用，每个带电粒子同时处在两种电场作用下，一是可能存在的外电场，二是伴随系统所有带电粒子的电场，考虑分离的多体带电系统，即系统被势垒分隔成了几个部分，此时，带电粒子靠隧道效应而穿透势垒，从分离的一部分抵达另一部分，形成电流，该理论预言，电流在一定条件下会中断，这就是所谓的库仑阻塞（Coulumb blockade）。库仑阻塞效应已经成为低维物理中的一个重要的研究方向，它是量子点结构中所特有的量子化效应。库仑阻塞效应是与单电子隧穿现象紧密联系在一起的，具体表现为体系静电能量对隧穿过程的影响。通常来说，电流是由于带电的粒子在电场中运动产生的，电子在低维体系中的能量和动量是量子化的，电荷的量子化导致了一些有趣的想象，由于纳米级的量子点的电容 C 仅为10^{-18} F 量级，其中增加或减少一个电子的电量 e 时，电势能的变化（称为库仑能）可达几十毫电子伏特。当纳米尺度的金属量子点发生一个电子的电量变化时，它的势能变化通常大于 $k_B T$（热运动能量，k_B 是玻尔兹曼常数，T 是绝对温度）和电子的量子化能量。

这就意味着当一个电子进入该量子点后它会阻止下一个电子的进入，即电子只能是以单个电子的顺序进行传输，这就是量子输运过程中的库仑阻塞效应。这就导致了一种现象：当一个电子隧穿进入某一量子点时它将阻止第二个电子的进入，这一过程将导致系统能量的增加，只有当一个电子离开量子点后，第二个电子才有机会进入该量子点，这就是单电子隧穿。也就是说电子不能通过量子点集体传输，而是单电子的传输。利用库仑阻塞效应可以设计单电子晶体管等未来的纳米电子器件。

第十四节　自旋偏压

一、自旋偏压简介

自旋偏压也叫自旋相关化学势垒，是产生自旋流的工具。当自旋流通过一个装置时，总会在这种装置的两端出现自旋偏压。自旋偏压表明电极两端的化学势是与自旋相关的。自旋偏压与自旋流的关系类似于电荷偏压和电荷流的关系。自旋偏压被认为是自旋流背后的驱动力，它通常会引起自旋积累产生自旋流。一般的量子输运系统是电极-中间系统-电极模型，在理论研究中，可以在两电极加上任意的自旋偏压如 $\mu_{L\uparrow}$、$\mu_{L\downarrow}$、$\mu_{R\uparrow}$、$\mu_{R\downarrow}$。电极上自旋偏压的取值不同会引起系统电子占据数、电流、电导等一系列物理量的变化，有利于得到新的物理特性。

量子统计中费米分布函数 $f_{\sigma\sigma}(\varepsilon)=1/\left[1-\exp((\varepsilon-\mu_{\alpha\sigma})/k_B T)\right]$，其中 $\alpha\in L$，R 表示左右电极，$\sigma=\uparrow(\downarrow)$ 表示电子的自旋，k_B 是玻尔兹曼常数，T 表示绝对温度，可以看出它同电极化学势 $\mu_{\alpha\sigma}$ 是有关系的。因此，自旋偏压 $\mu_{\alpha\sigma}$ 会引起电极上电子费米分布函数的变化，进而会对电子的输运性质产生影响。而对于铁磁电极，由于费米面上自旋向上和向下的电子的态密度不相同，使得参与输运不同自旋的电子的数量不相等。例如铁磁电极的量子点输运系统中，隧穿率 $\Gamma_{\sigma L}=\Gamma_0\left[1+(-1)^{\delta_{\downarrow L}}p\right]$、$\Gamma_{\sigma R}=\Gamma_0\left[1-(-1)^{\delta_{\downarrow R}}p\right]$，$\Gamma_0$ 表示电极和量子点之间的耦合强度，p 表示电极的极化率。因此，铁磁电极影响的是不同自旋电子的隧穿率，进而影响电子的量子输运性质。可以看出：自旋偏压和铁磁电极影响输运的机制是不相同的。

二、自旋偏压的应用

近些年，自旋电子学获得越来越多的关注。与电荷流在电子学中扮演重要的作用一样，自旋流是自旋电子学中重要的物理量之一。自旋电子学的核心问题是如何产生、操纵和探测自旋流。产生自旋流的手段多种多样，到目前为止，如泵激发、光注入、磁注入以及自旋霍尔效应等方法都能很好地获得自旋流。而对于自旋流的测量，实验上发光二极管或光谱已被用于检测样品边界积累的自旋电流。而且，逆自旋霍尔效应已实现了电测量。此外，目前理论上对自旋流的测量建议也是可行的。这些措施包括通过铁磁和非铁磁界面的自探测和电场诱导的自旋流的探测。然而，所有这些实验仪器的构造都十分的复杂，都要涉及光场、磁场或自旋轨道相互作用等因素。迄今为止，尚未有实际和有效的方法来测量自旋流。因此，对自旋电流的测量仍然是一个难题。

在电子输运过程中，可以通过测量电荷偏压来间接测量电荷流。对于自旋流通过自旋装置的过程，自旋相关化学势（自旋偏压）通常用来产生自旋流。因此，通过测量自旋偏压来间接测量自旋流的方法也是可行的。量子点接触是介观物理中最简单的设备，其输运特性已被广泛研究。在此装置中，随着门电压的变化电导呈现台阶状。实验中，量子点接触已成为探测量子点内的电子数目的有效工具。研究人员提出了一个有效方法，用量子点接触或扫描隧道显微镜针尖来探测自旋偏压，进而间接测量自旋流。研究显示，量子点接触装置加一不对称的自旋偏压后，电荷偏压或电荷流将会产生。因此，这种简单的方法可以通过测量电荷偏压来探测自旋偏压。另外，研究人员还提出用双量子点的方法对自旋偏压进行电测量的方法。双量子点测量自旋偏压模型比较好，这种方法不涉及任何光学、磁学，以及自旋轨道相互作用，它是通过测量电荷偏压间接测量自旋偏压。当两电极都自旋极化时，应用自旋偏压能够得到较大的电荷流。特别是，在开放回路中电荷偏压导致了平衡自旋偏压的产生，并且参数在很大范围内是可测的。自旋偏压和强库仑相互作用下，两个量子点中会产生两个自旋极化态。因此，相反方向上带有不同自旋的电流将不再相等，以至于这一自旋偏压产生的电荷流通过量子点，故而可以通过测量电荷偏压（或电荷流）来测量自旋偏压。

第十五节　量子隧穿效应

1965 年，Sharvin 提出了量子点接触（quantum point contact）的概念，它是由两电极的金属节流组成的系统。① 在半导体异质结中，当其中一种材料比另一种材料电子能量高时，那么这种材料构成的势垒就会阻碍电子运动。然而，当势垒变得比较薄时，电子的波动性发挥作用，它能够让电子以波的形式通过这个势垒而形成电流，本节把这一过程称为量子隧穿效应。

对于量子点系统，量子隧穿效应同样存在。量子点输运系统的基本模型是电极-量子点-电极模型，由于其特殊几何尺寸会产生分离的能级，这样电子就会累积到量子点的能级上。如果量子点距离较近，它们之间会有一定概率的隧穿产生，因此在量子点系统中同样会产生量子隧穿效应。利用量子点系统这种储存和转移电子的能力，可以设计大容量的量子储存器件和运算处理器。这些器件将在计算机的信息储存以及处理方面发挥重要的作用。

第十六节　共振隧穿

一、共振隧穿现象

从经典物理的角度来看，当电子穿过势垒时，如果电子能量小于势垒高度，电子将被反射回来。但从量子力学的角度来看，电子仍然会有一定的概率通过隧穿的方式越过势垒，进而产生隧穿电流。其大小与电子能量大小、势垒的高度及厚度等条件有关。对于双势垒结构，阱中的束缚态的能量是分立的，当电子能量 E 与阱中束缚态能级相等时，电子被束缚在阱中的概率将达到极大值，隧穿电流也相应地达到极大值；当电子能量远离束缚态能级时，隧穿概率和电流会迅速减小。

---

① SHARVIN Y V. A possible method for studying fermi surfaces [J]. Soviet Physics JETP-USSR, 1965, 21 (3): 655.

二、共振隧穿原理

下面就来介绍共振隧穿原理。为方便起见，本节讨论电子在一维对称双势垒中的相干隧穿问题。如图 2.9 所示，能量为 E 的电子从左边入射双势垒结构，假定电子能量 E 小于势垒高度 V，从经典的眼光来看，当电子从穿过势垒时，如果电子能量小于势，电子将被反射回来。但量子力学告诉我们，电子仍然会有一定的概率通过隧穿的方式越过势垒，进而产生隧穿电流。其大小与电子能量大小、势垒的高度及厚度等条件有关。对于双势垒结构，电子仍然会有一定的概率通过隧穿的方式越过左势垒阱内，然后再隧穿右势垒到达结构右边，进而产生隧穿电流。电流的大小取决于电子通过双势垒的概率，该概率依赖于电子能量的大小、势垒的高度、势阱的宽度和势垒两边能量为 E 的态密度的大小。对于双势垒结构，阱中的束缚态的能量是分立的，当电子能量 E 与阱中束缚态能级相等时，电子被束缚在阱中的概率将达到极大值，隧穿电流也相应地达到极大值；当电子能量远离束缚态能级时，隧穿概率和电流会迅速减小。在隧穿系数或电流与电子能量的关系曲线中我们将观察到共振峰结构。由于束缚态能级的展宽，故这些共振峰也会有相应的宽度，而不是孤立的峰结构。

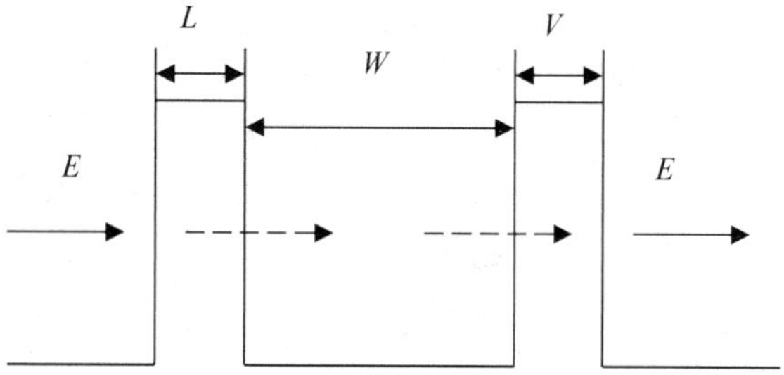

图 2.9　电子相干隧穿对称双势垒量子结构

第三章　介观系统量子输运理论的基本计算方法

介观体系中量子输运的基本问题是求解薛定谔方程。对于实际系统，随着外加电磁势场的越发复杂，而对应的哈密顿矩阵为大矩阵，严格的解析方法已变得十分困难。人们发展了许多有效的半解析或纯数值方法求解玻尔兹曼方程来研究电子弹道输运，如本征函数展开法和差分法等。求解磁量子输运的电导，有散射矩阵法、有限元法及格林函数递归法等。而对于单电子散射问题，转移矩阵法被广泛采用，这是一种无须求解大矩阵的十分简洁及方便的方法，而且可求某些复杂体系的电子输运问题。总之，方法很多，本章将介绍几种基本的计算方法。

第一节　Landauer-Büttiker 输运理论

Landauer-Büttiker 输运理论方案的关键问题之一是在没有非弹性散射的条件下，系统的电子跃迁性质完全可以用系统的跃迁概率性质来描述，而跃迁概率性质又可以用散射矩阵来描述。因此，在 Landauer-Büttiker 输运理论方案下，电子输运这个复杂的问题就转化成了寻找所研究样品的恰当的散射矩阵。

考虑图 3.1 的方案。整个结构被分解成了一个样品和两条导线，所有的散射都在样品里发生，两条理想的一维导线把样品同左边和右边的电子库连接起来，左边和右边的电子库的电子势分别是 μ_L 和 μ_R，入射的电子波一部分被样品反射回来，另一部分透射穿过样品。这个方案里的基本假设是把所感兴趣的样品通过两条理想的导线耦合到两个理想的电子库。这里假设这个理想的电子库有如下的性质：

（1）它在已知的电子化学势 μ_i 中处于平衡；

（2）电子库足够大，以至于即使存在电流，电子化学势也保持在 μ_i；

（3）进入电子库的电子只有达到平衡 μ_i 后才能返回导体。

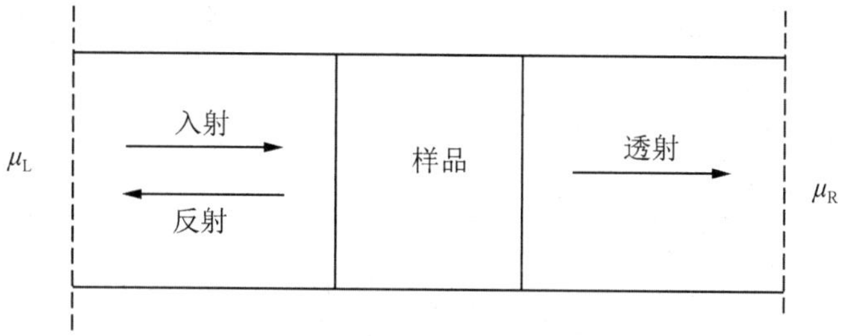

图 3.1　纳米尺度模型示意图

样品本身可以属于任意的类型，具有任意的形状，有任意的数目，在样品中可以发生散射，但是所发生的散射必须是弹性散射。为了阐述在这个方案中是怎样引入传输和反射的概念，考虑图 3.1 的构建。假设电子能量为 ε、波矢大小为 k_n^L 的电子从左边的导线入射，它们二者的关系由下式给出：

$$\varepsilon=\varepsilon_n^L+\frac{\hbar^2(k_n^L)^2}{2m^*} \tag{3.1.1}$$

在低温下，假设 $\mu_L>\mu_R$，这时电流只可能从左边的电子库流到右边的电子库。因此，本节考虑样品左边的波函数 $\psi_n^L(x,\ y)$，它由入射波和反射波组成，波函数形式为

$$\psi_n^L(x,\ y)=\psi_n^{L,\ l}(x,\ y)+\psi_n^{L,\ r}(x,\ y)=e^{ik_n^L x}\varphi_n(y)+\sum_m r_{nm}e^{-ik_m^L x}\varphi_m(y) \tag{3.1.2}$$

这里$\{\varphi_n(y)\}$构成了一套完备的本征函数，描述电子波函数的透射部分。同理可以写出样品右边的波函数：

$$\psi_n^R(x,\ y)=\sum_m t_{nm}e^{ik_m^R x}\varphi_m(y) \tag{3.1.3}$$

方程（3.1.3）中存在的能量关系类似于方程（3.1.1）：

$$\varepsilon=\varepsilon_n^R+\frac{\hbar^2\ (k_n^R)^2}{2m^*} \tag{3.1.4}$$

在透射波函数和反射波函数的展开式中，系数 t_{nm} 和 r_{nm} 分别代表了态 m 的叠加比重。系数 t_{nm} 和 r_{nm} 与电子从入射态 n 散射到出射态 m 的比重有关，因此，它们在描述量子输运过程的时候扮演着重要的角色。

就方程（3.1.2）和（3.1.3）所给出的波函数而言，从左边入射的电流 $I_n^L(\varepsilon)$ 可以用下式计算

$$I_n^L(\varepsilon)=\int j_n(x,\ y)\,dy \tag{3.1.5}$$

这里 $j_n(x,\ y)$ 是电流强度：

$$j_n(x,\ y)=\frac{ie\hbar}{2m^*}\left(\psi^*\frac{\partial\psi}{\partial x}-\psi\frac{\partial\psi^*}{\partial x}\right) \tag{3.1.6}$$

把方程（3.1.2）和（3.1.3）代入到方程（3.1.5）和（3.1.6）得到

$$\psi_n^L(x,\ y)\rightarrow I_n^L(\varepsilon)=-e\left(\frac{\hbar k_n^L}{m^*}-\sum_m\frac{\hbar k_m^L}{m^*}\,|r_{nm}|^2\right) \tag{3.1.7}$$

$$\psi_n^R(x,\ y)\rightarrow I_n^L(\varepsilon)=-e\left(\sum_m\frac{\hbar k_m^R}{m^*}\,|t_{nm}|^2\right) \tag{3.1.8}$$

从方程（3.1.7）和（3.1.8）得到

$$\frac{\hbar k_n^{\mathrm{L}}}{m^*} - \sum_m \frac{\hbar k_m^{\mathrm{L}}}{m^*} |r_{nm}|^2 = \sum_m \frac{\hbar k_m^{\mathrm{R}}}{m^*} |t_{nm}|^2 \tag{3.1.9}$$

最终透射率和反射率由下面两个式子给出：

$$T_n^{\mathrm{L}}(\varepsilon) = \sum_m \frac{k_m^{\mathrm{R}}}{k_n^{\mathrm{L}}} |t_{nm}|^2 \tag{3.1.10}$$

$$R_n^{\mathrm{L}}(\varepsilon) = \sum_m \frac{k_m^{\mathrm{L}}}{k_n^{\mathrm{L}}} |r_{nm}|^2 \tag{3.1.11}$$

这里 n 和 L 代表电子在模式为 n 的情况下从左边入射。方程（3.1.9）可以简化成下面的形式：

$$R_n^{\mathrm{L}}(\varepsilon) + T_n^{\mathrm{L}}(\varepsilon) = 1 \tag{3.1.12}$$

从这个式子可以看出一个从模式 n 入射的电子波导模式 n 的透射率和反射率加起来总和为 1，这恰好满足电流守恒条件。很显然，在这个方案中输运性质完全可以用样品的透射和反射性质来描述。在下面的介绍中，我们可以看到系数 t_{nm} 和 r_{nm} 同散射矩阵的关系。

为了计算在有限温度下通过导体的电流，有必要计算往两个方向流的电流。本节假设电子库中电子的分布满足费米-狄拉克分布：

$$f(\mu_i,\ T) = \frac{1}{1+\mathrm{e}^{(\varepsilon-\mu_i)/kT}} \tag{3.1.13}$$

这里 $\mu_i(i=\mathrm{L},\ \mathrm{R})$ 是电子库的化学势。本节在这里对所有的 I_n^{L} 求和，态密度和费米函数作为权重，再对能量进行积分，从而得到由左至右透射的总电流，即

$$I_{\mathrm{L}} = \sum_n \int_0^\infty \rho^+(\varepsilon) I_n^{\mathrm{L}}(\varepsilon) f(\varepsilon - \mu_{\mathrm{L}}) \mathrm{d}\varepsilon = -e \sum_n \int_0^\infty \rho^+(\varepsilon) v_n(k) T_n^{\mathrm{L}}(\varepsilon) f(\varepsilon - \mu_{\mathrm{L}}) \mathrm{d}\varepsilon \tag{3.1.14}$$

这里 $\rho^+(\varepsilon)$ 是所有向右（与波矢同向）的模式的态密度，$v_n(k)$ 是速度，它由下式给出：

$$v_n(\varepsilon) = \frac{1}{\hbar}\frac{\partial \varepsilon}{\partial k} = \frac{\hbar k_n^{\mathrm{L}}}{m^*} \tag{3.1.15}$$

相应地，从右向左的总的透射电流可以写成

$$I_{\mathrm{R}} = \sum_n \int_0^\infty \rho^-(\varepsilon) I_n^{\mathrm{R}}(\varepsilon) f(\varepsilon - \mu_{\mathrm{R}}) \mathrm{d}\varepsilon = -e \sum_n \int_0^\infty \rho^-(\varepsilon) v_n(k) T_n^{\mathrm{R}}(\varepsilon) f(\varepsilon - \mu_{\mathrm{R}}) \mathrm{d}\varepsilon \tag{3.1.16}$$

这里 $\rho^-(\varepsilon)$ 是所有向左（与波矢反向）的模式的态密度，T_n^{R} 是从右入射的电子的透射率。由于

$$\rho^+(\varepsilon) = \rho^-(\varepsilon) = \frac{m^*}{\pi \hbar^2 k_n} \tag{3.1.17}$$

（由于考虑到自旋简并）并且由于能量 ε 已知，跃迁系数 $T_n^{\mathrm{L}}(\varepsilon) = T_n^{\mathrm{R}}(\varepsilon)$，总电流可以用左、右两个方向的电流差来表示，即

$$I = \frac{2e}{h} \sum_n \int_0^\infty T_n(\varepsilon) [f(\varepsilon - \mu_{\mathrm{L}}) - f(\varepsilon - \mu_{\mathrm{R}})] \mathrm{d}\varepsilon \tag{3.1.18}$$

如果假设所加的电压很小，即在线性响应区域，本节就可以忽略 $T_n(\varepsilon)$ 随能量的变化，那么方程（3.1.18）中的电流在 $T=0$ K 时就可以简化成

$$I = \frac{2e}{h} \sum_n T_n (\mu_{\mathrm{L}} - \mu_{\mathrm{R}}) \tag{3.1.19}$$

如果我们进一步假设，$\mu_L=\mu_F+eV$ 和 $\mu_R=\mu_F$，温度为 0 K，电导为线性的，那么 $g=I/\Delta V$ 就可以写成

$$g(\mu_F)=\frac{2e^2}{h}\sum_n T_n \tag{3.1.20}$$

因此，在 $T=0$ K 下，线性的电导与通过所有的电流携带态的传输概率的总和成正比，这就容易理解在量子线中观察到的电导量子化的现象了。但是在有限温度下，方程（3.1.20）不成立。当偏压很小时，电导有着很简单的形式，因为这时方程（3.1.18）中括号内的部分可以写为

$$f(\varepsilon-\mu_F-eV)-f(\varepsilon-\mu_F)\approx -eV\frac{\partial f(\varepsilon-\mu_F)}{\partial\varepsilon} \tag{3.1.21}$$

这样可把电流方程（3.1.18）写成

$$I=V\sum_n\int_0^\infty \frac{e^2}{\pi\hbar}T_n(\varepsilon)\left[-\frac{\partial f(\varepsilon-\mu_F)}{\partial\varepsilon}\right]\mathrm{d}\varepsilon \tag{3.1.22}$$

在有限温度下，小偏压区域的电导率可以相应地写成

$$g(\mu_F,\ T)=\frac{2e^2}{h}\sum_n\int_0^\infty\left[-\frac{\partial f(\varepsilon-\mu_F)}{\partial\varepsilon}\right]T_n(\varepsilon)\,\mathrm{d}\varepsilon \tag{3.1.23}$$

方程（3.1.18）（3.1.20）和（3.1.23）是 Landauer-Büttiker 输运理论方案中的关键方程，在各种系统的研究中有广泛应用，例如量子线中的弹道透射、双垒共振隧穿结构的共振隧穿。

上面提出的方案描述了两终端系统的输运，但是往往研究人员更感兴趣的是多终端系统。在研究多终端系统的时候本节就要用到 Landauer-Büttiker 输运理论方案的推广。类似于两终端的研究，基本假设是多终端干涉系统样品通过理想的导线耦合到多个电子库。对照两终端系统，电子从一条导线入射，例如导线 j，电子可以被反射回同一条导线，也可以透射到任意一条导线。为了简单起见，本节定义，能量为 ε 的电子从导线 j 的态 n 散射到导线 i 的态 m 的概率为

$$T_{ij}(\varepsilon)=\sum_{mn}\frac{k'_m}{k'_n}\left|t_{ij,\ nm}\right|^2 \tag{3.1.24}$$

相应地，反射率由下式给出：

$$R_{ij}(\varepsilon)=\sum_{mn}\frac{k'_m}{k'_n}\left|r_{ij,\ nm}\right|^2 \tag{3.1.25}$$

应用两终端系统中对电流的类似描述，再考虑电流的入射和出射，从而得到导线 i 中的总电流（在有限温度的情况下），即

$$I=\frac{2e}{h}\left\{\int_0^\infty[N_{ij}(\varepsilon)-R_{ij}(\varepsilon)]f(\varepsilon-\mu_i)\,\mathrm{d}\varepsilon-\sum_{i\neq j}\int_0^\infty T_{ij}(\varepsilon)f(\varepsilon-\mu_i)\,\mathrm{d}\varepsilon\right\} \tag{3.1.26}$$

这里 N_i 是在第 i 条导线中的电流携带模式数。$T=0$ K 时电流方程简化成

$$I=\frac{2e}{h}\left[(N_i-R_{ij})\mu_i-\sum_{i\neq j}T_{ij}\mu_j\right] \tag{3.1.27}$$

这里应用了小偏压的假设，这样 R_{ij} 和 T_{ij} 就不依赖于能量了。

电压与电子化学势 μ_i 有关，$ev_i=\mu_i$，利用这个关系式，方程（3.1.27）可以写成矩阵形式：

$$\boldsymbol{I}=\boldsymbol{G}\boldsymbol{V} \tag{3.1.28}$$

这里 $\boldsymbol{I}$ 和 $\boldsymbol{V}$ 是分别包含有电流 I_i 和 V_i 的矢量，$\boldsymbol{G}$ 是 $M\times M$ 阶电导矩阵，有如下形式：

$$\boldsymbol{G}=\frac{2e^2}{h}\begin{bmatrix} N_1-R_{11} & -T_{12} & \cdots & -T_{1M} \\ -T_{12} & N_2-R_{22} & \cdots & -T_{2M} \\ \vdots & \vdots & \ddots & \vdots \\ -T_{M1} & \cdots & \cdots & N_M-R_{MM} \end{bmatrix} \tag{3.1.29}$$

相应地，把电阻矩阵 $\boldsymbol{R}$ 定义为电导的逆。

方程（3.1.27）（3.1.28）和（3.1.29）给出了样品中电导 $G_{mn,kl}$ 和电阻 $R_{mn,kl}$ 的描述，这里的电压是 k 和 l 之间的电压，这里的电流是从终端 m 流到终端 n 的电流，电流由方程（3.1.24）和（3.1.25）定义的各种透射率 $T_{ij}(\varepsilon)$ 和反射率 $R_{ij}(\varepsilon)$ 计算得到。

第二节　量子输运的量子波导理论理论方法

介观结构的量子波导理论起始点是薛定谔方程：

$$\left(\frac{-\hbar^2}{2m^*}\nabla^2+V(\boldsymbol{r})\right)\psi(\boldsymbol{r})=E\psi(\boldsymbol{r})$$

当其假定结构的宽度相比结构的长度是充足的狭窄时，这样由横向限制产生的量子能级之间能量空间比由纵向输运的能量范围大很多。因此薛定谔方程变成这种结构沿纵向有坐标轴的一维方程。但是一个主要问题是在穿过两个以上的支路一个十字路口的边界条件，在这个边界上波函数相等。现在设 ψ_i 为第 i 条线路的波函数，则在交叉点的波函数满足连续性，即

$$\psi_1=\psi_2=\psi_3=\cdots=\psi_n \tag{3.2.1}$$

根据电流密度的守恒，有

$$\sum_i \frac{\partial\psi_i}{\partial x_i}=0 \tag{3.2.2}$$

其中，坐标 x 为每一个线路上到交叉处的坐标。在每一个线路的波函数是具有相反波矢的两个平面波的线形组合，即 $\psi_i(x)=C_{1i}\exp(\mathrm{i}kx)+C_{2i}\exp(-\mathrm{i}kx)$

因而波函数是由上述三个方程完全决定的。

第三节　模匹配方法

对于宽度不一样的波导结构，可以将其分割成无数个相同宽度的短波导，假设每一个短波导结构中，电子的输运是弹道输运，且电子的状态由薛定谔方程决定。具体做法是把每段波导中的波函数用一套完整的本征矢（即满足该段边界条件的薛定谔方程的解）展开，利用波函数及其一阶导数在边界的连续性对其求解。简单地将其计算过程介绍如下。

如图 3.2 所示，设电子被束缚于 x 方向上的方势阱中，而在 Z 方向上形成了电子通道。由于 y 方向上的势阱很窄，故在一般实验条件下，该方向上仅有最低子能带被占据，因此，在下面的计算中选择该子能带能量为能量零点，并忽略该方向上的贡献。

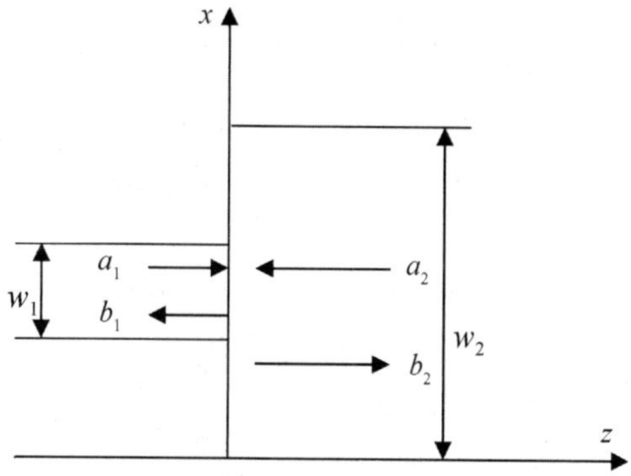

图 3.2　不连续的量子波导示意图

两边的波函数可以用横向本征函数展开如下：

$$\psi_1(x,\ z)=\sum_{n=1}^{\infty}\left(a_n^1 e^{\gamma_n^1 z}+b_n^1 e^{\gamma_n^1 z}\right)\varphi_n^1(x) \tag{3.3.1}$$

$$\psi_2(x,\ z)=\sum_{n=1}^{\infty}\left(a_n^2 e^{\gamma_n^1 z}+b_n^2 e^{\gamma_n^1 z}\right)\varphi_n^2(x) \tag{3.3.2}$$

其中，$\gamma=\mathrm{i}k_z$ 是传播常数，n 是模式或子带索引，$\varphi_n(x)$ 是横向本征函数。

若用 $\boldsymbol{a}_i$ 和 $\boldsymbol{b}_i$ 分别代表输入、输出波的列矢量，且 $\boldsymbol{\varphi}_1^{\mathrm{T}}$ 代表第 i 列的横向本征函数，则上面两式可分别表示为

$$\psi_1=\boldsymbol{\varphi}_1^{\mathrm{T}}\left(\boldsymbol{a}_1 e^{\gamma_n^1 z}+\boldsymbol{b}_1 e^{\gamma_n^1 z}\right) \tag{3.3.3}$$

和

$$\psi_2=\boldsymbol{\varphi}_2^{\mathrm{T}}\left(\boldsymbol{a}_2 e^{\gamma_n^2 z}+\boldsymbol{b}_2 e^{\gamma_n^2 z}\right) \tag{3.3.4}$$

如果边界上被设想为是硬壁，利用波函数以及波函数的一阶导数连续性，可以求得

$$\varphi_n^1(x)=\sqrt{\frac{2}{\omega_1}}\sin\left(\frac{n\pi}{\omega_1}\ (x-c)\right)$$

$$\varphi_n^2(x)=\sqrt{\frac{2}{\omega_2}}\sin\left(\frac{n\pi}{\omega_2}x\right),\ n=1,\ 2,\ 3,\ \cdots \tag{3.3.5}$$

$$k_z^i(n)=\sqrt{\frac{2m^*}{\hbar^2}(E-V_i)\ -\left(\frac{n\pi}{\omega_i}\right)^2} \tag{3.3.6}$$

并且还可以得到两个接头之间矩阵的关系如下：

$$\boldsymbol{\varphi}_2^{\mathrm{T}}(a_2+b_2)=\begin{cases}\boldsymbol{\varphi}_1^{\mathrm{T}}(a_1+b_1), & c\leqslant x\leqslant c+w_1\\ 0, & \text{其他}\end{cases} \tag{3.3.7}$$

$$\boldsymbol{\varphi}_1^{\mathrm{T}}K_1(a_1-b_1)=-\boldsymbol{\varphi}_2^{\mathrm{T}}K_2(a_2-b_2),\qquad c\leqslant x\leqslant c+w_1 \tag{3.3.8}$$

对上述（3.3.7）和（3.3.8）两式的两侧分别乘以 φ_2（m）和 φ_1（m），并对 x 方向上的所有模式积分可得到

$$(a_2+b_2)=\boldsymbol{H}_1(a_1+b_1),\ (a_1-b_1)=\boldsymbol{H}_2(a_2-b_2) \tag{3.3.9}$$

其中，$\boldsymbol{H}_1=\boldsymbol{C}$，$\boldsymbol{H}_2=-\boldsymbol{K}_1^{-1}\boldsymbol{C}^{\mathrm{T}}\boldsymbol{K}_2$。$\boldsymbol{C}$ 是节点左右两边的跨越积分，其由公式可表达为

$$C_{nm}=\int_{c}^{c+w_1}\varphi_1(n)\varphi_2(m)\,\mathrm{d}x \tag{3.3.10}$$

$\boldsymbol{C}^{\mathrm{T}}$ 是 $\boldsymbol{C}$ 的转置矩阵。

根据式（3.3.9），进一步可得到这种非连续波导的散射参数，其散射矩阵表达式可写成如下形式：

$$\begin{pmatrix} b_1 \\ b_2 \end{pmatrix}=\begin{pmatrix} S_{11} & S_{12} \\ S_{21} & S_{22} \end{pmatrix}\begin{pmatrix} a_1 \\ a_2 \end{pmatrix} \tag{3.3.11}$$

其中，

$$\begin{aligned} S_{11}&=(\boldsymbol{I}-\boldsymbol{H}_2\boldsymbol{H}_1)^{-1}(\boldsymbol{I}+\boldsymbol{H}_2\boldsymbol{H}_1) \\ S_{12}&=-2(\boldsymbol{I}-\boldsymbol{H}_2\boldsymbol{H}_1)^{-1}\boldsymbol{H}_2 \\ S_{21}&=\boldsymbol{H}_1(\boldsymbol{I}+\boldsymbol{S}_{11}) \\ S_{22}&=\boldsymbol{H}_1\boldsymbol{S}_{12}-\boldsymbol{I} \end{aligned} \tag{3.3.12}$$

从中可以得到传播后的波函数，进而可得到各种输运信息。

这种方法比较适合不连续的多通道模式，但上面的推导过程中，波函数是按一组完备基矢来展开的，其数目有无限多个，为进行数值计算，必须截取有限个（基矢）。为了保证数值结果的收敛性，就需要了解截取近似的影响。如果界面两边的波导宽度相差很小，则可以截取相同的模数；如果界面两边的波导宽度相差很大，此时两波导低于费米能级 E_{F} 的模式数目会相差很多，这样会对模式匹配技术中截断近似造成一定限制。

第四节　传输（转移）矩阵方法

传输矩阵（transfer matrix）也称为转移矩阵，是量子输运中一种常见的理论研究方法。在这一节，本节将以对称单势垒结构（如图 3.3 所示）为例来说明什么是传输矩阵。假设一束具有能量 E 的电子，沿 z 轴正方向射向方势垒。其中势垒的高度 $V(z)$ 为

$$V(z)=\begin{cases} V_0, & -a<z<a \\ 0, & -a<z,\ z>a \end{cases} \tag{3.4.1}$$

按照经典力学观点，若 $E>V_0$，电子将全部穿过势垒；若 $E<V_0$，电子不能进入势垒，将全部被反射回去。但从量子力学观点来看，考虑到电子的波动性，问题与波透过一层介质（厚度为 $2a$）相似，有一部分波透射过去，一部分波被反射回去。因此，按照波函数的统计诠释，电子有一定透射过势垒的概率，也有一定被反射回去的概率。

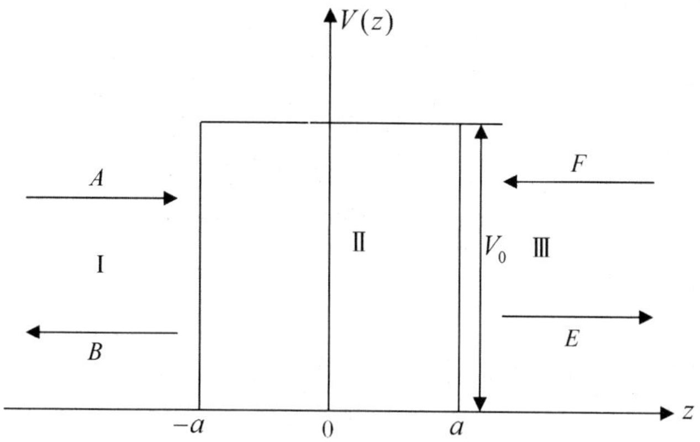

图 3.3　隧穿方势垒示意图

本节考虑 $E<V_0$ 的情况，在势垒之外（$-a<z$，$z>a$，经典允许区）和势垒内部（$-a<z<a$，经典禁区）的定态薛定谔方程分别为

$$-\frac{\hbar^2}{2m}\frac{d^2}{dz^2}\psi(z)=E\psi(z) \tag{3.4.2}$$

$$\left(-\frac{\hbar^2}{2m}\frac{d^2}{dz^2}+V_0\right)\psi(z)=E\psi(z) \tag{3.4.3}$$

解方程（3.4.2）和（3.4.3）可以得到各个区域中的波函数为

$$\psi(z)=\begin{cases}Ae^{ikz}+Be^{-ikz}, & z<-a\\ Ce^{\gamma z}+De^{-\gamma z}, & -a<z<a\\ Ee^{ikz}+Fe^{-ikz}, & z>a\end{cases} \tag{3.4.4}$$

其中，$k=\frac{\sqrt{2mE}}{\hbar}$，$\gamma=\frac{\sqrt{2m(V_0-E)}}{\hbar}$。

A 和 B 分别为势垒左边的入射和反射系数。E 和 F 分别为势垒右边的入射和反射系数。在势垒的边界处波函数及其一阶导数连续，即在边界 $z=-a$ 和 $z=a$ 处要求：

$$\begin{cases}\psi_{\mathrm{I}}(-a)=\psi_{\mathrm{II}}(-a)\\ \frac{d\psi_{\mathrm{I}}(z)}{dz}\Big|_{z=-a}=\frac{d\psi_{\mathrm{II}}(z)}{dz}\Big|_{z=-a}\\ \psi_{\mathrm{II}}(a)=\psi_{\mathrm{III}}(a)\\ \frac{d\psi_{\mathrm{II}}(z)}{dz}\Big|_{z=a}=\frac{d\psi_{\mathrm{III}}(z)}{dz}\Big|_{z=a}\end{cases} \tag{3.4.5}$$

将波函数的表达式（3.4.4）代入连续性方程（3.4.5）中，可以得到各区域波函数系数之间的关系式：

$$\begin{cases}Ae^{-ika}+Be^{ika}=Ce^{-\gamma a}+De^{\gamma a}\\ ik[Ae^{-ika}-Be^{ika}]=\gamma[Ce^{-\gamma a}-De^{\gamma a}]\end{cases} \tag{3.4.6}$$

$$\begin{cases}Ce^{\gamma a}+De^{-\gamma a}=Ee^{ika}+Fe^{-ika}\\ \gamma[Ce^{\gamma a}-De^{-\gamma a}]=ik\ [Ee^{ika}-Fe^{-ika}]\end{cases} \tag{3.4.7}$$

将方程（3.4.6）和（3.4.7）写成矩阵的形式，本节可以得到系数 A，B 和 C，D 之间的，以及系数 C，D 和系数 E，F 之间的矩阵形式的关系式：

$$\begin{bmatrix}A\\B\end{bmatrix}=M_1\begin{bmatrix}C\\D\end{bmatrix}=\begin{bmatrix}\dfrac{ik+\gamma}{2ik}e^{(ik-\gamma)a} & \dfrac{ik-\gamma}{2ik}e^{(ik+\gamma)a}\\ \dfrac{ik-\gamma}{2ik}e^{-(ik+\gamma)a} & \dfrac{ik+\gamma}{2ik}e^{-(ik-\gamma)a}\end{bmatrix}\begin{bmatrix}C\\D\end{bmatrix} \tag{3.4.8}$$

$$\begin{bmatrix}C\\D\end{bmatrix}=M_2\begin{bmatrix}E\\F\end{bmatrix}=\begin{bmatrix}\dfrac{ik+\gamma}{2\gamma}e^{(ik-\gamma)a} & -(\dfrac{ik-\gamma}{2\gamma})e^{-(ik+\gamma)a}\\ -(\dfrac{ik-\gamma}{2\gamma})e^{(ik+\gamma)a} & \dfrac{ik+\gamma}{2\gamma}e^{-(ik-\gamma)a}\end{bmatrix}\begin{bmatrix}E\\F\end{bmatrix} \tag{3.4.9}$$

根据方程（3.4.8）和（3.4.9），本节可以得到势垒左边系数 A，B 和右边系数 E，F 之间的关系为

$$\begin{bmatrix}A\\B\end{bmatrix}=\boldsymbol{M}\begin{bmatrix}E\\F\end{bmatrix}=\begin{bmatrix}M_{11} & M_{12}\\ M_{21} & M_{22}\end{bmatrix}\begin{bmatrix}E\\F\end{bmatrix} \tag{3.4.10}$$

其中，$\boldsymbol{M}=\boldsymbol{M}_1\boldsymbol{M}_2$，即为将势垒左右两边的波函数系数联系起来的传输矩阵或者转移矩阵。利用传输矩阵方法，本节可以很容易得到入射系数和反射系数、投射系数之间的关系。$\boldsymbol{M}=\boldsymbol{M}_1\boldsymbol{M}_2$ 的矩阵元 M_{11}，M_{12}，M_{21} 和 M_{22} 分别为

$$\begin{cases}M_{11}=\left(\dfrac{ik+\gamma}{2ik}\right)\left(\dfrac{ik+\gamma}{2\gamma}\right)e^{2(ik-\gamma)a}-\left(\dfrac{ik-\gamma}{2ik}\right)\left(\dfrac{ik-\gamma}{2\gamma}\right)e^{2(ik+\gamma)a}\\ \quad=\left[\cosh(2\gamma a)-\dfrac{i}{2}\left(\dfrac{k^2-\gamma^2}{k\gamma}\right)\right]e^{2ika}\\ M_{21}=\left(\dfrac{ik-\gamma}{2ik}\right)\left(\dfrac{ik+\gamma}{2\gamma}\right)e^{-2\gamma a}-\left(\dfrac{ik+\gamma}{2ik}\right)\left(\dfrac{ik-\gamma}{2\gamma}\right)e^{2\gamma a}\\ \quad=\left[-\dfrac{i}{2}\left(\dfrac{k^2+\gamma^2}{k\gamma}\right)\right]\sinh(2\gamma a)\\ M_{22}=M_{11}^*\\ M_{12}=M_{21}^*\end{cases} \tag{3.4.11}$$

以上讨论的是单个势垒的传输矩阵，对于双势垒的传输矩阵又会是怎样？下面本节以对称双势垒为例来研究传输矩阵（转移矩阵）。

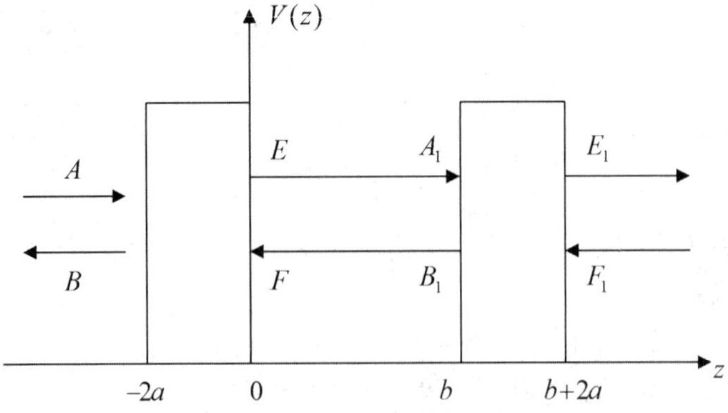

图 3.4 隧穿对称双方势垒示意图

连接系数 A，B 与系数 E，F 之间和系数 A_1，B_1 与系数 E_1，F_1 之间的矩阵元可用上节讨论的单方势垒的结果表示出来。从图 3.4 可以看出系数 E，A_1 和系数 F，B_1 之间仅

仅相差一个常数相位。

$$A_1=Ee^{ikb},\ B_1=Fe^{-ikb} \tag{3.4.12}$$

其中 k 是电子从左向右传播的波矢，b 是两个势垒之间的宽度。则方程（2.3.1）写成矩阵形式为

$$\begin{bmatrix}E\\F\end{bmatrix}=\boldsymbol{M}_{\mathrm{W}}\begin{bmatrix}A_1\\B_1\end{bmatrix}=\begin{bmatrix}e^{-ikb} & 0\\0 & e^{ikb}\end{bmatrix}\begin{bmatrix}A_1\\B_1\end{bmatrix} \tag{3.4.13}$$

其中，M_W 称为传播矩阵或者转移矩阵。通过该转移矩阵就可将对称双势垒左右两边的系数 A，B 与系数 E_1，F_1 连接起来，即

$$\begin{bmatrix}A\\B\end{bmatrix}=\boldsymbol{M}_{\mathrm{L}}\boldsymbol{M}_{\mathrm{W}}\boldsymbol{M}_{\mathrm{R}}\begin{bmatrix}E_1\\F_1\end{bmatrix} \tag{3.4.14}$$

其中，$\boldsymbol{M}_{\mathrm{L}}$ 和 $\boldsymbol{M}_{\mathrm{R}}$ 分别表示左右势垒的传播矩阵。

以上讨论了单和双方势垒的传输矩阵，对于多个势垒或者多种材料生长成的复杂异质结结构，本节都可以利用传输矩阵方法将系统左右两边的波函数的系数联系起来。一般地，对于 n 层半导体异质结结构，本节可以将系统左右波函数系数之间的关系整理成以下形式：

$$\begin{bmatrix}A_1\\B_1\end{bmatrix}=\boldsymbol{M}\begin{bmatrix}A_n\\B_n\end{bmatrix} \tag{3.4.15}$$

其中，$\boldsymbol{M}$ 为系统总的传输矩阵。本节用 A_1，B_1，A_2，B_2，…，A_n，B_n 分别表示第 1 层到第 n 层的波函数的系数。各层波函数系数之间的关系可以整理成以下形式：

$$\begin{bmatrix}A_1\\B_1\end{bmatrix}=\boldsymbol{M}_1\begin{bmatrix}A_2\\B_2\end{bmatrix},\ \begin{bmatrix}A_2\\B_2\end{bmatrix}=\boldsymbol{M}_2\begin{bmatrix}A_3\\B_3\end{bmatrix},\ \cdots,\ \begin{bmatrix}A_{n-1}\\B_{n-1}\end{bmatrix}=\boldsymbol{M}_{n-1}\begin{bmatrix}A_n\\B_n\end{bmatrix} \tag{3.4.16}$$

则总的传输矩阵为 $\boldsymbol{M}=\boldsymbol{M}_1\boldsymbol{M}_2\cdots\boldsymbol{M}_n$。$\boldsymbol{M}=\boldsymbol{M}_1\boldsymbol{M}_2\cdots\boldsymbol{M}_n$ 的矩阵元的具体表达式要根据具体模型来计算得出。

第五节　散射矩阵或者 S 矩阵方法

散射矩阵是和传输矩阵类似的一种研究方法。传输矩阵是将系统左右两边波函数的系数联系起来，虽然散射矩阵也是将两边波函数的系数联系起来，但是散射矩阵是将系统两边的入射波函数和出射波函数的系数联系起来。根据方程（3.4.6）和（3.4.7）我们可以得到势垒两边的反射系数 B，E 和入射系数 A，F 之间的关系为

$$\begin{bmatrix}B\\E\end{bmatrix}=\boldsymbol{S}\begin{bmatrix}A\\F\end{bmatrix}=\begin{bmatrix}S_{11} & S_{12}\\S_{21} & S_{22}\end{bmatrix}\begin{bmatrix}A\\F\end{bmatrix} \tag{3.5.1}$$

其中，$\boldsymbol{S}$ 即为散射矩阵，简称为 $\boldsymbol{S}$ 矩阵。在这里 S_{11}，S_{12}，S_{21} 和 S_{22} 可由 M_{11}，M_{12}，M_{21} 和 M_{22} 表示为

$$S_{11}=\frac{M_{21}}{M_{11}},\ S_{12}=M_{22}-\frac{M_{21}\cdot M_{12}}{M_{11}},\ S_{21}=\frac{1}{M_{11}},\ S_{22}=-\frac{M_{12}}{M_{11}} \tag{3.5.2}$$

假设电子只从势垒的左边入射，即要求 $F=0$。可从方程（3.5.1）得到反射和透射系

数为

$$r_{\mathrm{L}}=\frac{B}{A}=S_{11}=\frac{M_{21}}{M_{11}},\ t_{\mathrm{L}}=\frac{E}{A}=S_{21}=\frac{1}{M_{11}} \tag{3.5.3}$$

如果电子只从势垒的右边入射，则要求 $A=0$。从方程（3.5.1）可得反射和透射系数为

$$\begin{cases} r_{\mathrm{R}}=\dfrac{E}{F}=S_{22}=-\dfrac{M_{12}}{M_{11}}, \\ t_{\mathrm{R}}=\dfrac{B}{F}=S_{12}=M_{22}-\dfrac{M_{12}\cdot M_{21}}{M_{11}} \end{cases} \tag{3.5.4}$$

则散射矩阵或者 $\boldsymbol{S}$ 矩阵可表示为

$$\boldsymbol{S}=\begin{bmatrix} S_{11} & S_{12} \\ S_{21} & S_{22} \end{bmatrix}=\begin{bmatrix} r_{\mathrm{L}} & t_{\mathrm{R}} \\ t_{\mathrm{L}} & r_{\mathrm{R}} \end{bmatrix} \tag{3.5.5}$$

从方程（3.5.5）可以看出散射矩阵的对角元绝对值的平方表示电子的反射率，而非对角元绝对值的平方表示电子的透射率。由于电流守恒，所以散射矩阵或者 $\boldsymbol{S}$ 矩阵必须是幺正的，即

$$\boldsymbol{S}^{+}\boldsymbol{S}=\boldsymbol{S}\boldsymbol{S}^{+}=\boldsymbol{I} \tag{3.5.6}$$

这里 $\boldsymbol{I}$ 是单位矩阵。

不同于两个传输矩阵相乘，两个散射矩阵相乘不再遵从矩阵乘法法则。对于五层异质结结构，本节可以得到入射系数和出射系数的两个关系式：

$$\begin{bmatrix} B \\ E \end{bmatrix}=\boldsymbol{S}_1\begin{bmatrix} A \\ F \end{bmatrix}=\begin{bmatrix} r_{\mathrm{L}}^1 & t_{\mathrm{R}}^1 \\ t_{\mathrm{L}}^1 & r_{\mathrm{R}}^1 \end{bmatrix}\begin{bmatrix} A \\ F \end{bmatrix} \tag{3.5.7}$$

$$\begin{bmatrix} F \\ I \end{bmatrix}=\boldsymbol{S}_2\begin{bmatrix} E \\ J \end{bmatrix}=\begin{bmatrix} r_{\mathrm{L}}^2 & t_{\mathrm{R}}^2 \\ t_{\mathrm{L}}^2 & r_{\mathrm{R}}^2 \end{bmatrix}\begin{bmatrix} E \\ J \end{bmatrix} \tag{3.5.8}$$

其中，系数 A，B 和 J，I 分别为系统左右两边的入射系数和出射系数，E，F 为中间层波函数的系数。那么系统的出射系数和入射系数之间的关系为

$$\begin{bmatrix} B \\ I \end{bmatrix}=\boldsymbol{S}\begin{bmatrix} A \\ J \end{bmatrix}=\begin{bmatrix} r_{\mathrm{L}} & t_{\mathrm{R}} \\ t_{\mathrm{L}} & r_{\mathrm{R}} \end{bmatrix}\begin{bmatrix} A \\ J \end{bmatrix} \tag{3.5.9}$$

其中，$\boldsymbol{S}=\boldsymbol{S}_1\boldsymbol{S}_2$ 为总的散射矩阵。$\boldsymbol{S}$ 的矩阵元与 S_1，S_2 的矩阵元之间的关系为

$$t_{\mathrm{L}}=t_{\mathrm{L}}^2\left[\boldsymbol{I}-r_{\mathrm{R}}^1 r_{\mathrm{L}}^2\right]^{-1}t_{\mathrm{L}}^1,\ r_{\mathrm{L}}=r_{\mathrm{L}}^1+t_{\mathrm{R}}^1 r_{\mathrm{L}}^2\left[I-r_{\mathrm{R}}^1 r_{\mathrm{L}}^2\right]^{-1}t_{\mathrm{L}}^1 \tag{3.5.10}$$

$$t_{\mathrm{R}}=t_{\mathrm{R}}^1\left[\boldsymbol{I}-r_{\mathrm{L}}^2 r_{\mathrm{R}}^1\right]^{-1}t_{\mathrm{R}}^2,\ r_{\mathrm{R}}=r_{\mathrm{R}}^2+t_{\mathrm{L}}^2\left[I-r_{\mathrm{R}}^1 r_{\mathrm{L}}^2\right]^{-1}r_{\mathrm{R}}^1 t_{\mathrm{R}}^2 \tag{3.5.11}$$

第六节　紧束缚模型方法

一、紧束缚模型简介

紧束缚模型认为原子对离它较近的电子束缚很强，以至于可以把所有其他原子对该

电子的作用看成微扰。这相近于原子的内层电子，或原子间的距离较大的情况。这时，晶体中原子的电子的状态与孤立原子中电子的状态差别不太大，晶体中电子波函数可用孤立原子中电子波函数的线性叠加表示，这种方法称为原子轨道线性组合法（LCAO 法）。

假定布洛赫函数 $\psi_{nk}(\boldsymbol{r})$ 是理想晶体中单电子哈密顿量 $\boldsymbol{H}$ 的本征函数，即

$$\boldsymbol{H}\psi_{nk}(\boldsymbol{r})=\left(-\frac{\hbar^2}{2m}\nabla^2+V_{at}(\boldsymbol{r})\right)\psi_{nk}(\boldsymbol{r})=E_n(\boldsymbol{k})\psi_{nk}(\boldsymbol{r}) \tag{3.6.1}$$

其中，n 是能带指标，$\boldsymbol{k}$ 为波矢，$(n,\ \boldsymbol{k})$ 是描述完整晶体单电子状态的量子数，根据量子力学，选择适当归一化因子，可使布洛赫函数 $\psi_{nk}(\boldsymbol{r})$ 满足下列正交归一条件：

$$\int_{N\Omega}\psi^*_{nk}(\boldsymbol{r})\,\psi_{n'k'}(\boldsymbol{r})\,\mathrm{d}\boldsymbol{r}=\delta_{nn'}\delta_{\boldsymbol{kk}'} \tag{3.6.2}$$

由于布洛赫函数 $\psi_{nk}(\boldsymbol{r})$ 是倒点阵的周期函数：

$$\psi_{nk}(\boldsymbol{r})=\psi_{n,\boldsymbol{k}+K}(\boldsymbol{r}) \tag{3.6.3}$$

它可以按照正格矢展开为傅里叶级数：

$$\psi_{nk}(\boldsymbol{r})=N^{-\frac{1}{2}}\sum_{l}\mathrm{e}^{\mathrm{i}\boldsymbol{k}\cdot\boldsymbol{l}}a_n(\boldsymbol{r},\ \boldsymbol{l}) \tag{3.6.4}$$

其逆变换为

$$a_n(\boldsymbol{r},\ \boldsymbol{l})=N^{-\frac{1}{2}}\sum_{k\in BZ}\mathrm{e}^{-\mathrm{i}\boldsymbol{k}\cdot\boldsymbol{l}}\psi_{nk}(\boldsymbol{r})=a_n(\boldsymbol{r}-\boldsymbol{l}) \tag{3.6.5}$$

上式说明 $a_n(\boldsymbol{r},\ \boldsymbol{l})$ 只是矢量差 $\boldsymbol{r}-\boldsymbol{l}$ 的函数。公式（3.6.5）所定义的函数 $a_n(\boldsymbol{r}-\boldsymbol{l})$ 称为瓦尼尔函数，不难证明函数 $a_n(\boldsymbol{r}-\boldsymbol{l})$ 具有正交完备性，可以构成完整正交函数组，用其作基函数表示波函数 $\Psi(\boldsymbol{r})=\sum\limits_{nl}C_{nl}a_n(\boldsymbol{r}-\boldsymbol{l})$ 就构成瓦尼尔表象。

从瓦尼尔函数表象出发，可以导出紧束缚近似的二次量子化的对角化哈密顿量：

$$\boldsymbol{H}=\sum_{\boldsymbol{k}}\left\{\varepsilon(0)-J\sum_{\boldsymbol{\rho}}\mathrm{e}^{\mathrm{i}\boldsymbol{k}\cdot\boldsymbol{\rho}}\right\}C^+_{\boldsymbol{k}}C_{\boldsymbol{k}}=\sum_{\boldsymbol{k}}E(\boldsymbol{k})n_{\boldsymbol{k}} \tag{3.6.6}$$

并求得紧束缚近似能带曲线：

$$E(\boldsymbol{k})=\varepsilon(0)-J\sum_{\boldsymbol{\rho}}\mathrm{e}^{\mathrm{i}\boldsymbol{k}\cdot\boldsymbol{\rho}} \tag{3.6.7}$$

二、紧束缚近似哈密顿量的二次量子化表示

为了讨论多体问题，应当从瓦尼尔表象出发，写出紧束缚近似的二次量子化哈密顿量。为简化问题此处仅讨论刚性晶格中无相互作用的电子系统，并限于讨论能谱与自旋取向无关的能带问题，这时可略去带指标 n 和自旋指标 σ 将态矢量公式 $\Psi(\boldsymbol{r})=\sum\limits_{n,\ l}C_{nl}a_n(\boldsymbol{r}-\boldsymbol{l})$ 简记为

$$\Psi(\boldsymbol{r})=\sum_{l}C_l a(\boldsymbol{r}-\boldsymbol{l}) \tag{3.6.8}$$

对于刚性晶体（即不计晶格振动的情况）与电子的相互作用，可以用周期势 $V(\boldsymbol{r})$ 描述，系统中单电子的哈密顿量记为

$$h(\boldsymbol{r})=-\frac{\hbar^2}{2m}\nabla^2+V(\boldsymbol{r}) \tag{3.6.9}$$

按照标准办法，系统的二次量子化哈密顿量为

$$\boldsymbol{H}=\int\Psi^+(\boldsymbol{r})\,h(\boldsymbol{r})\,\Psi(\boldsymbol{r})\,\mathrm{d}\boldsymbol{r}=\sum_{l,\ l'}C^+_l C_l{}'\int a^*(\boldsymbol{r}-\boldsymbol{l})h(\boldsymbol{r})\,a(\boldsymbol{r}-\boldsymbol{l})\,\mathrm{d}\boldsymbol{r} \tag{3.6.10}$$

根据紧束缚近似，用原子轨道函数代替上式中瓦尼尔函数，并只计算 $\boldsymbol{l}'=\boldsymbol{l}$ 和 $\boldsymbol{l}'=\boldsymbol{l}+\boldsymbol{\rho}$（$\rho$ 是最近邻格点间位矢）项，求得 $\boldsymbol{H}$ 的紧束缚近似表示式：

$$\boldsymbol{H}=\varepsilon(0)\sum_{l}n_{l}-J\sum_{l,\ \rho}C_{l}^{+}C_{l+\rho} \tag{3.6.11}$$

其中，$n_l=c_l^+c_l$ 代表瓦尼尔表象中的电子数算符，$\varepsilon(0)$ 为局域轨道的电子能量，J 是近邻交叠积分。式（3.6.11）是非对角的，但是利用瓦尼尔与布洛赫表象的变换关系，很容易将它对角化，文献中经常采用下列两种等效的变换方法。

最直接的方法就是利用两表象的算符变换公式：

$$C_{l}=N^{-\frac{1}{2}}\sum_{k}\mathrm{e}^{\mathrm{i}\boldsymbol{k}\cdot\boldsymbol{l}}C_{k} \tag{3.6.12}$$

和平移群不可约表示的正交关系得到关系式：

$$\sum_{l}C_{l}^{+}C_{l}=\sum_{k}C_{k}^{+}C_{k} \tag{3.6.13}$$

$$\sum_{l}C_{l}^{+}C_{l+\rho}=\sum_{k}\mathrm{e}^{\mathrm{i}\boldsymbol{k}\cdot\boldsymbol{\rho}}C_{k}^{+}C_{k} \tag{3.6.14}$$

代入式（3.6.11），可以使紧束缚近似哈密顿量对角化：

$$\boldsymbol{H}=\sum_{k}\left\{\varepsilon(0)-J\sum_{\rho}\mathrm{e}^{\mathrm{i}\boldsymbol{k}\cdot\boldsymbol{\rho}}\right\}C_{k}^{+}C_{k}=\sum_{k}E(\boldsymbol{k})n_{k} \tag{3.6.15}$$

其中，$n_k=c_k^+c_k$ 代表瓦尼尔表象中的电子数算符，并求得紧束缚近似能带曲线：

$$E(\boldsymbol{k})=\varepsilon(0)-J\sum_{\rho}\mathrm{e}^{\mathrm{i}\boldsymbol{k}\cdot\boldsymbol{\rho}} \tag{3.6.16}$$

也可以利用布洛赫态 $|n_k\rangle$ 与瓦尼尔态 $|n_l\rangle$ 间的变换关系，直接对 $\boldsymbol{H}$ 求平均得到 E（$\boldsymbol{k}$），这是另一种办法．根据公式（3.6.4），态的变换关系为

$$|n_{k}\rangle=N^{-\frac{1}{2}}\sum_{l}\mathrm{e}^{\mathrm{i}\boldsymbol{k}\cdot\boldsymbol{l}}|n_{l}\rangle \tag{3.6.17}$$

其中，n_k 为 $\boldsymbol{k}$ 态上布洛赫电子的占据数，n_l 则代表在 $\boldsymbol{l}$ 格点周围轨道局域态上的电子占据数。在单电子近似下，对 $\boldsymbol{H}$ 求布洛赫态的对角平均，经直接运算可求得

$$\begin{aligned}E(\boldsymbol{k})&=\langle 1_{k}|\boldsymbol{H}|1_{k}\rangle\\&=\varepsilon(0)\left\{\frac{1}{N}\langle 1_{l}|C_{l}^{+}C_{l}|1_{l}\rangle\right\}-J\left\{\frac{1}{N}\sum_{l}\sum_{\rho}\mathrm{e}^{\mathrm{i}\boldsymbol{k}\cdot\boldsymbol{\rho}}\langle 1_{l}|C_{l}^{+}C_{l+\rho}|1_{l}\rangle\right\}\\&=\varepsilon(0)-J\sum_{\rho}\mathrm{e}^{\mathrm{i}\boldsymbol{k}\cdot\boldsymbol{\rho}}\end{aligned} \tag{3.6.18}$$

与前一做法的结果相同，但后一方案便于推广讨论在窄带系统中电子与声子相互作用对能带的影响。

第七节　格林函数方法

面对介观电子输运现象，人们迫切需要发展建立在量子力学基础上的考虑了电子波动性的输运理论来分析介观输运的物理过程和设计新的介观电子输运中的非线性效应，科学家们发展了一些输运理论，如散射矩阵理论、维格纳函数方法、密度矩阵方法、实时格林函数方法、非平衡格林函数方法及一些唯象理论。下面本节介绍一个重要的理论工具——格林函数方法。

格林函数方法是在20世纪50年代到60年代初期建立起来的，是近代统计物理学的一个重要理论，也是量子统计中富有成果的理论方法之一。其基本特点是将量子场论的费曼-戴逊技术移植于统计物理学中，用来研究相互作用多粒子系统的性质（基态能量、元激发的性质、平衡态的热力学性质和系统对外界的响应等）。到了20世纪60年代中期，格林函数方法已在许多方面取得了重要成就，成为一种被普遍采用的重要理论工具。之后统计物理学的新发展或多或少都是以它为基础的。非平衡格林函数的概念首先由Schwinger提出。Kadanoff、Baym和Keldish独立地把非平衡格林函数发展成一种处理非平衡问题的有力工具。经过几十年的发展，非平衡格林函数已被广泛地应用到物理学的许多领域。本节以它在非平衡输运中的应用来说明它的巨大功效。

下面来讲述一下格林函数的定义和理论方法。

从20世纪50年代开始，量子场论中的格林函数方法被用于研究统计物理学中的问题。到60年代后期，格林函数方法在固体物理等多个领域得到了进一步的拓展，主要用来研究相互作用多粒子系统的性质（基态能量、元激发的性质、平衡态的热力学性质和系统外界的相应等），被认为是一种强有力的数学工具。例如，对许多准粒子问题，只需知道相互作用过程中少数粒子的初态和末态间的跃迁振幅（相应的格林函数），就能得到体系的一些特征，而对于固体物理中的很多问题，只有对应于费米能量附近的系统格林函数与本节要研究的性质有关。这样，格林函数就成为研究系统性质的直接有效的方法，而避免了求解整个体系的薛定谔方程带来的麻烦。

利用散射矩阵本节可以知道一条导线中受到的激励在另一导线中的响应，而格林函数可以让我们知道器件中任一点受到的激励在另一点的响应。当电子在传输过程中不存在相互作用时我们可以考虑导线中的激励，这时散射矩阵理论和格林函数方法是等价的。格林函数方法的真正实用性在于处理存在相互作用的系统，比如电子-电子、电子-声子互作用。这些互作用在器件内引起激励，不能用简单的散射矩阵理论来处理。

最初格林函数的来源，它表示一个电源在周围某点产生的影响，其经典的引入过程如下：$D_{\rm op}R=S\Rightarrow R=D_{\rm op}^{-1}S=GS\Rightarrow G=D_{\rm op}^{-1}$。

这里的G即为普通意义上的格林函数，它将一个源激发S和在某一处产生R影响联系起来。在量子力学中，可以简单地这样描述：

$$(E-\boldsymbol{H}_{\rm op})\psi=S$$

其中，ψ是波函数，S等价于由一个入射波而产生的激发，则此时相应的格林函数为

$$G=(E-\boldsymbol{H}_{\rm op})^{-1}$$

这里的E表示体系的能量，$H_{\rm op}$是体系的哈密顿算符，它等于$\frac{(-i\hbar\nabla+e\boldsymbol{A})^2}{2m}+U(\boldsymbol{r})$。

这样，一旦求得了格林函数，就可以根据源点的波函数，得到任一点的波函数ψ，同时概率流也可以得到，因此格林函数有时也被称为传播子。

在经典物理学中用来求解非齐次的微分方程的格林函数方法就是解决多体问题的一种非常重要的工具，而对于介观物理中一些较复杂的有限尺寸量子系统，要得出其格林函数的解析表达式是很困难的，因此必须要通过数值计算来解决。格点格林函数方法是通过把系统分离成一些格点，然后通过计算这些格点及格点间的格林函数，进而得出整个体系的格林函数的一种有效数值计算方法。这是本节所用到的重要理论工具，具体的计算方法和各计算量在下面分别做了介绍。

本节中我们的讨论只限于不存在相互作用的系统，在不存在相互作用的系统中，格

林函数是计算任意形状器件中输运问题的有力工具。与时间无关的薛定谔方程为

$$(E-\boldsymbol{H})\psi=0 \tag{3.7.1}$$

其中，$\boldsymbol{H}$ 为单粒子哈密顿算符，遵从下面方程：

$$\boldsymbol{H}|\Phi_n\rangle=E_n|\Phi_n\rangle \tag{3.7.2}$$

本征函数 $|\Phi_n\rangle$ 为一组完备的基矢。本节可以根据式（3.7.1）定义格林函数算符：

$$(E-\boldsymbol{H})G(E)=1 \tag{3.7.3}$$

其中，格林函数和波函数满足同样的边界条件，式（3.7.3）的形式解可以写为

$$G(E)=\frac{1}{E-\boldsymbol{H}} \tag{3.7.4}$$

下面我们以一个简单的例子引入推迟格林函数和超前格林函数。考虑一个势能为 U_0 的一维线模型，根据式（3.7.4）对格林函数的定义可以得到$G=\left(E-U_0+\frac{\hbar^2}{2m}\frac{\partial^2}{\partial x^2}\right)^{-1}$

也就是

$$\left(E-U_0+\frac{\hbar^2}{2m}\frac{\partial^2}{\partial x^2}\right)G(x,\ x')=\delta(x-x') \tag{3.7.5}$$

此为一维格林函数的动力学方程，除了源项 $\delta(x-x')$ 外，它像薛定谔方程。视格林函数 $G(x,\ x')$ 为在 x' 施加的一个元激发在 x 点响应的波函数，物理上讲这个元激发可以产生两列传输波，如图 3.7 所示。

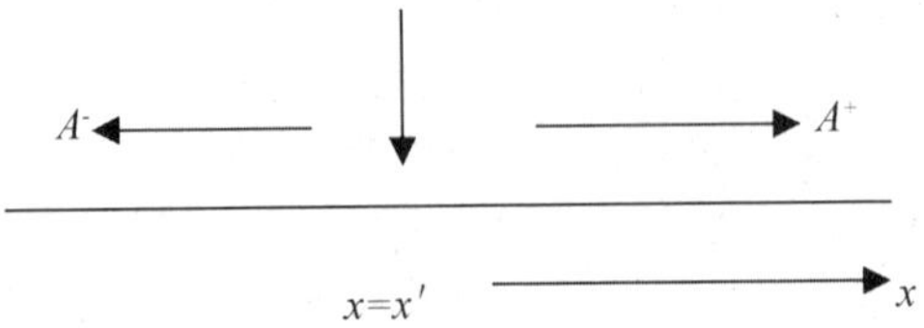

图 3.7　一维线的推迟格林函数

除了右端的 $\delta(x-x')$，此式非常类似于薛定谔方程：

$$\left(E-U_0+\frac{\hbar^2}{2m}\frac{\partial^2}{\partial x^2}\right)\psi(x,\ x')=0 \tag{3.7.6}$$

格林函数 $G(x,\ x')$ 可以认为是在 x' 点施加一个元激发后，在 x 点的波函数。物理上我们期望这种激发引起 x' 点出射两列波，振幅分别为 A^+ 和 A^-，如图 3.8 所示。

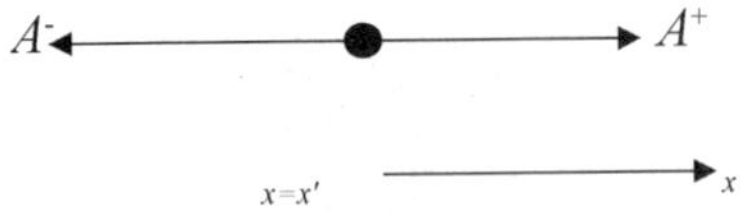

图 3.8　同一源点激发的两列波示意图

格林函数可以写为

$$G(x-x')=A^+\mathrm{e}^{\mathrm{i}k(x-x')},\quad x>x' \tag{3.7.7}$$

$$G(x-x')=A^-\mathrm{e}^{\mathrm{i}k(x-x')},\quad x<x' \tag{3.7.8}$$

其中，传播波矢 $\boldsymbol{k}=[2m(E-U_0)]^{\frac{1}{2}}/\hbar$。无论传输波的幅度 A^+，A^- 是什么量，这两个格林函数除了 $x=x'$ 点外都满足方程（3.7.5），为了使方程满足在 $x=x'$ 处成立，根据连续性条件，格林函数必须在 $x=x'$ 点连续，利用边界条件可得

$$G(x,\ x')\big|_{x=x'+}=G(x,\ x')\big|_{x=x'-} \tag{3.7.9}$$

$$\frac{\partial G(x,\ x')}{\partial x}\Big|_{x=x'+}-\frac{\partial G(x,\ x')}{\partial x}\Big|_{x=x'-}=\frac{2m}{\hbar^2} \tag{3.7.10}$$

将式（3.7.7）、式（3.7.8）代入式（3.7.9）和式（3.7.10）可得

$$A^+=A^-,\ \mathrm{i}\boldsymbol{k}(A^++A^-)=\frac{2m}{\hbar^2} \tag{3.7.11}$$

因此，

$$A^+=A^-=-\frac{\mathrm{i}}{\hbar v} \tag{3.7.12}$$

其中，$v=\dfrac{\hbar\boldsymbol{k}}{m}$。因此格林函数可以表示为

$$G(x-x')=-\frac{\mathrm{i}}{\hbar v}\mathrm{e}^{\mathrm{i}\boldsymbol{k}|x-x'|} \tag{3.7.13}$$

满足式（3.7.5）的解还有

$$G(x-x')=\frac{\mathrm{i}}{\hbar v}\mathrm{e}^{-\mathrm{i}\boldsymbol{k}|x-x'|} \tag{3.7.14}$$

对应的是在流入激励点消失的波。这两个解分别称为推迟的格林函数 G^{R} 和超前的格林函数 G^{A}。

$$G^{\mathrm{R}}(x-x')=-\frac{\mathrm{i}}{\hbar v}\mathrm{e}^{\mathrm{i}\boldsymbol{k}|x-x'|} \tag{3.7.15}$$

$G^{\mathrm{R}}(x-x')$ 表示 x'点激发在 x 点产生的影响。

同时有另一个函数：

$$G^{\mathrm{A}}(x-x')=\frac{\mathrm{i}}{\hbar v}\mathrm{e}^{-\mathrm{i}k|x-x'|} \tag{3.7.16}$$

也满足方程（3.7.5），表示来自无穷远处的入射波在 x'处消失。这两个函数满足相同的方程，但有着不同的边界，$\boldsymbol{k}$ 和 v 分别表示波矢和传播的速度，它们表示的意思是：

G^{R}——表示出射波，是点激发后，事件的延续，所以称为推迟格林函数；

G^{A}——表示入射波（从离源很远的地方来的），表示先前发生的事件对目前的影响，所以称为超前格林函数。它们满足 $G^{\mathrm{R}}=[G^{\mathrm{A}}]^*$，这正是超前和推迟格林函数命名的来源。

对于推迟格林函数，为了将边界条件融进方程中，也可以说是避开 x'点，可以给能量加一个无限小的虚部，这样方程（3.7.5）变为

$$\left(E-U_0+\frac{\hbar^2}{2m}\frac{\partial^2}{\partial x^2}+\mathrm{i}\eta\right)G(x,\ x')=\delta(x-x') \tag{3.7.17}$$

增加这么一个无穷小量 η 的原因可以在下列的推导中看出，加上这个量后，波矢为

$$\begin{aligned}\boldsymbol{k}'&=\frac{\sqrt{2m(E+\mathrm{i}\eta-U_0)}}{\hbar}=\frac{\sqrt{2m(E-U_0)}}{\hbar}\sqrt{1+\frac{\mathrm{i}\eta}{E-U_0}}\\&\approx\frac{\sqrt{2m(E-U_0)}}{\hbar}\left[1+\frac{\mathrm{i}\eta}{2(E-U_0)}\right]\\&=\boldsymbol{k}(1+\mathrm{i}\delta)\end{aligned} \tag{3.7.18}$$

将上式代入式（3.7.8），可知这个正的虚部使离开激发源的超前函数变得无限大，

从而使推迟函数成为唯一可被接受的解，使解出现唯一性。这样推迟格林函数变为

$$G^{\mathrm{R}}=[E-\boldsymbol{H}_{\mathrm{op}}+\mathrm{i}\eta]^{-1} \tag{3.7.19}$$

对于超前格林函数也可以同样得出

$$G^{\mathrm{A}}=[E-\boldsymbol{H}_{\mathrm{op}}-\mathrm{i}\eta]^{-1} \tag{3.7.20}$$

上述两个格林函数是融合了边界条件后的格林函数，它们分别在整个一维结构中满足方程（3.7.5），因此是方程的合理的解。

因为输运问题主要涉及推迟格林函数，因此本节主要对推迟格林函数进行研究。同样地，本节可以得到多模二维线的推迟格林函数：

$$G^{\mathrm{R}}(x,\ y,\ x',\ y')=\sum_{m}-\frac{\mathrm{i}}{\hbar v_m}\chi_m(y)\chi_m(y')\mathrm{e}^{-\mathrm{i}k_m|x-x'|} \tag{3.7.21}$$

其中，$\chi_m(y)$ 为横向波函数，$k_m=\dfrac{\sqrt{2m(E-\varepsilon_m)}}{\hbar}$，$\nu_m=\dfrac{\hbar k_m}{m}$。

第八节　非平衡态格林函数方法

一、平衡态的格林函数的定义

平衡态的格林函数的定义：

$$G(\lambda,\ t-t')=-\mathrm{i}\langle 0|Tc_\lambda(t)c_\lambda^+(t)|0\rangle \tag{3.8.1}$$

这里 T 是编时算符，它的使用原则是将时间较早的算符排列在右边；$c_\lambda(t)$ 和 $c_\lambda^+(t)$ 是海森堡（Heisenberg）绘景中的算符，定义 $c_\lambda(t)=\mathrm{e}^{\mathrm{i}Ht}c_\lambda\mathrm{e}^{-\mathrm{i}Ht}$；$|0\rangle$ 是 0 时刻系统的基态。事实上，由于系统的复杂性本节不可能精确求得哈密顿量 $\boldsymbol{H}$ 的基态和其他本征态。为此本节将哈密顿量重新写为 $\boldsymbol{H}=\boldsymbol{H}_0+V$，其中 $\boldsymbol{H}_0$ 是无微扰的部分，它的基态 $|\rangle_0$ 可以严格求解得到；V 为相互作用项。那么可以将系统的态和算符在相互作用绘景中重写为

$$|t\rangle_I=\mathrm{e}^{\mathrm{i}\boldsymbol{H}_0t}\mathrm{e}^{-\mathrm{i}\boldsymbol{H}t}|0\rangle,\ \hat{c}_\lambda(t)=\mathrm{e}^{\mathrm{i}\boldsymbol{H}_0t}c_\lambda\mathrm{e}^{-\mathrm{i}\boldsymbol{H}_0t} \tag{3.8.2}$$

这里，本节引入算符

$$U(t)=\mathrm{e}^{\mathrm{i}\boldsymbol{H}_0t}\mathrm{e}^{-\mathrm{i}\boldsymbol{H}t},\ S(t,\ t')=U(t)U^+(t') \tag{3.8.3}$$

则相互作用表象中系统的态可以表示为

$$|t\rangle_I=S(0,\ -\infty)|0\rangle \tag{3.8.4}$$

为了将格林函数与无微扰 $\boldsymbol{H}_0$ 时的基态联系起来，本节利用 Gell-Mann 和 Low① 提出的关于 0 时刻的系统 $\boldsymbol{H}$ 基态 $|0\rangle$ 和无微扰时 H_0 的基态 $|\rangle_0$ 之间的一个关系式：

$$|0\rangle=S(0,\ -\infty)|\rangle_0 \tag{3.8.5}$$

上式表达的物理意义是，在时间为 $-\infty$ 时，系统处于无相互作用 V 的 $\boldsymbol{H}_0$ 的基态 $|\rangle_0$ 上。当系统的开始演化时，一个无穷小的相互作用 $e^{\varepsilon t}V(\varepsilon=0^+)$ 对系统进行了扰动。到 $t=0$ 时，系统绝热演化到 $\boldsymbol{H}$ 的基态 $|0\rangle$。

① 杰拉德·D. 马汉，多粒子物理学（第三版）[M]. 北京：世界图书出版社，2007：33-34.

关于平衡态系统演化的一个假设是，当时间 $t\to+\infty$ 时，相互作用 V 消失，系统仍然回到 $\boldsymbol{H}_0$ 的基态 $|\rangle_0$。此时的态与 $t\to+\infty$ 系统状态只相差一个相位，用数学形式表达出来便是

$$|\infty\rangle=S(+\infty,-\infty)|\rangle_0=e^{iL}|\rangle_0 \tag{3.8.6}$$

同样，本节可以将海森堡绘景的算符 $c(t)$ 通过 S 算符与相互作用绘景的算符 $\hat{c}(t)$ 联系起来

$$c(t)=S(0,t)\hat{c}(t)S(t,0) \tag{3.8.7}$$

现在我们选择 $\boldsymbol{H}_0$ 的本征态作为完备基，并且将算符海森堡绘景变换到相互作用绘景中，格林函数就可以写为

$$G(\lambda,t-t')=\frac{-i_0\langle|T\hat{c}_\lambda(t)\hat{c}_\lambda^+(t')S(-\infty,+\infty)|\rangle_0}{{}_0\langle|S(-\infty,+\infty)|\rangle_0} \tag{3.8.8}$$

注意到，这里 $S(-\infty,+\infty)$ 可以分解为 $S(\infty,t)$，$S(t,t')$，$S(t',-\infty)$ 三部分，而编时算符 T 对 ${}_0\langle\quad\rangle_0$ 内自动进行了排列。

二、非平衡态的格林函数

非平衡格林函数又称为闭路格林函数，是普通的平衡态格林函数在非平衡状态下的推广。普通的平衡态格林函数定义的关键，是它依赖于自由粒子系统基态的唯一性，上述的格林函数都是在平衡态下定义的。然而在非平衡态下，即使是自由粒子，仍然无法保证基态 $|\rangle_0$ 经过 $S(-\infty,+\infty)$ 演化后还能够回到的基态 $|\rangle_0$ 上。为了方便地应用在平衡态格林函数上所发展起来的各种数学工具（如维克定理、运动方程方法），人们引入了非平衡态的格林函数的概念，即将系统对时间的演化 $S(-\infty,+\infty)$ 路径由平衡时的时间轴上 $-\infty$ 到 $+\infty$，改为复平面上的一个回路 C：系统从实时间轴的无穷小的上方 $-\infty+i\varepsilon^+$（$\varepsilon^+>0$）出发，越过时间轴上的 $+\infty$ 后，再从实时间轴的无穷小下方回到 $-\infty-i\varepsilon^+$（$\varepsilon^+>0$）。在这种情况下，S 算符可以写为 $S_c=S(-\infty,+\infty)S(+\infty,-\infty)$，则回路 C 上的闭路格林函数定义为

$$G(t_1,t_2)=-i\langle T_c[c_\lambda(t_1)c_\lambda^+(t_2)]\rangle=\begin{pmatrix}G_{++} & G_{+-}\\ G_{-+} & G_{--}\end{pmatrix} \tag{3.8.9}$$

其中，算符 T_c 是定义在回路 C 上的复变时算符，它的物理意义和平衡态时 T 的定义稍有不同，但总的原则仍然是将回路 C 上较早的算符排在右边；+（-）表示的是回路的上（下）分支。而上式中出现的时序格林函数定义为

$$G_{++}(t_1,t_2)=-i\langle T_p[c_\lambda(t_1)c_\lambda^+(t_2)]\rangle \tag{3.8.10}$$

反时序格林函数定义为

$$G_{--}(t_1,t_2)=-i\langle \tilde{T}_p[c_\lambda(t_1)c_\lambda^+(t_2)]\rangle \tag{3.8.11}$$

其中，T_p 是时序算符或称之为编时算符，定义为

$$T_p[A(t_1),B(t_2)]\equiv\theta(t_1-t_2)A(t_1)B(t_2)-\theta(t_2-t_1)B(t_2)A(t_1)$$

$\tilde{T}_p$ 是反时序算符，定义为

$$\tilde{T}_p[A(t_1),B(t_2)]\equiv\theta(t_2-t_1)A(t_1)B(t_2)-\theta(t_1-t_2)B(t_2)A(t_1)$$

$G_{+-}(t_1,t_2)$ 和 $G_{-+}(t_1,t_2)$ 是“小于”和“大于”格林函数，定义为

$$G_{+-} \equiv G^{<}(t_1,\ t_2) = \mathrm{i}\ \langle c_\lambda^{+}(t_2) c_\lambda(t_1) \rangle \tag{3.8.12}$$

$$G_{-+} \equiv G^{>}(t_1,\ t_2) = \mathrm{i}\ \langle c_\lambda(t_1) c_\lambda^{+}(t_2) \rangle \tag{3.8.13}$$

除了上述的几个格林函数外，还经常用到推迟和超前的格林函数 G^r，G^a：

$$G^r(t_1,\ t_2) = -\mathrm{i}\theta(t_1 - t_2)\ \langle [c_\lambda(t_1),\ c_\lambda^{+}(t_2)]_{\pm} \rangle \tag{3.8.14}$$

$$G^a(t_1,\ t_2) = i\theta(t_1 - t_2)\ \langle [c_\lambda(t_1),\ c_\lambda^{+}(t_2)]_{\pm} \rangle \tag{3.8.15}$$

以上 6 个格林函数并不是独立的，它们之间满足以下的几个关系式：

$$\begin{cases} G^r - G^a = G^> - G^< \\ G_{++} - G_{--} = G^> + G^< \\ [G^{r(a)}(t_1,\ t_2)] = G^{a(r)}(t_2,\ t_1) \\ [G^{<(>)}(t_1,\ t_2)] = -G^{>(<)}(t_2,\ t_1) \end{cases} \tag{3.8.16}$$

推迟格林函数只有当 $t_1 > t_2$ 时才不为零，它的意思是 t_2 时刻某个粒子进入系统并且在 t_1 时刻离开后的概率幅。这个函数具有良好的解析延拓结构，适合用来计算物理响应，从中可以得到态密度、谱特征以及散射率等物理信息。对时序格林函数的求解已经具备了一套系统的微扰理论方法，而关联格林函数直接与物理可观测量（如电流、粒子密度等）和动力学特征相联系。小于格林函数 $G^<(t_1,\ t_2)$ 是粒子的传播子，$G^>(t_1,\ t_2)$ 则是空穴的传播子。

一些常用的物理量还可以用格林函数来表示。

粒子数：

$$n_i = -\mathrm{i}\int \frac{\mathrm{d}\omega}{2\pi} G_{ii}^{<}(\omega)$$

局域态密度：

$$\mathrm{LDOS}_i(\omega) = -\frac{1}{\pi}\mathrm{Im}G_{ii}^{r}(\omega)$$

动能：

$$\langle T \rangle = \sum_x E_k(x) \langle n(x) \rangle = -\mathrm{i}\hbar\int \mathrm{d}^3x \lim_{x\to x',\ x\to 0} \frac{-\hbar^2 \nabla_x^2}{2m} G(x,\ t;\ x',\ t+\varepsilon)$$

第九节　有限差分法

一、有限差分法的理论基础

有限差分法是离散的且只含有有限个未知量的方程组去近似代替连续变量的微分方程与边界条件，并把差分方程组的解作为微分方程的近似解，然后通过矩阵来获得体系的信息，如本征值、本征矢量等。用有限差分法几乎可以处理所有形式的势能函数，给数值计算带来极大的方便。

所有薛定谔方程的数值解方法有一个共同点就是它们使用一些技术来处理，把波函数 $\boldsymbol{\Psi}(\boldsymbol{r},\ t)$ 变成列矢量 $\{\psi(t)\}$，把微分算符 $\boldsymbol{H}_{\mathrm{op}}$ 变成一个矩阵 $[\boldsymbol{H}]$，以便把薛定谔方程从

一个偏微商方程 $i\hbar\frac{\partial}{\partial t}\Psi(\boldsymbol{r},t)=\boldsymbol{H}_{op}\Psi(\boldsymbol{r},t)$ 变成一个矩阵方程 $i\hbar\frac{d}{dt}\{\psi(t)\}=[\boldsymbol{H}]\{\psi(t)\}$。这种变换有很多种方式，但是最简单的一种方式就是选择一种离散的晶格点阵。为了理解这种变换方式，本节考虑一维情况，首先把位置变量 x 离散化成一个如图 3.8 所示的晶格点阵，即 $x_n=na$。

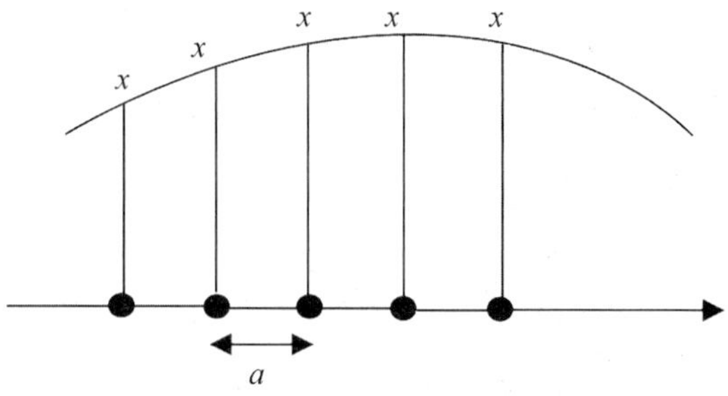

图 3.8　在一个离散晶格点阵替代连续函数图

本节能通过让列矢量 $\{\psi_1(t),\psi_2(t),\cdots\}^{T}$ 代表波函数 $\Psi(x,t)$（“T”指的是转置）包含在时间 t 时晶格格点周围的每一个点的波函数的值，为了更清楚地表达时间 t 时的波函数，本节令

$$\{\psi_1(t),\psi_2(t),\cdots\}=\{\Psi(x_1),\Psi(x_2),\cdots\}$$

在 $a\to 0$ 时，这个表象能更精确地表达，只要 a 是比空间尺度小得多时，$\Psi(x,t)$ 表示得更精确合理。

哈密顿算符一维表达式为

$$\boldsymbol{H}_{op}\equiv-\frac{\hbar^2}{2m}\frac{d^2}{dx^2}+U(x) \tag{3.9.1}$$

本节要把偏微分方程转化成差分方程，一个重要的有限差分技术就是

$$\left(\frac{\partial^2\Psi}{\partial x^2}\right)_{x=x_n}\to\frac{1}{a^2}\left[\Psi(x_{n+1})-2\Psi(x_n)+\Psi(x_{n-1})\right] \tag{3.9.2}$$

并且

$$U(x)\Psi(x)\to U(x_n)\Psi(x_n) \tag{3.9.3}$$

$$\begin{aligned}i\hbar\frac{d\psi_n}{dt}&=[\boldsymbol{H}\psi]_{x=x_n}=(U_n+2t_0)\psi_n-t_0\psi_{n-1}-t_0\psi_{n+1}\\&=\sum_m[(U_n+2t_0)\delta_{n,m}-t_0\delta_{n,m+1}-t_0\delta_{n,m-1}]\psi_m\end{aligned} \tag{3.9.4}$$

其中，$t_0\equiv\hbar^2/2ma^2$ 并且 $U_n\equiv U(x_n)$，$\delta_{n,m}$ 是克罗内克符号，即如果 $n\neq m$，$\delta_{n,m}$ 为 0，而如果 $n=m$，$\delta_{n,m}$ 为 1。本节能将方程（3.9.4）写为一个矩阵方程：$i\hbar\frac{d}{dt}\{\psi(t)\}=[\boldsymbol{H}]\{\psi(t)\}$。

这个哈密顿量的矩阵元为

$$H_{nm}=(U_n+2t_0)\delta_{n,m}-t_0\delta_{n,m+1}-t_0\delta_{n,m-1} \tag{3.9.5}$$

即哈密顿矩阵为

$$\boldsymbol{H}=\begin{bmatrix} 2t_0+U & -t_0 & \cdots & 0 & 0 \\ -t_0 & 2t_0+U & \cdots & 0 & 0 \\ \vdots & \vdots & \vdots & \vdots & \vdots \\ 0 & 0 & \cdots & 2t_0+U & -t_0 \\ 0 & 0 & \cdots & -t_0 & 2t_0+U \end{bmatrix} \tag{3.9.6}$$

设矩阵 $\boldsymbol{H}$ 的本征值和本征矢为 E_α 和 α，则

$$[\boldsymbol{H}]\{\alpha\} = E_\alpha\{\alpha\} \tag{3.9.7}$$

利用上述方程很容易得到波函数 $\{\psi(t)\} = \mathrm{e}^{-\mathrm{i}E_\alpha t/\hbar}\{\alpha\}$ 满足方程

$$\mathrm{i}\hbar\frac{\mathrm{d}}{\mathrm{d}t}\{\psi(t)\} = [\boldsymbol{H}]\{\psi(t)\} \tag{3.9.8}$$

既然上个方程是线性的，这个方程的解为

$$\{\psi(t)\} = \sum_\alpha C_\alpha \mathrm{e}^{-\mathrm{i}E_\alpha t/\hbar}\{\alpha\} \tag{3.9.9}$$

如果给出一个起始态本节就能计算出系数 C_α，随后在时间 t 的波函数也能过上式计算出来。

二、一维无限长量子线的薛定谔方程的有限差分法

首先离散一维情况下的薛定谔方程，当不存在矢势时，其哈密顿量为

$$\boldsymbol{H}_{1D} = -\frac{\hbar^2}{2m}\frac{\mathrm{d}^2}{\mathrm{d}x^2}+U(x) \tag{3.9.10}$$

为了得到哈密顿量的矩阵形式，考虑 $\boldsymbol{H}_{1D}$ 作用在任意关于 x 的函数 $f(x)$，选择一维离散化格点如图 3.9 所示。

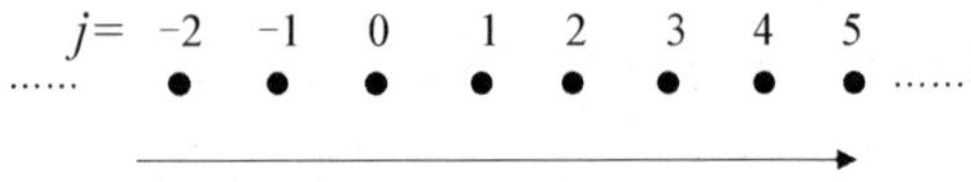

图 3.9　一维无限长量子线离散成格点的模型图

其中，每一个点为 $x=ja$，j 为整数，a 是格点之间的间距。

则 $\boldsymbol{H}_{1D}$ 作用在任意函数 $f(x)$ 上，表达式为

$$(\boldsymbol{H}_{1D}f)_{x=ja} = \left(-\frac{\hbar^2}{2m}\frac{\mathrm{d}^2}{\mathrm{d}x^2}\right)_{x=ja} f_j + U_j f_j \tag{3.9.11}$$

其中，$f_j \to f\ (x=ja)$，$U_j \to U\ (x=ja)$。

利用导数的定义做近似，设 a 是个非常小的量，则一阶导数可以近似为

$$\left(\frac{\mathrm{d}f}{\mathrm{d}x}\right)_{x=j+0.5a} \to \frac{1}{a}\ (f_{j+1}-f_j) \tag{3.9.12}$$

二阶导数可以表示为

$$\left(\frac{\mathrm{d}^2f}{\mathrm{d}x^2}\right)_{x=ja} \to \frac{1}{a}\left[\left(\frac{\mathrm{d}f}{\mathrm{d}x}\right)_{x=j+0.5a} - \left(\frac{\mathrm{d}f}{\mathrm{d}x}\right)_{x=j-0.5a}\right] \to \frac{1}{a^2}\ (f_{j+1}-2f_j+f_{j-1}) \tag{3.9.13}$$

则用式（3.9.13）近似代替二阶导数，则式（3.9.11）可写为

$$(\boldsymbol{H}_{1D}f)_{x=ja} = (U_j+2t)\ f_j - tf_{j-1} - tf_{j+1} \tag{3.9.12}$$

其中，$t=\hbar^2/2ma^2$，式（3.9.11）可以改写为

$$(\boldsymbol{H}_{1D}f)_{x=ja} = \sum_i H(j,\ i)f_i$$

其中，$\boldsymbol{H}(j,\ i) = \begin{cases} U+2i,\ i=j \\ -t,\ i\text{ 与 }j\text{ 是最近邻格点。} \\ 0,\text{ 其他} \end{cases}$

$\boldsymbol{H}$ 可写成矩阵的形式为

$$\boldsymbol{H} = \begin{bmatrix} 2t_0+U_1 & -t_0 & \cdots & 0 & 0 \\ -t_0 & 2t_0+U_2 & \cdots & 0 & 0 \\ \cdots & \cdots & \cdots & \cdots & \cdots \\ 0 & 0 & \cdots & 2t_0+U_{N-1} & -t_0 \\ 0 & 0 & \cdots & -t_0 & 2t_0+U_N \end{bmatrix} \tag{3.9.13}$$

说明：每个格点与其最近邻跳跃能均为 t，而在对角项会出现 $2t$ 的附加项。

第十节　Floquet 理论

本节介绍一种求解周期外场驱动的系统的薛定谔方程的数值方法，对于一个周期为 T 的含时系统，系统的哈密顿量是时间 t 的周期函数，记为

$$\boldsymbol{H}(t)=\boldsymbol{H}\ (t+T) \tag{3.10.1}$$

其中，T 为驱动场的周期。相应地，驱动场的频率为 $\omega=2\pi/T$。此时，含时薛定谔方程可记为

$$\left[\boldsymbol{H}(x,\ t)-\mathrm{i}\frac{\partial}{\partial t}\right]\psi(x,\ t)=0 \tag{3.10.2}$$

根据量子力学中的 Floquet 定理，薛定谔方程有如下形式的解：

$$\psi_\alpha(x,\ t)=u_\alpha(x,\ t)\mathrm{e}^{-\mathrm{i}\varepsilon_\alpha t} \tag{3.10.3}$$

其中，$u_\alpha(x,\ t)$ 具有时间周期性，$u_\alpha(x,\ t)=u_\alpha\ (x,\ t+T)$，叫作 Floquet 函数。$u_\alpha(x,\ t)$ 满足本征方程：

$$\left[\boldsymbol{H}(x,\ t)-\mathrm{i}\frac{\partial}{\partial t}\right]u_\alpha(x,\ t)=\varepsilon_\alpha u_\alpha(x,\ t) \tag{3.10.4}$$

ε_α 称为准能量。同固体物理学中的布洛赫定理类比可知，具有准能量 ε_α 的 Floquet 函数 $u_\alpha(x,\ t)$ 同具有准能量 $\varepsilon_\alpha+n\omega$ 的 Floquet 函数 $u_\alpha(x,\ t)\mathrm{e}^{-\mathrm{i}n\omega t}$ 是等价的，这也就意味着由于时间周期性，使得准能带空间存在着类似于固体物理中布里渊区的结构，宽度为 ω，其中 ω 为驱动场的频率。定义 $-\frac{\omega}{2}<\varepsilon<\frac{\omega}{2}$ 为准能带空间的第一布里渊区，其他布里渊区依次向两边各增加 $\frac{\omega}{2}$ 便可逐一得到。

第十一节 全计数统计

在量子输运中，电子的全计数统计可以完全描述系统的输运特性，因为它提供了到 t 时刻为止有 n 个电子隧穿过系统到达收集电极的概率分布 $P(n, t)$ 的所有信息。在实际的计算中，本节并不直接从粒子数分辨的量子主方程求解概率分布 $P(n, t)$，而是采用累积矩生成函数的方法（the cumulant generating function technique）。数学上，累积矩生成函数定义为

$$e^{-F(\chi)} = \sum_n p(n, t) e^{in\chi} \tag{3.11.1}$$

其中，χ 为计数场。电流所有阶的累积矩都可以通过对累积矩生成函数求关于 χ 的微分得到：

$$C_k = -\left(-i\frac{\partial}{\partial \chi}\right)^k F(\chi)\Big|_{\chi\to 0} \tag{3.11.2}$$

在长时间极限下，前三阶的累积矩直接联系到系统的输运特性。例如，一阶累积矩（传输电子数目分布的峰值位置）给出了平均电流：

$$\langle I\rangle = C_1/t \tag{3.11.3}$$

零频散粒噪声（shot noise）联系到二阶累积矩（分布的峰宽）：

$$S(0) = 2e^2(\overline{n^2} - \bar{n}^2)/t = 2e^2 C_2/t \tag{3.11.4}$$

三阶累积矩：

$$C_3 = \overline{(n-\bar{n})^3} \tag{3.11.5}$$

刻画了分布的偏斜度，这里，$\overline{(\cdots)} = \sum_n (\cdots)p(n, t)$。此外，散粒噪声和偏斜度通常分别用 Fano 因子 $F_2 = C_2/C_1$ 和 $F_3 = C_3/C_1$ 来表示。$F>1$ 表示超泊松噪声，$F<1$ 表示次泊松噪声。

为了计算累积矩生成函数，我们定义：

$$S(\chi, t) = \sum_n \rho^{(n)}(t) e^{in\chi} \tag{3.11.6}$$

显然，本节有：

$$e^{-F(\chi)} = \mathrm{Tr}[S(\chi, t)] \tag{3.11.7}$$

粒子数分辨的量子主方程：

$$\begin{aligned}\frac{\partial\rho^{(n)}(t)}{\partial t} = &-iL\rho^{(n)} - \frac{1}{2}\sum_\mu \{[d_\mu^+ A_\mu^{(-)}\rho^{(n)} + \rho^{(n)} A_\mu^{(+)} d_\mu^+ - A_{L,\mu}^{(-)}\rho^{(n)} d_\mu^+ \\ &- d_\mu^+\rho^{(n)} A_{L,\mu}^{(+)} - A_{R,\mu}^{(-)}\rho^{(n-1)} d_\mu^+ - d_\mu^+\rho^{(n+1)} A_{R,\mu}^{(+)}] + \mathrm{H.c.}\}\end{aligned} \tag{3.11.8}$$

其中，$A_{\alpha\mu}^{(\pm)} = \sum_\nu C_{\alpha\mu\nu}^{(\pm)}(\pm L) d_\nu$，$A_\mu^{(\pm)} = \sum_\alpha A_{\alpha\mu}^{(\pm)}$，H. c. 表示厄米共轭。谱函数 $C_{\alpha\mu\nu}^{(\pm)}(\pm L)$ 定义为

$$C_{\alpha\mu\nu}^{(+)}(L) = \int_{-\infty}^{+\infty} d\tau C_{\nu\mu}^{(+)}(-\tau) e^{-iL\chi} \tag{3.11.9}$$

$$C_{\alpha\mu\nu}^{(-)}(-L) = \int_{-\infty}^{+\infty} d\tau C_{\nu\mu}^{(-)}(\tau) e^{-iL\chi} \tag{3.11.10}$$

此变换表明考虑了电子在系统与电极之间传输的能量守恒。

由于上述粒子数分辨量子主方程有下面的形式：

$$\dot{\rho}^{(n)}=\boldsymbol{A}\rho^{(n)}+\boldsymbol{C}\rho^{(n+1)}+\boldsymbol{D}\rho^{(n-1)} \tag{3.11.11}$$

因而 $S(\chi,\ t)$ 满足：

$$\dot{S}=\boldsymbol{AS}+\mathrm{e}^{-\mathrm{i}\chi}\boldsymbol{CS}+\mathrm{e}^{-\mathrm{i}\chi}\boldsymbol{DS}\equiv L_{\chi}\boldsymbol{S} \tag{3.11.12}$$

其中，$\boldsymbol{S}$ 是列矩阵，$\boldsymbol{A}$，$\boldsymbol{C}$，$\boldsymbol{D}$ 为三个方矩阵。在低频极限下，计数时间（即测量时间）远大于电子通过系统的隧穿时间。此时，可以证明 $F(\chi)$ 有如下的形式：

$$F(\chi)=-\lambda_1(\chi)t \tag{3.11.13}$$

其中，$\lambda_1(\chi)$ 是 L_χ 的本征值，且满足当 $\chi\to 0$ 时，它趋于零。根据累积矩的定义可以将 $\lambda_1(\chi)$ 写成：

$$\lambda_1(\chi)=\frac{1}{t}\sum_{k=1}^{\infty}C_k\frac{(\mathrm{i}\chi)^k}{k!} \tag{3.11.14}$$

此外，L_χ 的具体形式可以通过对方程（粒子数主方程）的矩阵元做分离傅里叶变换得到。

将方程（3.11.14）代入 $|L_\chi-\lambda_1(x)I|=0$，并将其行列式按 $(\mathrm{i}\chi)^k$ 展开，由于 $\mathrm{i}\chi$ 是任意的，因而可以通过令 $(\mathrm{i}\chi)^k$ 的系数等于零来依次计算 C_k/t。

第四章　介观环中的持续电流

本章将概略地介绍介观正常金属环中持续电流的基本概念和简单模型理论，包括一维理想金属环的自由电子模型、杂质在单介观环中持续电流理论和相切双环模型，并对有关实验研究和理论研究做简略介绍，最后研究了耦合有引线的相切 AB 双环的持续电流。

第一节　介观环中的持续电流

一、介观环中持续电流的实验研究

近年来，制造技术的发展已经产生了尺寸比电子的特征长度小得多的可用结构，这些结构被看作介观系统，这些介观系统的物理性质会被量子干涉效应强烈地影响，而且最令人感兴趣的现象之一是在环中通过磁通的持续电流。20 世纪 80 年代，有学者发现在介观尺寸的一维非超导金属中，也可能通过磁场诱导持续电流。这种持续电流是环的平衡性质，是没有耗散的，Büttiker，Imry 和 Landauer 等的建议①引起了人们的兴趣和关注，相继进行了一系列研究。包括从单通道介观环推广到多通道环、温度效应、无序的影响、弹性散射与非弹性散射的不同作用、不同的系综平均及其区别、电子关联效应等等。不过这些研究均停留在理论上。第一次从实验上证实正常金属环中存在持续电流的是 1990 年 Levy 等人②的工作，他们在低温下测量了 10^7 个彼此孤立的铜环的总磁化的工作，他们在低温下测量了彼此独立的铜环的总磁化强度，由此推算出一个环中的持续电流的平均值，他们所测量的是大数量环的系综平均的结果，证实了以 $\varphi_0/2$ 为周期（$\varphi_0=hc/e$ 为磁通量子），与理论预期的一致，但电流的方向和大小与理论值相比有差别，特别是电流的大小比理论预言值大 1~2 个量级。1991 年 Chandrasekhar 等报道了他们对单个孤立介观金属环中的持续电流的实验。以上两例均为金属环，属于扩散区。③ 最近，Mailly 等用

① BÜTTIKER M，IMRY Y，LANDAUER R. Josephson behavior in small one-dimensional rings [J]. Physics Letters A，1983，96 (7)：365-367.

② LÉVY L P，DOLAN G，DUNSMUIR J，et al. Magnetization of mesoscopic copper rings：evidence for persistant current [J]. Physical Review Letters，1990，64 (17)：2074-2077.

③ CHANDRASEKHAR V，WEBB R A，BRADY M J，et al. Magnetic response of a single，isolated gold loop [J]. Physical Review Letters，1991，67 (25)：3578-3581.

GaAs-AlGaAs 做成单个的环，测量了环中的持续电流，与理论预言基本符合。① 这些实验属于弹道区，与以前的实验不同。由于这类实验难度很高，报道还不多，理论与实验比较还有差距，有待进一步研究。

虽然早在 1983 年持续电流的理论就已经提出，但是，鉴于对介观环中持续电流检测的难度，以及实验上所遇到的诸多困难，直到 20 世纪 90 年代初，人们才在实验室首次观测到这一奇特的宏观量子效应。随后，实验工作者们相继进行了一系列的研究工作。直至目前，仍有许多实验工作者正在尝试用更加精确的测量方法测量介观环中的持续电流，并且取得了非常好的成果，下面本节将对持续电流的实验研究进行一个简单总结，并与理论计算值进行比较。

由于介观环中的持续电流量级非常小，加上被检测样品大小处于介观尺度，实验上难以控制，这些因素都无疑将给实验工作者带来巨大的挑战。人们通常对持续电流的检测是通过测量电流产生的磁矩而进行的，最常用的检测仪器为超导量子干涉仪（SQUID）。在测量方法上，一大类是进行单环测量，即逐个测量孤立环的磁响应，这类测量要求具有非常高的灵敏度的实验装置。另外一大类是进行多环测量，即同时测量多个环的磁响应。目前，对介观环中持续电流的观测，既有金属环，也有半导体异质结环。总之，采用不同的样品、不同的测量方法都将有可能影响到最后测量的结果。

1990 年，Lévy 等人②第一次从实验上证实正常金属环中存在持续电流。他们在低温下测量了 10^7 个彼此孤立的铜环的磁响应，并计算出持续电流的大小。他们在低温下测量了彼此独立的铜环的总磁化强度，由此推算出一个环中的持续电流的平均值．他们所测量的是大数量环的系综平均的结果，他们的结果揭示了环中持续电流是磁场的周期函数，证实了以 $\varphi_0/2$ 为周期（$\varphi_0=hc/e$ 为磁通量子），推算出平均每个环内的持续电流的大小约为 0.4 nA，与理论预期的一致，但电流的方向和大小与理论相比有差别，特别是电流的大小比理论预言值大 1~2 个量级。此外，磁响应方向也不一致。

1991 年 Chandrasekhar 等③报道了他们对毫秒单个孤立介观金属环中的持续电流的实验。他们在低温下对三个扩散铜环的磁响应进行了单个测量，所测到的持续电流的周期是 φ_0，但大小比理论预言值要大得多。

1993 年，Mailly 等对半导体异质结环进行了测量。④ 他们的实验是在 GaAs/AlGaAs 异质结单环中完成的，并且改进了测量方法。结果得到持续电流随磁通的变化周期为 φ_0，大小约为 4 nA，而且与理论预言值能较好地符合。

2001 年，Jarinala 等对 30 个孤立的金环进行了测量，他们同时获得了周期分别为 φ_0 和 $\varphi_0/2$ 的磁响应。⑤ 而对于不同成分的磁响应，其大小与理论预言值不能较好地吻合，

① MAILLY D, CHAPELIER C, BENOIT A. Persistent currents in a GaAs-AlGaAs single loop [J]. Physica B-cpmdpmsed Matter, 1994, 197 (1-4): 514-521.

② LÉVY L P, DOLAN G, DUNSMUIR J, et al. Magnetization of mesoscopic copper rings: evidence for persistant current [J]. Physical Review Letters, 1990, 64 (17): 2074-2077.

③ CHANDRASEKHAR V, WEBB R A, BRADY M J, et al. Magnetic response of a single, isolated gold loop [J]. Physical Review Letters, 1991, 67 (25): 3578-3581.

④ MAILLY D, CHAPELIER C, BENOIT A. Experimental observation of persistent currents in GaAs-AlGaAs single loop [J]. Physical Review Letters, 1993, 70 (13): 2020.

⑤ JARIWALA E M Q, MOHANTY P, KETCHEN M B, et al. Diamagnetic persistent current in diffusive normal-metal rings [J]. Physical Review Letters, 2001, 86 (8): 1594-1597.

磁响应方向也不一致。

2001 年，Rabaud 等在低温下对 16 个相连的 CaAs/AlGaAs 异质结介观环的磁响应进行了测量。① 他们同样改进了测量方法。结果显示磁响应周期为 φ_0，每个介观环电流振幅为 0.40±0.08 nA，跟理论预言值能较好地吻合。

以上实验似乎说明了，处于弹道区的半导体环，实验值大致能跟理论预言值吻合，但处于扩散区的金属环，实验值与理论值还有很大的出入。

显然，人们对持续电流的理论研究和实验观测存在非常大的差距。为了缩小这个差距，理论方面，需要考虑更加真实的系统，采用更好的模拟模型和更加精确的计算方法。而实验方面，则需要改进实验条件和实验方法，并尽量排除外界的干扰，从而提高实验的灵敏度和精确度。特别值得一提的是，实验工作者在改进实验方法和实验条件的情况下，得到了在扩散区持续电流与理论值很吻合的理想结果。

2009 年，Bluhm 等在低温下对 33 个金环的磁响应进行了测量。② 他们改进了超导量子干涉仪（SQUID）的实验方法，并采用原位单次测量，减小了背景噪声的影响。结果显示，环的磁响应仍以 Φ_0 为周期，但电流的大小却与理论值很好地吻合。实验中改变了环境温度，持续电流大小的变化同样与理论值很好地吻合。这个结果对以前关于金属环中持续电流比理论预言值大的结论提出了挑战。

随后，Bleszynski-Jayich 更加进一步地改进了实验方法。③ 他们发展了检测持续电流的技术，并对不同温度、不同尺寸、不同外界磁场、不同组合形式的金属环中的持续电流进行了测量。结果显示，不管是单环、多环，还是随着温度的变化，实验值与理论值都能符合得非常好。他们的报道似乎绘出了一张金属样品环中持续电流测量的清晰蓝图。

正如前面所提，虽然关于持续电流数量级的问题已有所突破，但持续电流的磁响应机制，理论与实验的差距还仍未解决。持续电流的顺磁性和反磁性还没有一个普适性的规律存在，这有待于理论工作者和实验工作者做出进一步的探索和研究，相信在不远的将来，这个问题一定会得到解决。

二、介观环中持续电流的理论基础研究

介观体系的物理性质有许多有趣而特殊的表现。早在 1983 年，Büttiker，Y. Imry，R. Landauer④ 三位科学家曾开创性地预言，在处于介观尺度的一维非超导金属环中，当环的中心区域通磁通时，便可以出现持续电流。这种持续电流是环的平衡性质，是不耗散的。Büttiker 等人的建议立即引起了人们广泛的兴趣和关注，在理论和实验上相继进行了一系列的研究。

---

① RABAUD W, SAMINADAYAR L, MAILLY D, et al. Persistent currents in mesoscopic connected rings [J]. Physical Review Letters, 2001, 86 (14): 3124-3127.

② BLUHM H. Observation of persistent currents in thirty metal rings, one at a time [J]. Bulletin of the American Physical Society, 2009.

③ BLESZYNSKI-JAYICH A C, SHANKS W E, PEAUDECERF B, et al. Persistent currents in normal metal rings: caparing high-precision experiment with theory [J]. Science, 2009, 326 (5950): 272-275.

④ BÜTTIKER M, IMRY Y, LANDAUER R. Josephson behavior in small one-dimensional rings [J]. Physics Letters A, 1983, 96 (7): 365-367.

早在 1959 年，Aharonov 和 Bohm① 就提出了一个有趣的宏观量子效应，即 AB 效应。AB 效应最大的物理意义便是证实了磁场的物理效应不能够完全用 $\boldsymbol{B}$ 来描述。即，在量子力学中，磁矢势 $\boldsymbol{A}$ 的作用比在经典电动力学中显得重要得多，并且具有可观测量。在量子力学中，磁矢势 $\boldsymbol{A}$ 可以起到调制电子波函数相位的作用，从而使电子的衍射图样发生周期移动。

真空中的 AB 效应已经较早被实验所证实，电子波函数将被限制在自由空间里传播。而在金属中，是否同样也可以观察到 AB 效应呢？然而，正如前面所述，弹性散射是不会破坏电子相位相干性的。因此，我们认为，对于处于介观尺度的金属环，仍然有 AB 效应。而且，由于相位的改变，能够引起非超导介观环中持续电流的产生。下面将重点介绍持续电流的基本理论概念和方法。

如图 4.1 所示，磁通 Φ 穿过介观环的中心区域。设环的周长为 L，当环内的电子绕环运动一周时，由于磁矢势 $\boldsymbol{A}$ 的调制而引起相位改变 $\Delta\alpha$：

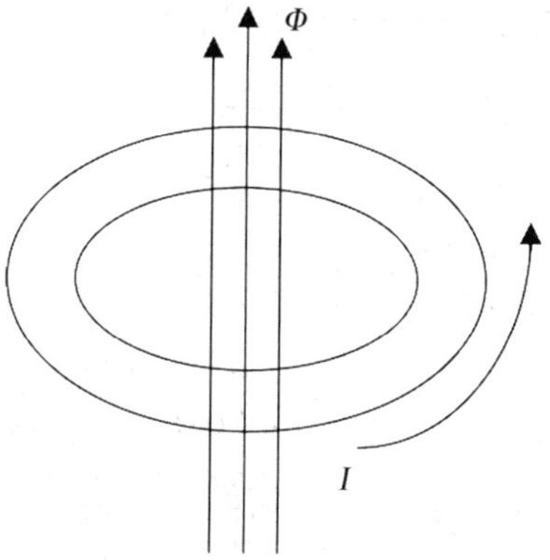

图 4.1　磁通 Φ 穿过介观环

$$\Delta\alpha = 2\pi\Phi/\Phi_0 \tag{4.1.1}$$

其中，$\Phi_0 = hc/e$ 为磁通量子。

因此，Büttiker 等人指出，绕环运动的电子与一维周期性晶格结构中运动的电子完全相似。

即电子绕环运动一周相当于在周期性晶格结构中电子跨过一个元胞。这样，$2\pi\Phi/\Phi_0$ 与 kL 也就建立了一一对应关系。即

$$2\pi\Phi/\Phi_0 \Leftrightarrow kL \tag{4.1.2}$$

从固体物理中可得知，晶格中运动电子形成电流的公式为

$$I_n = -\frac{ev_n}{L} \tag{4.1.3}$$

又晶格中的电子在磁场中准经典运动速度为

$$v_n = \frac{1}{h}\frac{\partial E_n}{\partial k_n} \tag{4.1.4}$$

由公式（4.1.1）（4.1.2）和（4.1.4）得到，单个能级所贡献的持续电流为

① AHARONOV Y, BOHM D. Significance of electromagnetic potentials in the quantam theory [J]. Physical Review, 1959, 115 (3): 485-491.

$$I_n = -c\frac{\partial E_n}{\partial \Phi} \tag{4.1.5}$$

I_n 是每个能级贡献的持续电流。在 0 K 时，体系总的持续电流应该为 N 个电子占据能级所贡献的电流之和 I_N：

$$I_N = \sum_{n=1}^{N} I_n = -\sum_{n=1}^{N}\frac{\partial \varepsilon_n}{\partial \Phi} = -\frac{\partial E(N,\ \Phi)}{\partial \Phi} \tag{4.1.6}$$

其中，E 为体系总的基态能。至此，我们已经求出了介观环中持续电流的理论表达式。

下面本节将从最简单的一维金属环出发，求解介观环中磁通诱导的持续电流。这个模型虽然有点简单化，但能包含持续电流的一些主要特征及结论。

一维金属环磁通诱导的持续电流理论模型如下：

首先本节做如下必要假设：环的自感很小，可忽略；磁通仅穿过圆环轴线附近的中空区域，而在电子运动区域磁感应强度为零；由于电子运动区域无磁场，因此可忽略电子的自旋自由度。由此，本节可得到单电子的哈密度量为：

$$\boldsymbol{H} = \frac{1}{2m}\left(\frac{\hbar}{\mathrm{i}}\nabla + \frac{e}{c}\boldsymbol{A}\right)^2 + V(\boldsymbol{r})$$

其中，$\boldsymbol{A}$ 为电磁场矢势，$V(\boldsymbol{r})$ 为周期性晶格势。对于理想金属环，$V=0$。定态薛定谔方程为

$$\frac{1}{2m}\left(\frac{\hbar}{\mathrm{i}}\nabla + \frac{e}{c}\boldsymbol{A}\right)^2 \psi(\boldsymbol{r}) = E\psi(\boldsymbol{r}) \tag{4.1.7}$$

设环的周长为 L，则薛定谔方程所对应的边界条件为

$$\psi(L) = \psi(0) \tag{4.1.8}$$

$$\left.\frac{\mathrm{d}\psi}{\mathrm{d}x}\right|_{x=L} = \left.\frac{\mathrm{d}\psi}{\mathrm{d}x}\right|_{x=0} \tag{4.1.9}$$

做规范变换：

$$\begin{gathered}\psi \to \psi' = \psi \mathrm{e}^{-\mathrm{i}e\chi(\boldsymbol{r})/\hbar c} \\ \boldsymbol{A} \to \boldsymbol{A}' = \boldsymbol{A} + \nabla\chi(\boldsymbol{r})\end{gathered} \tag{4.1.10}$$

此时，薛定谔方程简化为

$$-\frac{\hbar^2}{2m}\nabla^2\psi' = E\psi' \tag{4.1.11}$$

相应的边界条件也改为

$$\psi'(L) = \psi'(0)\,\mathrm{e}^{\mathrm{i}2\pi\Phi/\Phi_0} \tag{4.1.12}$$

$$\left.\frac{\mathrm{d}\psi'}{\mathrm{d}x}\right|_{x=L} = \left.\frac{\mathrm{d}\psi'}{\mathrm{d}x}\right|_{x=0}\mathrm{e}^{\mathrm{i}2\pi\Phi/\Phi_0} \tag{4.1.13}$$

其中，$\Phi_0 = hc/e$ 为磁通量子。将平面波函数 $\psi'(L) = C\exp(\mathrm{i}kx)$ 代入简化的薛定谔方程，结合边界条件，本节可以得到电子波函数满足：

$$k_n = \frac{2\pi}{L}\left(n + \frac{\Phi}{\Phi_0}\right),\ n = 0,\ \pm 1,\ \pm 2,\ \pm 3,\ \cdots \tag{4.1.14}$$

能量本征值为

$$E_n(\Phi) = \frac{\hbar^2 k_n^2}{2m} = \frac{4\pi^2\hbar^2}{2mL^2}\left(n + \frac{\Phi}{\Phi_0}\right)^2 \tag{4.1.15}$$

环中的电子能级将随着穿过的磁通 Φ 做周期振荡，其振荡周期为 Φ_0，第一布里渊区就是 $-\Phi_0/2 < \Phi < \Phi_0/2$。

由式（4.1.6）可知，每条能级所贡献的持续电流为该能级对磁通的一阶偏导数。然而，本节可以从图4.1看出，在给定磁通的情况下，两条相邻的能级斜率符号相反，大小大约相等，这也就是说两相邻能级所贡献的持续电流有可能相互抵消。这也意味着，系统总的持续电流有可能仅由费米能级决定，量级为 $I_n=-\frac{ev_F}{L}$，其中 v_F 为费米速度。它同样也因材料与所处环境的不同而不同。结合式（4.1.15），本节可以导出持续电流与磁通 Φ 的关系式。

值得注意的是，持续电流的大小和符号与体系总的电子数的奇偶性有关。当电子数为偶数时，持续电流是顺磁性的，当总电子数是奇数时，持续电流呈现反磁性。特别值得一提的是，本节这里所说的顺磁与抗磁与电子的泡利自旋顺磁性和朗道抗磁性有所不同。这里所说的顺磁与反磁，是指当环中电流的磁场方向与外加磁场方向一致时是顺磁的，而当环中电流的磁场方向与外加磁场方向相反时是抗磁的。实际上，它描述了这样一个事实，持续电流既可沿着环顺时针方向流动，也可以沿着环逆时针方向流动，而至于介观环中持续电流的磁响应机制到目前还不是很清楚，理论观测和实验结果也不一致，这有待于人们进一步的研究。

以上关于持续电流的理论讨论局限在一维理想环，而实际上介观环总会有一定大小的横截面，甚至还可能有杂质等带来的无序。但不管是一维单通道环，还是有一定横截面的多通道环，还是无序环，以上理论均满足持续电流的基本理论计算，不同的是，本节可以加入其他因素，比如无序、尺寸效应、电子与电子互作用、温度等来探究介观环中持续电流的特征。

三、影响持续电流特性的基本因素

介观环中持续电流的理论预言值与实验观察值在数量级上存在一定的差别，最初，人们试图从理论模型出发，考虑各种影响持续电流大小的因素，来解决这一问题。下面，本节将从理论上简要介绍影响持续电流大小的一些基本因素。虽然考虑这些因素最终并没有从理论上解决上述根本矛盾，但本节仍然可以通过这些因素对持续电流的影响，从定性上对持续电流的特征有更加深刻的认识。

（一）量子尺寸效应对持续电流的影响

当体系的尺寸小到和电子相位相干长度相比拟的时候，体系尺寸微小的改变都会对体系的某些物理性质产生非常明显的影响，这便是介观体系中的量子尺寸效应。介观环中的持续电流同样也会受到量子尺寸效应的影响。对于介观环的尺寸，我们通常考虑两个因素，一个是环的周长，另一个是环的通道数。

前面已经讲过，持续电流产生的条件之一，必须是环的尺寸处于介观尺度范围以内，如果环的周长大到宏观量级，那么持续电流效应将消失。实际上，当环的周长逐渐增大时，体系的尺寸 L 逐渐大于相位相干长度 L_φ，这时，电子波函数的相位相干性逐渐减弱，从而导致持续电流的减小。所以，从这一点出发，就不难理解为什么只有在介观尺度的环内才能观察到持续电流。它是一个真正的量子效应。

改变环的通道数，或者说是改变环的宽度，同样会带来持续电流的变化。但不同的是，改变环的通道数时，持续电流并不是呈单调性变化。在完全有序或者块体无序的情况下，当环的通道数目处于某些特殊值时，环中的持续电流出现线性递增的趋势。但当体系处于其他通道数时，系统有着强烈的量子干涉效应。

最近20年，随着纳米技术的发展，一系列新型的介观体系被制备出来，这为理论工作者研究其内部丰富的物理机制提供了更好的契机。比如碳基纳米材料由于其特殊的物理性能已经吸引了人们广泛的关注，一系列的碳基纳米材料，如富勒烯、碳纳米管、碳纳米管环、石墨片等都已经成功制备出。特别是对于碳基介观环，研究发现，根据碳纳米管环的几何结构不同，可以将它分成金属型、窄带隙半导体型以及宽带隙半导体型，它们分别所对应的持续电流的变化特征也不相同。最近，单层片状的石墨环在实验室中也已经成功制备出，同样的碳基纳米材料，同样的环形结构，石墨环是否也具有与碳纳米管环相似的性质呢？下面将探讨石墨环中持续电流的量子尺寸效应规律。另外，本节的结果可以用来指导、设计一些新颖的基于石墨环的介观纳米器件。

（二）无序对介观环中持续电流的影响

一般认为，固体中的原子排列是具有周期性的。但是，在许多实际固体材料中，很多情况下并不能近似地把固体看成理想的晶体，如：合金掺杂、外来杂质、基底导致的无序等。本节把这种非理想晶体系统称为无序系统。Anderson 指出，当系统的无序度足够强时，电子波函数被局限在系统的某个区域范围内。① 这时，系统中的电子输运性质将大大降低，并随着无序度的增大呈指数衰减。

在介观环中，同样要考虑到无序对持续电流大小的影响。比如杂质、边缘悬挂键、基底导致的表面无序等。这些无序造成的非弹性散射有可能破坏电子的相位相干性，直接导致持续电流的减小。

本节注意到，自从持续电流的理论一经提出，就有许多理论工作者探讨无序对持续电流的影响，可见无序是影响持续电流大小的一个基本因素。他们通常考虑的是块体无序，即无序分布于整个介观环的内部。当改变无序的强度时，持续电流随着无序强度的增强呈指数衰减的结果。这个结果可以用安德森局域化模型得到合理的解释。

随着纳米制造技术的发展，有些样品的无序仅仅分布在表面，而在样品的内部却是有序的，即通常所说的 core-shell 模型。而在这种无序分布中，载流子的运动主要受到边界杂质原子的散射。这种新的无序模型，无疑是给研究无序对持续电流的响应提供了新的契机。对于二维、三维边缘无序介观环，在无序度小于某临界无序度时，持续电流随着无序度的增大而减小，而当无序度大于该临界无序度时，持续电流随着无序度的增大反而增加，这一理论结果跟以前块体无序对持续电流的影响明显不同。然而，在一些模型中，无序的突变太大，特别是当无序度很大时，系统的一边是高无序，而另一边却是有序的，这些模型的缺点是没有考虑体系从无序过渡到有序时，中间区域的无序梯度衰减。

虽然在有些实际试验中这种表面无序模型是真实存在的，比如：双壁碳纳米管的外管无序内管有序模型，但是在常见的介观体系内，这种表面无序的突降行为明显是与实际不相符合的。因此，考虑梯度衰减无序对介观环中持续电流的影响，预计产生一些有意义的结果，将有助于理解无序对介观环中持续电流的影响的内在机制。

除了以上所谈论的两个因素，影响持续电流大小的因素还有温度、电子与电子互作

---

① ANDERSON P W. Absence of diffusion in certain random lattices [J]. Physical Review, 1958, 109 (5): 1492-1505.

用等。关于温度的影响，当系统温度在 0 K 极限时，费米能级就是电子填充的最高能级。但随着温度升高，费米能级将会有一个展宽，此时，费米能级上下的能级将分别贡献相反的持续电流，而使其相互抵消。且温度越高，相互抵消的程度越大，持续电流越小。而电子与电子互作用对持续电流的影响则较为复杂。

因此，关于电子与电子互作用这方面到目前还没有一个统一的解释，仍然是凝聚态物理学中一个前沿研究课题。

第二节　单介观环中的持续电流

一、单介观环的持续电流定义与理解

对介观系统实验和理论的研究已经提供了探索超出原子范围的真正的量子力学效应。通过小金属环的磁通诱导的持续电流已经在亚毫米系统中显现出来。Büttiker，Imry 和 Landauer 在他们的工作中提出了在通过磁通的一维环中存在持续电流。① 相干波函数延伸到环的电极引线的周长。一般的量子力学原理要求波函数、本征值和所有观测量是以通过环圈磁通 Φ 周期的，Φ 的一个周期是 Φ_0，$\Phi_0=hc/e$ 是基本磁通量子。这个磁场破坏了时间反演对称并且作为一个态的简并的结果，顺时针和逆时针载的电流被抵消。凭借费米能级的位置，未补偿的电流在抗磁体或者在顺磁体方向上流动。对于在零温时的一个理想的没有杂质的绝缘环，持续电流的总数主要依赖于电子的总数 N，持续电流作为磁通的函数呈现锯齿形的类型行为。对于 N 为偶数，在 $\Phi=0$，$\pm\Phi_0$，$\pm2\Phi_0$ 时和对于 N 为奇数，在 $\Phi=\pm\Phi_0/2$，$\pm3\Phi_0/2$ 时，持续电流值在$-(2ev_F/L)$到$(2ev_F/L)$之间呈现跳跃式的不连续。这里 v_F 是费米速度并且 L 是环的周长。持续电流的研究已经延伸到包括多端环、无序、自旋轨道耦合和电子-电子相互作用效应，持续电流能从环的总能量的磁通导数得出。持续电流起源于磁通存在时自由能缺失的要求，同时要维持波函数的单值性。在某种意义上，持续电流真正是一种介观效应。当环的尺寸超过电子的特征退相位长度 L_φ(即在电子被看作纯长度刻度)时，持续电流被抑制。

到目前为止，大部分理论分析研究都集中在绝缘环的持续电流上。持续电流不仅发生在绝缘环上，而且发生在通过引线连接到电子库的环上，即在开系统中。在近年来的实验上，Mailly 等已经在闭环和开环中测量了持续电流。② Büttiker 首先给出一个小金属环连接到电子库（开放系统）概念化的简单方法。③ 对电子来说，这个库相当于一个源泉和一个水池，通过一个已知的化学势来表征。通过定义由库来吸收和发射电子时没有相位关系。这个库对非弹性散射体作用并且起着能量耗散或者不能反逆的性能的作用。在引线（电极）上所有散射过程假定为是弹性的，非弹性过程只发生在库中，因此在弹性和

① BÜTTIKER M, IMRY Y, LANDAUER R, et al. Generalized many-channel conductance formula with application to small rings [J]. Physical Review B, 1985, 31 (10): 6207.

② MAILLY D, CHAPELIER C, BENOIT A. Persistent currents in a GaAs-AlGaAs single loop [J]. Physica B-condensed Matter, 1994, 197 (1-4): 514-521.

③ 冯瑞，金国钧. 凝聚态物理学（上卷）[M] 北京：高等教育出版社，2003.

非弹性过程有一个完整的空间间隔。由于在开系统中的非弹性散射过程持续电流相比闭系统要小。弱弹性散射不破坏导致持续电流的效应。本节已经把 Büttiker 的讨论延伸到从库进入到留在环里的情况，在这种子势垒状态下，这种情况通过短暂模来描述，遍及环的周长。在这种形势下，由于两种非经典效应（即 AB 效应和量子隧穿）持续电流同时出现。

在近来的工作中，研究人员已经计算了在磁通穿过连接到两个电子库的正常金属环中的持续电流，已经证明了通常在环中的持续电流的值取决于从一个库流到另一个库的电流流向。

在目前的工作中，已经考虑了一个通过理想线耦合到两个电子库（由化学势 μ_1 和 μ_2 表征的）的金属环，正如在图 4.2 中所示。

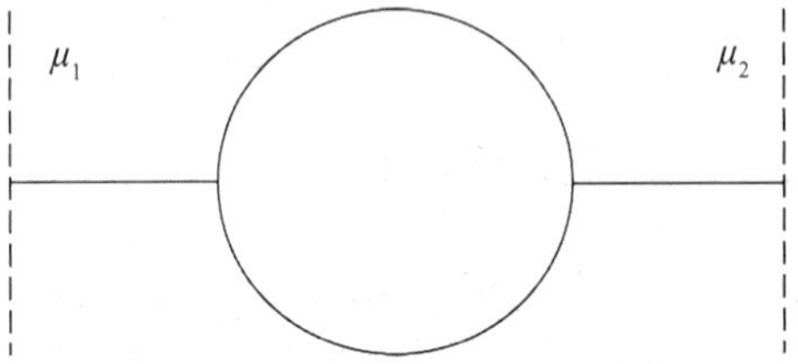

图 4.2　单介观环示意图

为简单起见，已经限制到一维结构情况。环的上臂长度是 l_1，环的下臂长度是 l_2，因此环的周长是 $l=l_1+l_2$。当化学势 $\mu_1>\mu_2$ 时，净电流从左向右流，当化学势 $\mu_1<\mu_2$ 时，净电流从右向左流，在电流流过样品时，证明了在费米能量的一定范围内没有磁场通过环时，环中产生了净循环电流。在某种意义上，持续电流是由入射载流子诱发的。这种持续电流的存在最初是由 Büttiker 讨论研究的，然而，本节的分析与早期的研究不同。在能量间隔为 $\mathrm{d}E$ 时，通过库注入引线的电流 $\mathrm{d}I_{in}=ev(\mathrm{d}n/\mathrm{d}E)f(E)\mathrm{d}E$。其中 $v=\hbar k/m$ 是在能量为 E 时的载流子的速度，$\mathrm{d}n/\mathrm{d}E=1/(2\pi\hbar v)$ 是在理想线上的态密度，$f(E)$ 是费米分布函数。通过整个系统的总电流为 I，即 $I=ev(\mathrm{d}n/\mathrm{d}E)f(E)T(E)\mathrm{d}E$。这个电流在结上分为在上臂上的电流 I_1 和下臂上的电流 I_2，使得 $I=I_1+I_2$（基尔霍夫定律或电流守恒定律）。既然上臂长度和下臂长度不相等，通常这两个臂上的电流值不相同，由于循环电流 I_0 的产生，Büttiker 提出一个不同情景，使得在上分支上的电流为 $I_1=I/2+I_0$，下分支上的电流为 $I_1=I/2-I_0$。这样一种建构导致持续电流。然而，如果采取这种定义的话，甚至在一个具有不同电阻的不同臂的经典环，在直流电流存在时，人们得到了不同的电流并且因此称为持续电流。在现在的量子力学问题中，当人们计算两个回路中的电流（I_1，I_2）时，有两种明显的可能性。对于入射费米波矢（费米能级）的一定范围内的第一种可能性，这两个臂上的电流 I_1 和 I_2 都小于总电流，使得 $I=I_1+I_2$。在这种情况下，在应用场的方向这两个臂上的电流流出，不能分配在环中正流出的持续电流。然而，在一定能量间隔内，结果证明在一个臂上的电流比总电流 I 大，这表明为使在结上的总电流守恒，在另一个臂上的电流必须是负的，或者由于化学势的不同诱发的电流沿着背离应用场的方向流出。在这种条件下，人们能解释在回路中的一个臂上的流出的负电流继续作为持续（循环）流出回路中。这个持续电流的大小值与负电流相同。持续电流的方向通过如下推断。考虑净电流在向右流时的情况（即 $\mu_1>\mu_2$ 时），如果负电流在下臂中流出，那么持续电流以顺时针（或正）方向流，反过来说，如果负电流在上臂中流出，那么持续电流以逆时针（或负）方向流。这个回路的一个臂中的负电流纯属是一种量子力学效应。本节分配持续电流的步骤与经典网络分析众所周知的步骤相同。在共振频率 LCR 电路中出现了循环流。这种效应被认为是一种电流的放大值，在这种经典网络中，当外部驱动频率在共振频率左右时，循环流是可能的。此外，在共振时，在线路里的总净电流是最小值。结果证明在本节的量子力学问题中循环流出现在耦合到电极的回路结构的反共振附近（即零透射）。

现在考虑从左库注入的电流（电流的流向是向右）在一个小能量区间内，总电流 $I=(e/2\pi\hbar)T$，其中 T 是总透射系数。对于这种情况，建立一个散射问题来计算透射系数 T、上臂中的电流（I_1）和下臂中的电流（I_2）是可以直接计算的，本节严密地遵循系统上量子波导输运的早期方法来计算这些物理量。利用在结上的这个格里菲斯边界条件（电流守恒）和波函数的单值性来计算透射率 T，从而计算持续电流：$I=(e/2\pi\hbar)T$。

以上内容说明了连接到两个电子库的开环在无磁场输运电流存在时出现持续电流。对于费米能量的固定值持续电流随输运电流的流向改变而改变符号。在平衡状态时（即 $\mu_1=\mu_2$），在无磁场时环中没有任何持续电流，在非平衡条件时（即 $\mu_1\neq\mu_2$），在环中观测到持续电流是可能的。如果 $\mu_1>\mu_2$，那么在零温时持续电流的总值为 $I_T=\int_{\mu_1}^{\mu_2}I_c\mathrm{d}E$。其中 I_c 为循环流。

二、杂质在单环中的持续电流

现在再来研究一下电流值的杂质效应。取杂质势为 $V(x)=V\delta(x)$，杂质的位置放在环的上臂的 X 处。研究电流放大的杂质效应动机如下：杂质的存在导致增加散射，抑制电流值的放大，也能提高电流的放大。现在考虑在无杂质势的对称环的情况（即两臂相等），$l_1+l_2=l$，那么电流放大是不可能的，因为对称，$I_1=I_2=I/2$，并且两臂电流的方向都在应用场方向。现在把一个杂质放在一个臂上破坏了对称，这样 $I_1\neq I_2$，在特殊的费米能时，电流放大是可能的。这个简单的例子告诉我们杂质能提高电流放大的性质。同时，如果采取极限 $V\to\infty$，上臂上的电流是零（$I_1=0$），下臂上的电流 $I_2=I$。在这种极限下，没有循环的电流。这个简单的情况说明杂质势在特殊的费米能量范围，可能提高电流的放大。

在其他的能量范围内也能抑制循环流的放大。这个提高的循环电流在一些能量时是在系统中的净电流的量级的一千倍，在这里讨论量子情况，没有限制电流放大，在结上也不违反电流守恒定律。在闭合的绝缘环上，穿过磁通 φ，在能级为 ε_n 的单粒子承载的持续电流 $I_n=-\partial\varepsilon_n/\partial\varphi$，总电流为 $I=\sum I_nf(\varepsilon_n)$，其中 $f(\varepsilon_n)$ 是费米函数。在这种情况下，$\varphi=0,\ \pm\varphi_0/2,\ \cdots$（即布里渊区边界），在理想的环中的杂质导致散射，这提高了态的简并（能级排斥）。相应地，能量曲线是 φ 的函数，结果是持续电流的振幅一直随着杂质的强度的增加而减小。

第三节　双介观环中的持续电流

在研究双介观环中的持续电流之前，本节首先回顾一下量子波导理论模型。

一、量子波导理论模型

介观结构的量子波导理论起始点是薛定谔方程：

$$\left[\frac{-\hbar^2}{2m^*}\nabla^2+V(\boldsymbol{r})\right]\psi(\boldsymbol{r})=E\psi(\boldsymbol{r})$$

当其假定结构的宽度相比结构的长度是充足的狭窄时，这样由横向限制产生的量子能级之间能量空间比由纵向输运的能量范围大很多。因此薛定谔方程变成这种结构沿纵向有坐标轴的一维方程。但是一个主要问题是在穿过两个以上的支路的一个十字路口的边界条件，在这个边界上波函数相等。现在设 ψ_i 为第 i 条线路的波函数，则在交叉点的波函数满足连续性，即为

$$\psi_1=\psi_2=\psi_3=\cdots=\psi_n。\tag{4.3.1}$$

根据电流密度的守恒有：

$$\sum\frac{\partial\psi_i}{\partial x_i}=0\tag{4.3.2}$$

其中所有坐标 x 或者坐标点 x 返回到交叉处。在每一个线路的波函数是具有相反矢量的两个平面波的线形组合。即为

$$\psi_i(x)=C_{1i}\exp(\mathrm{i}kx)+C_{2i}\exp(-\mathrm{i}kx)\tag{4.3.3}$$

因而波函数是完全由上述三个方程完全决定的。

二、有电子库连接的不同半径通有磁通的双环中的持续电流

现在考虑双介观环的持续电流，双介观环这个系统的原型是通过外部引线连接到电子库的相切双环，并且通过磁通，如图 4.3 所示。这里假定介观环是相干的，能量不耗散，准一维动力学的，这能在高迁移率的介观尺寸的量子线中实现，量子线中的能带有几个狭窄宽度的最低子带，本节在这里采用单粒子情况，即忽视电子与电子的相互作用。在绝缘环中的相互作用效应已经被研究了，但是在绝缘环中的实验已经说明了电子的相互作用并不影响持续电流太多。因此期望单粒子可能是足够的好以致预测到在 AB 开环中的相位相干行为。

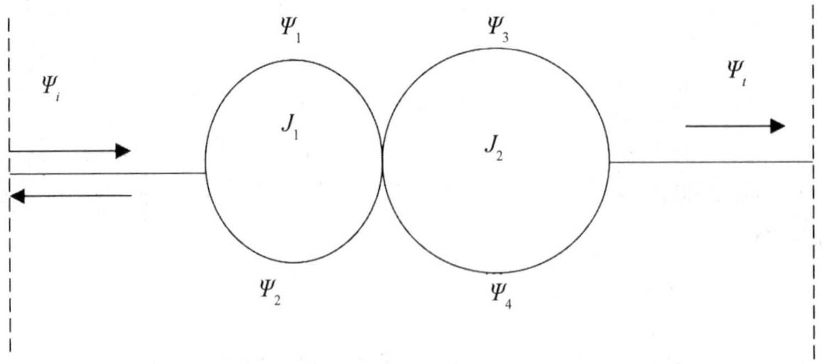

图 4.3　不同半径通有磁通的双环示意图

下面来研究一下连接到电子库的双 AB 环。左库和右库是分别被化学势 μ_l 和 μ_r 来表示。如果 $\mu_l>\mu_r$，静电流从左向右流，反之亦然。在能量 $\mathrm{d}E$ 附近，从左库进入电极形成的电流 $\mathrm{d}I=ev(\mathrm{d}n/\mathrm{d}E)f(E)\mathrm{d}E$。其中 $v=\hbar k/m$ 为在能量 E 时，载流子的速度。$\mathrm{d}n/\mathrm{d}E=1/$

$(2\pi\hbar v)$ 是理想线的态密度，并且 $f(E)$ 是费米分布函数。这里本节考虑了一维自由电子网，忽视了电子与电子相互作用。首先考虑从左库发射电子的情况，这导致从左到右的电流。描述入射波的波函数为 $\psi_1=\mathrm{e}^{\mathrm{i}kx}+r\mathrm{e}^{-\mathrm{i}kx}$，其中 k 是波矢的大小，r 是反射波振幅。这个透射波能写为 $\psi_6=t\mathrm{e}^{\mathrm{i}kx}$，其中 t 是透射波振幅。类似地，环的上下臂的波函数能被写为 $\psi_n=a_n\mathrm{e}^{\mathrm{i}kx}+b_n\mathrm{e}^{-\mathrm{i}kx}$，其中 $n=2$，3，4，5。这里本节选择一个矢量的规范，磁场的效应表现出一个相位的改变。举个例子，当电子从结 1 移动到结 2 时，上臂得到一个相因子 $\mathrm{e}^{\mathrm{i}\pi f_1}$ 并且下臂得到一个相因子 $\mathrm{e}^{-\mathrm{i}\pi f_1}$，其中 f_1（f_2）意味着磁通对磁通量子的比率。波函数的连续性和电流守恒的匹配条件导致：

$$\begin{cases}1+r=a_2+b_2\mathrm{e}^{-\mathrm{i}\pi f_1}=a_3+b_3\mathrm{e}^{\mathrm{i}\pi f_1}\\ 1-r=a_2-b_2\mathrm{e}^{-\mathrm{i}\pi f_1}+a_3-b_3\mathrm{e}^{\mathrm{i}\pi f_1}\\ a_4+b_4\mathrm{e}^{-\mathrm{i}\pi f_2}=a_2\mathrm{e}^{\mathrm{i}kl_1+\mathrm{i}\pi f_1}+b_2\mathrm{e}^{-\mathrm{i}kl_1}=a_3\mathrm{e}^{\mathrm{i}kl_1-\mathrm{i}\pi f_1}+b_3\mathrm{e}^{-\mathrm{i}kl_1}=a_5+b_5\mathrm{e}^{\mathrm{i}\pi f_2}\\ a_4+b_4\mathrm{e}^{-\mathrm{i}\pi f_2}=a_2\mathrm{e}^{\mathrm{i}kl_1+\mathrm{i}\pi f_1}-b_2\mathrm{e}^{-\mathrm{i}kl_1}+a_3\mathrm{e}^{\mathrm{i}kl_1-\mathrm{i}\pi f_1}-b_3\mathrm{e}^{-\mathrm{i}kl_1}=a_4-b_4\mathrm{e}^{-\mathrm{i}\pi f_2}+a_5-b_5\mathrm{e}^{\mathrm{i}\pi f_2}\\ t=a_4\mathrm{e}^{\mathrm{i}kl_2+\mathrm{i}\pi f_2}-b_4\mathrm{e}^{-\mathrm{i}kl_2}+a_5\mathrm{e}^{\mathrm{i}kl_2-\mathrm{i}\pi f_2}-b_5\mathrm{e}^{-\mathrm{i}kl_2}\\ t=a_4\mathrm{e}^{\mathrm{i}kl_2+\mathrm{i}\pi f_2}+b_4\mathrm{e}^{-\mathrm{i}kl_2}=a_5\mathrm{e}^{\mathrm{i}kl_2-\mathrm{i}\pi f_2}+b_5\mathrm{e}^{-\mathrm{i}kl_2}\end{cases}\tag{4.3.4}$$

其中，l_1 和 l_2 分别是左右环的半周长。

上述方程可被解，得到系数 a_2，a_3，a_4，a_5，b_2，b_3，b_4，b_5，t，r，来自同样源的左右环的磁通分别是 f_1 和 f_2，而且它们之间的关系为 $f_1=(l_1^2/l_2^2)f_2$。一旦 t 被获得，通过 $T=tt^*$ 可得 T。总电流 $I=(e/2\pi\hbar)T$，其中 T 是总透射系数。对于右环的上臂中的持续电流是 $I_r^{\mathrm{up}}=|a_4|^2-|b_4|^2$，右环的下臂中的持续电流是 $I_r^{\mathrm{up}}=|a_5|^2-|b_5|^2$。

三、没有电子库相连接的耦合有引线的同半径通有同磁通的相切 AB 双环的持续电流

近年来，制造技术的发展已经产生了尺寸比电子的特征长度小得多的可用结构，这些结构被看作介观系统，这些介观系统的物理性质会被量子干涉效应强烈地影响，而且最令人感兴趣的现象之一是在环中通过磁通的持续电流。

自从在介观尺寸的绝缘环里的持续电流发现以来，一直有很多人在对单环和耦合环结构进行研究。这些研究成果给我们显示出持续电流不仅在金属环中产生而且在 Aharonov-Bohm（AB）双环中在一些特殊条件下有强持续电流的存在。对 AB 双环，强持续电流的态是在束缚态和连续态之间的杂交态，这导致在透射中显示出共振或者反共振的准束缚态。这个现象被称为 Fano 共振。

本节研究了两端耦合有引线的相切 AB 双环结构并且在双环中穿过相同磁通时的持续电流和透射系数，给出了解析解。本节讨论了观测持续电流、无透射和完全透射的条件，而且研究了 Fano 共振。

（一）两端耦合引线 AB 双环结构以及在双环中穿过相同磁通时的持续电流

为了对以上理论模型加以应用，本节考虑如图 4.4 所示两端有引线的 AB 双环结构并且在双环中穿过磁通的情况的持续电流。

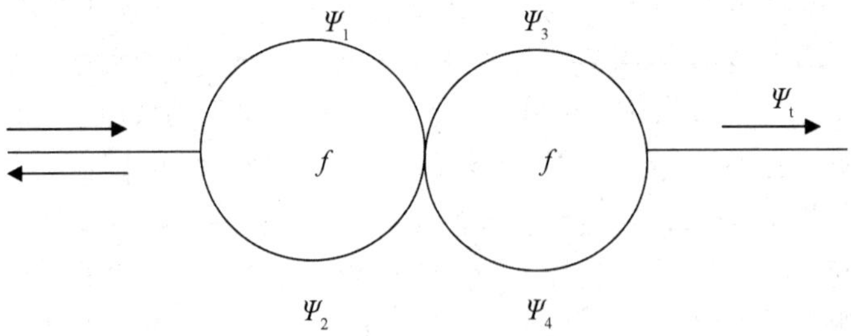

图 4.4　两端耦合有引线的相切 Aharonov-Bohm 双环中通有相同磁通的示意图

这样在局域坐标系统中，在双环中的波函数为

$$\begin{cases}\psi_i = e^{ikx} + re^{-ikx} \\ \psi_n = a_n e^{ikx} + b_n e^{-ikx}, \quad n=1, \cdots, 4 \\ \psi_t = te^{ikx}\end{cases} \tag{4.3.5}$$

对图 4.4 中的三个节点应用量子波导理论，同介观正常金属环中一样做一个矢势规范，从节点 1 到节点 2，进行电子的流动，会产生相位的变化。沿着上臂可获得一个相位因子 $\exp(\mathrm{i}\pi f)$，沿着下臂可获得一个相位因子 $\exp(-\mathrm{i}\pi f)$。通过应用在节点处的边界条件，得到下列一个方程组：

$$\begin{cases}1+r = a_1 + b_1 e^{-i\pi f} = a_2 + b_2 e^{i\pi f} \\ a_1 e^{ikl+i\pi f} + b_1 e^{-ikl} = a_3 + b_3 e^{-i\pi f} = a_4 + b_4 e^{-i\pi f} \\ a_4 + b_4 e^{i\pi f} = a_2 e^{ikl-i\pi f} + b_2 e^{ikl} \\ t = a_3 e^{ikl+i\pi f} + b_3 e^{-ikl} = a_4 e^{ikl-i\pi f} + b_4 e^{-ikl} \\ 1-r = a_1 + a_2 - b_1 e^{-i\pi f} - b_2 e^{i\pi f} \\ a_1 e^{ikl+i\pi f} + a_2 e^{ikl-i\pi f} + b_3 e^{-i\pi f} + b_4 e^{i\pi f} = a_3 + a_4 + b_1 e^{-ikl} + b_2 e^{-ikl} \\ t + b_3 e^{-ikl} + b_4 e^{-ikl} = a_3 e^{ikl+i\pi f} + b_4 e^{ikl-i\pi f}\end{cases} \tag{4.3.6}$$

其中，l 为环的半圆周周长。解上面的方程组，可得到下面的几个物理参数的值：反射系数 $R=|r|^2$，投射系数 $T=|t|^2$，图 4.4 中左环上臂的概率流 $T_1^u=|a_1|^2-|b_1|^2$，右环上臂的概率流 $T_2^u=|a_3|^2-|b_3|^2$，左环下臂的概率流 $T_1^l=|a_2|^2-|b_2|^2$，右环下臂的概率流 $T_2^l=|a_4|^2-|b_4|^2$，它们的表达式分别是：

$$R = 1 - (4\cos^4\pi f \sin^2 kl)/\Omega \tag{4.3.7}$$

$$T_1^u = (2\sin^2 kl\cos^4\pi f - 6\sin kl\cos^3 kl\sin\pi f\cos\pi f - 2\sin kl\cos kl\sin\pi f\cos\pi f + 4\sin kl\cos kl\sin\pi f\cos^3\pi f)/\Omega \tag{4.3.8}$$

$$T_1^l = (2\sin^2 kl\cos^4\pi f - \sin 2kl\cos^2\pi f\sin 2\pi f)/\Omega \tag{4.3.9}$$

$$T_2^u = (2\sin^2 kl\cos^4\pi f + 6\sin kl\cos^3 kl\sin\pi f\cos\pi f + 2\sin kl\cos kl\sin\pi f\cos\pi f - 4\sin kl\cos kl\sin\pi f\cos^3\pi f)/\Omega \tag{4.3.10}$$

$$T_2^l = (2\sin^2 kl\cos^4\pi f + \sin 2kl\cos^2\pi f\sin 2\pi f)/\Omega \tag{4.3.11}$$

$$T = (4\cos^4\pi f \sin^2 kl)/\Omega \tag{4.3.12}$$

$$\Omega = (3\cos^2 kl + 1)(3\sin^4 kl + (1 - 8\sin^2\pi f)\sin^2 kl + 4\sin^4\pi f) \tag{4.3.13}$$

这里知道沿 AB 环循环的回路的一个臂是负电流，那么为了保持总电流守恒，则另一

个臂是正电流。按照参考文献①中对持续电流的定义，得到在这个系统的持续电流的表达式为

$$I_p=(T-|T^u|-|T^l|)/2 \tag{4.3.14}$$

则左环中的持续电流 $I_{p1}=(T-|T_1^u|-|T_1^l|)/2$，右环中的持续电流 $I_{p2}=(T-|T_2^u|-|T_2^l|)/2$。

（二）结果与讨论

从以上的方程的解，可以得到环的持续电流：

$$I_{p1}=[\sin2kl\sin2\pi f(\cos^2kl+1)]/4\Omega \tag{4.3.15}$$

$$I_{p2}=[-\sin2kl\sin2\pi f(\cos^2kl+1)]/4\Omega \tag{4.3.16}$$

这时会看到

$$I_{p1}+I_{p2}=0 \tag{4.3.17}$$

这验证了总持续电流守恒。同时跟环中的持续电流在顺时针为正，那么逆时针为负的结论一致。本节将从分析解那里讨论透射和持续电流的情况。如果 $4\cos^4\pi f\sin^2kl=0$·而 $\Omega\neq0$，将得到 $T=0$，$R=1$，这意味着无透射，而完全散射，此时，本节的双环系统中没有持续电流。为获得完全透射 $T=1$，从方程（4.3.12）和（4.3.13）中，会看到下面的关系一定会满足，即

$$4\cos^4\pi f\sin^2kl=(3\cos^2kl+1)(3\sin^4kl+(1-8\sin^2\pi f)\sin^2kl+4\sin^4\pi f)$$

其解就是：

$$\cos^2kl=0，\cos^2kl=-\frac{1}{3}+\frac{4}{3}\cos^2\pi f-\frac{2}{9}\cos^4\pi f\pm\frac{2}{9}\cos^2\pi f\sqrt{12\sin^2\pi f+\cos4\pi f}$$

即 f 不同时，持续电流就不同。

如果 $\Omega=0$，而 T 的分子不为零（即定义了 T 的极点），则 $T\to\infty$，此时正处在 Fano 共振态。

总之，本节对耦合到外部引线的两个相切的 AB 开环的持续电流和透射系数得出解析解，并且分析了在不同环中的持续电流有不同的行为。希望上面对双环的理论研究对研究多倍 AB 环是有益的。

第四节　一维格子组成的环形带绝缘体上的持续电流

众所周知，一个通过常数磁通的导体环能维持沿着环周维持循环的电子流．具体地说，只要导体环的尺寸比电子相干长度小或者说是可比的尺寸，即为介观的。这时候，持续电流不仅在超导环里存在而且在一个正常金属环里存在。早期处理在超导环里的持续电流和磁通量子化的工作，也包含了与正常金属环相关的结果。人们发现在足够小的环里的自由电子有循环电流。持续电流将不仅在无序正常金属环里被观察到而且在弹性导体环里被观察到。Mošková② 认为持续电流也存在于由带绝缘体组成的环中。其中，环

① 李华钟，周义昌．正常态介观环上的持续电流［J］．物理学进展，1995，15：391.

② MOSKOVÁ A，MOŠKO M，TÓBIK J，Persistent current in a ring-shaped band insulator：general theory and the single-level lattice model［J］．arxiv：1001．0496v1，2010.

里持续电流被充满价带的布洛赫电子专门地运载。因此，如果价带是被一个大能隙与导带分离，那么电子相干长度可能在室温下是巨大的。在绝缘体环里的持续电流在高温下作为一个温度效应应该是可以被观察的。由于持续电流随温度的升高快速衰减，相反，在金属环中的持续电流仅仅在低温时被观察到。Mošková 等①分析了一个由单一能级的格点组成的一维环形周期格子。假定沿着格子移动的电子是以最近邻格点跳跃的方式移动，在零温时，无自旋电子的持续电流为

对奇数 N_e，

$$N_e I=-\frac{4\pi\gamma_1}{N\phi_0}\frac{\sin\frac{\pi}{N}N_e}{\sin\frac{\pi}{N}}\sin\left(\frac{2\pi}{N}\frac{\phi}{\phi_0}\right),\quad -\frac{\phi_0}{2}\leqslant\phi<\frac{\phi_0}{2} \tag{4.4.1}$$

对偶数 N_e，

$$N_e I=-\frac{4\pi\gamma_1}{N\phi_0}\frac{\sin\frac{\pi}{N}N_e}{\sin\frac{\pi}{N}}\sin\left[\frac{2\pi}{N}\left(\frac{2\phi}{\phi_0}-1\right)\right],\quad 0\leqslant\phi<\phi_0 \tag{4.4.2}$$

其中，N_e 为环里的电子数。N 是格点数，ϕ 是通过一维环的磁通，$\phi_0\equiv h/e$ 是磁通量子，γ_1 是跳跃振幅。式（4.4.1）（4.4.2）对于导体（$N_e<N$）是非零的，但对于绝缘体（$N_e=N$）为零，这是与本节的结论是相反的。本节主要阐述了决定一个来自环的周期重复获得无限的一维格子的布洛赫态组成的一维环里电子态的方法，然后使用这个方法，本节推导出了由任意价带的绝缘体组成的一维环中的持续电流。

本节考虑周长为 L 通过磁通 ϕ 的一维圆形环，在这样的环中电子被下列薛定谔方程描述：

$$\left[\frac{1}{2m}\left(-\mathrm{i}\hbar\frac{\mathrm{d}}{\mathrm{d}x}+\frac{e\phi}{L}\right)^2+V(x)\right]\psi_\phi(x)=\varepsilon_\phi\psi_\phi(x) \tag{4.4.3}$$

其中，x 是沿环周长的电子位置，m 是电子质量，$V(x)$ 是沿着环应用的任意势，ε_ϕ 是电子的本征能量，$\psi_\phi(x)$ 是电子的波函数。由于环的几何图形形状，$\psi_\phi(x)$ 必须满足周期性条件：

$$\psi_\phi(x)=\psi_\phi(x+L) \tag{4.4.4}$$

本节通过下列变换定义波函数 $\phi_\varphi(x)$：

$$\phi_\phi(x)=\exp\left(\mathrm{i}\frac{2\pi}{L}\frac{\phi}{\phi_0}x\right)\psi_\phi(x) \tag{4.4.5}$$

把 $\psi_\phi(x)=\exp\left(-\mathrm{i}\frac{2\pi}{L}\frac{\phi}{\phi_0}x\right)\varphi_\phi(x)$ 代入式（4.4.3）和（4.4.4）得到下列薛定谔方程：

$$\left(-\frac{\hbar^2}{2m}\frac{\mathrm{d}^2}{\mathrm{d}x^2}+V(x)\right)\varphi_\phi(x)=\varepsilon_\phi\varphi_\phi(x) \tag{4.4.6}$$

边界条件：

① MOŠKOVÁ A, MOŠKO M, TÓBIK J. Bloch-Wannier theory of persistent current in a ring made of the band insulator: exact result for one-dimensional lattice and estimates for realistic lattices [J] Physics, 2011.

$$\varphi_{\phi}(x+L)=\exp\left(\mathrm{i}2\pi\frac{\phi}{\phi_0}x\right)\varphi_{\phi}(x) \tag{4.4.7}$$

这里磁通仅仅满足边界条件（4.4.7）。

在环的几何图形中，$V(x)$满足边界条件：

$$V(x)=V(x+L) \tag{4.4.8}$$

因此方程（4.4.6）在数学上等同于下列薛定谔方程：

$$\left(-\frac{\hbar^2}{2m}\frac{\mathrm{d}^2}{\mathrm{d}x^2}+V(x)\right)\varphi_k(x)=\varepsilon_k\varphi_k(x) \tag{4.4.9}$$

这个方程描述了电子沿着无限的一维周期势运动。$V(x)$从$x=-\infty$到$x=\infty$以周期L重复。

方程（4.4.9）有众所周知的布洛赫解：

$$\varphi_k(x)=\exp(\mathrm{i}kx)u_k(x) \tag{4.4.10}$$

其中，函数$u_k(x)$满足周期条件：

$$u_k(x)=u_k(x+L) \tag{4.4.11}$$

其中，k是电子波矢。$k\in$（$-\infty$，∞）。很明显，波函数（4.4.5）和布洛赫解（4.4.10）对于$k=\frac{2\pi}{L}\frac{\phi}{\phi_0}$碰巧一致。

一、不通过磁通的环的布洛赫解的对应波矢

布洛赫解描述不通过磁通的环，如果本节通过下列周期条件限制布洛赫解（4.4.10）：

$$\varphi_k(x)=\varphi_k(x+L) \tag{4.4.12}$$

这碰巧同$\phi=0$时的方程（4.4.7）一致。由于条件（4.4.12），波矢（大小）k变成分立的，即

$$k=\frac{2\pi}{L}n,\ n=0,\ \pm1,\ \pm2,\ \cdots \tag{4.4.13}$$

这样，在不通过磁通的环里和指定的势$V(x)$里，本征函数$\varphi_n(x)$和本征能量ε_n能被通过$k=\frac{2\pi}{L}n$简化计算为$\varphi_k(x)$和ε_k。这个方法能被推广到通过非零磁通的环，下面本节来介绍这个方法。

二、通过非零磁通时的环的布洛赫解的对应波矢

任意磁通ϕ能被写为下列形式：

$$\phi=n\phi_0+\phi' \tag{4.4.14}$$

其中，$\phi'\in\left(-\frac{\phi_0}{2},\ \frac{\phi_0}{2}\right)$或者$\phi'\in$（0，$\phi_0$）并且$n$是整数。把式（4.4.14）代进（4.4.5）中，本节可以把式（4.4.5）写为下列形式：

$$\phi_{n,\phi'}(x)=\exp\left(\mathrm{i}\frac{2\pi\phi'}{L\phi_0}x\right)\psi'_{n,\phi'}(x) \tag{4.4.15}$$

其中，函数$\psi'_{n,\phi'}(x)=\exp\left(\mathrm{i}\frac{2\pi}{L}nx\right)\psi_{\phi}(x)$满足周期条件$\psi'_{n,\phi'}(x)=\psi'_{n,\phi'}(x+L)$，那么方程

(4.4.7) 可以写为

$$\varphi'_{n,\phi'}(x+L)=\exp\left(\mathrm{i}2\pi\frac{\phi'}{\phi_0}\right)\varphi'_{n,\phi'}(x) \tag{4.4.16}$$

类似地，在布洛赫函数理论里，习惯用下列关系来表达波矢（大小）k：

$$k=\frac{2\pi}{L}n+k' \tag{4.4.17}$$

其中，k'是第一布里渊区的简约波矢，整数 n 是能带数。

利用式（4.4.17）本节能将布洛赫函数（4.4.10）写为

$$\varphi'_{n,k'}(x)=\exp(\mathrm{i}k'x)u'_{n,k'}(x) \tag{4.4.18}$$

其中，$u'_{n,k'}(x)=\exp\left(\mathrm{i}\frac{2\pi}{L}nx\right)u_k(x)$满足周期条件：$u'_{n,k'}(x)=u'_{n,k'}(x+L)$。那么容易验证：

$$\varphi'_{n,k'}(x)=\exp(\mathrm{i}k'L)\varphi'_{n,k'}(x) \tag{4.4.19}$$

如果

$$k'=\frac{2\pi}{L}\frac{\phi'}{\phi'_0} \tag{4.4.20}$$

或者

$$k=\frac{2\pi}{L}\left(n+\frac{\phi'}{\phi_0}\right) \tag{4.4.21}$$

方程（4.4.15）和（4.4.16）与方程（4.4.18）和（4.4.19）分别碰巧一致。

三、任意势 $V(x)$ 中布洛赫电子在态(n, k')上的持续电流

在具有未知势 $V(x)$ 的环里，通过把式（4.4.20）和（4.4.21）代入布洛赫解中，本征函数 $\varphi'_{n,\phi'}(x)\equiv\varphi_\phi(x)$ 和本征能量 $\varepsilon_{n,\phi'}=\varepsilon_\phi$ 能被计算为 $\varphi'_{n,k'}(x)\equiv\varphi_k(x)$ 和 $\varepsilon_{n,k'}=\varepsilon_k$，其中$V(x)$保持从 $x=-\infty$ 到 $x=\infty$ 以周期 L 重复，即为：$V(x)=V(x+L)$。因此，对于势 $V(x)$ 也满足周期条件技术：

$$V(x)=V(x+a) \tag{4.4.22}$$

其中，$a=L/N$ 并且 N 是在周期 L 里周期 a 的个数。

布洛赫电子在态(n, k')上的速度 $v_n(k')=\frac{1}{\hbar}\frac{\partial\varepsilon_n(k')}{\partial k'}$，本节将式（4.4.20）代入布洛赫速度公式得到 $v_n(\phi')=\frac{L}{e}\frac{\partial\varepsilon_n(\phi')}{\partial\phi'}$，这是在环里态（$n$，$\phi'$）上的电子速度。在这个态上电子携带的电流为

$$I_n(\phi')=-\frac{ev_n(\phi')}{L}=-\frac{\partial\varepsilon_n(\phi')}{\partial\phi'} \tag{4.4.23}$$

在这个环上循环的总持续电流为

$$I_n(\phi')=-\frac{\partial}{\partial\phi'}\sum_n\varepsilon_n(\phi') \tag{4.4.24}$$

其中，本节在零温时把所有占有的态 $n=0$，±1，±2，…求总和，直到费米能级。公式（4.4.23）和（4.4.24）使用时要把符号 ϕ'变为 ϕ，其中，$\phi\in\left(-\frac{\phi_0}{2}, \frac{\phi_0}{2}\right)$或者 $\phi\in$（0，ϕ_0）。

四、任意能带 ε_k 的持续电流

考虑在无限的一维周期势 $V(x)$［此时 $V(x)=V(x+a)$］里移动的布洛赫电子的本征能量 ε_k。本节将 ε_k（或者为 $\varepsilon(k)$）写为无限的傅里叶展式，即

$$\varepsilon(k)=a_0+a_1\cos(ka)+a_2\cos(2ka)+\cdots+a_N\cos(Nka)+\cdots \tag{4.4.25}$$

其中，

$$a_j=\frac{2}{\pi/a}\int_0^{\pi/a}\varepsilon(k)\cos(jka)\,\mathrm{d}k \tag{4.4.26}$$

本节把方程 $k=\dfrac{2\pi}{Na}\left(n+\dfrac{\phi}{\phi_0}\right)$ 代入式（4.4.25）并且通过持续电流公式（4.4.24）求出任意能带 ε_k 持续电流为

$$I(\phi)=\frac{2\pi}{N}\frac{1}{\phi_0}\sum_{j=1}^{\infty}ja_j\left[\cos\left(\frac{2\pi}{N}\frac{\phi}{\phi_0}j\right)\sum_n\sin\left(\frac{2\pi}{N}j\cdot n\right)+\sin\left(\frac{2\pi}{N}\frac{\phi}{\phi_0}j\right)\sum_n\cos\left(\frac{2\pi}{N}j\cdot n\right)\right] \tag{4.4.27}$$

下面对持续电流的结果做讨论：

（一）如果这个环包含 N_e 个无自旋电子，并且 N_e 是奇数时的持续电流

如果这个环包含 N_e 个无自旋电子，并且 N_e 是奇数时，在方程（4.4.27）中，本节对被占据的态 $n=0$，±1，±2，…，$\pm$（N_e-1）/2 求和，得到持续电流为

$$I(\phi)=\frac{2\pi}{N}\frac{1}{\phi_0}\sum_{j=1}^{\infty}ja_j\sin\left(\frac{2\pi}{N}\frac{\phi}{\phi_0}j\right)\left[2\sum_{n=0}^{(N_e-1)/2}\cos\left(\frac{2\pi}{N}j\cdot n\right)-1\right] \tag{4.4.28}$$

对上式中的 n 求总和，本节得到持续电流公式为

$$I(\phi)=\frac{2\pi}{N}\frac{1}{\phi_0}\left[\sum_{\infty}ja_j\sin\left(\frac{2\pi}{N}\frac{\phi}{\phi_0}j\right)\frac{\sin\left(\frac{\pi}{N}jN_e\right)}{\sin\left(\frac{\pi}{N}j\right)}+N_e\sum_{j=N,\ 2N,\ \cdots}^{\infty}ja_j\sin\left(\frac{2\pi}{N}\frac{\phi}{\phi_0}j\right)\right] \tag{4.4.29}$$

其中，$\phi\in\left(-\dfrac{\phi_0}{2},\ \dfrac{\phi_0}{2}\right)$。注意在式（4.4.29）中第一项和中忽略了 $j=N$，$2N$，…，包括在第二项中。

（二）如果这个环包含 N_e 个无自旋电子，并且 N_e 是偶数时的持续电流

如果 N_e 是偶数时，且 $\phi\in$（0，ϕ_0），本节在式（4.4.27）中对占据的态 $n=0$，±1，±2,…，$\pm$（$N_e/2-1$），$\pm N_e/2$ 求总和，得到持续电流为

$$I(\phi)=\frac{2\pi}{N}\frac{1}{\phi_0}\left\{\sum_{\infty}ja_j\sin\left[\frac{\pi}{N}\left(\frac{2\phi}{\phi_0}-1\right)j\right]\frac{\sin\left(\frac{\pi}{N}jN_e\right)}{\sin\left(\frac{\pi}{N}j\right)}+N_e\sum_{j=N,\ 2N,\ \cdots}^{\infty}ja_j\sin\left[\frac{\pi}{N}\left(\frac{2\phi}{\phi_0}-1\right)j\right]\right\} \tag{4.4.30}$$

比较结果（4.4.29）和（4.4.30）不仅对于绝缘体（$N_e=N$）而且对于导体（$N_e<N$）都成立。

对于 $N_e=N$，式（4.4.29）和（4.4.30）的第一项为零，即变为

$$I(\phi) = -(2\pi/\phi_0)\sum_{j=N,\ 2N,\ \cdots}^{\infty} j(-1)^j a_j \sin\left(\frac{2\pi}{N}\frac{\phi}{\phi_0}j\right) \tag{4.4.31}$$

其中，$\phi\in\left(-\frac{\phi_0}{2},\ \frac{\phi_0}{2}\right)$并且 N 不仅可为偶数也可为奇数。公式（4.4.31）描述了在具有任意价带的一维环形带绝缘体的持续电流。与式（4.4.31）相比，在 $N_e = N$ 时，紧束缚结果式（4.4.1）和式（4.4.2）为零电流。如果仅仅保持项 $j=1$ 并且 $a_1 = -2\gamma_1$，利用紧束缚方法得到的结果式（4.4.1）和式（4.4.2）同结果式（4.4.29）和式（4.4.30）是一致的。

最后，对介观环中的持续电流做几点讨论：

（1）要实现介观正常金属环中的持续电流，必须满足两个基本条件，即 $L\leqslant L_\phi$ 和 $L\leqslant\xi$。其中 L 为环的周长，L_ϕ 与 ξ 分别代表电子波函数的相位相干长度和定域化长度。第一个条件表示电子波函数在整个环的范围内应保持相位相干性。由 $L_\phi = \sqrt{Dt_\phi}$，其中 D 为扩散系数，t_ϕ 为电子保持相位相干性的特征时间，它由电子的非弹性散射（电子-电子和电子-声子散射）以及导致离子内部自由度改变的电子-离子散射（如电子与磁性杂质离子的 spin-flip 散射）决定。研究表明，$t_\phi\sim T^{-a}$（a 为数量级为 1 的常数）。因此，要满足 $L\leqslant L_\phi$，必须温度足够低，通常须低于 1 K。第二个条件表示电子波函数在整个环范围内是扩展的。相反的情况，例如 $\xi\leqslant L$ 时，电子波函数将局限在环内某一局部区域，则磁通引起对波函数边界条件的修改并不会产生实质性影响，第二个条件要求环内的杂质浓度足够低才行。

（2）目前对金属区（或扩散区）理论上所计算出的持续电流与实验比较仍不一致，特别是理论所得持续电流的大小要比实验值低 1~2 个量级。有人试图考虑电子-电子之间的库仑作用，但目前为止还有一定的困难。

（3）从 Berry 相位的角度来研究持续电流是一个有意义的问题。希望今后有人能去多多研究。

第五章 介观环的电导率

本章将研究介观环中的电导率的计算以及多介观环的电导率，以及在自旋轨道耦合作用下介观环的电导率。首先本节来研究一下介观系统的电导如何来计算。

Landauer-Büttiker 公式是用系统的散射特性来表示电导。该公式特别适用于求解不同材料或不同形状的导体（可能是无序的）连接在一起组成的系统的电导。它在介观输运研究中起着重要的作用。那么什么是 Landauer-Büttiker 公式呢？下文将详细介绍。

第一节 Landauer-Büttiker 公式

首先讨论电荷在一根无限长理想导体内流动的问题。假设导体中的背景正电荷分布均匀，即忽略了正离子实的晶格状分布，并仅考虑无磁场的情况（不考虑电子的自旋）。设导体是沿 z 方向延伸的，其中准自由电子的哈密顿量为

$$\boldsymbol{H}=\frac{p^2}{2m}+V(x,\ y) \tag{5.1.1}$$

其中，$V(x,\ y)$ 是导线内的横向限制势。相应的本征函数为

$$\Psi_{\alpha k}(x,\ y,\ z)=\frac{1}{\sqrt{2\pi}}\exp(\mathrm{i}kz)\ \Phi_{\alpha k}(x,\ y) \tag{5.1.2}$$

其中，$k(-\infty<k<+\infty)$ 为沿 z 方向的波矢（大小）。相应的本征值 $E_{\alpha k}=E_\alpha+\frac{\hbar^2k^2}{2m}$ 是横向能量 E_α 与纵向运动能量之和。E_α 可由下面的方程得出：

$$\left[\frac{1}{2m}(p_x^2+p_y^2)+V(x,\ y)\right]\Phi_{\alpha k}(x,\ y)=E_\alpha\Phi_{\alpha k}(x,\ y) \tag{5.1.3}$$

若用方势阱模型来表述理想细导线的势函数 $V(x,\ y)$，阱宽 W 模拟导线的宽度，则电子横向能级 $E_\alpha=(\hbar\pi n)^2/(2mW^2)$ 是量子化的（n 为整数）。哈密顿量的能谱由一系列能级分离的抛物线组成，相应曲线的极小值是能级 E_α。

当 $T=0$ K 时，导线中第 α 个通道上的电流可以表示为

$$\begin{aligned}I_\alpha&=\frac{1}{2\pi}\int_0^{k_{\max}}(ev_{\alpha k})\mathrm{d}k=\frac{1}{2\pi}\int_{E_\alpha}^{\mu}(ev_{\alpha k})\frac{\mathrm{d}k}{\mathrm{d}E_{\alpha k}}\mathrm{d}E_{\alpha k}\\&=\frac{1}{2\pi}\int_{E_\alpha}^{\mu}(ev_{\alpha k})(1/\hbar v_{\alpha k})\mathrm{d}E_{\alpha k}=\frac{e}{\hbar}(\mu-E_\alpha)\end{aligned} \tag{5.1.4}$$

其中，$v_{\alpha k}=\frac{1}{\hbar}\frac{\mathrm{d}E_{\alpha k}}{\mathrm{d}k}$为电子的群速度，$\mu$ 为化学势。

一、两端单通道器件的 Landauer-Büttiker 公式

如果理想导线的宽度小到可以被忽略，则其各个子能带之间的能量差趋于无穷大。此时，电子只占据能量最低的子能带，该子能带就成为唯一的容许通道。由于从 1 导线到 2 导线的净电流可以写作：

$$I=I_1-I_2=T(e/h)\mu_1-T(e/h)\mu_2=T(e^2/h)(V_1-V_2)$$

由此导出：

$$G=\frac{I}{V_1-V_2}=\frac{e^2}{h}T \tag{5.1.5}$$

上式即为计算两端单通道器件电导系数的 Büttiker 公式。

二、两端多通道器件的 Landauer-Büttiker 公式

当连接的导线有一定宽度时，电子将可能占据数个子能带。假设共有 N 个通道被填充。计入电子在通道的占据概率 $f(E)$，电流表达式改写为

$$\begin{aligned} I &= \frac{e}{h}\int_0^{\infty}\mathrm{d}E[f_1(E)\sum_i T_i(E)-f_2(E)\sum_i T_i(E)] \\ &\approx \frac{e}{h}\sum_i T_i(E_{\mathrm{F}})\int_0^{\infty}\mathrm{d}E[f_1(E)-f_2(E)] \\ &= \frac{e}{h}\sum_i T_i(E_{\mathrm{F}})(V_1-V_2) \end{aligned} \tag{5.1.6}$$

其中，$T_i=\sum_i T_{ij}=\sum_i |t_{ij}|^2$ 表示从 1 导线所有通道到 2 导线第 i 个通道的透射概率。E_{F} 为费米能级。最后电导为

$$G=\frac{e^2}{h}\sum_i |t_{ij}|^2=\frac{e^2}{h}\mathrm{Tr}(\boldsymbol{t}^+\boldsymbol{t}) \tag{5.1.7}$$

其中，$\boldsymbol{t}=|t_{ij}(E_{\mathrm{F}})|$为透射系数矩阵。式（5.1.7）即为计算两端多通道器件电导系数的 Landauer-Büttiker 公式。

下面以 AB 介观环电荷输运传输矩阵为例来求电导。

考虑周长为 L 的 AB 介观环，一磁通 $\Phi=\alpha\Phi_0$ 穿过介观环的中心，Φ_0 是磁通的量子单位。入射和出射导线把环分为上下对称的两半，如图 5.1 所示。

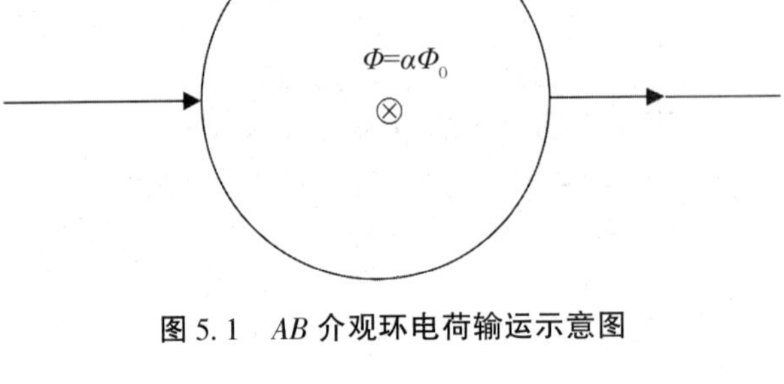

图 5.1　*AB* 介观环电荷输运示意图

$$\psi_i = a_i \mathrm{e}^{\mathrm{i}kx} + b_i \mathrm{e}^{-\mathrm{i}kx} \tag{5.1.8a}$$

$$\psi_0 = a_0 \mathrm{e}^{\mathrm{i}kx} + b_0 \mathrm{e}^{-\mathrm{i}kx} \tag{5.1.8b}$$

分别表示入射和出射导线上的波函数。用同样的标记，上、下半环上的波函数表示为 ψ_{u} 和 ψ_{d}。

把入射导线和环的节点选为局域坐标原点，边界条件是

$$a_i + b_i = a_u + b_u = a_d + b_d \tag{5.1.9a}$$

$$k(a_i - b_i) + k_u(a_u - b_u) + k_d(a_d - b_d) = 0 \tag{5.1.9b}$$

由于磁通存在，圆环上波函数的相位增加一个不可积相因子，即正则角动量有一个平移，假定磁场方向指向纸面由外向内（如图 5.1 所示），则上、下半环的波矢（大小）变为

$$k_{\mathrm{u}} = k + \frac{2\pi}{L}\alpha \tag{5.1.10a}$$

$$k_{\mathrm{d}} = k - \frac{2\pi}{L}\alpha \tag{5.1.10b}$$

在出射导线和环的节点$\left(\text{局域坐标}\dfrac{L}{2}\right)$处边界条件是

$$a_{\mathrm{u}} \mathrm{e}^{\mathrm{i}\frac{k_{\mathrm{u}}L}{2}} + b_{\mathrm{u}} \mathrm{e}^{-\mathrm{i}\frac{k_{\mathrm{u}}L}{2}} = a_{\mathrm{d}} \mathrm{e}^{\mathrm{i}\frac{k_{\mathrm{d}}L}{2}} + b_{\mathrm{d}} \mathrm{e}^{-\mathrm{i}\frac{k_{\mathrm{d}}L}{2}} = a_0 \mathrm{e}^{\mathrm{i}\frac{kL}{2}} + b_0 \mathrm{e}^{-\mathrm{i}\frac{kL}{2}} \tag{5.1.11a}$$

和

$$k_{\mathrm{u}}\left(a_{\mathrm{u}} \mathrm{e}^{\mathrm{i}\frac{k_{\mathrm{u}}L}{2}} - b_{\mathrm{u}} \mathrm{e}^{\mathrm{i}\frac{k_{\mathrm{u}}L}{2}}\right) + k_d\left(a_{\mathrm{d}} \mathrm{e}^{\mathrm{i}\frac{k_{\mathrm{d}}L}{2}} - b_{\mathrm{d}} \mathrm{e}^{\mathrm{i}\frac{k_{\mathrm{d}}L}{2}}\right) + k_0\left(a_0 \mathrm{e}^{\mathrm{i}\frac{kL}{2}} - b_0 \mathrm{e}^{-\mathrm{i}\frac{kL}{2}}\right) = 0 \tag{5.1.11b}$$

由节点边界条件方程解出波函数振幅 a_u，b_u，a_d，b_d，则可得到连接出入波振幅的传输矩阵 $\boldsymbol{T}$ 为

$$\begin{pmatrix} a_i \\ b_i \end{pmatrix} = \boldsymbol{T}\begin{pmatrix} a_0 \\ b_0 \end{pmatrix} \tag{5.1.12}$$

物理观测量，如传输电导，则可用 Landauer–Büttiker 公式由传输矩阵求得。介观物理不同于微观系统可直接得到宏观观测量，也不同于大尺度宏观体系，这里波函数相位相干有明显效应。

第二节　单个介观环在磁通作用下的电导率的计算

一、单个介观环在磁通作用下的 AB 效应和电导振荡

当系统（电子系统）的尺度比退相干长度还小时，可发现与载流子量子相位相干性有关的新奇现象，从而使物理观测量（宏观量）呈现出显著的量子力学效应，现称其为介观系统，指尺度介于微观和宏观之间，量子效应显著，但仍有确定的宏观观测量的系统。这一微小系统的特性和应用研究已发展成一个学科分支：介观物理。其中量子态相位干涉起着关键作用，而通过介观金属环输运电流的 AB 振荡研究开启了介观物理研究的先河。

自从 1959 年 Aharonov 和 Bohm 提出 AB 效应以来，人们对量子相位的研究取得了巨大的成就。其中，一维介观环中的 AB 效应的特点。电子相位相干性的一个最直接结果，是当正常金属介观环放在垂直它平面的磁场中时，可以观测到电导是磁通量的函数。并以磁通量子为周期的变化行为。介观环在磁场作用下，或环两支不同的电势差作用下所产生的电导振荡是由量子干涉引起的。本节所讨论的介观环几何结构如图 5.2 所示。

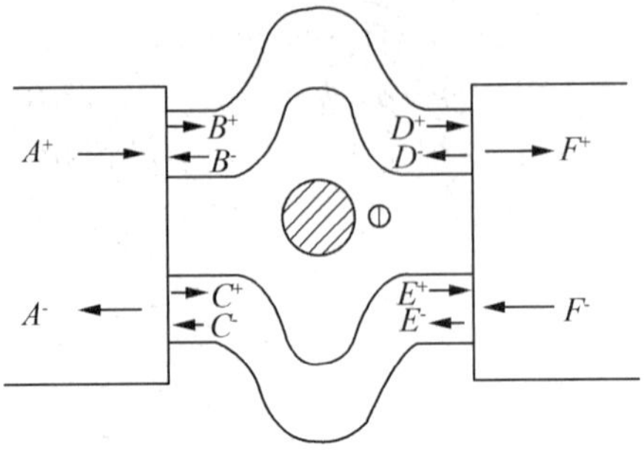

图 5.2　介观环几何结构示意图

当相位相干长度与环的周长可比拟时，电子在环内沿不同路径传输时保持相位相干。电子通过其中一臂与同一电子通过另一臂之间发生干涉，电子通过的两臂过程中，由于磁场引起的 AB 效应导致的相位差 $\theta=e\Phi/\hbar$，将使电导是磁通量的函数。

在此结构中，电导可表示为

$$G=2\frac{e^2}{h}\int|T_{\mathrm{TOTAL}}(E)|^2\left(-\frac{\partial f}{\partial E}\right)\mathrm{d}E \tag{5.2.1}$$

T_{TOTAL}是电子通过整个结构的透射系数。由式（5.2.1）可知电导 G 依赖于传导系数 T_{TOTAL}，只要能确定 T_{TOTAL}，本节就可以很好地讨论 G。而 T_{TOTAL} 可以通过作用在此系统上的总的散射矩阵得到。

在环左边连接处入射和出射波的振幅关系用如下散射矩阵表示：

$$\begin{bmatrix}A^+\\B^+\\C^+\end{bmatrix}=\begin{bmatrix}-(a+b) & \sqrt{\varepsilon} & \sqrt{\varepsilon}\\ \sqrt{\varepsilon} & a & b\\ \sqrt{\varepsilon} & b & a\end{bmatrix}\begin{bmatrix}A^-\\B^-\\C^-\end{bmatrix} \tag{5.2.2}$$

根据上式，并由流守恒可得

$$(a+b)^2+2\varepsilon=1 \tag{5.2.3a}$$

$$a^2+b^2+\varepsilon=1 \tag{5.2.3b}$$

由式（5.2.3a）（5.2.3b）解得

$$a=\frac{1}{2}\left(\sqrt{1-2\varepsilon}-1\right)\exp(\mathrm{i}p) \tag{5.2.4a}$$

$$b=\frac{1}{2}\left(\sqrt{1-2\varepsilon}+1\right)\exp(\mathrm{i}p) \tag{5.2.4b}$$

A^-，B^-，C^-是从右向左传播的波幅，A^+，B^+，C^+是从左向右传播的波幅，ε（$0\leqslant\varepsilon\leqslant0.5$）是节点处的耦合常数。当 $\varepsilon=0.5$ 时，入射的电子在节点处不被反射，也就是说导线和环达到最大耦合。

为简化计算，假设在环右边连接处入射波幅和出射波幅关系同式（5.2.2）具有相同的形式：

$$\begin{bmatrix} F^+ \\ E^+ \\ D^+ \end{bmatrix} = \begin{bmatrix} -(a+b) & \sqrt{\varepsilon} & \sqrt{\varepsilon} \\ \sqrt{\varepsilon} & a & b \\ \sqrt{\varepsilon} & b & a \end{bmatrix} \begin{bmatrix} F^- \\ E^- \\ D^- \end{bmatrix} \tag{5.2.5}$$

在环的上半支中的入射波幅和出射波幅关系可用下式表示：

$$\begin{bmatrix} D^+ \\ B^- \end{bmatrix} = \begin{bmatrix} t_1 & r'_1 \\ r_1 & t'_1 \end{bmatrix} \begin{bmatrix} B^+ \\ D^- \end{bmatrix} \tag{5.2.6}$$

在环的下半支中的入射波幅和出射波幅的关系为

$$\begin{bmatrix} E^+ \\ C^- \end{bmatrix} = \begin{bmatrix} t_2 & r'_2 \\ r_2 & t'_2 \end{bmatrix} \begin{bmatrix} C^+ \\ E^- \end{bmatrix} \tag{5.2.7}$$

式（5.2.6）（5.2.7）可合并为

$$\begin{bmatrix} D^+ \\ E^+ \\ B^- \\ C^- \end{bmatrix} = \begin{bmatrix} t_1 & 0 & r_1 & 0 \\ 0 & t_2 & 0 & r_2 \\ r'_1 & 0 & t'_1 & 0 \\ 0 & r' & 0 & t'_2 \end{bmatrix} \begin{bmatrix} B^+ \\ C^+ \\ D^- \\ E^- \end{bmatrix} \tag{5.2.8}$$

其中，t_i 和 t_i'（$i=1$，2）分别是波从左向右和从右向左传播的传导系数。r_1 和 r'_1 分别是入射波向右和向左传播的反射系数。通过这些方程建立了左右连接处波幅的线性关系。如果假设电子在两条路径上的输运是弹道（ballistic）输运（如果一个介观导体样品，其尺度小于载流子的平均自由程，在载流子输运过程中很可能就不会受到散射而通过样品，这种样品中的输运就不是扩散输运，而被称为弹道输运。能够产生弹道输运的导体称为弹道导体，即不存在对载流子散射的导体），即 $r_1=r_2=r'_1=r'_2=0$。继而，可利用上述矩阵（A ›（B、C）→（C、D）→F）建立 A→F 的关系，即

$$\begin{bmatrix} F^+ \\ A^- \end{bmatrix} = \begin{bmatrix} N_{11} & N_{12} \\ N_{21} & N_{22} \end{bmatrix} \begin{bmatrix} A^+ \\ F^- \end{bmatrix} \tag{5.2.9}$$

其中，

$N_{11}=\boldsymbol{M}_{12}\boldsymbol{T}(\boldsymbol{I}-\boldsymbol{M}_{22}\boldsymbol{T}'\boldsymbol{M}_{22}\boldsymbol{T})^{-1}\boldsymbol{M}_{21}$；

$N_{12}=\boldsymbol{M}_{11}+\boldsymbol{M}_{12}\boldsymbol{T}(\boldsymbol{I}-\boldsymbol{M}_{22}\boldsymbol{T}'\boldsymbol{M}_{22}\boldsymbol{T})^{-1}\boldsymbol{M}_{22}\boldsymbol{T}'\boldsymbol{M}_{21}$；

$N_{21}=\boldsymbol{M}_{11}+\boldsymbol{M}_{12}\boldsymbol{T}'(\boldsymbol{I}-\boldsymbol{M}_{22}\boldsymbol{T}\boldsymbol{M}_{22}\boldsymbol{T}')^{-1}\boldsymbol{M}_{22}\boldsymbol{T}\boldsymbol{M}_{21}$；

$N_{22}=\boldsymbol{M}_{12}\boldsymbol{T}'(\boldsymbol{I}-\boldsymbol{M}_{22}\boldsymbol{T}\boldsymbol{M}_{22}\boldsymbol{T}')^{-1}\boldsymbol{M}_{21}$；

$\boldsymbol{T}=\begin{bmatrix} t_1 & 0 \\ 0 & t_2 \end{bmatrix}$；

$\boldsymbol{T}'=\begin{bmatrix} t_1' & 0 \\ 0 & t_2' \end{bmatrix}$；

$\boldsymbol{M}_{11}=-(a+b)$；

$\boldsymbol{M}_{12}=[\sqrt{\varepsilon} \quad \sqrt{\varepsilon}]$；

$\boldsymbol{M}_{21}=\begin{bmatrix} \sqrt{\varepsilon} \\ \sqrt{\varepsilon} \end{bmatrix}$；

$\boldsymbol{M}_{22}=\begin{bmatrix} a & b \\ b & a \end{bmatrix}$

$\boldsymbol{I}$ 是 2×2 单位矩阵；N_{11} 就是整个环的传导系数。

$$T_{\mathrm{TOT}}=N_{11}=\boldsymbol{M}_{12}\boldsymbol{T}\left(I-\boldsymbol{M}_{22}\boldsymbol{T}'\boldsymbol{M}_{22}\boldsymbol{T}\right)^{-1}\boldsymbol{M}_{21}$$

$$=\frac{\varepsilon\left[(t_1+t_2)-(b-a)^2t_1t_2(t'_1+t'_2)\right]}{\left[1-t_1(a^2t'_1+b^2t'_2)\right]\left[1-t_2(a^2t'_2+b^2t'_1)\right]-a^2b^2t_1t_2(t'_1+t'_2)^2} \quad (5.2.10)$$

现在考虑介观环在磁场作用下的电导。当介观环在磁通 Φ 作用下将产生磁 AB 效应。式（5.2.8）中的 t_1，t_2，t'_1，t'_2 将有如下变换：

$$\begin{bmatrix} t_1\to\hat{t}_1\mathrm{e}^{-\mathrm{i}\theta/2} & t_1'\to\hat{t}'_1\mathrm{e}^{\mathrm{i}\theta/2} \\ t_2\to\hat{t}_2\mathrm{e}^{\mathrm{i}\theta/2} & t'_2\to\hat{t}'_2\mathrm{e}^{-\mathrm{i}\theta/2} \end{bmatrix} \quad (5.2.11)$$

$\hat{t}_1$，$\hat{t}_2$，$\hat{t}'_1$，$\hat{t}'_2$ 表示没有磁通作用时的透射系数，θ 是磁 AB 效应中的位相变化 $\theta=e\Phi/\hbar$。

把式（5.2.11）代入式（5.2.10）（并假设环的两臂完全一样，即 $\hat{t}_1=\hat{t}_2$，$\hat{t}'_1=\hat{t}'_2$）本节可以得到

$$T_{\mathrm{TOT}(\theta)}=\frac{\hat{\varepsilon}t_1\left[1-(b-a)^2\hat{t}_1\hat{t}'_1\right]}{\left[1-\hat{t}_1\hat{t}'_1(a^2+b^2\mathrm{e}^{-\mathrm{i}\theta})\right]\left[1-\hat{t}_1\hat{t}'_1(a^2+b^2+\mathrm{e}^{\mathrm{i}\theta})\right]-a^2b^2\hat{t}_1^2\hat{t}'^2_1(\mathrm{e}^{\mathrm{i}\theta/2}+\mathrm{e}^{-\mathrm{i}\theta/2})^2} \quad (5.2.12)$$

从上式可以看出：当 $\theta=(e/h)\Phi=(2n+1)\pi$ 时，上式分子为 0，所以 $T_{\mathrm{TOT}(\theta)}=0$。再由式（5.2.1）可知达到最小值。这里应该注意的是没有磁通作用，当 $(b-a)^2\hat{t}_1\hat{t}'_1=1$ 时式（5.2.12）也为零，导致 $T_{\mathrm{TOT}}(\theta)=0$。由式（5.2.4a）和（5.2.4b）可知 $b-a=\mathrm{e}^{\mathrm{i}p}$，而且在弹道输运中 $\hat{t}_1=\hat{t}'_1=\mathrm{e}^{\mathrm{i}kl}$（$l$ 是半环的长度，$\boldsymbol{k}$ 是磁通为 0 时的电子波矢），于是 $(b-a)^2\hat{t}_1\hat{t}'_1=1$ 等价于 $2kl+2p=2n\pi$，此式表明无论 θ 为何值，式（5.2.12）始终为 0。也就是环的电导始终在最小值处，与磁通无关（但应注意到当磁通 Φ 取一些值时可以导致式（5.2.12）分母为 0，即当 $\theta=2n\pi$ 时）。

二、双介观环的电导率

在讨论单环的 AB 效应和电导振荡时，本节主要是借助散射矩阵，把通过整个环的透射系数 T_{TOTAL} 表示出来，通过讨论 T_{TOTAL} 来研究电导的最大、最小值问题。受此启发，在讨论两个介观环的系统时，本节仍然先来试着求出最终的 T_{TOTAL} 来讨论此问题。

（一）两个介观环的透射系数

在计算两个介观环的电导率之前，本节先来计算两个介观环的透射系数。

本节首先讨论两个介观环在没有任何外场作用下的 T_{TOTAL}，其结构如图 5.3 所示。

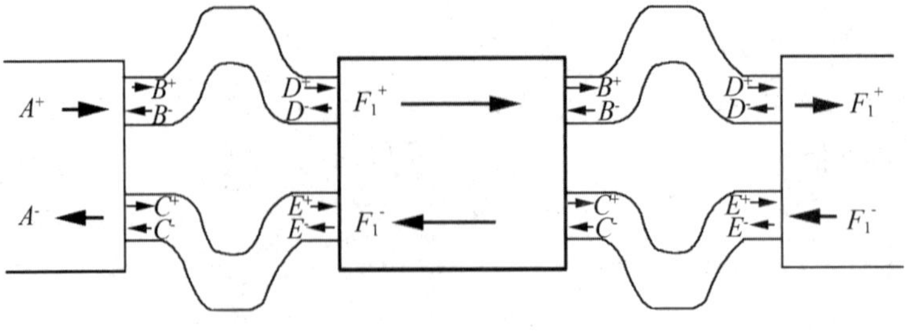

图 5.3　双介观环结构示意图

两个介观环的性质与单环的关系非常密切，为此，本节仍把单环中的散射矩阵写出，即式（5.2.13）：

$$\begin{bmatrix} F^+ \\ A^- \end{bmatrix} = \begin{bmatrix} N_{11} & N_{12} \\ N_{21} & N_{22} \end{bmatrix} \begin{bmatrix} A^+ \\ F^- \end{bmatrix} \tag{5.2.13}$$

为了讨论方便，把上式做如下变换：

$$\begin{bmatrix} A^+ \\ A^- \end{bmatrix} = \frac{1}{N_{11}} \begin{bmatrix} 1 & -N_{12} \\ N_{21} & N_4 \end{bmatrix} \begin{bmatrix} F^+ \\ F^- \end{bmatrix} \tag{5.2.14}$$

第一个环入射波幅和出射波幅关系即

$$\begin{bmatrix} A_1{}^+ \\ A_1{}^- \end{bmatrix} = \frac{1}{N_{11}} \begin{bmatrix} 1 & -N_{12} \\ N_{21} & N_4 \end{bmatrix} \begin{bmatrix} F_1{}^+ \\ F_1{}^- \end{bmatrix} \tag{5.2.15}$$

因为第二个环与第一个环性质完全一样，所以第二个环入射波幅和出射波幅关系同第一个环完全一样（只不过入射波幅为第一个环的出射波幅），即

$$\begin{bmatrix} F_1{}^+ \\ F_1{}^- \end{bmatrix} = \frac{1}{N_{11}} \begin{bmatrix} 1 & -N_{12} \\ N_{21} & N_4 \end{bmatrix} \begin{bmatrix} F_2{}^+ \\ F_2{}^- \end{bmatrix} \tag{5.2.16}$$

由（5.2.15）和（5.2.16）二式可建立 $A_1{}^+$，$A_1{}^-$和 $F_2{}^+$，$F_2{}^-$之间的关系：

$$\begin{bmatrix} A_1{}^+ \\ A_1{}^- \end{bmatrix} = \left[\frac{1}{N_{11}}\right]^2 \begin{bmatrix} 1-N_{12}N_{21} & -N_{12}-N_{12}N_4 \\ N_{21}+N_4N_{21} & -N_{21}N_{12}+N_4{}^2 \end{bmatrix} \begin{bmatrix} F_2{}^+ \\ F_2{}^- \end{bmatrix}$$

所以两个环的透射系数为

$$T_2 = N_{11}^2/(1-N_{12}N_{21}) \tag{5.2.17}$$

其中，

$N_4 = N_{11}N_{22} - N_{12}N_{21}$；

$N_{11} = \boldsymbol{M}_{12}\boldsymbol{T}(\boldsymbol{I}-\boldsymbol{M}_{22}\boldsymbol{T}'\boldsymbol{M}_{22}\boldsymbol{T})^{-1}\boldsymbol{M}_{21}$；

$N_{12} = M_{11} + \boldsymbol{M}_{12}\boldsymbol{T}(\boldsymbol{I}-\boldsymbol{M}_{22}\boldsymbol{T}'\boldsymbol{M}_{22}\boldsymbol{T})^{-1}\boldsymbol{M}_{22}\boldsymbol{T}'\boldsymbol{M}_{21}$；

$N_{21} = M_{11} + \boldsymbol{M}_{12}\boldsymbol{T}'(\boldsymbol{I}-\boldsymbol{M}_{22}\boldsymbol{T}\boldsymbol{M}_{22}\boldsymbol{T}')^{-1}\boldsymbol{M}_{22}\boldsymbol{T}\boldsymbol{M}_{21}$；

$N_{22} = \boldsymbol{M}_{12}\boldsymbol{T}'(I-\boldsymbol{M}_{22}\boldsymbol{T}\boldsymbol{M}_{22}\boldsymbol{T}')^{-1}\boldsymbol{M}_{21}$；

$\boldsymbol{T} = \begin{bmatrix} t_1 & 0 \\ 0 & t_2 \end{bmatrix}$；

$\boldsymbol{T}' = \begin{bmatrix} t_1{}' & 0 \\ 0 & t_2{}' \end{bmatrix}$；

$M_{11} = -(a+b)$；

$\boldsymbol{M}_{12} = [\sqrt{\varepsilon} \quad \sqrt{\varepsilon}]$；

$\boldsymbol{M}_{21} = \begin{bmatrix} \sqrt{\varepsilon}; \\ \\ \sqrt{\varepsilon} \end{bmatrix}$；

$\boldsymbol{M}_{22} = \begin{bmatrix} a & b \\ b & a \end{bmatrix}$；

$\boldsymbol{I} = \begin{bmatrix} 1 & 0 \\ 0 & 1 \end{bmatrix}$。

现在比较一下单个介观环和两个介观环系统在没有外场作用时透射概率的区别。单个介观环的透射概率为

$$|T_1|^2=|N_{11}|^2=|\boldsymbol{M}_{12}\boldsymbol{T}(\boldsymbol{I}-\boldsymbol{M}_{22}\boldsymbol{T}'\boldsymbol{M}_{22}\boldsymbol{T})^{-1}\boldsymbol{M}_{21}|^2=\varepsilon^2/[\varepsilon^2+(1-2\varepsilon)\sin^2(KL)] \tag{5.2.18}$$

上式表明，当 $KL=n\pi$ 时，透射概率最大。但当 $\varepsilon=0.5$ 时，也就是导线与环达到最大耦合时，上式为 1，透射概率为 1，也就是电子全部通过。

当 $N=2$ 时，此系统透射概率为

$$|T_2|^2=|N_{11}^2/(1-N_{12}N_{21})|^2=\varepsilon^2/[\varepsilon^2+(1-2\varepsilon)\sin^2(2KL)] \tag{5.2.19}$$

此式表明，当 $KL=n\pi/2$ 时，透射概率最大。这说明两个环系统电导振荡的频率是单环的 2 倍。

以此类推，N 个环组成的环链的系统的透射概率为

$$|T_N|^2=|N_{11}^2/(1-N_{12}N_{21})|^N=\varepsilon^2/[\varepsilon^2+(1-2\varepsilon)\sin^2(NKL)] \tag{5.2.20}$$

（二）两个介观环在磁通作用下的电导振荡

本节所讨论的两个介观环在磁通作用下的几何结构如图 5.3 所示：这里假设两个环之间的作用是相互独立的，也就是说其中一环由于磁通所产生的矢势在另一环的空间为零。为了计算方便，假设导线和环是强耦合，在

$$\begin{cases}\varepsilon=0.5\\ a=\dfrac{1}{2}\left(\sqrt{1-2\varepsilon}-1\right)=-\dfrac{1}{2}\\ b=\dfrac{1}{2}\left(\sqrt{1-2\varepsilon}+1\right)=\dfrac{1}{2}\\ t_1=t'_2=\exp(\mathrm{i}kL-\mathrm{i}\theta/2)\\ t_1'=t_2=\exp(\mathrm{i}kL+\mathrm{i}\theta/2)\end{cases}$$

的情况下，由式（5.2.17）可知，两个介观环的透射系数为 $T_2=N_{11}^2/(1-N_{12}N_{21})$。

当 $N=3$ 时，三个介观环组成的系统的透射系数为 T_3，此时

$$\begin{bmatrix}A_1^{+}\\A_1^{-}\end{bmatrix}=\begin{bmatrix}\dfrac{1}{N_{11}}\end{bmatrix}^2\begin{bmatrix}1-N_{12}N_{21} & -N_{12}-N_{12}N_4\\ N_{21}+N_4N_{21} & -N_{21}N_{12}+N_4^{\ 2}\end{bmatrix}\begin{bmatrix}F_2^{+}\\F_2^{-}\end{bmatrix} \tag{5.2.21}$$

$$\begin{bmatrix}F_2^{+}\\F_2^{-}\end{bmatrix}=\frac{1}{N_{11}}\begin{bmatrix}1 & -N_{12}\\ N_{21} & N_4\end{bmatrix}\begin{bmatrix}F_3^{+}\\F_3^{-}\end{bmatrix} \tag{5.2.22}$$

于是：

$$\begin{bmatrix}A_1^{+}\\A_1^{-}\end{bmatrix}=\begin{bmatrix}\dfrac{1}{N_{11}}\end{bmatrix}^3\begin{bmatrix}1 & -N_{12}\\ N_{21} & N_4\end{bmatrix}^3\begin{bmatrix}F_3^{+}\\F_3^{-}\end{bmatrix} \tag{5.2.23}$$

由上式可知：

$$T_3=\frac{1}{\dfrac{1}{N_{11}^{\ 3}}\dfrac{T_1^2}{T_2}-\dfrac{N_{12}(1+N_4)N_{21}}{N_{11}^3}} \tag{5.2.24}$$

当 $N=4$ 时，三个介观环组成的系统的透射系数为 T_4，此时

$$\begin{bmatrix}A_1^{+}\\A_1^{-}\end{bmatrix}=\begin{bmatrix}\dfrac{1}{N_{11}}\end{bmatrix}^4\begin{bmatrix}1 & -N_{12}\\ N_{21} & N_4\end{bmatrix}^4\begin{bmatrix}F_4^{+}\\F_4^{-}\end{bmatrix} \tag{5.2.25}$$

由上式可知：

$$T_4=\frac{1}{\frac{1}{N_{11}{}^4}\left(\frac{T_1^2}{T_2}\right)^2-\frac{N_{12}(1+N_4)^2N_{21}}{N_{11}^4}}\tag{5.2.26}$$

依照上述，可知当 N 个环组成的系统的透射系数为 T_N，则

$$T_N==\frac{1}{\frac{1}{N_{11}{}^N}\left(\frac{T_1^2}{T_2}\right)^{N-2}-\frac{N_{12}(1+N_4)^{N-2}N_{21}}{N_{11}^N}}\tag{5.2.27}$$

具体表达式比较复杂在这不列出来。

第三节　自旋轨道耦合作用介观环的电导率的计算

近年来，在低维半导体结构中传导电荷自旋自由度的操控引起了广泛注意。电子输运的一个重要的特征是电导显示了量子干涉的符号差。这个符号差依赖电磁矢势：即阿哈罗诺夫-玻姆（AB）和阿哈罗诺夫-卡谢（AC）效应。Nitta 等①发明了一种自旋干涉装置，这种装置允许进行电流的相当大的调整。这种装置是连接有两个外部引线的一维半导体结构的金属环，在这种结构中 Rashba 自旋轨道耦合作用（SOI）是占有支配地位的自旋劈裂机制。在没有外磁场的情况下，在顺时针和逆时针方向移动的载流子之间获得的 AC 相位的不同，将在自旋灵敏的电子输运中产生干涉效应。通过调整自旋轨道耦合作用强度 α 将产生不同的相位。因此电导率能被调整。Nitta 等②发现电导率 G 被近似地给出，即

$$G\approx\frac{e^2}{\hbar}\left[1+\cos\left(2\pi\alpha\frac{am^*}{h^2}\right)\right]\tag{5.3.1}$$

其中，a 是环的半径，m^* 是载流子的有效质量，α 为自旋轨道作用强度。

下文研究了在自旋轨道耦合（SOI）作用和垂直磁场存在的情况下，通过连接在两个外部的引线的一维环的电子输运。应用格里菲斯的边界条件，得出相应的单电子散射的问题的透射系数和电导率的解析表达式，并与方程（5.3.1）中给出的这个电导率做比较。

一、自旋轨道耦合作用下单电子哈密顿量

在自旋轨道耦合作用下，一维介观环结构的哈密顿量为

$$\boldsymbol{H}=-\hbar\Omega\frac{\partial^2}{\partial\varphi^2}-\mathrm{i}\hbar\omega_{so}\left(\cos\varphi\boldsymbol{\sigma}_x+\sin\varphi\boldsymbol{\sigma}_y\right)\frac{\partial}{\partial\varphi}-\mathrm{i}\frac{\hbar\omega_{so}}{2}\left(\cos\varphi\boldsymbol{\sigma}_y-\sin\varphi\boldsymbol{\sigma}_x\right)+\frac{\hbar\omega_{so}^2}{4\Omega}\boldsymbol{\sigma}_r^2\tag{5.3.2}$$

其中，$\boldsymbol{\sigma}_x$，$\boldsymbol{\sigma}_y$，$\boldsymbol{\sigma}_r$ 是泡利矩阵，参数 $\Omega=\frac{\hbar}{2m^*a^2}$ 并且 $\omega_{so}=\alpha/\hbar a$。这里本节考虑的 Rashba

① NITTA J, MEIJER F E, TAKAYANAGI A. Spin-in-terference device [J]. Appl Phys Lett, 1999, 75 (5): 695-697.

② 同①。

场是沿着垂直于环平面的 z 方向产生的，参数 α 代表沿着 z 方向的平均电场，并且是被假定的可调整的量。对于二维的 InGaAsInGaAs 电子气，α 被门电压控制在范围为（0.5~2.0）$\times10^{-11}$meV。在柱坐标中的泡利矩阵为

$$\boldsymbol{\sigma}_r=\cos\varphi\boldsymbol{\sigma}_x+\sin\varphi\boldsymbol{\sigma}_y,\quad \boldsymbol{\sigma}_\varphi=\cos\varphi\boldsymbol{\sigma}_y+\sin\varphi\boldsymbol{\sigma}_x \tag{5.3.3}$$

利用 $\sigma_\varphi=\partial\sigma_r/\partial\varphi$，可以把哈密顿量改写为下列形式：

$$\hat{\boldsymbol{H}}=\hbar\Omega\left(-\mathrm{i}\frac{\partial}{\partial\varphi}+\frac{\omega_{\mathrm{so}}}{2\Omega}\boldsymbol{\sigma}_r\right)^2 \tag{5.3.4}$$

在适当边界条件下这个哈密顿量是个厄米算符。轨道耦合作用在方程（5.3.4）中看作自旋矢量势场（$\omega_{\mathrm{so}}/2\Omega$）$\boldsymbol{\sigma}_r$ 对于引入无维哈密顿量是方便的，即

$$\boldsymbol{H}=\frac{1}{\hbar\Omega}\hat{\boldsymbol{H}}=\hbar\Omega\left(-\mathrm{i}\frac{\partial}{\partial\varphi}+\frac{\omega_{\mathrm{so}}}{2\Omega}\boldsymbol{\sigma}_r\right)^2 \tag{5.3.5}$$

上述哈密顿量的能量本征值 $E_n^{(\mu)}$ 和非归一化本征态 $\psi_n^{(\mu)}$（依靠边界条件归一化），下标为 $\mu=1$，2，即

$$E_n^{(\mu)}=(n-\varphi_{\mathrm{AC}}^{(\mu)}/2\pi)^2,\quad \psi_n^{(\mu)}=\mathrm{e}^{\mathrm{i}n\varphi}x_n^{(\mu)}(\varphi) \tag{5.3.6}$$

这里相互正交旋量 $x_n^{(\mu)}(\varphi)$ 能被泡利矩阵的本征矢量 $\begin{pmatrix}1\\0\end{pmatrix}$，$\begin{pmatrix}0\\1\end{pmatrix}$ 来表示为

$$(x_n^{(1)}(\varphi))=\begin{bmatrix}\cos\dfrac{\theta}{2}\\ \mathrm{e}^{\mathrm{i}\varphi}\sin\dfrac{\theta}{2}\end{bmatrix},\quad (x_n^{(2)}(\varphi))=\begin{bmatrix}\sin\dfrac{\theta}{2}\\ -\mathrm{e}^{\mathrm{i}\varphi}\cos s\dfrac{\theta}{2}\end{bmatrix} \tag{5.3.7}$$

其中，角度

$$\theta=2\arctan\left(\Omega-\sqrt{\Omega^2+\omega_{\mathrm{so}}^2}\right)/\omega_{\mathrm{so}} \tag{5.3.8}$$

自旋项 $\varphi_{\mathrm{AC}}^{(\mu)}$ 是 AC 相，则：

$$\varphi_{\mathrm{AC}}^{(\mu)}=-\pi\left[1+(-1)^\mu(\omega_{\mathrm{so}}^2+\Omega^2)^{\frac{1}{2}}/\Omega\right] \tag{5.3.9}$$

从方程（5.3.6）中能看到在自旋轨道耦合作用下，不论边界条件是什么，薛定谔方程的解仅仅在相位因子 $\exp(\mathrm{i}\varphi_{\mathrm{AC}}^{(\mu)}/2\pi)$ 与非归一化的自由能本征态不同。总之，方程（5.3.6）意味着绕行环一周非归一化旋量 $\Psi_n^{(\mu)}$ 获得 AC 相 $\varphi_{\mathrm{AC}}^{(\mu)}$。

二、几何装置和边界条件

连接有两引线的环在图 5.4 中显现出来，图上标有局域坐标系统，附属于装置的不同区域。

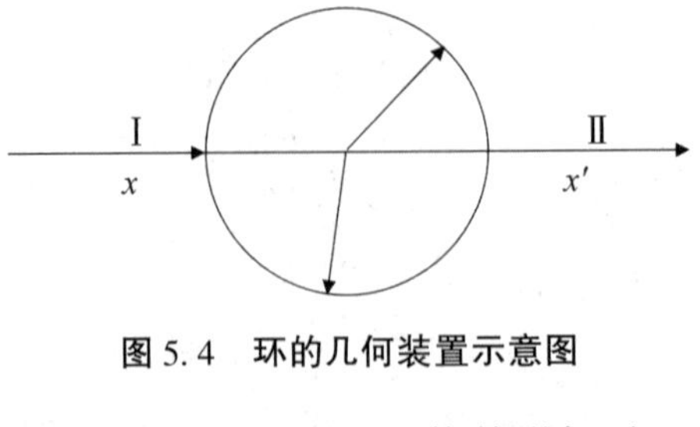

图 5.4　环的几何装置示意图

如果环不连接任何引线，当幅角 φ 以 2π 的倍数增加时，自然边界条件是波函数单值，这使得量子数 n 必须是整数。连接到环上的外引线改变了条件。在这种情况下，应

用在交叉点的格里菲斯边界条件的含自旋模式是适合的。这通过自旋干涉装置把电子输运问题简化为可精确解决的一维散射问题。每一个节点上的边界条件：①波函数连续；②自旋概率流密度守恒。

现在的问题是在入射和出射引线上总的波函数以方程（5.3.7）中的旋量展开，即分别为

$$\Psi_{\mathrm{I}}(x)=\sum_{\mu=1,2}\Psi_{\mathrm{I}}^{\mu}(x)\chi^{(\mu)}(\pi),\ x\in[-\infty,0] \tag{5.3.10a}$$

$$\Psi_{\mathrm{II}}(x)=\sum_{\mu=1,2}\Psi_{\mathrm{II}}^{\mu}(x')\chi^{(\mu)}(\pi),\ x'\in[0,\infty] \tag{5.3.10b}$$

对于局域坐标 x 和 x' 看图 5.4，系数是单自旋波函数 $\Psi_{\mathrm{I}}^{(\mu)}(x)$ 和 $\Psi_{\mathrm{II}}^{(\mu)}(x')$，分别有下列形式：

$$\Psi_{\mathrm{I}}^{(\mu)}(x)=\mathrm{e}^{\mathrm{i}kx}f_{\mu}+\mathrm{e}^{-\mathrm{i}kx}r_{\mu} \tag{5.3.11a}$$

$$\Psi_{\mathrm{II}}^{(\mu)}(x')=\mathrm{e}^{\mathrm{i}kx'}t_{\mu} \tag{5.3.11b}$$

其中，k 是入射波数，$f_1=\cos\gamma/2$，$f_2=\sin\gamma/2$。r_{μ} 是反射系数，t_{μ} 是自旋极化透射系数。以类似的方式对应环的上臂和下臂的波函数分别被写为

$$\Psi_{\mathrm{up}}(\varphi)=\sum_{\mu=1,2}\Psi_{\mathrm{up}}^{(\mu)}(\varphi)\chi^{(\mu)}(\varphi),\ \varphi\in[0,\pi] \tag{5.3.12a}$$

$$\Psi_{\mathrm{low}}(\varphi')=\sum_{\mu=1,2}\Psi_{\mathrm{low}}^{(\mu)}(\varphi')\chi^{(\mu)}(\varphi')\varphi'\in[0,\pi] \tag{5.3.12b}$$

其中，相应的波函数 $\Psi_{\mathrm{up}}^{(\mu)}(\varphi)$，$\Psi_{\mathrm{low}}^{(\mu)}$（$\varphi'$）分别为

$$\Psi_{\mathrm{up}}^{(\mu)}(\varphi)=\sum_{\mu=1}^{2}a_j^{\mu}\mathrm{e}^{\mathrm{i}n_j^{\mu}\varphi} \tag{5.3.13a}$$

$$\Psi_{\mathrm{low}}^{(\mu)}(\varphi')=\sum_{j=1}^{2}b_j^{\mu}\mathrm{e}^{-\mathrm{i}n_j^{\mu}\varphi'} \tag{5.3.13b}$$

其中，实数 n_j^{μ}（$j=1$，2）为方程 $k^2a^2=E_{n^{\mu}}^{\mu}$ 确保能量守恒的解，即

$$n_j^{\mu}=(-1)^j ka+\Phi_{\mathrm{AC}}^{\mu}/2\pi \tag{5.3.14}$$

系数 r_{μ}，t_{μ}，a_j^{μ}，b_j^{μ} 是互相相关的。它们是通过格里菲斯边界条件互相连接的。

首先利用波函数连续条件：

$$\Psi_{\mathrm{II}}^{(\mu)}(0)=\Psi_{\mathrm{up}}^{(\mu)}(0)=\Psi_{\mathrm{low}}^{(\mu)}(0)$$

$$\Psi_{\mathrm{I}}^{(\mu)}(0)=\Psi_{\mathrm{up}}^{(\mu)}(\pi)=\Psi_{\mathrm{low}}^{(\mu)}(\pi)$$

得到

$$\sum_{j=1}^{2}a_j^{(\mu)}=\sum_{j=1}^{2}b_j^{(\mu)}=t_{\mu} \tag{5.3.15a}$$

$$\sum_{j=1}^{2}a_j^{(\mu)}\mathrm{e}^{\mathrm{i}n_j^{\mu}\pi}=\sum_{j=1}^{2}b_j^{(\mu)}\mathrm{e}^{-n_j^{\mu}\pi}=r_{\mu}+f_{\mu} \tag{5.3.15b}$$

现在利用第二个边界条件。如果假定在每一个节点上，没有自旋翻转过程，而且每一个自旋方向上的 μ 上自旋概率流 J^{μ} 是守恒的，则边界条件为

$$J_{\mathrm{up}}^{\mu}+J_{\mathrm{low}}^{\mu}+J_{\mathrm{I(II)}}^{\mu}=0$$

在环臂上的无维自旋流是：

$$J_{\mathrm{up}}^{\mu}(\varphi)=2\mathrm{Re}\{(\Psi_{\mathrm{up}}^{(\mu)}\chi^{\mu})+(-\mathrm{i}\partial/\partial\varphi+\omega_{\mathrm{so}}\sigma_r/2\Omega)\Psi_{\mathrm{up}}^{\mu}\chi^{\mu}\} \tag{5.3.16a}$$

$$J_{\mathrm{low}}^{\mu}(\varphi)=2\mathrm{Re}\{(\Psi_{\mathrm{low}}^{(\mu)}\chi^{\mu})+(-\mathrm{i}\partial/\partial\varphi-\omega_{\mathrm{so}}\sigma_r/2\Omega)\Psi_{\mathrm{low}}^{\mu}\chi^{\mu}\} \tag{5.3.16b}$$

其中，$\sigma'_r(\varphi')=\sigma_r(\varphi=\varphi')=\cos\varphi'\sigma_x-\sin\varphi'\sigma_y$。

因为下臂中的局域坐标系统的起始方向同上臂中的相反，在引线中的电流为

$$J_{\mathrm{I}}^{\mu}(x)=2a\mathrm{Re}\{(\Psi_{\mathrm{I}}^{\mu}\chi^{\mu})^{+}\ (-\mathrm{i}\partial/\partial x)\ \Psi_{\mathrm{I}}^{\mu}\chi^{\mu}\} \tag{5.3.17a}$$

$$J_{\mathrm{II}}^{\mu}\ (x')\ =2a\mathrm{Re}\{(\Psi_{\mathrm{II}}^{\mu}\chi^{\mu})^{+}(-\mathrm{i}\partial/\partial x')\Psi_{\mathrm{II}}^{\mu}\chi^{\mu}\} \tag{5.3.17b}$$

这里应该强调的是旋量χ^{μ} $(\mu=1,\ 2)$ 是算符$-\mathrm{i}\partial/\partial\varphi+(\omega_{so}/2\Omega)\sigma_r$ 的本征态，这个算符跟式（5.3.4）中的 $\hat{\boldsymbol{H}}$ 对易，因此 J^{μ} 被明确定义为守恒的自旋概率流密度。

利用以前要求的在连结点上的边界条件：

$$\Psi_{\mathrm{I(II)}}^{\mu}=\Psi_{\mathrm{up}}^{\mu}=\Psi_{\mathrm{low}}^{\mu} \tag{5.3.18a}$$

所以自旋电流密度的守恒为：

$$\partial\Psi_{\mathrm{up}}^{(\mu)}\big|_{\varphi=0(\pi)}+\partial\Psi_{\mathrm{low}}^{(\mu)}\big|_{\varphi'=0(\pi)}+a\ \partial\Psi_{\mathrm{II(I)}}^{(\mu)}\big|_{x'(x)=0}=0 \tag{5.3.18b}$$

求导数的数值，得到下列方程：

$$\sum_{j=1}^{2}a_j^{\mu}\frac{n_j^{\mu}}{ka}-\sum_{j=1}^{2}b_j^{\mu}\frac{n_j^{\mu}}{ka}+t_{\mu}=0 \tag{5.3.19a}$$

$$\sum_{j=1}^{2}a_j^{\mu}\mathrm{e}^{\mathrm{i}n_j^{\mu}\pi}\frac{n_j^{\mu}}{ka}-\sum_{j=1}^{2}b_j^{\mu}\mathrm{e}^{-\mathrm{i}n_j^{\mu}\pi}\frac{n_j^{\mu}}{ka}+f_{\mu}-r_{\mu}=0 \tag{5.3.19b}$$

变量 r_{μ}，t_{μ} 能用方程（5.3.15a）和（5.3.15b）消去。然后，方程组（5.3.19a）和（5.3.19b）下列线性代数方程组代替：

$$\sum_{j=1}^{2}a_j^{\mu}\frac{n_j^{\mu}+ka}{ka}-\sum_{j=1}^{2}b_j^{\mu}\frac{n_j^{\mu}}{ka}=0 \tag{5.3.20a}$$

$$\sum_{j=1}^{2}a_j^{\mu}\mathrm{e}^{\mathrm{i}n_j^{\mu}\pi}\frac{n_j^{\mu}-ka}{ka}-\sum_{j=1}^{2}b_j^{\mu}\mathrm{e}^{-\mathrm{i}n_j^{\mu}\pi}\frac{n_j^{\mu}}{ka}=-2f_{\mu} \tag{5.3.20b}$$

三、透射系数和电导率

变量为 a_j^{μ}，b_j^{μ} 的线性方程组（5.3.15a）（5.3.15b）（5.3.20a）（5.3.20b）能被写为下列矩阵形式：

$$\boldsymbol{M}^{\mu}\begin{bmatrix}a_1^{\mu}\\a_2^{\mu}\\b_1^{\mu}\\b_2^{\mu}\end{bmatrix}=-2\begin{bmatrix}0\\0\\0\\f_{\mu}\end{bmatrix} \tag{5.3.21}$$

其中，矩阵 $\boldsymbol{M}^{\mu}$ 为

$$\boldsymbol{M}^{\mu}=\begin{bmatrix}1&1&1&1\\ \mathrm{e}^{\mathrm{i}n\mu_1\pi}&\mathrm{e}^{\mathrm{i}n\mu_2\pi}&-\mathrm{e}^{\mathrm{i}n\mu_1\pi}&-\mathrm{e}^{\mathrm{i}n\mu_2\pi}\\ \dfrac{n\mu_1+ka}{ka}&\dfrac{n\mu_2+ka}{ka}&-\dfrac{n\mu_1}{ka}&-\dfrac{n\mu_2}{ka}\\ \dfrac{n\mu_1-ka}{ka}\mathrm{e}^{\mathrm{i}n\mu_1\pi}&\dfrac{n\mu_2-ka}{ka}\mathrm{e}^{\mathrm{i}n\mu_2\pi}&-\dfrac{n\mu_1}{ka}\mathrm{e}^{-\mathrm{i}n\mu_1\pi}&-\dfrac{n\mu_2}{ka}\mathrm{e}^{-n\mu_2\pi}\end{bmatrix} \tag{5.3.22}$$

本节知道透射和反射系数与旋量的关系为

$$\begin{bmatrix} t_1 \\ t_2 \end{bmatrix} = \boldsymbol{T} \begin{bmatrix} \cos\dfrac{\gamma}{2} \\ \sin\dfrac{\gamma}{2} \end{bmatrix} = \begin{bmatrix} T_1 & 0 \\ 0 & T_2 \end{bmatrix} \begin{bmatrix} \cos\dfrac{\gamma}{2} \\ \sin\dfrac{\gamma}{2} \end{bmatrix} \tag{5.3.23a}$$

$$\begin{bmatrix} r_1 \\ r_2 \end{bmatrix} = \boldsymbol{R} \begin{bmatrix} \cos\dfrac{\gamma}{2} \\ \sin\dfrac{\gamma}{2} \end{bmatrix} = \begin{bmatrix} R_1 & 0 \\ 0 & R_2 \end{bmatrix} \begin{bmatrix} \cos\dfrac{\gamma}{2} \\ \sin\dfrac{\gamma}{2} \end{bmatrix} \tag{5.3.23b}$$

对角化矩阵 $\boldsymbol{T}$ 和 $\boldsymbol{R}$ 能被 4×4 矩阵 $\boldsymbol{M}_\mu$ 表达为

$$\boldsymbol{T}_\mu = -2\left[(\boldsymbol{M}^\mu)^{-1}_{1,4} + (\boldsymbol{M}^\mu)^{-1}_{2,4}\right] \tag{5.3.24a}$$

$$\boldsymbol{R}_\mu = -2\left[e^{in\mu_1\pi}(\boldsymbol{M}^\mu)^{-1}_{1,4} + e^{in\mu_2\pi}(\boldsymbol{M}^\mu)^{-1}_{2,4} + \frac{1}{2}\right] \tag{5.3.24b}$$

结果透射振幅的具体表达式为

$$\boldsymbol{T}_\mu = \frac{8i\cos(\Phi^{(\mu)}_{AC}/2)\sin(ka\pi)}{1-5\cos(2ka\pi)+4\cos\Phi^{(\mu)}_{AC}+4i\sin(2ka\pi)} \tag{5.3.25}$$

利用公式 $G = \dfrac{e^2}{h}\sum\limits_{\mu,\ \lambda=1}^{2} |T_{\mu\lambda}|^2$ 得出电导率为

$$G = (e^2/h)\,g_0(k,\ \Delta_{AC})\ [1-\cos(\Delta_{AC})] \tag{5.3.26}$$

其中，系数 $g_0(k,\ \Delta_{AC}) = \dfrac{64\sin^2(ka\pi)}{[1-5\cos(2ka\pi)-4\cos(\Delta_{AC})]^2+16\sin^2(2ka\pi)}$，$\Delta_{AC} = (\Phi^{(1)}_{AC} - \Phi^{(2)}_{AC})/2 = \pi\,[(2m^* a/\eta^2)^2\alpha^2+1]^{\frac{1}{2}}$。

四、结论

上述所求电导率与公式（5.3.1）相比有更复杂的电导振荡，对于 Rashba 参数 α 周期是相同的。本节提出了在自旋干涉装置的单电子自旋轨道耦合作用的影响的一个精确的解析分析。应用在节点的格里菲斯边界条件本节解析地解决了环中单电子相应的散射问题，获得了电导率 G 的正确形式。电导率 G 是 ka 的周期函数（周期为 1），而且是偶函数，只有在 $\Delta_{AC} = (2n+1)\pi$（n 是整数）时，才是非零值。

第四节　自旋轨道耦合作用多量子环（介观环）的电导率的计算

近年来，采用自旋电子学装置（利用电子的自旋而不是电子的电荷）的研究已经增多了，这是因为自旋电子学装置的运行速度要比传统装置要快得多，在量子计算方面有了潜在的应用。

在半导体纳米结构中，由自旋轨道耦合作用（spin-orbit interaction）或者是 Rashba 耦合作用的单环装置引起了不对称限制。这在有一个小环缺口的材料上是非常重要的，如 InGaAs。在无外电场作用下，单环上的电子输运的重要特征是在顺时针和逆时针方向

运动的载流子的AC相位的不同产生了灵敏自旋的干涉效应。于是，需要研究一下自旋轨道耦合作用下环组成的环链的电子输运，同时研究一下在自旋轨道耦合作用（spin-orbit interaction）下的环链的电导率。

一、自旋轨道耦合作用单量子环（介观环）的透射系数和反射系数的计算

首先来研究单环的电子输运。在自旋轨道耦合作用（spin-orbit interaction）的一维单环的哈密顿量可写为

$$\boldsymbol{H}=-\hbar\Omega\frac{\partial^2}{\partial\varphi^2}-\mathrm{i}\hbar\omega_{so}\left(\cos\varphi\boldsymbol{\sigma}_x+\sin\varphi\boldsymbol{\sigma}_y\right)\frac{\partial}{\partial\varphi}-\mathrm{i}\frac{\hbar\omega_{so}}{2}\left(\cos\varphi\boldsymbol{\sigma}_y-\sin\varphi\boldsymbol{\sigma}_x\right) \tag{5.4.1}$$

其中，$\boldsymbol{\sigma}_x$，$\boldsymbol{\sigma}_y$，$\boldsymbol{\sigma}_z$ 是泡利矩阵，参数 $\Omega=\dfrac{\hbar}{2m^* a^2}$ 并且 $\omega_{so}=\alpha/\hbar a$（$\omega_{so}$ 为自旋轨道耦合作用有关的频率）。这里 α 是表示 z 方向的平均电场。对于材料 InGaAs 组成的单环系统，α 可通过门电压调整控制。α 的范围值为（0.5~2.0）$\times10^{-11}$ meV。

能谱 $E_n^{(\mu)}$ 和适合于方程（5.4.1）的未归一化的 $\psi_n^{(\mu)}$（$\mu=1，2$）分别为

$$E_n^{(\mu)}=\hbar\Omega\left(n-\Phi_{AC}^{(\mu)}/2\pi\right)^2,\ \psi_n^{(\mu)}(\varphi)=\mathrm{e}^{\mathrm{i}n\varphi}\chi^{(\mu)}(\varphi) \tag{5.4.2}$$

根据矩阵 $\boldsymbol{\sigma}_z$ 的本征矢 $[1\quad 0]^{\mathrm{T}}$ $[0\quad 1]^{\mathrm{T}}$，正交的旋量 $\boldsymbol{\chi}^{(\mu)}(\varphi)$ 的表达式为

$$\chi^{(1)}=\left[\cos\frac{\theta}{2},\quad \mathrm{e}^{\mathrm{i}\varphi}\sin\frac{\theta}{2}\right]^{\mathrm{T}},\ \chi^{(2)}=\left[\sin\frac{\theta}{2},\quad \mathrm{e}^{\mathrm{i}\varphi}\cos\frac{\theta}{2}\right] \tag{5.4.3}$$

其中，$\boldsymbol{\chi}^{(\mu)}=\boldsymbol{\chi}^{(\mu)}(\varphi)$。T 指的是列矢量的转置，且

$$\theta=2\arctan\left[\Omega/\omega_{so}-(\Omega^2/\omega_{so}^2+1)^{\frac{1}{2}}\right] \tag{5.4.4}$$

自旋相关项 $\boldsymbol{\Phi}_{AC}^{(\mu)}$ 是 Aharonov-Casher 相位，即

$$\boldsymbol{\Phi}_{AC}^{(\mu)}=-\pi\left[1+(-1)^{\mu}\left(\omega_{so}^2+\Omega^2\right)^{\frac{1}{2}}/\Omega\right] \tag{5.4.5}$$

属于连接到两个电极的单环的不同区域采取局域坐标系，如图 5.5 所示。

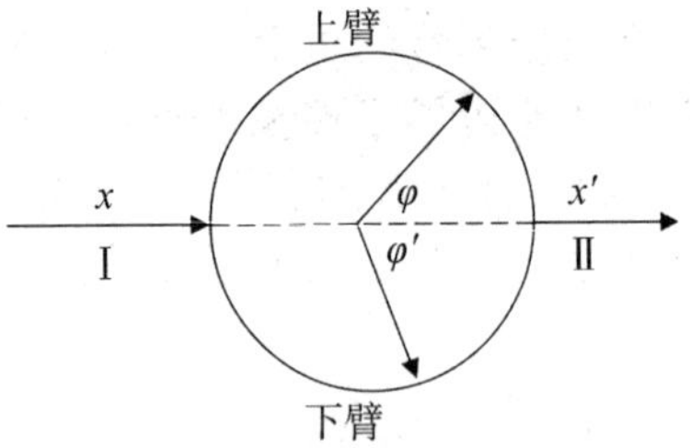

图 5.5　自旋轨道耦合作用介观环示意图

在交叉点上的边界条件是含自旋的格里菲斯边界条件。具体说来就是在节点上的波函数连续和自旋概率流密度守恒。

在目前的问题中，在电极上的总波函数能以旋量展开，于是，

$$\psi_{\mathrm{I}}(x)=\sum_{\mu=1,\ 2}\left[\mathrm{e}^{\mathrm{i}kx}f^{(\mu)}+\mathrm{e}^{-\mathrm{i}kx}r^{(\mu)}\right]x^{(\mu)}(\pi) \tag{5.4.6}$$

$$\psi_{\mathrm{II}}(x')=\sum_{\mu=1,\ 2}\left[\mathrm{e}^{\mathrm{i}kx'}t^{(\mu)}+\mathrm{e}^{-\mathrm{i}kx'}g^{(\mu)}\right]x^{(\mu)}(0) \tag{5.4.7}$$

其中，$\psi_{\mathrm{I}}(x)$ 和 $\psi_{\mathrm{II}}(x')$ 分别是区Ⅰ和区Ⅱ的波函数，k 是入射波矢（大小）。系数 $f^{(\mu)}$（$g^{(\mu)}$）是从左引线向右引线入射的电子的自旋态（$\mu=1，2$）的振幅。$r^{(\mu)}$（$t^{(\mu)}$）是被环的

左边反射（在右边存在）的电子的自旋态（$\mu=1$，2）的振幅。

将环的上、下臂上的波函数展开，即为

$$\psi_{\text{up}}(\varphi)=\sum_{\mu,\ j=1}^{2}a_j^{\mu}\mathrm{e}^{\mathrm{i}n_j^{\mu}\varphi}x^{(\mu)}(\varphi) \tag{5.4.8}$$

$$\psi_{\text{low}}(\varphi')=\sum_{\mu,\ j=1}^{2}b_j^{\mu}\mathrm{e}^{-\mathrm{i}n_j^{\mu}\varphi'}x^{(\mu)}(-\varphi') \tag{5.4.9}$$

为了能量守恒，作为方程 $k^2a^2=E_{n\mu}^{\mu}/\hbar\Omega$ 的解，其中 $n_j^{\mu}=(-1)^j ka+\Phi_{\text{AC}}^{(\mu)}/2\pi$。

利用边界条件，能验证振幅系数 $f^{(\mu)}$，$g^{(\mu)}$ 和 $r^{(\mu)}$，$t^{(\mu)}$ 可通过传输矩阵 $\boldsymbol{L}^{\mu}$ 联系起来，即为

$$\boldsymbol{L}^{(\mu)}[r^{(\mu)},\ f^{(\mu)}]^{\mathrm{T}}=[g^{(\mu)},\ t^{(\mu)}]^{\mathrm{T}} \tag{5.4.10}$$

$\boldsymbol{L}^{\mu}$ 矩阵的解析表达式为

$$\boldsymbol{L}^{\mu}=(1/T^{\mu})\begin{bmatrix}1 & -R^{\mu}\\ R^{\mu} & (T^{\mu})^2-(R^{\mu})^2\end{bmatrix} \tag{5.4.11}$$

其中，T^{μ} 和 R^{μ} 是 Φ_{AC}^{μ} 和 ka 的函数，T^{μ} 和 R^{μ} 分别为

$$T^{\mu}=\frac{\mathrm{i}\cos(\Phi_{\text{AC}}^{\mu}/2)\sin(ka\pi)}{\cos^2(\Phi_{\text{AC}}^{\mu}/2)-[\cos(ka\pi)-\mathrm{i}\sin(ka\pi)/2]^2} \tag{5.4.12}$$

$$R^{\mu}=\frac{[1+3\cos(2ka\pi)-4\cos(\Phi_{\text{AC}}^{\mu}/2)]/8}{\cos^2(\Phi_{\text{AC}}^{\mu}/2)-[\cos(ka\pi)-\mathrm{i}\sin(ka\pi)/2]^2} \tag{5.4.13}$$

假定 $f^{(\mu)}=1$ 和 $g^{(\mu)}=0$。换句话说就是没有从环的右边入射的电子，于是本节也可得到透射系数：$t^{(\mu)}=-L_{12}^{\mu}L_{21}^{\mu}/L_{11}^{\mu}+L_{22}^{\mu}$，反射系数：$r^{(\mu)}=-L_{12}^{\mu}/L_{11}^{\mu}$。同时 T^{μ} 和 R^{μ} 遵从固定关系：$|T^{\mu}|^2+|R^{\mu}|^2=1$。

那么多环的透射系数和电导怎么去求呢？下面来解决这个问题。

二、自旋轨道耦合作用多量子环的电导率的计算

如果有 N 个环，上面单环的透射系数容易对 N 个环的环链一般化。如果环仅仅是互相接触，首先必须计算节点传输矩阵 $\tilde{\boldsymbol{L}}^{\mu}$，则

$$\begin{bmatrix}g_N^{(\mu)}\\ t_N^{(\mu)}\end{bmatrix}=\tilde{\boldsymbol{L}}^{\mu}\begin{bmatrix}r_1^{(\mu)}\\ f_1^{(\mu)}\end{bmatrix}=\boldsymbol{L}_N^{\mu}\cdots\boldsymbol{L}_1^{\mu}\begin{bmatrix}r_1^{(\mu)}\\ f_1^{(\mu)}\end{bmatrix} \tag{5.4.14}$$

在最后一个环上，只有出射波函数，应用边界条件可得：$g_N=0$。然后可以根据传输矩阵 $\tilde{\boldsymbol{L}}^{\mu}$ 得到透射系数（$\tilde{T}^{\mu}$）和反射系数（$\tilde{R}^{\mu}$），于是可根据朗道电导公式求得电导：

$$G=(e^2/h)\sum_{\mu=1}^{2}|\tilde{T}^{\mu}|^2=(e^2/h)\sum_{\mu=1}^{2}|\tilde{L}_{12}^{\mu}\tilde{L}_{21}^{\mu}/\tilde{L}_{11}^{\mu}-\tilde{L}_{22}^{\mu}|^2 \tag{5.4.15}$$

具体表达式比较复杂，在这不详细列出。

总之，本节研究了在自旋轨道耦合作用存在和不存在时的单环和多环（同一环的环链）的电子输运的电导，以及自旋轨道耦合强度和环半径对其的影响。

第六章　量子波导理论在量子装置中的应用

分裂栅约束通道结构实验证实了电子输运具有波导的特征，该电子输运通过一种宽窄宽（wide-narrow-wide）结构，Emberly 等①对这个结构做了详细的量子力学的计算，并且解释了在实验中观察到的电导稳定性的精细结构。在半导体微观结构里，Datta 等②提出了一种 AB 效应的简单理论，该结构假定为弹道输运，在精心设计的对称结构里显示或许能够得到在磁通区域里的大电导调谐。在过去几年里，人们已经提出了基于量子干涉效应的半导体 T 结构，该结构也许会显示晶体管功能，计算表明在臂的长度上有相对小的变化，因此能在电子透射结构里减少强烈的变化，设备的功能通过插入附加的略微不同长度的臂部分得到改进。很明显，对于完全了解介观结构的物理波导模型来说，掌握单电子薛定谔方程是必要的：

$$\left(-\frac{\hbar^2}{2m^*}\nabla^2+V(\boldsymbol{r})\right)\Psi(\boldsymbol{r})=E\Psi(\boldsymbol{r})$$

第一节　电子的量子波导理论应用

一、介观结构中的量子波导理论

起点是薛定谔方程，本节假定该结构的宽度与长度相比足够窄，目的是由横向限制所产生的量子能量之间的能级空间比纵向输运的能量范围更大。设 Ψ_i 为在第 i 条环行线的波函数，然后在交点处波函数连续：

$$\Psi_1=\Psi_2=\Psi_3=\cdots=\Psi_n \tag{6.1.1}$$

从电流密度守恒得到

$$\sum_i \frac{\partial \Psi_i}{\partial x_i}=0 \tag{6.1.2}$$

---

① EMBERLY E G, KIRCZENOW G. Electron standing-wave formation in atomic wires [J] Phys. Rev. B, 1999, 60 (8): 6028-6033.

② DATTA S, BANDYOPADHYAY S. Aharonov-Bohm effect in semiconductor microstructures [J] Phys. Rev. Lett., 58 (7), 717-720.

在每一个线路中的波函数是两个具有相反波矢的平面波的线性叠加：

$$\Psi_i(x)=c_{1i}\mathrm{e}^{ikx}+c_{2i}\mathrm{e}^{-ikx} \tag{6.1.3}$$

在交点处的 n 个回路中有 $2n$ 个未知数，在交点处，n 个未知数被 n 个（6.1.1）和（6.1.2）方程来确定，剩下的另一半未知数将由输入端或输出端的其他交叉点的边界条件来确定；因此，所有交叉点的（6.1.1）和（6.1.2）方程组成的方程组对于决定整体结构的波函数来说是必要的。

二、带有双引线的环

为了阐明以上理论的运用，本节把具有双引线环的结构展示在图 6.1 中，在无磁场的情况下，环的两个臂有不同的长度 L_1 和 L_2，把每一条线路引进局域坐标系，以便方向是沿着电子流动方向并且起点选在从上方电流通过的交点处，对于输入线路，起点选在下方电流通过的交点处，坐标起点的选择是没有严格界定的，它仅仅影响波函数的相位。

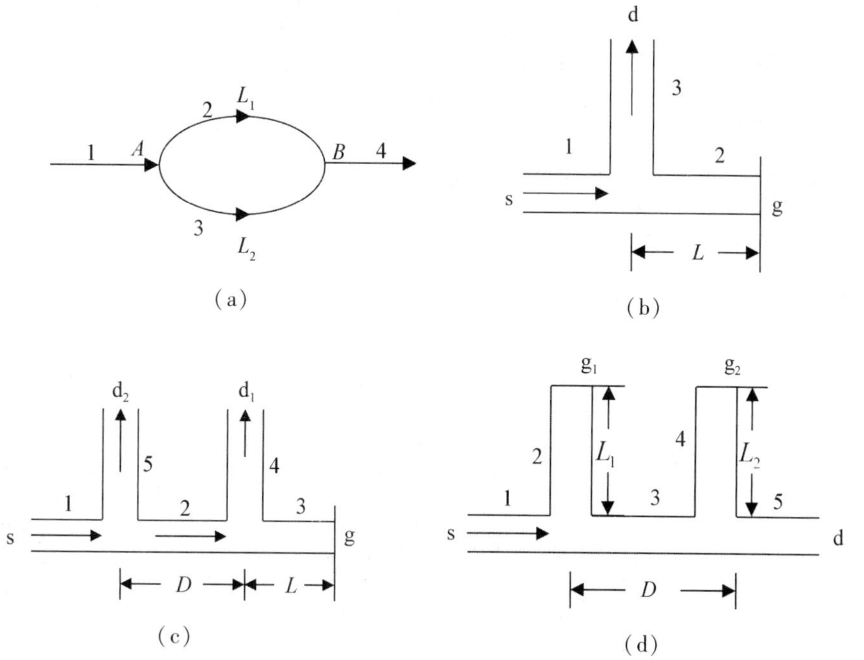

图 6.1　介观结构中的各种模型

（a）带有双引线的环；（b）量子干涉晶体管；（c）带有两个漏的量子干涉装置；（d）带有两个门的量子干涉装置。s，g，d 分别代表源、门、漏

在局域坐标系里，在图 6.1(a) 里的 1~4 线路所显示的波函数写成

$$\begin{cases}\Psi_1=\mathrm{e}^{ikx}+a\mathrm{e}^{-ikx}\\ \Psi_2=c_1\mathrm{e}^{ikx}+c_2\mathrm{e}^{-ikx}\\ \Psi_3=d_1\mathrm{e}^{ikx}+d_2\mathrm{e}^{-ikx}\\ \Psi_4=g\mathrm{e}^{ikx}\end{cases} \tag{6.1.4}$$

在这里假定具有波矢 k（只考虑大小）的电子从 1 线路进入并从 4 线路离开，因此 a 与 g 这两个数分别代表反射振幅、透射振幅。

对于波函数（6.1.4），方程（6.1.1）和（6.1.2）的边界条件能在 A 和 B 点写出：

$$\begin{cases}1+a=c_1+c_2\\1+a=d_1+d_2\\1-a=c_1-c_2+d_1-d_2\\c_1\mathrm{e}^{\mathrm{i}kL_1}+c_2\mathrm{e}^{-\mathrm{i}kL_1}=g\\d_1\mathrm{e}^{\mathrm{i}kL_2}+d_2\mathrm{e}^{-\mathrm{i}kL_2}=g\\c_1\mathrm{e}^{\mathrm{i}kL_1}-c_2\mathrm{e}^{-\mathrm{i}kL_1}+d_1\mathrm{e}^{\mathrm{i}kL_2}-d_2\mathrm{e}^{-\mathrm{i}kL_2}=g\end{cases}\tag{6.1.5}$$

在图 6.1（a）所显示的无磁场的结构里，对于不同的 $k\Delta L$，$|g|^2$ 与 kL 的函数关系如图 6.2 所示。

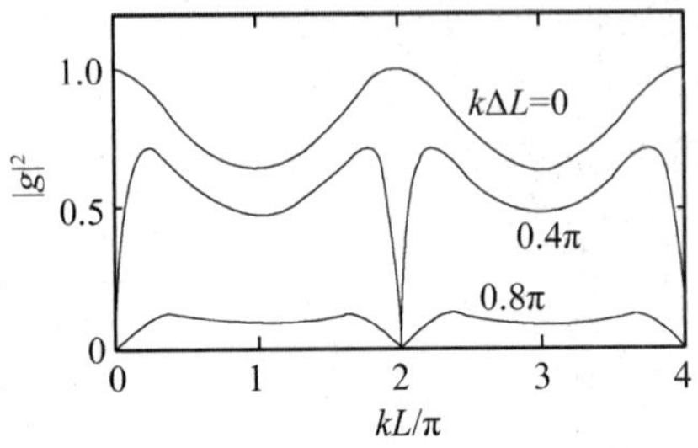

图 6.2　在无磁场时对不同 $k\Delta L$ 的 $|g|^2$ 随 kL 变化的函数图

从方程组（6.1.5）得出

$$\begin{cases}a=\dfrac{1}{\Delta_L}\left(-8+3\mathrm{e}^{\mathrm{i}kL}+3\mathrm{e}^{-\mathrm{i}kL}+\mathrm{e}^{\mathrm{i}k\Delta L}+\mathrm{e}^{-\mathrm{i}k\Delta L}\right)\\c_1=\dfrac{2}{\Delta_L}\left(2-3\mathrm{e}^{-\mathrm{i}kL}+\mathrm{e}^{\mathrm{i}k\Delta L}\right)\\c_2=\dfrac{2}{\Delta_L}\left(-2+\mathrm{e}^{\mathrm{i}kL}+\mathrm{e}^{-\mathrm{i}kL}\right)\\d_1=\dfrac{2}{\Delta_L}\left(2-3\mathrm{e}^{-\mathrm{i}kL}+\mathrm{e}^{-\mathrm{i}k\Delta L}\right)\\d_2=\dfrac{2}{\Delta_L}\left(-2+\mathrm{e}^{\mathrm{i}kL}+\mathrm{e}^{\mathrm{i}k\Delta L}\right)\\g=\dfrac{16i}{\Delta_L}\sin\left(k\dfrac{L}{2}\right)\cos\left(k\dfrac{\Delta L}{2}\right)\end{cases}\tag{6.1.6}$$

其中，

$$L=L_1+L_2,\ \Delta L=L_2-L_1 \tag{6.1.7}$$
$$\Delta_L=8-\mathrm{e}^{\mathrm{i}kL}-9\mathrm{e}^{-\mathrm{i}kL}+\mathrm{e}^{\mathrm{i}k\Delta L}+\mathrm{e}^{-\mathrm{i}k\Delta L}$$

从方程组（6.1.6）得出电流守恒为

$$\begin{cases}|g|^2=\dfrac{64}{\Delta_L^2}[1-\cos(kL)][1+\cos(k\Delta L)]\\\Delta_L^2=4\{[4-5\cos(kL)+\cos(k\Delta L)]^2+[4\sin(kL)]^2\}\end{cases}\tag{6.1.8}$$

对于确定的 ΔL，电导将会随着 L 的改变而周期性地改变，对于一个确定的 L 电导将会随着 ΔL 的改变而周期性地改变；如果仅考虑两平面波的叠加部分便不能得到前面的结

果，对于确定的 $k\Delta L$，$|g|^2$ 作为 kL 的函数在图 6.2 中显示，对于确定的 kL，$|g|^2$ 作为 $k\Delta L$ 的函数在图 6.3 中显示，从图形得知 $k\Delta L$ 的振幅 $|g|^2$ 比 kL 的振幅强。

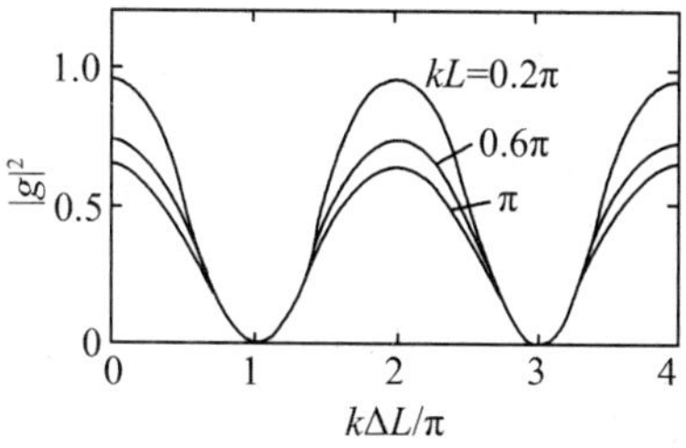

图 6.3　在无磁场的介观结构里，对于不同 kL，$|g|^2$ 随 $k\Delta L$ 变化的函数图

三、AB 环

AB 环的结构与图 6.1(a) 中的一样，在磁场作用下，该方程

$$\left[\frac{1}{2m^*}\left(\boldsymbol{P}+\frac{e}{c}\boldsymbol{A}\right)^2+V(\boldsymbol{r})\right]\Psi(\boldsymbol{r})=E\Psi(\boldsymbol{r}) \tag{6.1.9}$$

取代了薛定谔方程，这里 $\boldsymbol{A}$ 是磁场 $\boldsymbol{B}$ 的矢势。

$$\boldsymbol{B}=\nabla\times\boldsymbol{A} \tag{6.1.10}$$

由于磁场 $\boldsymbol{B}$ 垂直于环平面，根据高斯定理，矢势 $\boldsymbol{A}$ 是沿着环的方向，并且它的大小为

$$A=\frac{\Phi}{L} \tag{6.1.11}$$

在这里 $\Phi=\boldsymbol{B}\cdot\boldsymbol{S}$ 是经过环形部分区域 S 的磁通量，并且 L 是环形线圈的周长。

把方程（6.1.11）代入方程（6.1.9），得到一维薛定谔方程：

$$\left[\frac{1}{2m^*}\left(\frac{\hbar}{\mathrm{i}}\frac{\partial}{\partial x}-\frac{e}{c}\frac{\Phi}{L}\right)^2+V(x)\right]\Psi(x)=E\Psi(x) \tag{6.1.12}$$

波函数 $\Psi(x)$ 仍然是具有波矢 k_1 的平面波，它的能量为

$$E=\frac{\hbar^2}{2m^*}\left(k_1-\frac{e\Phi}{\hbar cL}\right)^2 \tag{6.1.13}$$

它应该等于注入电子的能量 $\hbar^2k^2/2m^*$，因此本节有

$$k_1=k+\frac{e\Phi}{\hbar cL} \tag{6.1.14}$$

对于朝矢势 $\boldsymbol{A}$ 相反方向移动的电子，得到电子的波矢为

$$k_2=k-\frac{e\Phi}{\hbar cL} \tag{6.1.15}$$

在图 6.1(a) 中的 1～4 线路中的波函数能写成：

$$\begin{cases}\Psi_1=\mathrm{e}^{\mathrm{i}k_1x}+a\mathrm{e}^{-\mathrm{i}k_2x}\\ \Psi_2=c_1\mathrm{e}^{\mathrm{i}k_1x}+c_2\mathrm{e}^{-\mathrm{i}k_2x}\\ \Psi_3=d_1\mathrm{e}^{\mathrm{i}k_2x}+d_2\mathrm{e}^{-\mathrm{i}k_1x}\\ \Psi_4=g\mathrm{e}^{\mathrm{i}kx}\end{cases} \tag{6.1.16}$$

在方程（6.1.14）和（6.1.15）里分别给出了 k_1 和 k_2，类似地，本节能写出方程在 A，B 点的边界条件，得到

$$\begin{cases} a=\dfrac{1}{\Delta_k}[\mathrm{e}^{-\mathrm{i}k_1\Delta L}+\mathrm{e}^{\mathrm{i}k_2\Delta L}-(k_1+k_2)^2(\mathrm{e}^{-\mathrm{i}\Delta kL_1}+\mathrm{e}^{\mathrm{i}\Delta kL_2})-(1+k_1+k_2)(1-k_1-k_2)(\mathrm{e}^{-\mathrm{i}k_2L_1-\mathrm{i}k_1L_2}+\mathrm{e}^{\mathrm{i}k_1L_1+\mathrm{i}k_2L_2})] \\ c_1=\dfrac{2}{\Delta_k}[\mathrm{e}^{\mathrm{i}k_2\Delta L}+(k_1+k_2)\mathrm{e}^{\mathrm{i}\Delta kL_2}-(1+k_1+k_2)\mathrm{e}^{-\mathrm{i}k_1L_2-\mathrm{i}k_2L_1}] \\ c_2=\dfrac{2}{\Delta_k}[\mathrm{e}^{-\mathrm{i}k_1\Delta L}-(k_1+k_2)\mathrm{e}^{\mathrm{i}\Delta kL_2}-(1-k_1-k_2)\mathrm{e}^{\mathrm{i}k_1L_1+\mathrm{i}k_2L_2}] \\ d_1=\dfrac{2}{\Delta_k}[\mathrm{e}^{-\mathrm{i}k_1\Delta L}+(k_1+k_2)\mathrm{e}^{-\mathrm{i}\Delta kL_1}-(1+k_1+k_2)\mathrm{e}^{-\mathrm{i}k_1L_2-\mathrm{i}k_2L_1}] \\ d_2=\dfrac{2}{\Delta_k}[\mathrm{e}^{\mathrm{i}k_2\Delta L}-(k_1+k_2)\mathrm{e}^{-\mathrm{i}\Delta kL_1}-(1-k_1-k_2)\mathrm{e}^{\mathrm{i}k_1L_1+\mathrm{i}k_2L_2}] \\ g=\dfrac{2(k_1+k_2)}{\Delta_k}[\mathrm{e}^{\mathrm{i}k_1L_1-\mathrm{i}k_2L_1+\mathrm{i}k_2L_2}-\mathrm{e}^{\mathrm{i}k_1L_1-\mathrm{i}k_1L_2-\mathrm{i}k_2L_1}+\mathrm{e}^{\mathrm{i}k_1L_1-\mathrm{i}k_1L_2+\mathrm{i}k_2L_2}-\mathrm{e}^{\mathrm{i}k_1L_2-\mathrm{i}k_2L_1+\mathrm{i}k_2L_2}] \end{cases} \tag{6.1.17}$$

其中，

$$\begin{cases} K_1=\dfrac{k_1}{k},\ K_2=\dfrac{k_2}{k},\ \Delta k=k_2-k_1 \\ \Delta_k=\mathrm{e}^{\mathrm{i}k_1\Delta L}+\mathrm{e}^{\mathrm{i}k_2\Delta L}+(k_1+k_2)^2(\mathrm{e}^{-\mathrm{i}\Delta kL_1}+\mathrm{e}^{\mathrm{i}\Delta kL_2}) \\ \qquad -(1+k_1+k_2)^2\mathrm{e}^{-\mathrm{i}k_1L_2-\mathrm{i}k_2L_1}-(1-k_1-k_2)^2\mathrm{e}^{\mathrm{i}k_1L_1+\mathrm{i}k_2L_2} \end{cases} \tag{6.1.18}$$

在近似条件下，

$$L_1=L_2=\frac{L}{2},\ K_1\approx K_2\approx 1 \tag{6.1.19}$$

方程（6.1.17）和（6.1.18）能被简化，并且给出

$$\begin{cases} |g|^2=\dfrac{64}{\Delta_k^2}(1-\cos kL)(1+\cos\Psi) \\ \Delta_k^2=4[(1+4\cos\Psi-5\cos kL)^2+(4\sin kL)^2] \\ \Psi=\Delta k\,\dfrac{L}{2}=-\dfrac{e\Phi}{\hbar c} \end{cases} \tag{6.1.20}$$

从方程（6.1.20）看到随着 φ 周期性地改变，$|g|^2$ 也周期性地变化。

$$\Phi=\frac{hc}{e} \tag{6.1.21}$$

这是 AB 效应基本结果。对于若干个 kL 的值 $|g|^2$ 作为 φ 的函数在图 6.4 里显示出来，从图形看出波形是当 kL 接近于 0 时会更好，但是 kL 接近于 π 时更差，显示出这有更高的调谐成分，把图 6.4 与图 6.3 相比，发现具有 φ 和 $k\Delta L$ 的 $|g|^2$ 的振动是完全不同的，差异来自方程（6.1.20）里的 Δ_k^2 和方程（6.1.8）里的 $\Delta_L{}^2$，在方程（6.1.8）里 $\cos(k\Delta L)$ 的因子是 1，而在方程（6.1.20）里 $\cos\varphi$ 的因子是 4，$\cos\varphi$ 的稍微变化将会影响 Δ_k，因此 $|g|^2$ 很易受影响。

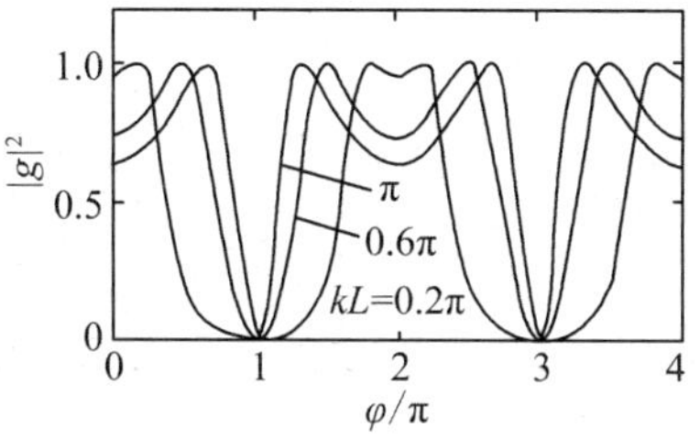

图 6.4 在 AB 环里对于不同的 kL，$|g|^2$ 随 φ 的函数关系示意图

通过运用傅里叶转换公式本节能计算出 $|g|^2$ 的第 n 个谐振腔的成分：

$$I_n = \frac{1}{\pi}\int_0^{2\pi} |g|^2 \cos(n\varphi)\,\mathrm{d}\varphi \tag{6.1.22}$$

由方程（6.1.18）和（6.1.20），I_n 能写成

$$I_n = \mathrm{Re}\left[\frac{P}{\pi}\int_0^{2\pi} \frac{\cos(n\varphi)}{\cos\varphi + Q}\mathrm{d}\varphi\right] \tag{6.1.23}$$

如图 6.5 所示，对于 $kL=0.2\pi$ 的带有双引线的 AB 环波函数的平方振幅，1，2，3 和 4 分别代表 $|c_1|^2$，$|c_2|^2$，$|d_1|^2$ 和 $|d_2|^2$。

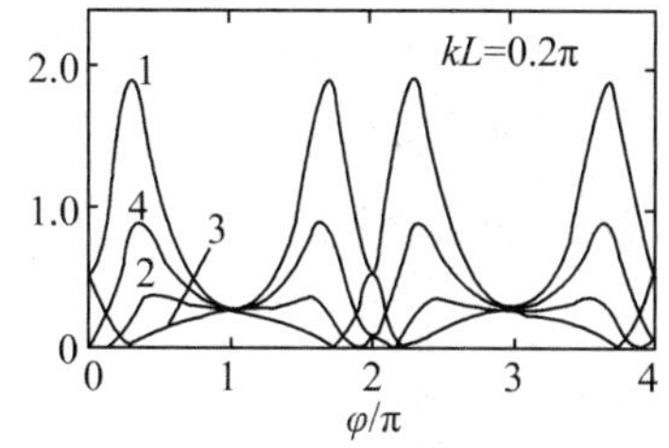

图 6.5 在 AB 环中两臂上波函数的振幅平方随 φ 变化的函数图

这里 P 和 Q 是复合常量，令 $z=\mathrm{e}^{\mathrm{i}\varphi}$，在方程（6.1.23）里的部分能通过 z 的复合变量的部分计算出，z 沿着复合平面绕一圈，结果是

$$\frac{1}{\pi}\int_0^{2\pi} \frac{\cos\varphi}{\cos\varphi + Q}\mathrm{d}\varphi = \frac{4\alpha}{\alpha - \beta} \tag{6.1.24}$$

$$\frac{1}{\pi}\int_0^{2\pi} \frac{\cos 2\varphi}{\cos\varphi + Q}\mathrm{d}\varphi = 2\left(-2Q + \frac{\alpha^2 + \beta^2}{\alpha - \beta}\right) \tag{6.1.25}$$

这里 α，β 是代数方程的根，$z^2+2Qz+1=0$ 且 $|\alpha|<1$，$|\beta|>1$。

在环的上臂和下臂里波的振幅 $|c_1|^2$、$|c_2|^2$、$|d_1|^2$ 和 $|d_2|^2$ 作为对于 $kL=0.2\pi$ 和 φ 的函数分别在图 6.5 与图 6.6 中显示出来，从图形上可以看出在 $kL=0.2\pi$ 的情形下有良好的振动，$|c_1|^2$ 和 $|d_2|^2$ 是整体的，且 $|c_1|^2$ 大于 1，表明电子在环里做周期性运动，$kL=\pi$ 的情形下，$|c_1|^2$ 等价于 $|d_1|^2$，且 $|c_2|^2$ 等价于 $|d_2|^2$，在两个臂里电子平行运动到输出通道。

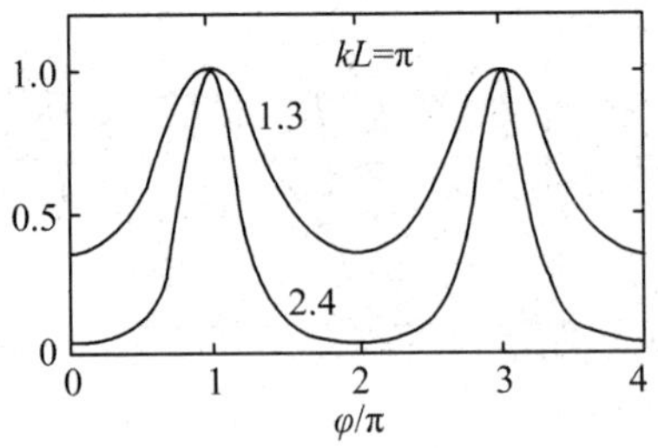

图 6.6　$kL=\pi$ 时，AB 环的两臂上波函数的平方振幅随 φ 变化的函数图

图 6.6 与图 6.5 一样，对于 $kL=\pi$ 的情形，带有双引线的 AB 环波函数的平方振幅。

四、量子干涉装置

在图 6.1（b）里所显示的量子干涉晶体管不同于普通的磁效应晶体管，在普通的磁效应晶体管里门位于电子经典路径的外面，在这种结构里观察到作为门电势的函数的传导振幅，在 1~3 线路里的波函数能被写成：

$$\begin{cases}\Psi_1=e^{ikx}+ae^{-ikx}\\ \Psi_2=c\sin[k(x-L)]\\ \Psi_3=ge^{ikx}\end{cases}\tag{6.1.26}$$

运用方程（6.1.1）和（6.1.2）的边界条件得

$$\begin{cases}1+a=-c\sin(kL)\\ 1+a=g\\ 1-a+ic\cos(kL)=g\end{cases}\tag{6.1.27}$$

从方程（6.1.27）很容易得

$$\begin{cases}a=-\dfrac{i\cos(kL)}{2\sin(kL)+i\cos(kL)}\\ g=\dfrac{2\sin(kL)}{2\sin(kL)+i\cos(kL)}\end{cases}\tag{6.1.28}$$

作为 kL 的函数 $|g|^2$ 在图 6.7 里显示出来，可以看出波形是正常的与单模（single-mode）实验结果一致，同时指出该结构并不是带有两个臂的环状特殊情形，选 $L_1=0$ 和 $L_2=2L$，在路线 2 里连接着门，电子波函数是在门处具有零点的一个定态波，因此对于两个振幅的波形是完全不同的。

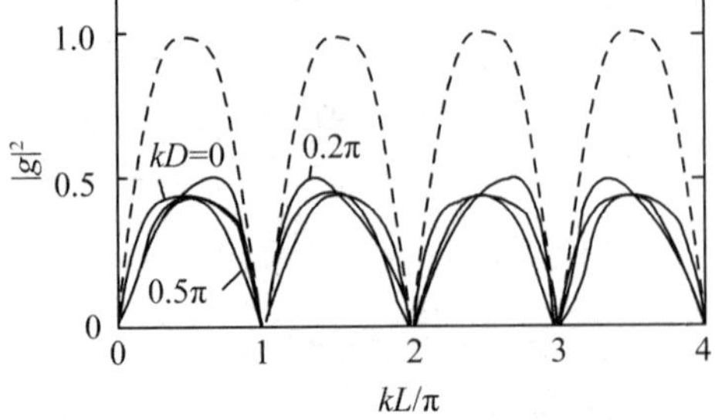

图 6.7　对于不同的 kD，$|g|^2$ 随 kL 变化的函数关系图

图6.7：在图6.1（c）第一个漏极的结构中，对于不同的kD，$|g|^2$随kL变化的函数关系图；虚线是图6.1（b）中，$|g|^2$随kL变化的函数关系图。

随着干涉装置的发展本节认为在图6.1（c）里所显示的一个门控制了带有两个漏极的结构，并且两个漏极间的距离为D，在1~5线路里波函数能写成

$$\begin{cases}\Psi_1 = e^{ikx} + a e^{-ikx} \\ \Psi_2 = c_1 e^{ikx} + c_2 e^{-ikx} \\ \Psi_3 = d\sin[k(x-L)] \\ \Psi_4 = g_1 e^{ikx} \\ \Psi_5 = g_2 e^{ikx}\end{cases} \tag{6.1.29}$$

类似地得出：

$$\begin{cases}a = -\dfrac{1}{\Delta_D}\{[2\sin(kL)+i\cos(kL)]e^{-ikD} + i\cos(kL)e^{ikD}\} \\ d = -\dfrac{4}{\Delta_D} \\ g_1 = \dfrac{4}{\Delta_D}\sin(kL) \\ g_2 = \dfrac{2}{\Delta_D}\{[2\sin(kL)+i\cos(kL)]e^{-ikD} - i\cos(kL)e^{ikD}\} \\ \Delta_D = 3[2\sin(kL)+i\cos(kL)]e^{-ikD} - i\cos(kL)e^{ikD}\end{cases} \tag{6.1.30}$$

3个kD的值作为kL的函数$|g_1|^2$和$|g_2|^2$分别在图6.7和图6.8里显示出来。从图6.7本节得出在靠近门的漏极里，电流振幅几乎是相同的，kD是独立的，且它们的磁通大约是单个管子的一半，在远离门的漏极里，电流振幅严格来说取决于kD。且对于$kD=0$和$kD=0.5\pi$的情形它们有相反的相位。

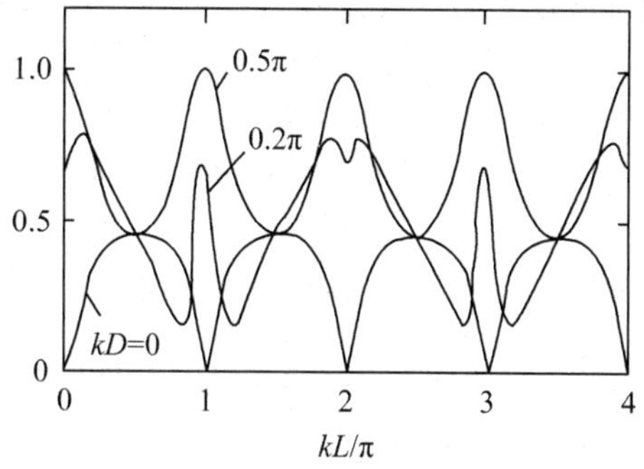

图6.8　在图6.1（c）第二个漏极的结构中，对于不同的kD，$|g|^2$随kL变化的函数关系示意图

最后，本节认为在图6.1（d）里显示的双门结构，相距为D的两个导体棒和这两个导体棒的长度为L_1和L_2，都是通过门电压来控制，在路线1~5里的波函数能写成

$$\begin{cases}\Psi_1 = e^{ikx} + a e^{-ikx} \\ \Psi_2 = b\sin[k(x-L_1)] \\ \Psi_3 = c_1 e^{ikx} + c_2 e^{-ikx} \\ \Psi_4 = d\sin[k(x-L_2)] \\ \Psi_5 = g e^{ikx}\end{cases} \tag{6.1.31}$$

得到

$$\begin{cases}a = -\dfrac{2i}{\Delta_{D,L}}[\sin(kL_1)\cos(kL_2)e^{ikD} + \cos(kL_1)\sin(kL_2)e^{-ikD} + \cos(kL_1)\cos(kL_2)\sin(kD)] \\ g = \dfrac{4}{\Delta_{D,L}}\sin(kL_1)\sin(kL_2) \\ \Delta_{D,L} = [4\sin(kL_1)\sin(kL_2) + 2i\cos(kL_1)\sin(kL_2) + 2i\sin(kL_1)\cos(kL_2)]e^{-ikD} + \\ \qquad 2i\cos(kL_1)\cos(kL_2)\sin(k_D)\end{cases} \tag{6.1.32}$$

与理想的二维电子波导模型理论的结果对比，对于具有与在二维波导模型里相同的范围内单门和双门结构中，计算出透射的可能值 $|g|^2$。当然在本节的模型里忽略了宽度效应，取电子有效质量 $m^* = 0.05\ m_0$，电子能量 $E \approx 0.08$ eV，且在两个导体棒之间的距离 $D = 9.5$ nm，在图 6.9 里对于单一导体棒结构的 $|g|^2$，两个相同的参与部分的 $|g|^2$ 和具有长度差异为 $\Delta L = 1$ nm 的两个导体棒的 $|g|^2$ 都分别被给定。从图 6.8 中得知对于具有同等宽度的结构，从性质上来说，它们与二维理论的模型结果相一致，在单个导体棒情形下，透射谷是窄的，然而在两个相同的导体棒情形下，透射谷变得越来越宽，在两个不同长度的残余部分情形下在透射谷出现一个额外的峰，谷进一步变宽，同时发现峰的高度极易受 kD 的影响，对于 $kD = 3.0$，π 和 3.3 作为 kL 的函数 $|g|^2$ 在图6.9（d）里显示出来，与之相应的波长 λ 分别为 20 nm，19 nm，18 nm，从图形得知如果 $kD = \pi$，在透射谷处有一个强烈的共振峰，如果 kD 偏离 π，共振峰急剧下降，在本节纯粹的一维结果和二维结果之间有一定的差异。除了波的形式 $|g|^2$ 外，在一维情形下定期的振动是不会改变的；然而在二维情形下，由于宽度影响会从一个时期变化到另一个时期，在上面的计算里已经假定电子波在门处有一个波节，因此在导体棒里的波函数有 $\sin[k(x-L)]$ 形式，而 L 是导体棒的长度，结果当 kL 接近 0 时，透射振幅 $|g|^2$ 可能是 0。如果假定电子波在门处有一个波峰，然后在导体棒里波函数有 $\cos[k(x-L)]$ 形式，所有上面结果用 $-\cos(kL)$ 交换 $\sin(kL)$ 来代替，这意味着与起点相比变化了 $\dfrac{\pi}{2}$，且 kL 接近 0 时 $|g|^2$ 并不为 0，这种情形在图 6.9 里显示。

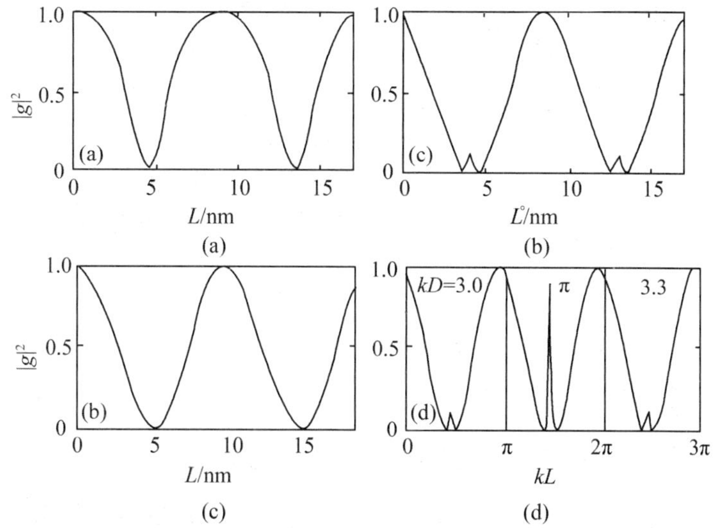

图 6.9　对于（a）单短导体棒结构、（b）双短导体棒结构、（c）具有不同长度的短导体棒的结构，$|g|^2$ 随 L 变化的函数关系；（d）对于 $kD=3.0$，π 和 3.3，$|g|^2$ 随 kL 变化的函数关系

第二节　杂质的量子波导理论应用

一、杂质的量子波导理论模型

近年来，一种由 Weisshaar 等①提出的模匹配方法是可供选择的方法，并且在单模近似下，他们发现通过一种有效一维方势阱电子的输运性质和束缚态可以很好地理解。为了进一步简化问题，夏建白等②提出了一维量子波导理论。起始点是一维薛定谔方程：

$$\left(\frac{p^2}{2m}+V(x)\right)\varphi(x)=E\varphi(x) \tag{6.2.1}$$

从薛定谔方程可以得到在波导装置的每一部分的波函数。对散射问题要知道边界条件是必要的。波函数的连续性要求：

$$\varphi_1=\varphi_2=\varphi_3=\cdots=\varphi_N \tag{6.2.2}$$

其中，φ_i 是第 i 分段的波函数。第 i 分段的流密度是 $J_i=(1/m_i)\mathrm{Re}\varphi_l^*(-\mathrm{i}\hbar)(\partial\varphi_i/\partial x)$。在交叉点，总密度 $\sum\limits_i J_i=0$，这需要

$$\frac{1}{m_i}\mathrm{Re}\varphi_l^*(-\mathrm{i}\hbar)\frac{\partial}{\partial x}\varphi_i=0 \tag{6.2.3}$$

① WEISSHAAR A, LARY J, GOODNICK S M, et al. Analysis and modeling of quantam waveguide structures and devices [J]. Journal of Applied Physics, 1991, 70: 355-366.

② XIA J B. Quantum waveguide theory for mesoscopic structures [J]. Physical Review B, 1992, 45 (7): 3593-3599.

用同样的材料制造的装置，有效质量 m_i 应该是相同的，并且通过利用方程（6.2.1），本节可以得到

$$\sum_i \frac{\partial \varphi_i}{\partial x} = 0 \tag{6.2.4}$$

如果没有杂质散射，方程（6.2.2）（6.2.4）是完全可解的。对于 δ 势散射，波函数的连续性是保证成立的，但是波函数的一阶导数是不连续的，并且有下面的关系：

$$\left.\frac{\partial \varphi_2}{\partial x}\right|_{x=x_i} - \left.\frac{\partial \varphi_1}{\partial x}\right|_{x=x_i} = u\,\varphi_1 \big|_{x=x_i} \tag{6.2.5}$$

其中，φ_1，φ_2 是入射和出射电子的波函数，u 是 δ 势垒的振幅，x_i 是杂质的位置，势垒的函数形式为 $V(x)=u\delta(x-x_i)$。方程（6.2.1）（6.2.2）（6.2.5）是本节计算的基础。

二、T 形量子调制晶体管中杂质波导理论的应用

近来，在弹道输运的基础上人们提出了许多有用的新装置。典型的装置之一是 T 形量子调制晶体管（QMT），在弹道输运方面，它不同于普通的场效应晶体管（FET），通过减少臂长来起到作用效果的门在传导通道的外部。图 6.10（a）~6.10（c）举例说明了晶体管的结构。杂质通过“×”来代表。

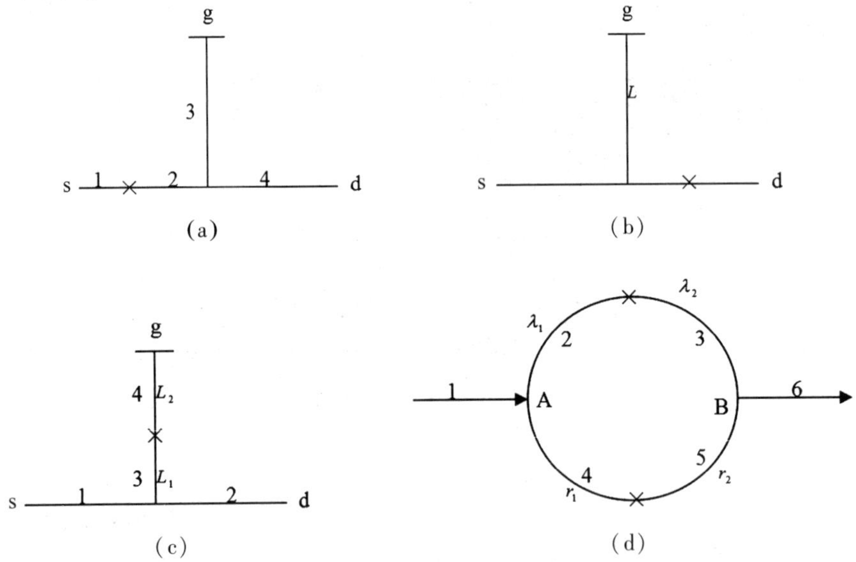

图 6.10　量子调制晶体管装置图

本节将首先考虑图 6.10（a）的情况。杂质放在源边一侧。在这种处理方法中，采用局域坐标系统，选择电流方向为坐标方向，原点放在交叉点处和杂质位置。原点的起点是非临界的，它仅仅对波函数的相位有影响。基于这些情况，在每一部分的波函数写为

$$\varphi_1 = e^{ikx} + b e^{-ikx} \tag{6.2.6a}$$

$$\varphi_2 = c_1 e^{ikx} + c_2 e^{-ikx} \tag{6.2.6b}$$

$$\varphi_3 = d\sin[k(x-L)] \tag{6.2.6c}$$

$$\varphi_4 = g e^{ikx} \tag{6.2.6d}$$

在求 φ_3 时，节点选在臂的末端。在交叉点上方程（6.2.2）（6.2.4）的波函数的边

界条件如下：

$$c_1e^{ik\lambda}+c_2e^{-ik\lambda}=g \tag{6.2.7a}$$

$$c_1e^{ik\lambda}+c_2e^{-ik\lambda}=-d\sin kL \tag{6.2.7b}$$

$$c_1e^{ik\lambda}-c_2e^{-ik\lambda}=g-\mathrm{i}d\cos kL \tag{6.2.7c}$$

对于杂质散射，按照方程（6.2.1）（6.2.5）可获得的边界条件为

$$1+b=c_1+c_2 \tag{6.2.8a}$$

$$c_1-c_2-1+b=\frac{u}{\mathrm{i}k}(1+b) \tag{6.2.8b}$$

从以上方程可以解得 g 为

$$g=\frac{4\sin kLe^{ikL}}{[(u/k)\cos kL\ (\cos 2k\lambda-1)\ +4\sin kL]+\mathrm{i}[(u/k)\ (2\sin kL+\cos kL\sin 2k\lambda)\ +2\cos kL]}$$

很明显，g 是透射振幅，$T=|g|^2$ 是 T 形量子装置的总透射率。

如果杂质放在臂上，如图 6.10 所示。遵循上述步骤，本节写出四个区域的波函数：

$$\varphi_1=e^{ikx}+be^{-ikx} \tag{6.2.9a}$$

$$\varphi_2=ce^{ikx}+de^{-ikx} \tag{6.2.9b}$$

$$\varphi_3=d\sin[k(x-L)] \tag{6.2.9c}$$

$$\varphi_4=fe^{ikx}+he^{-ikx} \tag{6.2.9d}$$

φ_4 在臂的末端有一个节点，这使得：

$$fe^{ikL_2}+he^{-ikL_2}=0 \tag{6.2.10a}$$

$$1+b=g \tag{6.2.10b}$$

$$1+b=c+d \tag{6.2.10c}$$

$$1-b=g+c-d \tag{6.2.10d}$$

$$f+h=ce^{ikL_1}+de^{-ikL_2} \tag{6.2.10e}$$

$$f-h-ce^{ikL_1}+de^{-ikL_2}=(u/\mathrm{i}k)(f+h) \tag{6.2.10f}$$

从上述方程解得 g 的表达式为

$$g=\frac{2\mathrm{i}\ [2\sin kL+(u/k)(\cos k\delta-\cos kL)]}{[-2\cos kL+(u/k)(\sin k\delta-\sin kL)]+2\mathrm{i}[2\sin kL+(u/k)(\cos k\delta-\cos kL)]}$$

其中，$\delta=L_1-L_2$ 和侧臂的长度 $L=L_1+L_2$，同上述一样用 $T=|g|^2$ 和 $G=(2e^2/h)T$ 公式可求得透射率和电导。

同样上述的办法可用于把两个杂质放在典型 AB 环中，如图 6.10（d）所示。下面本节将简单介绍一下。

三、Aharonov-Bohm 环的杂质散射

Aharonov-Bohm（AB）效应通常是在源发射粒子并且一个探测器在相反的方向上探测的装置中研究和讨论的，当一个磁场垂直穿过平面时，沿着不同路径运动到达探测器上的粒子有不同的相位。在相位上的相对变化为 $\Delta\Phi=2\pi$（Φ/Φ_0），这里 Φ_0 为基本的磁通量子，Φ 是沿环运动一周时的磁通。因此随着磁场 B 的改变，波函数的振幅随着周期 Φ_0 周期性地改变。近年来，Aharonov-Bohm（AB）效应广泛地通过 Büttiker-Landauer 方案来研究。

两个杂质放在典型 AB 环中的薛定谔方程为

$$\left[\left(\frac{1}{2}m^*\right)(p+eA)^2+V(x)\right]\varphi(x)=E\varphi(x) \tag{6.2.11}$$

其中，A 是磁矢势。因为是一维的，拓扑路径是可能的。电子的有效波矢（大小）$k_1=k+(\delta\varphi/L)$ 和 $k_2=k-(\delta\varphi/L)$ 分别对应于沿两路径移动的电子。这里 $L=\lambda_1+\lambda_2+r_1+r_2$ 是周长，通过环的上下臂侧边的电子的传播可被看作波矢分别为 k_1 和 k_2 的自由电子。

这 6 部分的波函数分别如下：

$$\varphi_1=\mathrm{e}^{ikx}+a\mathrm{e}^{-ikx} \tag{6.2.12a}$$

$$\varphi_2=b_1\mathrm{e}^{ik_1x}+b_2\mathrm{e}^{-ik_2x} \tag{6.2.12b}$$

$$\varphi_3=c_1\mathrm{e}^{ik_1x}+c_2\mathrm{e}^{-ik_2x} \tag{6.2.12c}$$

$$\varphi_4=d_1\mathrm{e}^{ik_2x}+d_2\mathrm{e}^{-ik_1x} \tag{6.2.12d}$$

$$\varphi_5=f_1\mathrm{e}^{ik_2x}+f_2\mathrm{e}^{-ik_1x} \tag{6.2.12e}$$

$$\varphi_6=g\mathrm{e}^{ikx} \tag{6.2.12f}$$

对于杂质散射，在 A 点和 B 点的边界条件为

$$1+a=b_1+b_2 \tag{6.2.13a}$$

$$1+a=d_1+d_2 \tag{6.2.13b}$$

$$k-ka=k_1b_1-k_2b_2+k_2d_1-k_1d_2 \tag{6.2.13c}$$

$$c_1\mathrm{e}^{ik_1\lambda_2}+c_2\mathrm{e}^{-ik_2\lambda_2}=g \tag{6.2.13d}$$

$$f_1\mathrm{e}^{ik_2r_2}+f_2\mathrm{e}^{-ik_1r_2}=g \tag{6.2.13e}$$

$$k_1c_1\mathrm{e}^{ik_1\lambda_2}-k_2c_2\mathrm{e}^{-ik_2\lambda_2}+k_2f_1\mathrm{e}^{ik_2r_2}-k_1f_2\mathrm{e}^{-ik_1r_2}=kg \tag{6.2.13f}$$

$$b_1\mathrm{e}^{ik_1\lambda_1}+b_2\mathrm{e}^{-ik_2\lambda_1}=c_1+c_2 \tag{6.2.13g}$$

$$k_1c_1-k_2c_2-k_1b_1\mathrm{e}^{ik_1\lambda_1}+k_2b_2\mathrm{e}^{-ik_2\lambda_1}=u_1(c_1+c_2) \tag{6.2.13h}$$

$$d_1\mathrm{e}^{ik_2r_1}+d_2\mathrm{e}^{-ik_1r_1}=f_1+f_2 \tag{6.2.13i}$$

$$k_2f_1-k_1f_2-k_2d_1\mathrm{e}^{ik_2r_1}+k_1d_2\mathrm{e}^{-ik_1r_1}=u_2(c_1+c_2) \tag{6.2.13j}$$

其中，u_1 和 u_2 分别是上下杂质 δ 势的振幅。通过解以上方程可解得透射系数 g，从而根据朗道公式可求得电导 G。

第三节　空穴输运的量子波导理论应用

一、介观结构中空穴输运的量子波导理论

在近 20 年，介观物理已经成为凝聚态物理中最引人瞩目的领域。在介观结构中的电子输运验证了量子的本质。1985 年 Büttiker 等①提出了电子的电导成功地被多终端电导理论描述。如果介观结构的宽度相比它的长度是足够的狭窄，那么在 1992 年由夏建白②提

① BÜTTIKER M, IMRY Y, LANDAUER R, et al. Generalized many-channel conductance formula with application to small rings [J]. Physical Review B Condensed Matter, 1985, 31 (10): 6207.

② XIA, J B. Quantum waveguide theory for mesoscopic structures [J]. Physical Review B, 1992, 45 (7): 3593-3599.

出的一维量子波导理论被证明是简单而又有效的方法。2007 年林志萍等①提出了分形结构的量子波导理论。

相比电子的情况，空穴的弹性输运仅仅受到极少的注意。由于价带的简并和带混频效应，空穴输运行为相比电子输运行为要较复杂。本节在夏建白的对于电子的量子波导理论基础上提出了一个在狭窄的介观结构中对空穴输运的一维量子波导理论，并把这个理论方法应用在量子干涉装置中，得出了一个在狭窄线路中的空穴输运的解析理论。

空穴的量子波导理论的理论模型如下：

如果假定空穴被限制在 $x-y$ 平面上，在 z 方向上动量 $p_z=0$，则描述空穴运动的哈密顿量为

$$\boldsymbol{H}=\frac{1}{2m_0}\begin{bmatrix} p_1 & R \\ R^* & p_2 \end{bmatrix} \tag{6.3.1}$$

其中，$p_1=(\gamma_1+\gamma_2)(p_x^2+p_y^2)$，$R=\sqrt{3\gamma_2}(p_x-\mathrm{i}p_y)^2$，$p_2=(\gamma_1-\gamma_2)(p_x^2+p_y^2)$。

这里仍然假定结构的宽度相比结构的长度是充足的狭窄，这样由横向限制产生的量子能级之间能量空间比由纵向输运的能量范围大很多。只有这些能级的基态被空穴占有，则哈密顿量才能进一步简化为一维形式。对于在图 6.11 中的线路 l，能被详细地表达为

$$\boldsymbol{H}=\frac{1}{2m_0}\begin{bmatrix} (\gamma_1+\gamma_2) & \sqrt{3}\gamma_2\mathrm{e}^{-2\mathrm{i}\theta} \\ (\sqrt{3}\gamma_2\mathrm{e}^{2\mathrm{i}\theta}) & (\gamma_1-\gamma_2) \end{bmatrix} \tag{6.3.2}$$

其中，θ 是线路 l 的极角。

哈密顿量的本征函数能采取平面波形式：

$$\boldsymbol{\varphi}=\begin{pmatrix} c_1 \\ c_2 \end{pmatrix}\mathrm{e}^{\mathrm{i}kl} \tag{6.3.3}$$

其中，k 是波矢（大小），c_1 和 c_2 是数值系数。将表达式（6.3.2）和（6.3.3）代入方程 $\boldsymbol{H\varphi}=\boldsymbol{E\varphi}$ 得到下列久期方程：

$$\begin{vmatrix} \dfrac{(\gamma_1+\gamma_2)}{2m_0}\hbar^2k^2-E & \dfrac{\sqrt{3\gamma_2}}{2m_0}\hbar^2k^2\mathrm{e}^{-2\mathrm{i}\theta} \\ \dfrac{\sqrt{3\gamma_2}}{2m_0}\hbar^2k^2\mathrm{e}^{2\mathrm{i}\theta} & \dfrac{(\gamma_1-\gamma_2)}{2m_0}\hbar^2k^2-E \end{vmatrix}=0 \tag{6.3.4}$$

本征值就被解为

$$E=\frac{1}{2m_0}(\gamma_1\pm2\gamma_2)\hbar^2k^2 \tag{6.3.5}$$

其中，$E=\dfrac{1}{2m_0}(\gamma_1-2\gamma_2)\hbar^2k^2$ 是重空穴（HH）态的本征值，它的有效质量是 $m_\mathrm{h}=m_0/(\gamma_1-2\gamma_2)$，归一化的本征函数是

$$\boldsymbol{\varphi}_\mathrm{h}(\theta,\ k)=\boldsymbol{\varphi}_\mathrm{h}(\theta)\mathrm{e}^{\mathrm{i}kl}=\begin{pmatrix} 1/2 \\ -\sqrt{3}\mathrm{e}^{2\mathrm{i}\theta}/2 \end{pmatrix}\mathrm{e}^{\mathrm{i}kl} \tag{6.3.6}$$

---

① LIN Z, HOU Z, LIU Y. Quantum waveguide theory of a fractal structure [J]. Physics Letters A, 2007, 365 (3): 240-247.

$E=\frac{1}{2m_0}(\gamma_1+2\gamma_2)\hbar^2k^2$ 是轻空穴(LH)态的本征值，它的有效质量是 $m_l=m_0/(\gamma_1+2\gamma_2)$，归一化的本征函数是

$$\boldsymbol{\varphi}_l(\theta,\ k)=\boldsymbol{\varphi}_l(\theta)\,\mathrm{e}^{ikl}=\begin{pmatrix}-\sqrt{3}\,\mathrm{e}^{2i\theta}/2\\ 1/2\end{pmatrix}\mathrm{e}^{ikl} \tag{6.3.7}$$

对于给定能量 E 的空穴态，一般的波函数能被写为

$$\boldsymbol{\Phi}=c_1\boldsymbol{\varphi}_h(\theta)\,\mathrm{e}^{ik_hl}+c_2\boldsymbol{\varphi}_l(\theta)\,\mathrm{e}^{ik_ll}+c_3\boldsymbol{\varphi}_h(\theta)\,\mathrm{e}^{-ik_hl}+c_4\boldsymbol{\varphi}_l(\theta)\,\mathrm{e}^{ik_ll} \tag{6.3.8}$$

其中，$k_l=\sqrt{2m_lE}$（$k_h=\sqrt{2m_hE}$）是轻空穴（重空穴）的波矢（大小）并且 c_i 是由边界条件决定的数值系数。在由 n 个线路交叉的交叉点上的边界条件是这个模型的关键点。让 $\boldsymbol{\Phi}_i$ 成为第 i 条线路的波函数，在线路交叉点上，波函数的连续性要求满足：

$$\boldsymbol{\Phi}_1=\boldsymbol{\Phi}_2=\cdots=\boldsymbol{\Phi}_n \tag{6.3.9}$$

另一个边界条件能被电流密度守恒决定。对于哈密顿量能证明沿着线路 l 纵向的电流密度算符是

$$\hat{\boldsymbol{J}}_l=\frac{1}{m_0}\begin{bmatrix}\gamma_1+\gamma_2 & \sqrt{3}\gamma_2\mathrm{e}^{-2i\theta}\\ \sqrt{3}\gamma_2\mathrm{e}^{2i\theta} & \gamma_1-\gamma_2\end{bmatrix} \tag{6.3.10}$$

相应的电流密度是

$$J_l=\mathrm{Re}\ (\boldsymbol{\Phi}^+\hat{\boldsymbol{J}}_l\boldsymbol{\Phi}) \tag{6.3.11}$$

电流密度守恒要求流进交叉点的电流密度等于流出交叉点的电流密度。因此，这里得到在交叉点的另一个边界条件：

$$\sum_{i=1}^{n}\hat{\boldsymbol{J}}_{l_i}\boldsymbol{\Phi}_i=0 \tag{6.3.12}$$

其中，在算符 $\hat{J}_{l_i}$ 中所有的坐标 l_i 指向交叉点或者从交叉点指出。

二、空穴波导理论在量子干涉装置中的应用

这里采用如图 6.11 所示的狭窄的线路结构作为一个例子验证以上空穴的波导理论。如果一个波矢（大小）为 k 入射重空穴波进入线路 1，然后两个透射重空穴波和轻空穴波离开线路 2 和线路 3，并且两个反射重空穴波和轻空穴波从线路 1 离开。由于能量守恒，轻空穴波的波矢 $k'=\sqrt{(m_l/m_h)}\,k$。

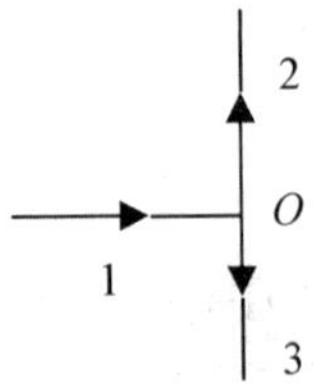

图 6.11　量子干涉装置示意图

因此在线路 1~3 的波函数能写为

$$\boldsymbol{\Phi}_1=\boldsymbol{\varphi}_h(0)\,\mathrm{e}^{ikl_1}+a_1\boldsymbol{\varphi}_h(0)\,\mathrm{e}^{-ikl_1}+a_2\boldsymbol{\varphi}_l(0)\,\mathrm{e}^{ik'l_1} \tag{6.3.13a}$$

$$\boldsymbol{\Phi}_2=c_1\boldsymbol{\varphi}_h(\pi/2)\,\mathrm{e}^{ikl_2}+c_2\boldsymbol{\varphi}_l(\pi/2)\,\mathrm{e}^{ik'l_2} \tag{6.3.13b}$$

$$\boldsymbol{\Phi}_3=d_1\boldsymbol{\varphi}_h(-\pi/2)\,\mathrm{e}^{ikl_3}+d_2\boldsymbol{\varphi}_l(-\pi/2)\,\mathrm{e}^{ik'l_3} \tag{6.3.13c}$$

根据边界条件（6.3.9），这里能得到

$$\begin{bmatrix}\frac{1}{2}\\ \frac{-\sqrt{3}}{2}\end{bmatrix}+a_1\begin{bmatrix}\frac{1}{2}\\ \frac{-\sqrt{3}}{2}\end{bmatrix}+a_2\begin{bmatrix}\frac{\sqrt{3}}{2}\\ \frac{1}{2}\end{bmatrix}=c_1\begin{bmatrix}\frac{1}{2}\\ \frac{\sqrt{3}}{2}\end{bmatrix}+c_2\begin{bmatrix}\frac{-\sqrt{3}}{2}\\ \frac{1}{2}\end{bmatrix} \tag{6.3.14a}$$

$$\begin{bmatrix}\frac{1}{2}\\ \frac{-\sqrt{3}}{2}\end{bmatrix}+a_1\begin{bmatrix}\frac{1}{2}\\ \frac{-\sqrt{3}}{2}\end{bmatrix}+a_2\begin{bmatrix}\frac{\sqrt{3}}{2}\\ \frac{1}{2}\end{bmatrix}=d_1\begin{bmatrix}\frac{1}{2}\\ \frac{\sqrt{3}}{2}\end{bmatrix}+d_2\begin{bmatrix}\frac{-\sqrt{3}}{2}\\ \frac{1}{2}\end{bmatrix} \tag{6.3.14b}$$

再根据边界条件（6.3.12），这里能得到

$$\frac{k}{m_h}\begin{bmatrix}\frac{1}{2}\\ \frac{-\sqrt{3}}{2}\end{bmatrix}-a_1\frac{k}{m_h}\begin{bmatrix}\frac{1}{2}\\ \frac{-\sqrt{3}}{2}\end{bmatrix}-a_2\frac{k'}{m_l}\begin{bmatrix}\frac{\sqrt{3}}{2}\\ \frac{1}{2}\end{bmatrix}=c_1\frac{k}{m_h}\begin{bmatrix}\frac{1}{2}\\ \frac{\sqrt{3}}{2}\end{bmatrix}+c_2\frac{k'}{m_l}\begin{bmatrix}\frac{-\sqrt{3}}{2}\\ \frac{1}{2}\end{bmatrix}+d_1\frac{k}{m_h}\begin{bmatrix}\frac{1}{2}\\ \frac{\sqrt{3}}{2}\end{bmatrix}+d_2\frac{k'}{m_l}\begin{bmatrix}\frac{-\sqrt{3}}{2}\\ \frac{1}{2}\end{bmatrix} \tag{6.3.14c}$$

现在，这里得到六个未知系数 a_i，c_i，d_i（$i=1$，2）的六个方程。一般地，对于有 n 个节点的介观结构，从这里能得到 $6n$ 个方程和 $6n$ 个未知数。因此，这些系数能被唯一地确定。方程（6.3.14a）~（6.3.14c）的解是

$$a_1=-(\alpha^2+2\alpha-1)/A,\quad a_2=-\frac{2\sqrt{3}}{3}(\alpha-1)/A \tag{6.3.15a}$$

$$c_1=d_1=-\alpha/A,\quad c_2=d_2=-\frac{2\sqrt{3}}{3}(\alpha+2)/A \tag{6.3.15b}$$

其中，分母 $A=\alpha^2+4\alpha+1$ 和常数 $\alpha=\sqrt{m_h/m_l}$。

电流密度守恒能被直接验证为

$$|a_1|^2\frac{\hbar k}{m_h}+|a_2|^2\frac{\hbar k'}{m_l}+|c_1|^2\frac{\hbar k}{m_h}+|c_2|^2\frac{\hbar k'}{m_l}+|d_1|^2\frac{\hbar k}{m_h}+|d_2|^2\frac{\hbar k'}{m_l}=\frac{\hbar k}{m_h} \tag{6.3.16}$$

这就是空穴波导理论在如图 6.11 所示量子干涉装置中的应用。

这里已经得出一个在狭窄线路中的空穴输运的解析理论并且把它应用到量子干涉装置中。

第七章　传输矩阵法在四终端量子点阵列的量子输运中的应用

传输矩阵方法是量子输运中的一个重要方法，计算电子在量子点阵列中的透射率时需要应用传输矩阵方法，才能得出透射率与量子点阵列的量子点数、晶格常数、跃迁积分等的关系。本章以传输矩阵法在二终端量子点阵列的应用为基本模型，将传输矩阵法应用到多终端 H 形、T 形、十字形量子点阵列的量子输运中。

第一节　紧束缚近似

当电子在晶格中运动时，如果电子在一个格点上主要受到该格点势场的作用，而与其他格点的相互作用可以看作微扰，那么可以用紧束缚近似来描述电子的行为。

当晶体的格点间距较大时，可以近似地用 l 格点上的原子轨道函数 $\varphi_n(r-l)$ 代替瓦尼尔函数，当原子能级非简并时，紧束缚近似的能带电子波函数可以写成：

$$\psi_{nk}(r)=N^{-\frac{1}{2}}\sum_{l}\mathrm{e}^{\mathrm{i}kl}\varphi_n(r-l) \tag{7.1.1}$$

再设不同格点的原子轨道函数近似正交：

$$\int\varphi_n^*(r-l)\varphi_n(r-l')\mathrm{d}r\approx\delta_{lr} \tag{7.1.2}$$

哈密顿量 $\boldsymbol{H}$ 的矩阵元近似为

$$H_{n,n}(l,l')=\int\varphi_n^*(r-l)\boldsymbol{H}\varphi_n(r-l')\mathrm{d}r=\varepsilon_n(l'-l) \tag{7.1.3}$$

对 $\varepsilon_n(l'-l)$ 计算到最近邻可求出

$$E_n(k)=\sum_{l'-l}\mathrm{e}^{\mathrm{i}k(l'-l)}\varepsilon_n(l'-l)=\varepsilon_n(0)+\sum_{\rho}\varepsilon_n(\rho)\mathrm{e}^{\mathrm{i}k\rho} \tag{7.1.4}$$

其中，

$$\rho=l-l' \tag{7.1.5}$$

$$\varepsilon_n(0)=\int\varphi_n^*(r-l)\boldsymbol{H}\varphi_n(r-l)\mathrm{d}r \tag{7.1.6}$$

$$\varepsilon_n(\rho)=\int\varphi_n^*(r)\boldsymbol{H}\varphi_n(r-\rho)\mathrm{d}r=\int\varphi_n^*(r)[V(r)-\nu_\alpha(r)]\varphi_n(r-\rho)\mathrm{d}r=-J_n \tag{7.1.7}$$

其中，$V(r)$ 是周期势场，$\nu_\alpha(r)$ 为原子势场，J_n 称为交叠积分或跨越积分。这样有

$$E_n(k)=\varepsilon_n(0)-J_n\sum_{\rho}\mathrm{e}^{\mathrm{i}k\rho} \tag{7.1.8}$$

紧束缚方法的关键是线性组合原子轨道波函数。目前紧束缚近似方法已成为定量计算绝缘体、化合物及某些半导体特性的有效工具。在能带问题中，电子主要在格点周围做局域轨道运动，它们只有很小的概率从一个格点向另一个格点运动，这时采用紧束缚近似法十分方便。

第二节　两终端晶格链（量子点阵列）系统

一、模型的建立

这里给出了两终端量子系统中电子输运的计算方案。这个系统是用紧束缚哈密顿量描述的。首先，本节在紧束缚图景下提出这个系统。如图 7.1 所示，两条理想导线分别平行地放在系统的左边和右边。这两条理想导线的格点分别位于$-\infty$，…，$-(N_L+2)$，$-(N_L+1)$和(N_R+1)，(N_R+2)，…，∞，中间区域晶格的格点位于$-N_L$，…，-1，0，1，2，…，(N_R-1)，N_R。

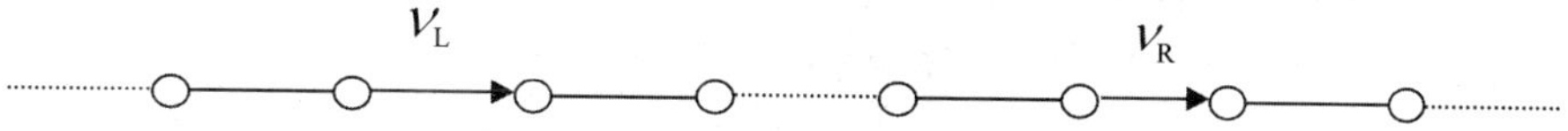

图 7.1　两终端量子输运系统晶格模型

系统的哈密顿量由下式给出：

$$\begin{aligned}\boldsymbol{H}= & \sum_{n=-N_L}^{N_R}\varepsilon_n a_n^+ a_n-\sum_{n=-N_L}^{N_R-1} t\left(a_{n+1}^+ a_n+\text{H.c.}\right) \\ & +\sum_{n \leqslant-(N_L+1)} \varepsilon_L a_n^+ a_n-\sum_{n \leqslant-(N_L+2)} t\left(a_{n+1}^+ a_n+\text{H.c.}\right) \\ & +\sum_{n \geqslant(N_R+1)} \varepsilon_R a_n^+ a_n-\sum_{n \geqslant(N_R+2)} t\left(a_{n+1}^+ a_n+\text{H.c.}\right) \\ & -\nu_L\left(a_{-(N_L+1)}^+ a_{-N_L}+\text{H.c.}\right)-v_R\left(a_{N_R}^+ a_{N_R+1}+\text{H.c.}\right)\end{aligned} \tag{7.2.1}$$

在上面的方程中，当$-N_L \leqslant n \leqslant N_R$时，$\varepsilon_n$是在中间被限制区域的格点能，$\varepsilon_L$和$\varepsilon_R$分别是左边和右边导线里的格点能，$t$是跃迁积分，通过关系式$t=\hbar^2/2m^* a^2$，把$t$和晶格常数$a$及电子有效质量$m^*$联系起来。

为了便于计算，本节把式（7.2.1）简化成

$$\boldsymbol{H}=\sum_n \varepsilon_n a_n^+ a_n-\sum_n t_n\left(a_{n+1}^+ a_n+a_n^+ a_{n+1}\right) \tag{7.2.2}$$

其中，当$-N_L \leqslant n \leqslant N_R$时，$\varepsilon_n=U_0+U_n+2t$；当$n \leqslant -N_L-1$时，$\varepsilon_n=\varepsilon_L=U_0+2t$；当$n \geqslant N_R+1$时，$\varepsilon_n=\varepsilon_R=U_0+2t$。这里$U_0$是局域势，$U_n$是中间被限制区域中随格点位置变化的那部分势能。

首先把方程（7.2.2）中的哈密顿量对角化。对算符a_n和a_n^+做傅里叶变换：

$$a_n=\frac{1}{\sqrt{N}} \sum_k \mathrm{e}^{-ikna} a_k \tag{7.2.3}$$

$$a_n^+=\frac{1}{\sqrt{N}} \sum_k \mathrm{e}^{ikna} a_k^+ \tag{7.2.4}$$

把方程（7.2.3）和（7.2.4）代入方程(7.2.2）得

$$\boldsymbol{H}=\frac{1}{N}\sum_{n}\varepsilon_{n}\sum_{kk'}\mathrm{e}^{\mathrm{i}(k-k')na}a_{k}^{+}a_{k}-\frac{1}{N}\sum_{n}t_{n}\left[\sum_{kk'}\mathrm{e}^{\mathrm{i}ka}\mathrm{e}^{\mathrm{i}(k-k')na}a_{k}^{+}a_{k}'+\mathrm{H.c.}\right] \quad (7.2.5)$$

在本书提到的导线中，$\varepsilon_{\mathrm{L}}=\varepsilon_{\mathrm{R}}=U_0+2t$。在下面的推导中也可以把 t_n 看作常数，所以方程（7.2.5）可以写成

$$\boldsymbol{H}=\frac{1}{N}(U_0+2t)\sum_{n}\sum_{kk'}\mathrm{e}^{\mathrm{i}(k-k')na}a_{k}^{+}a_{k}'-\frac{1}{N}t\sum_{n}\left[\sum_{kk'}\mathrm{e}^{\mathrm{i}ka}\mathrm{e}^{\mathrm{i}(k-k')na}a_{k}^{+}a_{k}'+\mathrm{H.c.}\right] \quad (7.2.6)$$

因为

$$\frac{1}{N}\sum_{n}\mathrm{e}^{\mathrm{i}(k-k')na}=\delta_{kk'} \quad (7.2.7)$$

所以

$$\boldsymbol{H}=\sum_{k}\left[U_0+2t(1-\cos ka)\right]a_{k}^{+}a_{k} \quad (7.2.8)$$

于是能量本征值为

$$E_k=U_0+2t(1-\cos ka) \quad (7.2.9)$$

在本节中，我们以晶格常数 a 为长度单位，取 $U_0=0$。

可以通过求解下面的方程得到哈密顿量的本征解：

$$\boldsymbol{H}\psi^{+}=E\psi^{+} \quad (7.2.10)$$

其中，

$$\psi^{+}=\sum_{n}c_{n}a_{n}^{+} \quad (7.2.11)$$

把方程（7.2.11）和（7.2.2）代入方程（7.2.10）得

$$\left[\sum_{n}\varepsilon_{n}a_{n}^{+}a_{n}-\sum_{n}t_{n}(a_{n+1}^{+}a_{n}+a_{n}^{+}a_{n+1})\right]\sum_{m}c_{m}a_{m}^{+}=E\sum_{n}c_{n}a_{n}^{+} \quad (7.2.12)$$

展开得

$$\sum_{nm}\varepsilon_{n}c_{m}a_{n}^{+}a_{n}a_{m}^{+}-\sum_{nm}t_{n}c_{m}(a_{n+1}^{+}a_{n}a_{m}^{+}+a_{n}^{+}a_{n+1}a_{m}^{+})=E\sum_{n}c_{n}a_{n}^{+} \quad (7.2.13)$$

把式（7.2.13）的左边和右边分别作用在 $|0\rangle$ 上，得

$$\sum_{nm}\varepsilon_{n}c_{m}a_{n}^{+}a_{n}a_{m}^{+}|0\rangle-\sum_{nm}t_{n}c_{m}a_{n+1}^{+}a_{n}a_{m}^{+}|0\rangle-\sum_{nm}t_{n}c_{m}a_{n}^{+}a_{n+1}a_{m}^{+}|0\rangle=E\sum_{n}c_{n}a_{n}^{+}|0\rangle \quad (7.2.14)$$

利用费米子的产生和湮灭算符的反对易关系：

$$a_{m}^{+}a_{n}+a_{n}a_{m}^{+}=\delta_{mn} \quad (7.2.15)$$

$$a_{m}^{+}a_{n+1}+a_{n+1}a_{m}^{+}=\delta_{m,n+1} \quad (7.2.16)$$

得到

$$a_{n}a_{m}^{+}=\delta_{mn}-a_{m}^{+}a_{n} \quad (7.2.17)$$

$$a_{n+1}a_{m}^{+}=\delta_{m,n+1}-a_{m}^{+}a_{n+1} \quad (7.2.18)$$

把方程（7.2.17）和（7.2.18）代入方程（7.2.14）得

$$\sum_{nm}\varepsilon_{n}c_{m}a_{n}^{+}(\delta_{mn}+a_{m}^{+}a_{n})|0\rangle-\sum_{nm}t_{n}c_{m}\left[a_{n+1}(\delta_{mn}+a_{m}^{+}a_{n})+a_{n}^{+}(\delta_{m,\,n+1}+a_{m}^{+}a_{n+1})|0\rangle\right.$$

$$=E\sum_{n}c_{n}a_{n}^{+}|0\rangle \quad (7.2.19)$$

因为 $a_{n}|0\rangle=0$，$a_{n+1}|0\rangle=0$，所以

$$\sum_{nm}\varepsilon_n c_m \delta_{mn} a_n^+ |0\rangle - \sum_{nm} t_n c_m \delta_{mn} a_{n+1}^+ |0\rangle - \sum_{nm} t_n c_m \delta_{m,\ n+1} a_n^+ |0\rangle = E\sum_n c_n a_n^+ |0\rangle \tag{7.2.20}$$

利用正交归一关系得

$$\sum_n \varepsilon_n c_n a_n^+ |0\rangle - \sum_n t_n c_n a_{n+1}^+ |0\rangle - \sum_n t_n c_{n+1} a_n^+ |0\rangle = E\sum_n c_n a_n^+ |0\rangle \tag{7.2.21}$$

将式（7.2.21）第二项把 n 换成 $n-1$，求和不变，得

$$\sum_n \varepsilon_n c_n a_n^+ |0\rangle - \sum_n t_{n-1} c_{n-1} a_n^+ |0\rangle - \sum_n t_n c_{n+1} a_n^+ |0\rangle = E\sum_n c_n a_n^+ |0\rangle \tag{7.2.22}$$

即

$$\sum_n (\varepsilon_n c_n - t_{n-1} c_{n-1} - t_n c_{n+1} - E c_n) a_n^+ |0\rangle = 0 \tag{7.2.23}$$

最后得

$$(\varepsilon_n c_n - t_{n-1} c_{n-1} - t_n c_{n+1} - E c_n) = 0 \tag{7.2.24}$$

即

$$(E-\varepsilon_n)\ c_n + t_{n-1} c_{n-1} + t_n c_{n+1} = 0 \tag{7.2.25}$$

下面求哈密顿量的矩阵元：

$$\begin{aligned}\langle k|\boldsymbol{H}|m\rangle &= \langle k\Big|\sum_n \varepsilon_n a_{n-1}^+ a_n - \sum_n t_n (a_{n+1}^+ a_n + a_n^+ a_{n+1}\Big|m\rangle \\ &= \sum_n \varepsilon_n \delta_{k,\ n-1}\delta_{nm} - \sum_n t_n(\delta_{k,\ n+1}\delta_{nm} + \delta_{kn}\delta_{n+1,\ mm}) \\ &= \varepsilon_m \delta_{k,\ n-1} - t_m \delta_{k,\ m+1} - t_{m-1}\delta_{k,\ m-1}\end{aligned} \tag{7.2.26}$$

得

$$t_m = -\langle m+1|\boldsymbol{H}|m\rangle \tag{7.2.27}$$

$$t_{m-1} = -\langle m-1|\boldsymbol{H}|m\rangle \tag{7.2.28}$$

因为 $t_m^* = t_m$，$t_{m-1}^* = t_{m-1}$，有

$$t_m = -\langle m+1|\boldsymbol{H}|m\rangle = -\langle m|\boldsymbol{H}|m+1\rangle \tag{7.2.29}$$

$$t_{m-1} = -\langle m-1|\boldsymbol{H}|m\rangle = -\langle m|\boldsymbol{H}|m-1\rangle \tag{7.2.30}$$

所以

$$t_m = -\langle m+1|\boldsymbol{H}|m\rangle = t \tag{7.2.31}$$

把 m 换成 n 得

$$t_n = -\langle n+1|\boldsymbol{H}|n\rangle = t \tag{7.2.32}$$

其中，n 等于 N_R 和 $-N_L-1$ 时，t_n 分别等于 v_R 和 v_L，这里 v_R 和 v_L 是限制区格点与导线格点之间的耦合系数。

方程（7.2.25）可以写成矩阵方程

$$\begin{bmatrix} c_{n+1} \\ c_n \end{bmatrix} = \boldsymbol{M}(n,\ E)\begin{bmatrix} c_n \\ c_{n-1} \end{bmatrix} \tag{7.2.33}$$

其中，矩阵 $\boldsymbol{M}(n,\ E)$ 由下式给出：

$$\boldsymbol{M}(n,\ E) = \begin{bmatrix} -\dfrac{E-\varepsilon_n}{t_n} & -\dfrac{t_{n-1}}{t_n} \\ 1 & 0 \end{bmatrix} \tag{7.2.34}$$

$\boldsymbol{M}(n,\ E)$ 是转移矩阵，即传输矩阵，它把展开系数矢量 $(c_{n+1},\ c_n)^{\mathrm{T}}$ 和 $(c_n,\ c_{n-1})^{\mathrm{T}}$ 联系起来。

当 n 分别取 $-N_L-1$，$-N_L$，…，N_R，N_R+1 时，由方程（7.41）得下列各式：

$$\begin{bmatrix} c_{-N_L} \\ c_{-N_L-1} \end{bmatrix} = \boldsymbol{M}(-N_L-1,\ E)\begin{bmatrix} c_{-N_L-1} \\ c_{-N_L-2} \end{bmatrix} \tag{7.2.35}$$

$$\begin{bmatrix} c_{-N_L+1} \\ c_{-N_L} \end{bmatrix} = \boldsymbol{M}(-N_L,\ E)\begin{bmatrix} c_{-N_L} \\ c_{-N_L-1} \end{bmatrix} \tag{7.2.36}$$

$$\vdots$$

$$\begin{bmatrix} c_{N_R+1} \\ c_{N_R} \end{bmatrix} = \boldsymbol{M}(N_R,\ E)\begin{bmatrix} c_{N_R} \\ c_{N_R-1} \end{bmatrix} \tag{7.2.37}$$

$$\begin{bmatrix} c_{N_R+2} \\ c_{N_R+1} \end{bmatrix} = \boldsymbol{M}(N_R+1,\ E)\begin{bmatrix} c_{N_R+1} \\ c_{N_R} \end{bmatrix} \tag{7.2.38}$$

由上面的式子迭代得

$$\begin{bmatrix} c_{N_R+2} \\ c_{N_R+1} \end{bmatrix} = \prod_{n=N_R+1}^{-(N_L+1)} \boldsymbol{M}(n,\ E)\begin{bmatrix} c_{-N_L-1} \\ c_{-N_L-2} \end{bmatrix} \tag{7.2.39}$$

在单独的理想导线中，本征波函数有 $\{\exp(\pm \mathrm{i}ka)\}$ 的形式，这里正（负）号分别代表向右（左）运动的波。就目前研究的系统中的两个导线而言，波函数的解可以写成

$$c_n = \begin{cases} A_L \mathrm{e}^{\mathrm{i}k_L na} + B_L \mathrm{e}^{-\mathrm{i}k_L na}, & -\infty < n \leqslant -(N_L+1) \\ A_R \mathrm{e}^{\mathrm{i}k_R na} + B_R \mathrm{e}^{-\mathrm{i}k_R na}, & N_R+1 \leqslant n < \infty \end{cases} \tag{7.2.40}$$

所以

$$\begin{aligned} \begin{bmatrix} c_{N_R+2} \\ c_{N_R+1} \end{bmatrix} &= \begin{bmatrix} A_R \mathrm{e}^{\mathrm{i}k_R(N_R+2)a} + B_R \mathrm{e}^{-\mathrm{i}k_R(N_R+2)a} \\ A_R \mathrm{e}^{\mathrm{i}k_R(N_R+1)a} + B_R \mathrm{e}^{-\mathrm{i}k_R(N_R+1)a} \end{bmatrix} \\ &= \begin{bmatrix} \mathrm{e}^{\mathrm{i}k_R(N_R+2)a} & \mathrm{e}^{-\mathrm{i}k_R(N_R+2)a} \\ \mathrm{e}^{\mathrm{i}k_R(N_R+1)a} & \mathrm{e}^{-\mathrm{i}k_R(N_R+1)a} \end{bmatrix}\begin{bmatrix} A_R \\ B_R \end{bmatrix} \\ &= \begin{bmatrix} \mathrm{e}^{\mathrm{i}k_R a} & \mathrm{e}^{-\mathrm{i}k_R a} \\ 1 & 1 \end{bmatrix}\begin{bmatrix} \mathrm{e}^{\mathrm{i}k_R(N_R+1)a} & 0 \\ 0 & \mathrm{e}^{-\mathrm{i}k_R(N_R+1)a} \end{bmatrix}\begin{bmatrix} A_R \\ B_R \end{bmatrix} \end{aligned} \tag{7.2.41}$$

同理得

$$\begin{bmatrix} c_{-N_L-1} \\ c_{-N_L-2} \end{bmatrix} = \begin{bmatrix} 1 & 1 \\ \mathrm{e}^{\mathrm{i}k_L a} & \mathrm{e}^{-\mathrm{i}k_L a} \end{bmatrix}\begin{bmatrix} \mathrm{e}^{-\mathrm{i}k_L(N_L+1)a} & 0 \\ 0 & \mathrm{e}^{\mathrm{i}k_L(N_L+1)a} \end{bmatrix}\begin{bmatrix} A_L \\ B_L \end{bmatrix} \tag{7.2.42}$$

把方程（7.2.41）和（7.2.42）代入方程（7.2.39）得

$$\begin{aligned} &\begin{bmatrix} \mathrm{e}^{\mathrm{i}k_R a} & \mathrm{e}^{-\mathrm{i}k_R a} \\ 1 & 1 \end{bmatrix}\begin{bmatrix} \mathrm{e}^{\mathrm{i}k_R(N_R+1)a} & 0 \\ 0 & \mathrm{e}^{-\mathrm{i}k_R(N_R+1)a} \end{bmatrix}\begin{bmatrix} A_R \\ B_R \end{bmatrix} \\ &= \prod_{n=N_L+1}^{-(N_L+1)} \boldsymbol{M}(n,\ E)\begin{bmatrix} 1 & 1 \\ \mathrm{e}^{\mathrm{i}k_L a} & \mathrm{e}^{-\mathrm{i}k_L a} \end{bmatrix}\begin{bmatrix} \mathrm{e}^{-\mathrm{i}k_L(N_L+1)a} & 0 \\ 0 & \mathrm{e}^{\mathrm{i}k_L(N_L+1)a} \end{bmatrix}\begin{bmatrix} A_L \\ B_L \end{bmatrix} \end{aligned} \tag{7.2.43}$$

把方程（7.2.43）简写成

$$\begin{bmatrix} A_R \\ B_R \end{bmatrix} = \boldsymbol{T}(E)\begin{bmatrix} A_L \\ B_L \end{bmatrix} \tag{7.2.44}$$

其中，

$$\boldsymbol{T}(E)=\begin{bmatrix}e^{-ik_R(N_R+1)a} & 0\\ 0 & e^{ik_R(N_R+1)a}\end{bmatrix}\begin{bmatrix}e^{ik_Ra} & e^{-ik_Ra}\\ 1 & 1\end{bmatrix}^{-1}\prod_{n=N_R+1}^{-1-(N_L+1)}\boldsymbol{M}(n,\ E)$$
$$\times\begin{bmatrix}1 & 1\\ e^{ik_La} & e^{-ik_La}\end{bmatrix}\begin{bmatrix}e^{-ik_L(N_L+1)a} & 0\\ 0 & e^{ik_L(N_L+1)a}\end{bmatrix}\tag{7.2.45}$$

把矩阵 $\boldsymbol{T}(E)$ 写成

$$\boldsymbol{T}(E)=\begin{bmatrix}T_{11}(E) & T_{12}(E)\\ T_{21}(E) & T_{22}(E)\end{bmatrix}\tag{7.2.46}$$

由方程（7.2.44）和（7.2.46）得

$$\begin{cases}A_R=T_{11}(E)A_L+T_{12}(E)B_L\\ B_R=T_{21}(E)A_L+T_{22}(E)B_L\end{cases}\tag{7.2.47}$$

为了便于计算，将式（7.2.47）改写成

$$\begin{cases}A_R=(T_{11}-T_{12}T_{22}^{-1}T_{21})A_L+T_{12}T_{22}^{-1}B_R\\ B_L=T_{22}^{-1}B_R-T_{22}^{-1}\mathrm{T}_{21}A_L\end{cases}\tag{7.2.48}$$

再将式（7.2.48）改写成矩阵的形式，有

$$\begin{bmatrix}A_R\\ B_L\end{bmatrix}=\boldsymbol{S}(E)\begin{bmatrix}A_L\\ B_R\end{bmatrix}\tag{7.2.49}$$

在计算中引入一个散射矩阵是很方便的。散射矩阵 $\boldsymbol{S}(E)$ 为

$$\begin{cases}S_{11}(E)=T_{11}(E)-T_{12}(E)T_{22}^{-1}(E)T_{21}(E)\\ S_{12}(E)=T_{12}(E)T_{22}^{-1}(E)\\ S_{21}(E)=-T_{22}^{-1}(E)T_{21}(E)\\ S_{22}(E)=T_{22}^{-1}(E)\end{cases}\tag{7.2.50}$$

只有在系统的电子态 ψ^+ 上加一个边界条件，才可以获得方程（7.2.10）的一个特征解。这里我们感兴趣的是能使电子从左向右通过被限制区域的态。这样，加在态 ψ^+ 的边界条件就是

$$A_L=1 \text{ 和 } B_R=0\tag{7.2.51}$$

把这个边界条件代入方程（7.2.49），得

$$A_R=S_{11}(E) \text{ 和 } B_L=S_{21}(E)\tag{7.2.52}$$

从而得反射和透射概率为

$$\begin{cases}R=|B_L|^2=|S_{21}(E)|^2=|T_{22}^{-1}(E)T_{21}(E)|^2\\ T=(v_R/v_L)\ |A_R|^2=|T_{11}(E)-T_{12}(E)T_{22}^{-1}(E)T_{21}(E)|^2\end{cases}\tag{7.2.53}$$

这里 v_R 和 v_L 分别是左边和右边导线中的电子速度。

最终从方程（7.2.53）中本节得到了透射率和反射率与能量的关系，在下面的小节中，本节给出了应用这个计算方案的具体例子。

第三节　传输矩阵在 H 形四终端量子点阵列的量子输运中的应用

相比相干长度来说，在尺寸小的结构装置的小系统的电子性质的研究中，Landauder-Büttiker 公式起着重要的作用。对于二终端电子装置，已经证明：假定自旋简并，装置的电导写为 $G=(2e^2/h)T$，其中 e 为电子的电荷，h 是普朗克常数，T 是装置的透射率。透射率 T 的数值计算的多种方法已被提出并发展，包括递归格林函数等方法技术。

根据各终端之间透射率，利用 Büttiker 公式，能分析计算出多终端系统的电性质。相比二终端系统，由于结构的复杂性，对于相对简单的多终端系统透射率的计算一直在进行。作为一个例子，Büttiker 等①利用散射矩阵是实矩阵并且是幺正矩阵，推导出由相同的金属线组成的三终端结的散射矩阵。散射矩阵有一个优势，就是能通过改变单一的耦合参数来描述三终端结。这个方案的劣势是散射矩阵是不含能量的并且耦合参数必须被系统产生的物理现象的自变量决定。Itoh② 得出一个三终端结的含能量的散射矩阵，并且证明耦合参数是 Büttiker 等引进的散射矩阵的一个以能量为参数的延伸。然而这个方案仅仅是为由相同的金属导线建造的结制定的。

本节中利用一个基于紧束缚模型的散射区格点上能量波动的多终端系统的透射和反射系数的一般计算方法，这个方法准确探讨了多终端中含能量的散射矩阵，提出多终端的电子输运问题可以转化成一个有效二终端系统的电子输运问题。然后利用二终端方法探讨。这个方案很容易被一般化到任何其他多终端系统。这个方案能被应用到无序系统和受限量子系统，例如由隧道结包围的多量子点的系统。无序系统和受限量子系统基本上一直忽视了在以前多终端的计算方案。这个方案以类似的方式也能被一般化到电子与电子相互作用的多量子点的系统。

本节利用紧束缚模型提出了多终端系统透射率和反射率的计算方案。不失一般性，对于每一个单通道电极的系统，本节的这个方案将被实现。这是因为，利用本征通道的概念，已经证明多通道散射问题能被分解成一个无耦合的单通道问题。此外，单通道电极模型一直被广泛而成功地应用在各种各样的二终端系统的研究中。

本节起始于基于传输矩阵方案的二终端系统的计算方法的概括，基本上，这个方案是十分基础且可行的，然后提出了基于实空间格点的 H 形、T 形、十字形四终端量子点阵列的模型，将其转化成二终端量子点阵列模型去探讨，研究其量子输运问题。

一、二终端量子点阵列的量子输运理论模型与方案

现在使用紧束缚模型来描述二终端系统，这两个理想金属导线水平地放在不同种的系统终端的左右两边。这些理想金属导线用格点来测量其位置，使其格点化，这些格点

---

① BÜTTIKER M, IMRY Y, LANDAUER R, et al. Generalized many-channel conductance formula with application to small rings [J]. Physical Review B Condensed Matter, 1985, 31 (10): 6207.

② ITOH T. Scattering matrix of a three-terminal junction in one dimension [J] Phys. Rev. B , 1995, 52 (3), 1508-1511.

标记为$-\infty$，…，$-(N_L+2)$，$-(N_L+1)$和(N_R+1)，(N_R+2)，…，∞。不同种的系统也格点化，这些格点标记为$-N_L$，…，-1，0，1，2，…，N_R-1，N_R。这个系统的哈密顿量是

$$\boldsymbol{H}=\sum_{n=-N_L}^{N_R}\varepsilon_n a_n^+ a_n-\sum_{n=-N_L}^{N_R-1}t(a_{n+1}^+ a_n+\text{H. c.})+\sum_{n\leqslant-(N_L+1)}\varepsilon_L a_n^+ a_n-\sum_{n\leqslant-(N_L+2)}t(a_{n+1}^+ a_n+\text{H. c.})$$
$$\sum_{n\geqslant(N_R+1)}\varepsilon_R a_n^+ a_n-\sum_{n\geqslant(N_R+1)}t(a_{n+1}^+ a_n+\text{H. c.})-\boldsymbol{v}^L(a_{-N_L-1}^+ a_{-N_L}+\text{H. c.})-\boldsymbol{v}^R(a_{N_R}^+ a_{N_R+1}+\text{H. c.})\tag{7.3.1}$$

在以上哈密顿量中，在$-N_L\leqslant n\leqslant N_R$区域，$\varepsilon_n$是不同区域所在格点的能量，$\varepsilon_L$和$\varepsilon_R$分别是左右理想金属导线的所在位置的能量，$t$是与晶格常数$a$有关的跃迁积分，$m^*$是电子有效质量，并且$t=\hbar^2/2m^*a^2$。其中在$n\leqslant-N_L-1$时，$\varepsilon_n=\varepsilon_L=U_0+2t$，在$n\geqslant N_R+1$时，$\varepsilon_n=\varepsilon_R=U_0+2t$，在$-N_L\leqslant n\leqslant N_R$时，$\varepsilon_n=U_0+U_n+2t$。其中$U_0$是局域势，$U_n$是不同区域由于杂质、门电压或者是电子-电子相互作用引起的势的变化量。$\boldsymbol{v}^R$和$\boldsymbol{v}^L$是量子点阵列与上下左右两个半无限长理想导线之间的耦合常数。在目前的晶格模型中，理想金属导线的能量色散关系为$E(k)=U_0+2t[1-\cos(ka)]$，而在理想导线中的电子速度为$v=\dfrac{1}{\hbar}\dfrac{\partial E}{\partial k}=2at\sin(ka)$。本书中，我们取$a$为长度单位，$t$是能量单位，并且$U_0=0$。

哈密顿量的本征方程为

$$\boldsymbol{H}\psi^+=E\psi^+\tag{7.3.2}$$

本征解为

$$\psi^+=\sum_{n=-\infty}^{\infty}c_n a_n^+\tag{7.3.3}$$

以上哈密顿方程可写为

$$\begin{bmatrix}c_{n+1}\\c_n\end{bmatrix}=\boldsymbol{M}(n,\ E)\begin{bmatrix}c_n\\c_{n-1}\end{bmatrix}\tag{7.3.4}$$

其中，$\boldsymbol{M}(n,\ E)=\begin{bmatrix}-\dfrac{E-\varepsilon_n}{t_n} & -\dfrac{t_{n-1}}{t_n}\\ 1 & 0\end{bmatrix}$，$t_n=\langle n+1\mid\boldsymbol{H}\mid n\rangle=t$，除在系统两端$n=N_R$和$n=-N_L-1$时分别$t_n=\boldsymbol{v}^R$和$t_n=\boldsymbol{v}^L$之外。

系统两个不同理想导线区域的本征函数为

$$c_n=\begin{cases}A_L e^{ik_L na}+B_L e^{-ik_L na}, & -\infty<n\leqslant-(N_L+1)\\ A_R e^{ik_R na}+B_R e^{-ik_R na}, & N_R+1\leqslant n<\infty.\end{cases}\tag{7.3.5}$$

其中，不同理想导线的波函数的系数关系为

$$\begin{bmatrix}A_R\\B_R\end{bmatrix}=\boldsymbol{T}(E)\begin{bmatrix}A_L\\B_L\end{bmatrix}\tag{7.3.6}$$

其中，

$$\boldsymbol{T}(E)=\begin{bmatrix}e^{-ik_R(N_R+1)a} & 0\\ 0 & e^{ik_R(N_R+1)a}\end{bmatrix}\begin{bmatrix}e^{-ik_Ra} & e^{-ik_Ra}\\ 1 & 1\end{bmatrix}\prod_{n=N_R+1}^{-1-(N_L+1)}\boldsymbol{M}(n,\ E)$$
$$\times\begin{bmatrix}1 & 1\\ e^{-ik_Ra} & e^{-ik_Ra}\end{bmatrix}\begin{bmatrix}e^{-ik_L(N_L+1)a} & 0\\ 0 & e^{ik_L(N_L+1)a}\end{bmatrix}\tag{7.3.7}$$

通过散射矩阵法可以得到二终端系统的透射率：

$$T=(v_R/v_L)\ |T_{11}(E)-T_{12}(E)T_{22}^{-1}(E)T_{21}(E)|^2 \tag{7.3.8}$$

其中 v_R 和 v_L 分别是左右理想金属导线的电子的速度。

下面本节将以上述二终端系统为理论模型来研究四终端系统。

二、H 形四终端量子点阵列输运方案

考虑一个由量子点组成的二维 H 形四终端量子点阵列，则每一个量子点相当于一个格点，标记为(i, j)，其中 i，j 为整数，交叉点为$(0, 0)$，上边水平量子点阵列的交叉点为 $(0, N_u)$。下边水平量子点阵列的坐标为$(-N_L, 0)$，$(-N_L+1, 0)$，…，$(N_R-1, 0)$，$(N_R, 0)$。上边水平量子点阵列的坐标为，$(-N_L, N_u)$ $(-N_L+1, N_u)$，…，(N_R-1, N_u)，(N_R, N_u)，在上下量子点阵列的左右两端分别连接半无限长的理想导线，坐标为 (n, N_u) 和$(n, 0)$，其中 $n\leqslant -N_L-1$ 和 $n\geqslant N_R+1$。上下量子点阵列是对称的，故系统上下左右两端 $n=N_R$ 和 $n=-N_L-1$ 时分别有 $t_n=\boldsymbol{v}^R$ 和 $t_n=\boldsymbol{v}^L$。

并且 N_L 和 N_R 分别为上下量子点列中量子点数目，N_u 为竖直方向的量子点阵列中的量子点的数目。

同上文一样，根据紧束缚模型，可把二维 H 形四终端量子点阵列的哈密顿量写为

$$\boldsymbol{H}=\boldsymbol{H}_{\mathrm{up,h}}+\boldsymbol{H}_{\mathrm{down,h}}+\boldsymbol{H}_{\mathrm{v}} \tag{7.3.9}$$

其中，

$$\begin{aligned}
\boldsymbol{H}_{\mathrm{up,h}} = &\sum_{n=-N_L}^{N_R}\varepsilon_{n,N_u}a_{n,N_u}^{+}a_{n,N_u} - \sum_{n=-N_L+1}^{N_R-1}t(a_{n+1,N_u}^{+}a_{n,N_u}+\mathrm{H.c.})\\
&+\sum_{n\leqslant-(N_L+1)}\varepsilon_L a_{n,N_u}^{+}a_{n,N_u} - \sum_{n\leqslant-(N_L+2)}t(a_{n+1,N_u}^{+}a_{n,N_u}+\mathrm{H.c.})\\
&-\sum_{n\geqslant N_R+1}\varepsilon_R a_{n,N_u}^{+}a_{n,N_u} - \sum_{n\geqslant N_R+1}t(a_{n+1,N_u}^{+}a_{n,N_u}+\mathrm{H.c.})\\
&-v_L(a_{-N_L-1,N_u}^{+}a_{-N_L,N_u}+\mathrm{H.c.}) - v_R(a_{N_R,N_u}^{+}a_{N_R+1,N_u}+\mathrm{H.c.})\\
\boldsymbol{H}_{\mathrm{down,h}} = &\sum_{n=-N_L}^{N_R}\varepsilon_{n,0}a_{n,0}^{+}a_{n,0} - \sum_{n=-N_L+1}^{N_R-1}t(a_{n+1,0}^{+}a_{n,0}+\mathrm{H.c.})\\
&+\sum_{n\leqslant-(N_L+1)}\varepsilon_L a_{n,0}^{+}a_{n,0} - \sum_{n\leqslant-(N_L+2)}t(a_{n+1,0}^{+}a_{n,0}+\mathrm{H.c.})\\
&-\sum_{n\geqslant N_R+1}\varepsilon_R a_{n,0}^{+}a_{n,0} - \sum_{n\geqslant N_R+1}t(a_{n+1,0}^{+}a_{n,0}+\mathrm{H.c.})\\
&-v_L(a_{-N_L-1,0}^{+}a_{-N_L}+\mathrm{H.c.}) - v_R(a_{N_R,0}^{+}a_{N_R+1,0}+\mathrm{H.c.})\\
\boldsymbol{H}_{\mathrm{v}} = &\sum_{n=1}^{N_u-1}\varepsilon_{0,n}a_{0,n}^{+}a_{0,n} - \sum_{n=0}^{N_u-1}t(a_{0,n+1}^{+}a_{0,n}+\mathrm{H.c.})
\end{aligned}$$

其哈密顿量的本征解为

$$\psi^{+}=\sum_{n=-\infty}^{\infty}c_{n,0}a_{n,0}^{+}a_{n,0}+\sum_{n=-\infty}^{\infty}c_{n,N_u}a_{n,N_u}^{+}a_{n,N_u}+\sum_{n=1}^{N_u-1}c_{0,n}a_{0,n}^{+} \tag{7.3.10}$$

对于上述二维 H 形四终端量子点阵列，选取上边量子点阵列为输入端，用 $j=1$，$i=2$，3，4 表示该体系的出射端，如图 7.2 所示。这里取 t_{ij} 表示从 j 端入射而从 i 端出射的透射率。

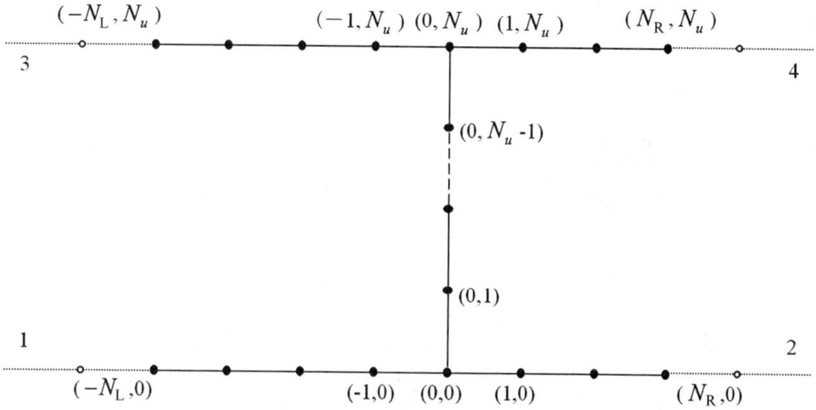

图 7.2　H 形四终端量子点阵列示意图

由于在电子从理想电极 1→2 透射时，左右理想金属导线是半无限长的，因此在水平量子点阵列的交叉点(0，0)处的格点能量为 $\varepsilon_0+\varepsilon_0^R$。

$$\varepsilon_0^R=\cfrac{t^2}{E-\varepsilon_1-\cfrac{t^2}{E-\varepsilon_1-\cfrac{t^2}{\ddots}}}$$

其中，$\Sigma^R(E)=(\boldsymbol{v}^R)^2G^R(E)$，$\Sigma^R(E)$是由于耦合到半无限长右边水平不同种的理想导线而产生的自能，$G^R(E)$是半无限长右边水平的理想导线格点(N_R，0)的格林函数，ε_0^R 可通过解上述薛定谔方程得到。然后把四终端量子点阵列转化成二终端量子点阵列，同二终端模型一样，我们可得其透射率。

电子从理想电极 1→2 透射时透射率：

$$t_{21}(E)=(v_R/v_L)\ \left|T_{11}(E)-T_{12}(E)T_{22}^{-1}(E)T_{21}(E)\right|^2 \tag{7.3.11}$$

电子从理想电极 1→3 透射时透射率：

$$t_{31}(E)=(v_R/v_L)\ \left|T_{11}(E)'-T_{12}(E)'T_{22}^{-1}(E)'T_{21}(E)'\right|^2 \tag{7.3.12}$$

电子从理想电极 1→4 透射时透射率：

$$t_{41}(E)=(v_R/v_L)\ \left|T_{11}(E)''-T_{12}(E)''T_{22}^{-1}(E)''T_{21}(E)''\right|^2 \tag{7.3.13}$$

由于量子点组成的二维 H 形四终端量子点阵列是对称的，故 t_{31} 和 t_{41} 是相同的。公式（7.3.12）和（7.3.13）中加的一撇和两撇是和 t_{21} 中表示传输矩阵不同，传输矩阵的 ε_0 只需修正为 $\varepsilon_0+\varepsilon_0^R$，由于对称 $\varepsilon_0^L=\varepsilon_0^R$。

三、四终端 H 形量子点阵列的量子输运数值计算与结果

由于一个由量子点组成的二维 H 形四终端量子点阵列是对称的，于是量子点阵列与上下左右两个半无限长理想导线之间的耦合常数 $\boldsymbol{v}^R$ 和 $\boldsymbol{v}^L$ 相同，取 $\boldsymbol{v}^R=\boldsymbol{v}^L=1$，$v_R$ 和 v_L 分别是左右理想金属导线的电子的速度，取 $v_R=v_L$，$N_u=1$，$N_R=1$，$N_l=1$，$k_L=\dfrac{\pi}{2}$，$k_R=\dfrac{\pi}{2}$，$a=1$，导线的格点能 $\varepsilon_n=2t$，$\varepsilon_L=\varepsilon_R=\varepsilon_U=2t$，参数 $t=10$ 时，电子从理想电极 1→2 透射时，系统的透射率示意图如图 7.3 所示，参数 $t=50$ 时，电子从理想电极 1→2 透射时，系统的透射率示意图如图 7.4 所示。电子从理想电极 1→4 透射时，系统的透射率示意图如

图 7.5 所示。

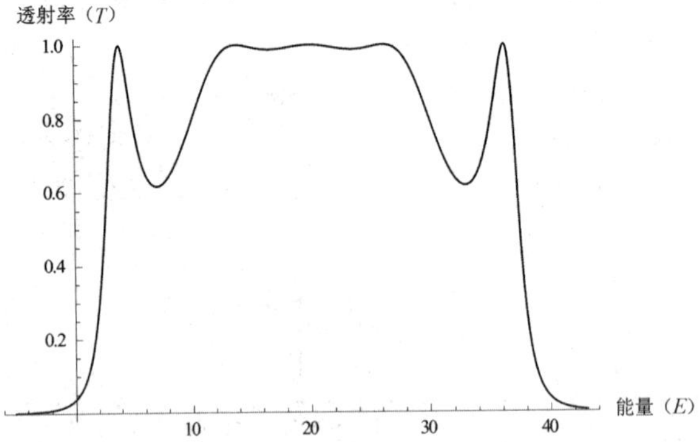

图 7.3 参数 $t=10$，电子从理想电极 1→2 透射时透射率示意图

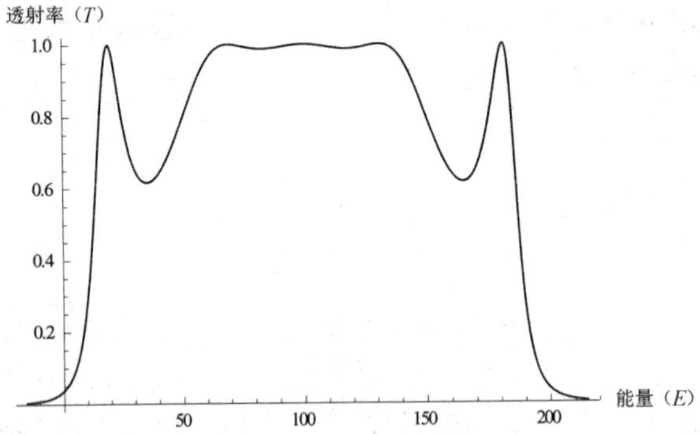

图 7.4 参数 $t=50$，电子从理想电极 1→2 透射时透射率示意图

从图 7.3、7.4 中可以看出透射率不超过 1，只要量子点数确定，不论能量 E 如何增大，透射率的图像形状不变，只不过随着近邻格点跃迁积分 t 的增大，透射率的能量范围在逐步增大。同时也可看到三个量子点三个共振透射波峰，只不过中间量子点是坐标原点，是交叉点，电子在这里透射时不是边界点，透射是完全的。

从图 7.5 中可看到，不论跃迁积分如何变化，透射率都不超过 1，说明本节的计算方案是正确的，不论跃迁积分如何变化，透射率随能量变化的图形形状是一样的。能量在 40 多焦耳后，透射率之后不断减小至零。说明不同量子点数的系统的入射能量超过一定值时，使得透射数量增多，由于量子点的单电子隧穿特性的作用，使得电子堵塞，因此透射率变为零。1→4 与 1→3 是对称的，电子从理想电极 1→3 透射时透射率示意图同电子从理想电极 1→4 透射时透射率示意图相同，说明其对称时物理性质相同。

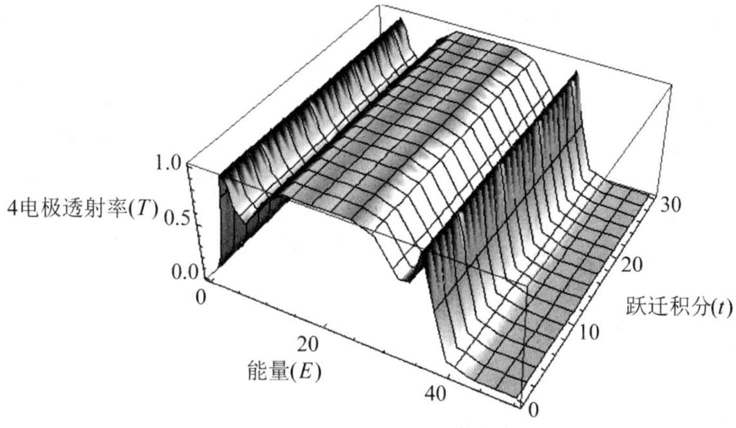

图 7.5　电子从理想电极 1→4 透射时透射率示意图

第四节　传输矩阵在 T 形量子点阵列上的应用

介观系统的量子输运、单电子现象的研究和单电子晶体管的研制是一个全新的领域，也是当前理论和应用物理的研究热点之一。

本节运用二终端系统的传输矩阵方法，提出了基于紧束缚模型的二维 T 形量子点阵列，将三终端模型转化成二终端模型，研究其电子输运问题。

一、三终端 T 形三终端量子点阵列输运

现在提出在三终端系统中量子点阵列的电子输运的计算方案。考虑一个通过依附三个理想电极来构造的 T 形量子点阵列的三终端系统，正如在图 7.6 中所示的。

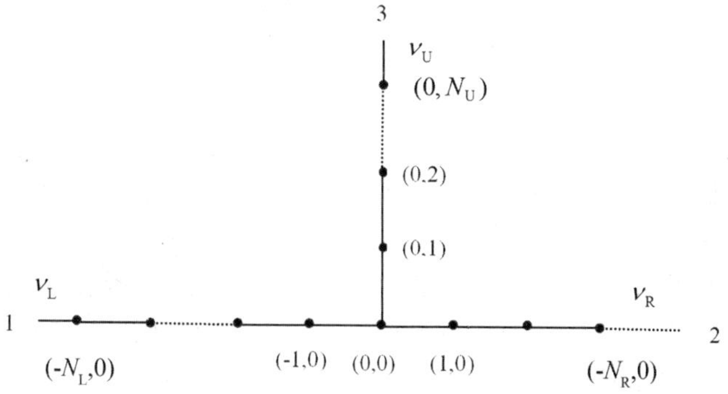

图 7.6　三终端系统的 T 形量子点阵列示意图

将左手边电极记为电极 1，右手边电极标记为电极 2，中间垂直的上边电极记为电极 3。对于左手边和右手边的不同区域的量子点之间耦合系数定为 v_L 和 v_R，而垂直于水平量子点阵列区域的上边电极的不同区域的量子点之间的耦合系数设定为 ν_U。因为这个系统通过一个延长为二维的晶格模型化。对本节来说，很自然地使用一个对整数坐标(i, j)来

标记系统中量子点的位置。其中 i，j 为整数，标记下边水平量子点阵列的交叉点为 $(0, 0)$，量子点的不同区域包括水平格点坐标为 $(-N_L, 0)$，$(-N_L+1, 0)$，…，$(N_R-1, 0)$，$(N_R, 0)$ 和垂直格点坐标 $(0, 1)$，$(0, 2)$，…，$(0, N_U)$，而三个理想电极跨越位置 $(n, 0)$，左边理想电极位置是 $n\leqslant-(N_L+1)$，右边理想电极 $(N, 0)$ 的位置范围是 $n\geqslant(N_R+1)$，上边理想电极 $(0, N)$ 位置范围是 $n\geqslant(N_U+1)$。系统的哈密顿量写成类似于方程（7.3.1）中的形式，然而，垂直的不同区域和中间垂直的电极之间也有耦合。于是，本节将哈密顿量写为 $\boldsymbol{H}=\boldsymbol{H}_v+\boldsymbol{H}_h+\boldsymbol{H}_c$

其中，

$$\boldsymbol{H}_h=\sum_{n=-N_L}^{N_R}\varepsilon_{n,0}a_{n,0}^{+}a_{n,0}-\sum_{n=-N_L}^{N_R-1}t(a_{n+1,0}^{+}a_{n,0}+\mathrm{H.c.})+\sum_{n\leqslant-(N_L+1)}\varepsilon_L a_{n,0}^{+}a_{n,0}-\sum_{n\leqslant-(N_L+2)}t(a_{n+1,0}^{+}a_{n,0}+\mathrm{H.c.})-\sum_{n\geqslant(N_R+1)}\varepsilon_R a_{n,0}^{+}a_{n,0}-\sum_{n\geqslant(N_R+1)}t(a_{n+1,0}^{+}a_{n,0}+\mathrm{H.c.})-v_L(a_{-N_L-1,0}^{+}a_{-N_L,0}+\mathrm{H.c.})-v_R(a_{N_R,0}^{+}a_{N_R+1,0}+\mathrm{H.c.})$$

$$\boldsymbol{H}_v=\sum_{n=1}^{N_U}\varepsilon_{0,n}a_{0,n}^{+}a_{0,n}-\sum_{n=0}^{N_U-1}t(a_{0,n+1}^{+}a_{0,n}+\mathrm{H.c.})+\sum_{n\geqslant(N_U+1)}\varepsilon_U a_{0,n}^{+}a_{0,n}-\sum_{n\geqslant(N_U+1)}t(a_{0,n+1}^{+}a_{0,n}+\mathrm{H.c.})-v_U(a_{0,N_U}^{+}a_{0,N_U+1}+\mathrm{H.c.})$$

其 T 形三终端系统的哈密顿量对应的本征解为

$$\psi^{+}=\sum_{n=-\infty}^{\infty}c_{n,0}a_{n,0}^{+}+\sum_{n=1}^{\infty}c_{0,n}a_{0,n}^{+}$$

不同区域的系统的散射性质通过透射率 T_{ij} 描述，T_{ij} 定义为在电极 j 的入射电子透射到电极 i 的概率，并且反射率 R_{ii} 定义为入射电子从电极 i 反射到电极 i 的概率。尽管每一个透射是有关通过两个电极的电子输运过程。

电子从理想电极 1→2 透射时，在这个量子点阵列两端的理想金属导线是半无限长的，因此将水平量子点阵列的交叉点作为坐标原点 $(0, 0)$，在 $(0, 0)$ 处的格点能量为 $\varepsilon_0+\varepsilon_0^R$。

$$\varepsilon_0^R=\cfrac{t^2}{E-\varepsilon_1-\cfrac{t^2}{E-\varepsilon_1-\cfrac{t^2}{\ddots}}}$$

其中，$\Sigma^R(E)=(\boldsymbol{v}^R)^2G^R(E)$，$\Sigma^R(E)$ 是耦合到半无限长右边水平不同种的理想导线而产生的自能，$G^R(E)$ 是半无限长右端水平的理想导线格点 $(N_R, 0)$ 的格林函数，ε_0^R 可通过解前面的薛定谔方程求得。

首先考虑 $N_U=0$ 的情况，在这种情况，一个垂直的理想电极被耦合到一个水平的不同区域的格点位置，实际上只考虑 1 端作为输入端、2 端作为输出端的二终端的透射率 T_{21} 的计算。按照二终端计算方案，透射率 T_{21} 被计算如下：

$$T_{21}=(v_R/v_L)\ \left|T_{11}(E)-T_{12}(E)T_{22}^{-1}(E)T_{21}(E)\right|^2$$

考虑 $N_U\geqslant1$，通过上述类似的计算方式能计算出透射率 T_{31} 和 T_{32}。T_{31} 被定义为入射电子从电极 1（左手电极）透射到电极 3（中间垂直的电极）的透射率，T_{32} 被定义为入射电子从电极 2（右手电极）透射到电极 3（中间垂直的电极）的透射率。由于左手电极和右手电极相对中间垂直电极是对称的，所以 $T_{31}=T_{32}$。

$$T_{31}=(v_R/v_L)\ \left|T_{11}(E)'-T_{12}(E)'T_{22}^{-1}(E)'T_{21}(E)'\right|^2$$

$$T_{32}(E)=\left(v_{\mathrm{R}}/v_{\mathrm{L}}\right)\left|T_{11}(E)''-T_{12}(E)''T_{22}^{-1}(E)''T_{21}(E)''\right|^2$$

公式中加的一撇和两撇和 T_{21} 中表示的传输矩阵是不同的，传输矩阵的 ε_0 只需修正为 $\varepsilon_0+\varepsilon_0^{\mathrm{R}}$。由于对称 $\varepsilon_0^{\mathrm{L}}=\varepsilon_0^{\mathrm{R}}=\varepsilon_0^{\mathrm{U}}$。

二、三终端 T 形三终端量子点阵列输运数值结果与讨论

二维 T 形量子点阵列的三终端系统相对于中间原点处电极是非对称的，任意量子点阵列两端都与半无限长的理想导线之间的耦合常数 $\boldsymbol{v}^{\mathrm{R}}$ 和 $\boldsymbol{v}^{\mathrm{L}}$ 相同，取 $\boldsymbol{v}^{\mathrm{R}}=\boldsymbol{v}^{\mathrm{L}}=\boldsymbol{v}^{\mathrm{U}}$，$v_{\mathrm{R}}$ 和 v_{L} 分别是任意量子点阵列两端左右的理想金属导线的电子的速度。

（1）取 $v_{\mathrm{R}}=v_{\mathrm{L}}$，$N_{\mathrm{u}}=3$，$N_{\mathrm{R}}=4$，$N_{\mathrm{l}}=5$，$k_{\mathrm{L}}=\dfrac{\pi}{2}$，$k_{\mathrm{R}}=\dfrac{\pi}{2}$，$a=1$，导线的格点能 $\varepsilon_n=2t$，$\varepsilon_{\mathrm{L}}=\varepsilon_{\mathrm{R}}=\varepsilon_{\mathrm{U}}=2t$，参数 $t=9$ 时，电子从理想电极 1→2 透射时，透射率示意图如图 7.7 所示，参数 $t=20$ 时，电子从理想电极 1→2 透射时透射率示意图如图 7.8 所示。参数 $t=30$ 时，电子从理想电极 1→2 透射时透射率示意图如图 7.9 所示。

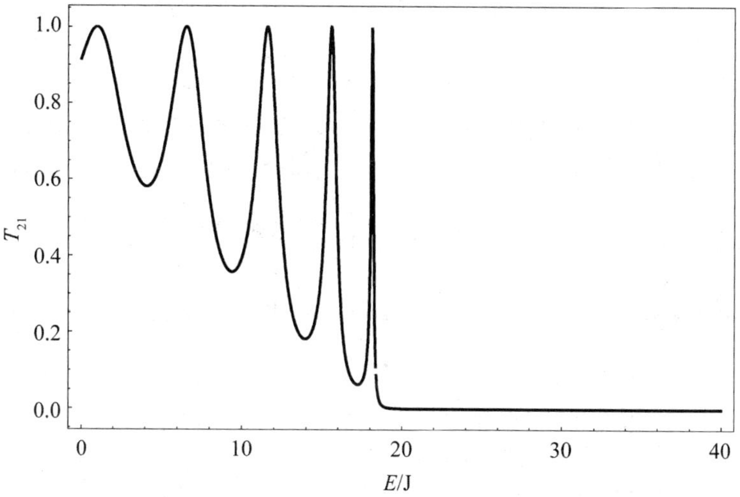

图 7.7　跃迁积分参数 $t=9$ 且电子从电极 1 透射到电极 2 时，系统的透射率随能量的变化图

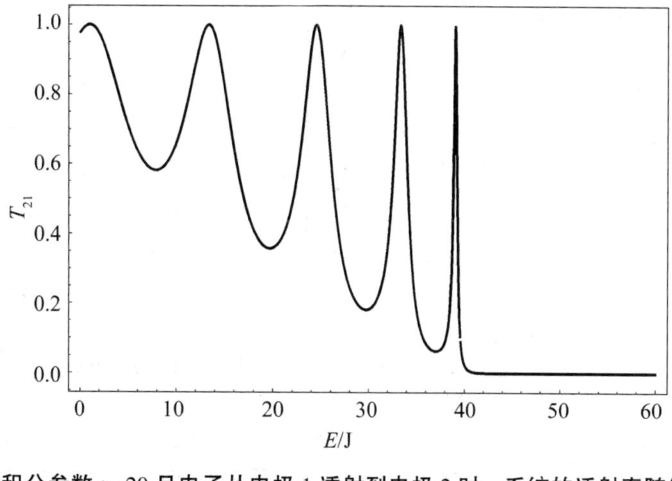

图 7.8　跃迁积分参数 $t=20$ 且电子从电极 1 透射到电极 2 时，系统的透射率随能量的变化图

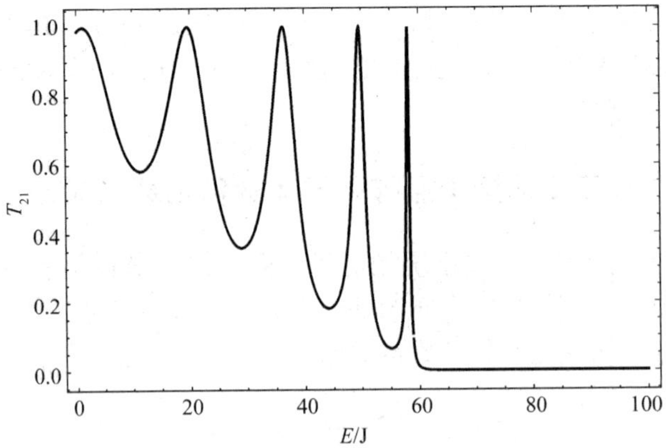

图 7.9 跃迁积分参数 $t=30$ 电子从电极 1 透射到电极 2 时，系统的透射率随能量的变化图

从图 7.7、图 7.8、图 7.9 中看到对于 T 形三终端量子点阵列中的 1、2 电极端非对称的量子点数随着参数 t 的增大而增大，透射率 T_{21} 变成 0 的能量逐步增大，尖峰的个数与输入端量子点数相等。

如果量子点阵列组成的二维 T 形量子点阵列三终端系统对中间电极是对称的，即 $N_R=N_1$，于是量子点阵列与左右两个半无限长理想导线之间的耦合常数 $\boldsymbol{v}^R$ 和 $\boldsymbol{v}^L$ 相同，取 $\boldsymbol{v}^R=\boldsymbol{v}^L=\boldsymbol{v}^U$，$v_R$ 和 v_L 分别是左右理想金属导线的电子的速度，取 $v_R=v_L$，N_u 这时可以取任意值。

（1）$N_R=5$，$N_L=5$，$k_L=\dfrac{\pi}{2}$，$k_R=\dfrac{\pi}{2}$，$a=1$，导线的格点能 $\varepsilon_n=2t$，$\varepsilon_L=\varepsilon_R=\varepsilon_U=2t$。

（2）$N_R=7$，$N_L=7$，$k_L=\dfrac{\pi}{2}$，$k_R=\dfrac{\pi}{2}$，$a=1$，导线的格点能 $\varepsilon_n=2t$，$\varepsilon_L=\varepsilon_R=\varepsilon_U=2t$。

从图 7.10、图 7.11 中看到对于 T 形三终端量子点阵列中的 1、2 电极端对称的量子点数，参数 $t=10$ 时，透射率 T_{21} 变成 0 的能量都为 20 J 多，参数 t 不变，透射率 T_{21} 变成 0 的能量不变，如果左右端量子点数都为 5，尖峰个数为 5，如果左右端量子点数为都为 7，尖峰个数为 7，则左端和右端的量子点数与尖峰的个数相等，尖峰个数随着量子点个数的增加而增加。

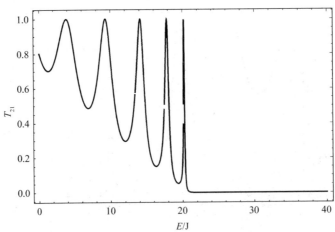

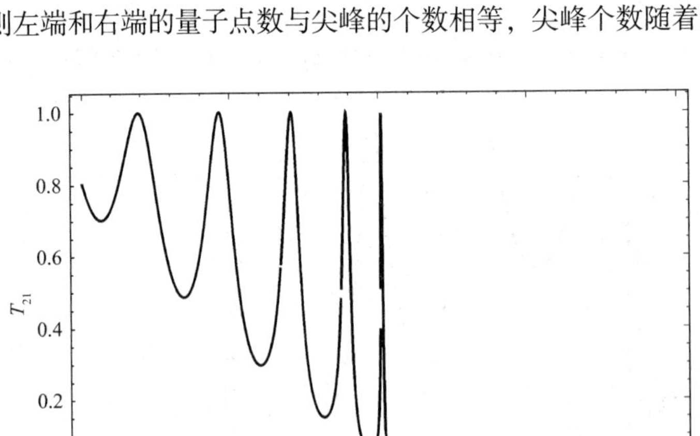

图 7.10 参数 $t=10$ 和 $N_R=N_L=5$，电子从电极 1 透射到电极 2 时，透射率随能量变化的示意图

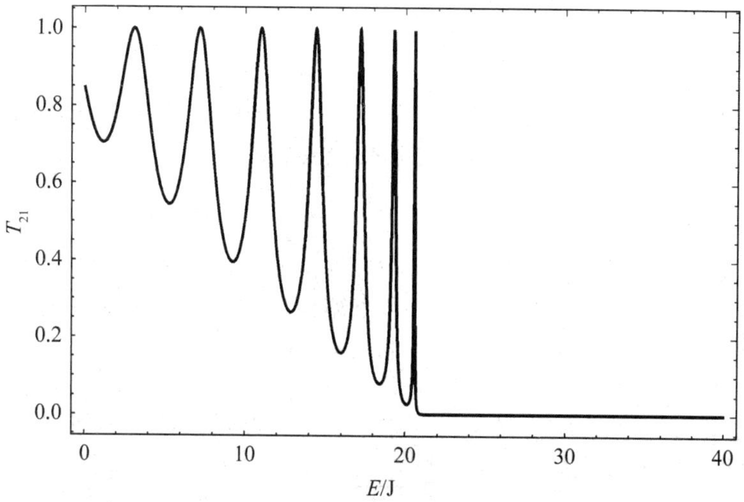

图 7.11　参数 $t=10$ 且 $N_R=N_L=7$，当电子从电极 1 透射到电极 2 时系统的透射率随能量的变化示意图

如果考虑从电极 2（右手电极）透射到电极 3（中间垂直的电极）的透射率 T_{32} 和从电极 1（左手电极）透射到电极 3（中间垂直的电极）的透射率 T_{31}，同电子从理想电极 1→2 透射时透射率 T_{21} 是一样的。

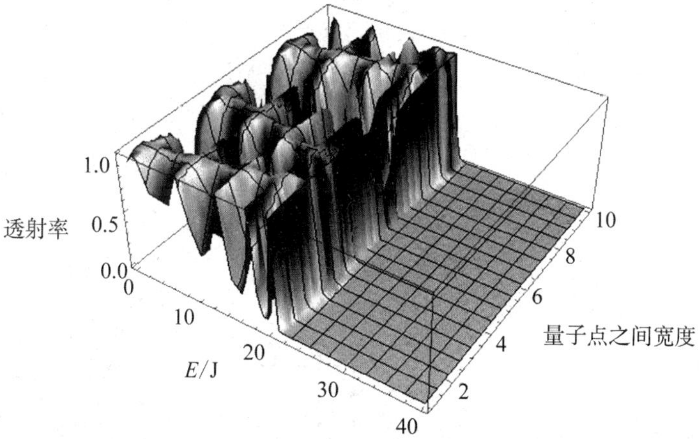

图 7.12　参数 $t=10$ 且 $N_R=4$，$N_L=5$，电子从电极 1 透射到电极 2 时系统的透射率随能量和量子点之间宽度的变化示意图

由图 7.11 可知透射率与量子点宽度无关，透射率只与电子能量和跃迁积分有关。电子透射率随着电子能量的增加而减小，增加到一定程度时，透射率会变为零。

本节基于二终端介观电子系统的输运的计算方法，提出了 T 形三终端系统模型，通过传输矩阵方法，计算了 T 形三终端中任意两终端作为输入端和输出端时的透射率。通过数值计算得出透射率与跃迁积分和量子点数有关。通过 H 形四终端量子点阵列模型方法研究了本节 T 形三终端量子点阵列模型，进一步还可以研究十字形量子点阵列模型和其他的多终端系统的量子输运。

第五节　传输矩阵在十字形四终端量子点阵列中的量子输运的应用

低维介观体系的电子输运是当前介观物理理论研究的重要领域之一。本节利用二终端量子体系的传输矩阵方法，提出了基于紧束缚模型的二维十字形量子点阵列体系，将四终端体系模型转化成二终端体系模型，讨论其电子输运问题。

本节运用一维二终端量子点点阵体系方法来研究二维十字形四终端系统的量子点点阵的电子输运问题。接下来将分析探讨二维十字形四终端系统，类似于二终端系统的计算方案，并进行不断深入分析。

一、十字形四终端量子点阵列的电子输运

由四个导线连接到一个十字形的非均匀区域来构造系统。十字形四终端量子点阵列是通过量子点组成的，可以用一个格点来替代每一个量子点，标记为（i，j），其中 i，j 为整数，如图 7.13 所示，图中标记量子点阵列的交叉点为（0，0），水平量子点阵列的坐标为($-N_L$，0)，($-N_L+1$，1)，L，(N_R-1，0)，(N_R，0)。

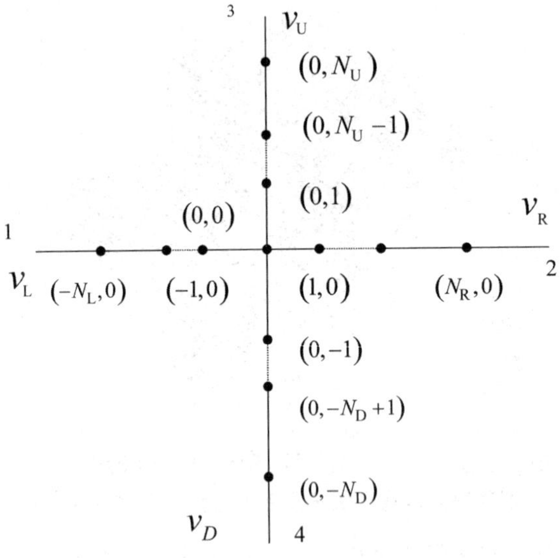

图 7.13　四终端十字形量子点阵列示意图

竖直量子点阵列的坐标为（0，$-N_D$），（0，$-N_D+1$），L，（0，-1）和(0，1)，L，(0，N_U-1)，(0，N_U)。半无限长的导线分别连接在水平量子点阵列左侧和右侧，坐标为(n，0)，其中$N_R+1\leqslant n\leqslant-(N_L+1)$。系统的左侧和右侧 $n=-N_L$ 和 $n=N_R$ 时分别有 $t_n=v_L$ 和 $t_n=v_R$，N_L 和 N_R 分别是水平量子点阵列左侧和右侧的量子点数目。半无限长的导线分别连接在竖直量子点阵列上侧和下侧，坐标为（0，n），其中 $N_U+1\leqslant n\leqslant-$（$N_D+1$）。系统的上侧和下侧 $n=N_U$ 和 $n=-N_D$ 时分别有 $t_n=v_U$ 和 $t_n=v_D$，N_U 和 N_D 分别是竖直量子点阵列上侧和下侧的量子点数目。

根据紧束缚模型，可把十字形四终端量子点阵列的哈密顿量写为

$$\begin{aligned}\boldsymbol{H}=\boldsymbol{H}^{3\mathrm{T}}&+\sum_{n=-N_D}^{-1}\varepsilon_{0,n}a_{0,n}^{+}a_{0,n}-\sum_{n=-N_D}^{-1}t(a_{0,n+1}^{+}a_{0,n}+H.c.)\\&-\sum_{n\leqslant-(N_D+1)}\varepsilon_D a_{0,n}^{+}a_{0,n}-\sum_{n\leqslant-(N_D+2)}t(a_{0,n+1}^{+}a_{0,n}+H.c.)\\&-v_D(a_{0,-N_D}^{+}a_{0,-N_D-1}+H.c.)\end{aligned}\tag{7.5.9}$$

其中，

$$\begin{aligned}\boldsymbol{H}^{3T}=&\sum_{n=-N_\mathrm{L}}^{N_\mathrm{R}}\varepsilon_{n,0}a_{n,0}^{+}a_{n,0}-\sum_{n=-N_\mathrm{L}}^{N_\mathrm{R}-1}t(a_{n+1,0}^{+}a_{n,0}+\mathrm{H.c.})\\&+\sum_{n=1}^{N_\mathrm{U}}\varepsilon_{0,n}a_{0,n}^{+}a_{0,n}-\sum_{n=0}^{N_\mathrm{U}-1}t(a_{0,n+1}^{+}a_{0,n}+\mathrm{H.c.})\\&+\sum_{n\leqslant-(N_\mathrm{L}+1)}\varepsilon_\mathrm{L}a_{n,0}^{+}a_{n,0}-\sum_{n\leqslant-(N_\mathrm{L}+2)}t(a_{n+1,0}^{+}a_{n,0}+\mathrm{H.c.})\\&+\sum_{n\geqslant N_\mathrm{R}+1}\varepsilon_\mathrm{R}a_{n,0}^{+}a_{n,0}-\sum_{n\geqslant N_\mathrm{R}+1}t(a_{n+1,0}^{+}a_{n,0}+\mathrm{H.c.})\\&+\sum_{n\geqslant N_\mathrm{U}+1}\varepsilon_\mathrm{U}a_{0,n}^{+}a_{0,n}-\sum_{n\geqslant N_\mathrm{U}+1}t(a_{0,n+1}^{+}a_{0,n}+\mathrm{H.c.})\\&-v_\mathrm{L}(a_{-N_\mathrm{L}-1,0}^{+}a_{-N_\mathrm{L},0}+\mathrm{H.c.})-v_\mathrm{R}(a_{N_\mathrm{R},0}^{+}a_{N_\mathrm{R}+1,0}+\mathrm{H.c.})\\&-v_\mathrm{U}(a_{0,N_\mathrm{U}}^{+}a_{0,N_\mathrm{U}+1}+\mathrm{H.c.})\end{aligned}\tag{7.5.10}$$

当再次考虑从左边注入电子的情况时，其哈密顿量的本征解为

$$\Psi^{+}=\sum_{n=-\infty}^{\infty}c_{n,0}a_{n,0}^{+}+\sum_{n=1}^{\infty}c_{0,n}a_{0,n}^{+}+\sum_{n=-\infty}^{-1}c_{0,n}a_{0,n}^{+}\tag{7.5.11}$$

其边界条件为

$$c_{n,0}=\begin{cases}A^\mathrm{L}\mathrm{e}^{\mathrm{i}k^\mathrm{L}na}+B^L\mathrm{e}^{-\mathrm{i}k^\mathrm{L}na},&-\infty<n\leqslant-(N_\mathrm{L}+1)\\A^\mathrm{R}\mathrm{e}^{\mathrm{i}k^\mathrm{R}na},&N_\mathrm{R}+1\leqslant n<\infty\end{cases}\tag{7.5.12}$$

当 $A^\mathrm{L}=1$，且

$$c_{0,n}=\begin{cases}A^\mathrm{U}\mathrm{e}^{\mathrm{i}k^\mathrm{U}na},&N_\mathrm{U}+1\leqslant n<\infty\\B^\mathrm{D}\mathrm{e}^{-\mathrm{i}k^\mathrm{D}na},&-\infty<n\leqslant-(N_\mathrm{R}+1)\end{cases}\tag{7.5.13}$$

这时候，先来推导传输的公式 T_{21}，它被定义为电子从左向右传输的透射率。为了推导出 T_{21} 的公式，本节需要将四终端系统的薛定谔方程与方程

$$\begin{aligned}\boldsymbol{H}=H^{3T}&+\sum_{n=-N_\mathrm{D}}^{-1}\varepsilon_{0,n}a_{0,n}^{+}a_{0,n}-\sum_{n=-N_\mathrm{D}}^{-1}t(a_{0,n+1}^{+}a_{0,n}+\mathrm{H.c.})+\sum_{n\leqslant-(N_\mathrm{D}+1)}\varepsilon_\mathrm{D}a_{0,n}^{+}a_{0,n}\\&-\sum_{n\leqslant-(N_\mathrm{D}+2)}t(a_{0,n+1}^{+}a_{0,n}+\mathrm{H.c.})-v_\mathrm{D}(a_{0,-N_\mathrm{D}}^{+}a_{0,-N_{\mathrm{D}-1}}+\mathrm{H.c.})\end{aligned}\tag{7.5.14}$$

中的哈密顿量转变为二终端系统的薛定谔方程。这是通过插入特征解

$$\Psi^{+}=\sum_{n=-\infty}^{\infty}c_{n,0}a_{n,0}^{+}+\sum_{n=1}^{\infty}c_{0,n}a_{0,n}^{+}+\sum_{n=-\infty}^{-1}c_{0,n}a_{0,n}^{+}\tag{7.5.15}$$

来实现的扩展。

在方程组的边界条件下，将

$$c_{n,0}=\begin{cases}A^\mathrm{L}\mathrm{e}^{\mathrm{i}k^\mathrm{L}na}+B^\mathrm{L}\mathrm{e}^{-\mathrm{i}k^{L}na},&-\infty<n\leqslant-(N_\mathrm{L}+1)\\A^\mathrm{R}\mathrm{e}^{\mathrm{i}k^\mathrm{R}na},&N_\mathrm{R}+1\leqslant n<\infty\end{cases}\tag{7.5.16}$$

$$c_{0,n}=\begin{cases}A^{\mathrm{U}}\mathrm{e}^{\mathrm{i}k^{\mathrm{U}}na}, & N_{\mathrm{u}}+1\leqslant n<\infty\\ B^{\mathrm{D}}\mathrm{e}^{-\mathrm{i}k^{\mathrm{D}}na}, & -\infty<n\leqslant-(N_{\mathrm{R}}+1)\end{cases}\tag{7.5.17}$$

代入原四终端系统的薛定谔方程中，并且通过消去所以系数的方法，当$n\neq 0$的时候，可以得出结果为

$$\begin{gathered}(E-\varepsilon_{-1,0})c_{-1,0}+tc_{-2,0}+tc_{0,0}=0\\ (E-\varepsilon_{1,0})c_{1,0}+tc_{0,0}+tc_{2,0}=0\\ [E-(\varepsilon_{0,0}+\varepsilon_{0,0}^{\mathrm{U}}+\varepsilon_{0,0}^{\mathrm{D}})]\ c_{0,0}+tc_{-1,0}+tc_{1,0}=0\\ \cdots\cdots\end{gathered}\tag{7.5.18}$$

其中，

$$\varepsilon_{0,0}^{\mathrm{D}}=\cfrac{t^2}{E-\varepsilon_{0,-1}-\cfrac{t^2}{E-\varepsilon_{0,-2}-\ddots\cfrac{t^2}{E-\varepsilon_{0,-N_{\mathrm{D}}}-\Sigma^{\mathrm{D}}(E)}}}$$

$$\varepsilon_{0,0}^{\mathrm{U}}=\cfrac{t^2}{E-\varepsilon_{0,1}-\cfrac{t^2}{E-\varepsilon_{0,2}-\ddots\cfrac{t^2}{E-\varepsilon_{0,N_{\mathrm{U}}}-\Sigma^{\mathrm{U}}(E)}}}$$

$$\Sigma^{\mathrm{D}}(E)=v_{\mathrm{D}}^2G^{D}(E)\tag{7.5.19}$$

$$G^{\mathrm{D}}(E)=[E-\varepsilon_{\mathrm{D}}-t^2G^{\mathrm{D}}(E)]^{-1}\tag{7.5.20}$$

$$\Sigma^{\mathrm{U}}(E)=v_{\mathrm{U}}^2G^{\mathrm{U}}(E)\tag{7.5.21}$$

$$G^{\mathrm{U}}(E)=[E-\varepsilon_{\mathrm{U}}-t^2G^{\mathrm{U}}(E)]^{-1}\tag{7.5.22}$$

对于上述十字形四终端量子点阵列，选取水平量子点阵列为输入端，用$j=1$，则$i=2$，3，4表示该体系的出射端，这里取t_{ij}表示从j端入射而从i端出射的透射率。在T_{ij}的记号中，i，$j=1$的时候，是代表着左侧导线；i，$j=2$的时候，是代表着右侧导线；i，$j=3$的时候，是代表着上侧导线；i，$j=4$的时候，是代表着下侧导线。

四终端系统的透射率T_{ij}，其中，$i=1$，2，3，4，$j=1$，2，3，4，并且$i\neq j$。反射率R_{ii}，其中，$i=2$，3，4。这些参数可以通过上述方法获得，用于计算T_{21}，T_{31}，T_{41}和反射率R_{11}。此外，四终端系统的足够数量的散射参数，在没有磁场的情况并且电流守恒的情况下，利用空间反转对称性$T_{ij}=T_{ji}$，也可以去掉剩余的散射参数。

$$R_{ii}+\sum j(\neq i)T_{ji}=1\tag{7.5.23}$$

则由方程组

$$\begin{cases}(E-\varepsilon_{-1,0})\ c_{-1,0}+tc_{-2,0}+tc_{0,0}=0,\\ (E-\varepsilon_{-1,0})\ c_{1,0}+tc_{0,0}+tc_{2,0}=0,\\ [E-\ (\varepsilon_{0,0}+\varepsilon_{0,0}^{\mathrm{U}}+\varepsilon_{0,0}^{\mathrm{D}})\ ]\ c_{0,0}+tc_{-1,0}+tc_{1,0}=0,\\ \cdots\cdots\end{cases}\tag{7.5.24}$$

来计算四终端系统 T_{21} 的透射率。

将十字形四终端量子点阵列转变为二终端量子点阵列的时候得出透射率为

$$t_{21}(E)=\frac{v_R}{v_L}|T_{11}(E)-T_{12}(E)T_{22}^{-1}(E)T_{21}(E)|^2 \tag{7.5.25}$$

四终端系统中 T_{31} 的透射率和 T_{41} 的透射率也可以用类似的方法计算：

$$t_{31}(E)=\frac{v_U}{v_L}|T_{11}(E)'-T_{12}(E)'T_{22}^{-1}(E)'T_{21}(E)'|^2 \tag{7.5.26}$$

$$t_{41}(E)=\frac{v_D}{v_L}|T_{11}(E)''-T_{12}(E)''T_{22}^{-1}(E)''T_{21}(E)''|^2 \tag{7.5.27}$$

二、十字形四终端量子点阵列中的量子输运数值计算结果与讨论

这里的约束结构是一个有限的十字形非均匀区域。

（1）对于一个有限的二维十字形四终端相对于原点的左右和上下量子点数相等的量子体系，任意量子点点阵两端都与半无限长的理想导线之间的耦合常数 $\boldsymbol{v}^R$，$\boldsymbol{v}^L$，$\boldsymbol{v}^U$ 和 $\boldsymbol{v}^D$ 相同，取 $\boldsymbol{v}^R=\boldsymbol{v}^l=\boldsymbol{v}^U=\boldsymbol{v}^D$，$v_R$ 和 v_L 分别是水平量子点点阵两端左右的理想金属导线的电子的速度，取 $v_R=v_L$，$N_U=6$，$N_R=6$，$N_L=6$，$k_L=5$，$t=100$，导线的格点能 $\varepsilon_n=2t$，$\varepsilon_L=\varepsilon_R=\varepsilon_U=2t$，参数 $a=90$，电子从理想电极 1→2 透射时，透射率示意图如图 7.14 所示，参数 $a=50$，电子从理想电极 1→2 透射时透射率示意图如图 7.15 所示。参数 $a=40$，电子从理想电极 1→2 透射时透射率示意图如图 7.16 所示。

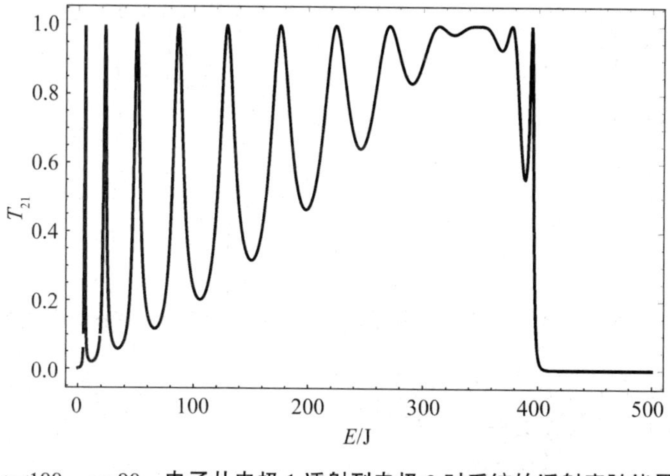

图 7.14　参数 $t=100$，$a=90$，电子从电极 1 透射到电极 2 时系统的透射率随能量变化的示意图

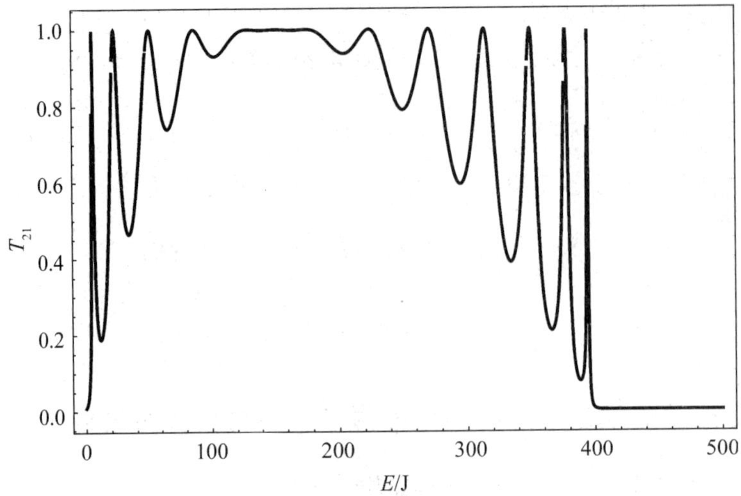

图 7.15　参数 $t=100$，$a=50$，电子从电极 1 透射到电极 2 时系统的透射率随能量变化的示意图

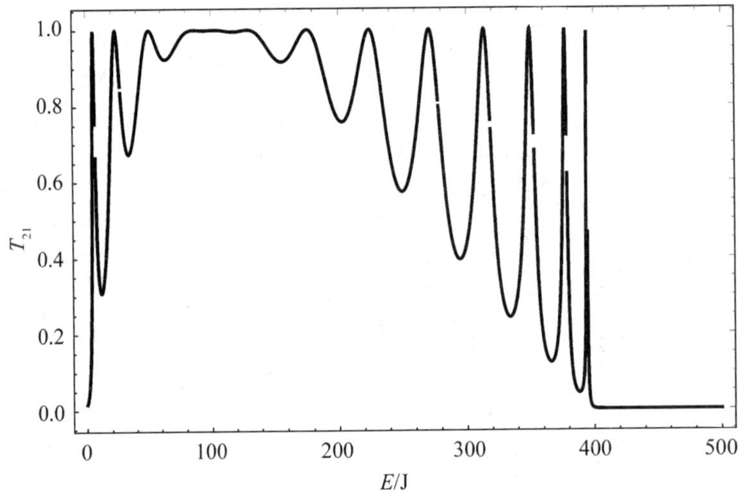

图 7.16　参数 $t=100$，$a=40$，电子从电极 1 透射到电极 2 时系统的透射率随能量变化的示意图

从图 7.14、图 7.15、图 7.16 中看到对于十字形四终端量子点点阵中的 1、2 电极端对称的量子点数随着参数 a 的减小，在参数 t 不变的情况下，中间透射率从连续为 1 的平缓处向左移动到能量坐标较小的地方，透射率 T_{21} 变成 0 的能量逐步不变。能量在 $4t$ 时，透射率突然迅速变为 0。尖峰的个数与水平量子点点阵中量子点的个数相等。

（2）在（1）情况的基础上，a 不变，$a=100$，改变参数 t，在参数 $t=40$，电子从理想电极 1→2 透射时，透射率示意图如图 7.17 所示，参数 $t=30$，电子从理想电极1→2 透射时透射率示意图如图 7.18 所示。

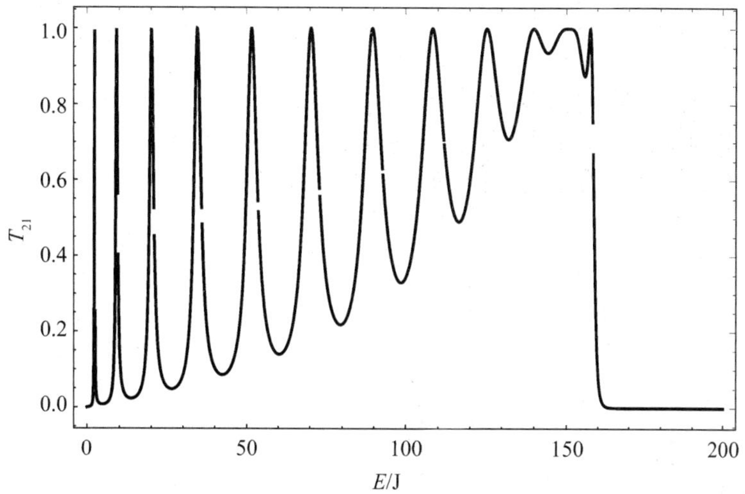

图 7.17　参数 $t=40$，$a=100$，电子从电极 1 透射到电极 2 时系统的透射率随能量变化的示意图

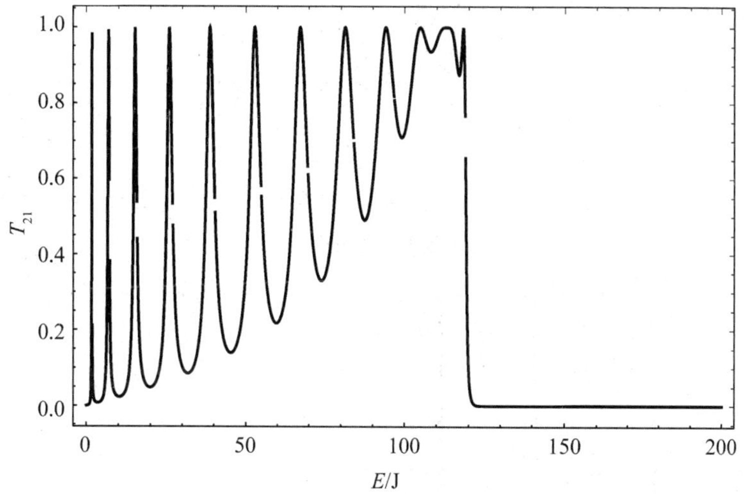

图 7.18　参数 $t=30$，$a=100$，电子从电极 1 透射到电极 2 时十字形系统的透射率随能量变化的示意图

从图 7.17、图 7.18 中看到对于十字形四终端量子点点阵中的 1、2 电极端对称的量子点数，在参数 a 不变的情况下，跃迁积分 t 改变，图形形状不变，尖峰个数不变，只不过随着 t 的减小，透射率变为 0 的能量在改变，尖峰变密。透射变为 0 时，能量仍然是在 $4t$ 值。

（1）和（2）说明了随着能量的逐渐增大，大概在 $4t$ 左右的时候，透射率慢慢地变成了零。这表明在系统中，由于量子点单电子隧穿的特性，当能量大于极限值时，电子数量过多而造成库仑阻塞，所以透射率慢慢地变成了零。

（3）对于一个有限的二维十字形四终端相对于原点的左右和上下量子点数不相等的量子体系，耦合常数 v^{R}，v^{L}，v^{U} 和 v^{D} 仍然相同，理想金属导线中的电子速度仍然相同。取 $N_{U}=6$，$N_{D}=6$，$N_{R}=2$，$N_{L}=3$，$k_{L}=5$，$k_{R}=5$，$a=0.1$，$t=50$，导线的格点能 $\varepsilon_{n}=2t$，$\varepsilon_{L}=\varepsilon_{R}=\varepsilon_{U}=2t$，电子从理想电极 1→2 透射时，透射率示意图如图 7.19 所示，参数 $N_{R}=$

3，$N_L=4$ 时，其他参数不变时，电子从理想电极 1→2 透射时透射率示意图如图 7.20 所示。

从图 7.19、图 7.20 中看到对于十字形四终端量子点点阵中的 1、2 电极端对称的量子点数改变，其他参数不变的情况下，在左右量子点数之和为 5 时，尖峰个数为 5，左右量子点数为 7 时，尖峰个数为 7，这与 T 形三终端的图形的情况是不同的，说明图形尖峰个数与量子点个数相同。

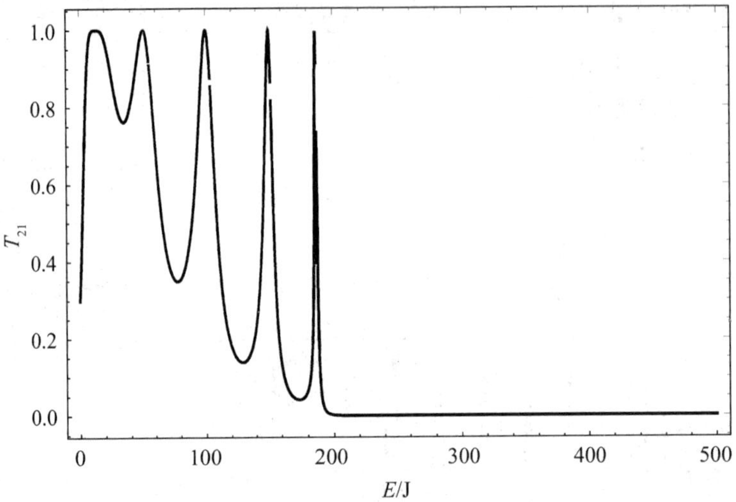

图 7.19　参数 $t=50$，$a=0.1$，$N_R=2$，$N_l=3$，电子从电极 1 透射到电极 2 时十字形系统的透射率随能量变化的示意图

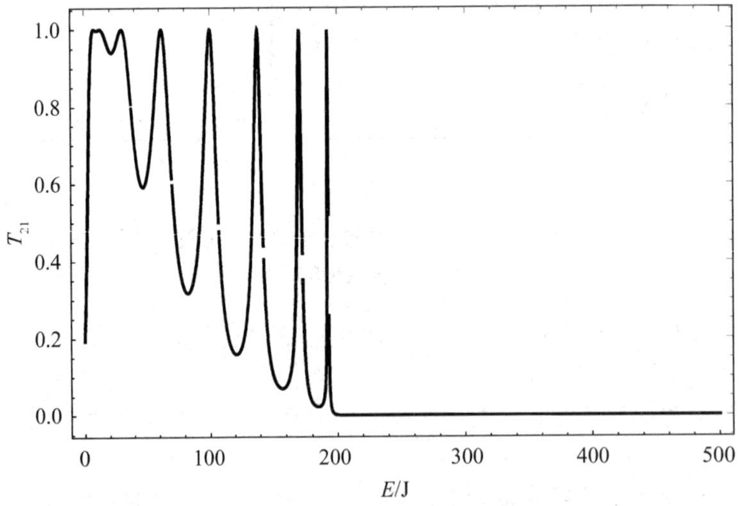

图 7.20　参数 $t=50$，$a=0.1$，$N_R=3$，$N_L=4$，电子从电极 1 透射到电极 2 时十字形系统的透射率随能量变化的示意图

（4）$N_R=3$，$N_L=4$，$k_L=20$，$k_R=20$，$v_R=v_L=0.5$，导线的格点能 $\varepsilon_n=50$，$\varepsilon_L=\varepsilon_R=\varepsilon_U=2t$，参数 $a=10$，电子从理想电极 1→2 透射时，透射率示意图如图 7.21 所示。

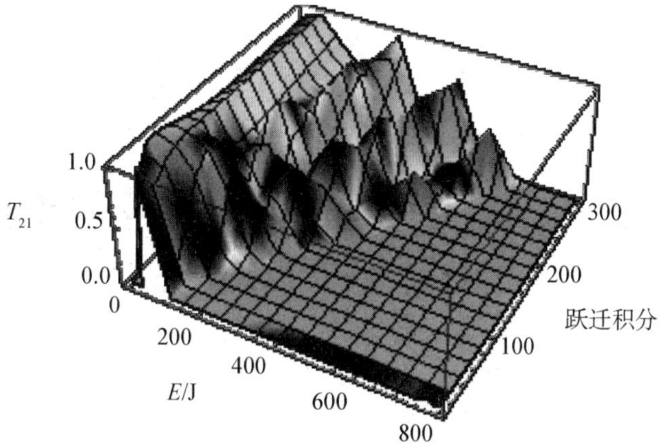

图 7.21　参数 $a=10$，$N_R=3$，$N_L=4$ 且电子从电极 1 透射到电极 2 时，十字形系统透射率随能量和跃迁积分变化的示意图

由图 7.21 看到，透射率突然迅速变为 0 时，跃迁积分 t 越大，入射能量越大。

比较二维 H 形四终端量子点阵列的量子输运和二维 T 形三终端量子点阵列的量子输运可知，电子由 1 透射到 2 的时候，透射率不超过 1。电子由 1 透射到其他端的时候，透射率也不超过 1。对于四终端的 H 形和十字形，不论跃迁积分如何变化，透射率都不超过 1。对于三终端的 T 形，不论量子点宽度如何变化，透射率都不超过 1，说明具有空间反转对称的与跃迁积分无关，不具有空间反转对称的与量子点宽度无关。

十字形四终端量子点阵列系统中的各种传输概率，即透射率，是电子能量的函数。假设系统中所有的能量是 $2t$，而系统中的能量是系统中所有晶格点上的可裂变能，四终端系统的透射率和反射率，与二终端系统一样，表现出了各种各样的不相同的高峰和低谷。总的来说，从物理的角度，共振状态可以从透射率的光谱中识别出来。

第六节　H 形、T 形、十字形量子点阵列中的量子输运总结

本节基于二终端系统的电子输运传输矩阵方法，提出了一个 H 形四终端、T 形三终端、十字形四终端量子点阵列的模型，通过利用实空间格林函数，计算了 H 形四终端、T 形三终端、十字形四终端量子点阵列的透射率。这是与规则透射共振的双势垒结构不同的，量子点数、晶格常数、跃迁积分的不同也会产生不同的透射率。

通过 H 形四终端、T 形三终端、十字形四终端量子点阵列的模型的研究方案，也可以研究其他复杂的多终端系统和讨论在有限偏置下的多终端系统的电子输运。

第八章　一维量子点阵列上的量子信息传输

随着制造技术的进步，量子点阵列已经进入实验研究的领域。在近年来，量子点阵列引起了很多人感兴趣。在量子信息处理的过程中，如何实现量子信息从一个位置到另一个位置的传输成为该领域中相当重要的任务。量子点阵列给在两节点间进行量子态信息传输提供了一种可行的量子通道。目前，在自旋链上传输量子信息的研究已取得相当大的进展。Bose① 提出了一种一维的量子网络，他所考虑的模型是只考虑近邻相互作用的哈密顿量的海森堡 XX 自旋链，这使量子态信息在自旋链的两端实现完全传输。

第一节　未加磁场一维量子点阵列上的单比特态的信息传输

本节是以基于紧束缚模型的实空间格点组成的一维线性均匀有序的量子点阵列为研究对象，然后利用演化算符的作用使其在量子点阵列的自旋链上进行单量子比特的信息传输，即使用演化算符 $\exp\left(\frac{-\mathrm{i}\lambda t}{\hbar}H\right)$ 使单比特量子态从量子点阵列起始端的多粒子态 $|1_1 0_2 0_3 \cdots 0_{N-1} 0_N\rangle$ 传输到末端态为 $|0_1 0_2 0_3 \cdots 0_{N-1} 1_N\rangle$，其中 $|1\rangle$ 表示自旋向上，$|0\rangle$ 表示自旋向下。最后在此基础上计算概率来讨论单量子比特能从第一个量子比特完全传输到末端第 N 个量子比特是可能的。

一、一维量子点阵列上的单比特态的信息传输理论模型

下面使用紧束缚模型来描述一维线性均匀有序的量子点阵列，量子点阵列中的量子点用格点来测量其位置，使其格点化，这些格点标为 1，2，3，…，N，如图 8.1 所示。本节量子点是单电子的，每个电子有一个自旋，只考虑近邻格点的相互作用，则这个量子点阵列的自旋链哈密顿量为

① BOSE S. Quantum communication through spin chain dynamics: an introductory overview [J]. Contemporary Physics, 2007, 48 (1): 13-30.

图 8.1　一维线性均匀有序的量子点阵列

$$\boldsymbol{H}=\sum_{k=1}^{N}\varepsilon_k a_k^+ a_k+\sum_{k=1}^{N-1}J(a_{k+1}^+ a_k+a_k^+ a_{k+1})\tag{8.1.1}$$

其中，$1\leqslant k\leqslant N$，a_k^+ 和 a_k 分别为作用在第 k 个粒子的产生算符和湮灭算符，ε_k 是量子点在不同区域所在格点的能量，J 代表相邻量子点之间的交换相互作用。

二、在一维线性均匀而有序的量子点阵列上的单比特态的信息传输

量子点阵列上的起始端上的量子比特态的量子信息为 $|1_1 0_2 0_3\cdots 0_{N-1}0_N\rangle$，它是由多个单粒子态组成。现将演化算符 $\exp\left(\frac{-\mathrm{i}\lambda t}{\hbar}H\right)$ 作用于初态上，即 $\exp\left(\frac{-\mathrm{i}\lambda t}{\hbar}H\right)|1_1 0_2 0_3\cdots 0_{N-1}0_N\rangle$，就可能使信息传输到末端上的第 N 个量子比特上。现在来做下列的研究计算。

这里仅考虑 λt 较小的情况，此时可把演化算符做泰勒展开：

$$\begin{aligned}&\exp\left(\frac{-\mathrm{i}\lambda t}{\hbar}H\right)|1_1 0_2 0_3\cdots 0_{N-1}0_N\rangle\\&=\left(1+\frac{(-\mathrm{i}\lambda t/\hbar)}{1!}H+\frac{(-\mathrm{i}\lambda t/\hbar)^2}{2!}H^2+\cdots+\frac{(-\mathrm{i}\lambda t/\hbar)^m}{m!}H^m+\cdots\right)|1_1 0_2 0_3\cdots 0_{N-1}0_N\rangle\end{aligned}\tag{8.1.2}$$

a_k^+ 和 a_k 分别为作用在第 k 个粒子的产生算符和湮灭算符，a_k^+ 和 a_k 只对第 k 个粒子起作用，换句话说，a_k^+ 和 a_k 只能够让第 k 个粒子发生自旋翻转，即为

$$a_k^+|1_1 0_2 0_3\cdots 0_k 0_{k+1}\cdots 0_{N-1}0_N\rangle=|1_1 0_2 0_3\cdots 1_k 0_{k+1}\cdots 0_{N-1}0_N\rangle\tag{8.1.3}$$

$$a_k^+|0_1 0_2 0_3\cdots 1_k 0_{k+1}\cdots 0_{N-1}0_N\rangle=0\tag{8.1.4}$$

$$a_k|1_1 0_2 0_3\cdots 0_k 0_{k+1}\cdots 0_{N-1}0_N\rangle=0\tag{8.1.5}$$

$$a_k|0_1 0_2 0_3\cdots 1_k 0_{k+1}\cdots 0_{N-1}0_N\rangle=|0_1 0_2 0_3\cdots 0_k 0_{k+1}\cdots 0_{N-1}0_N\rangle\tag{8.1.6}$$

所以，

$$a_k^+ a_k|0_1 0_2 0_3\cdots 1_k 0_{k+1}\cdots 0_{N-1}0_N\rangle=|0_1 0_2 0_3\cdots 1_k 0_{k+1}\cdots 0_{N-1}0_N\rangle\tag{8.1.7}$$

从式（8.1.7）可看到 $a_k^+ a_k$ 算符不会让信息向后传输。

$$(a_{k+1}^+ a_k+a_k^+ a_{k+1})\ |0_1 0_2 0_3\cdots 1_k 0_{k+1}\cdots 0_{N-1}0_N\rangle=|0_1 0_2 0_3\cdots 0_k 1_{k+1}\cdots 0_{N-1}0_N\rangle\tag{8.1.8}$$

从上面这个式子（8.1.8）看到算符（$a_{k+1}^+ a_k+a_k^+ a_{k+1}$）使信息向后传输一位。

从泰勒展开式（8.1.2）第一项可知，第一项不会使信息传输。

从泰勒展开式（8.1.2）第二项可得，

$$\begin{aligned}&\frac{(-\mathrm{i}\lambda t/\hbar)}{1!}H|1_1 0_2 0_3\cdots 0_k 0_{k+1}\cdots 0_{N-1}0_N\rangle\\&=(-\mathrm{i}\lambda t/\hbar)\varepsilon_1|1_1 0_2 0_3\cdots 0_k 0_{k+1}\cdots 0_{N-1}0_N\rangle+(-\mathrm{i}\lambda t/\hbar)J|0_1 1_2 0_3\cdots 0_k 0_{k+1}\cdots 0_{N-1}0_N\rangle\end{aligned}\tag{8.1.9}$$

从式（8.1.9）可知，$m=1$ 时，信息可从第一个量子比特传输到第二个量子比特上。

从泰勒展式（8.1.2）第三项可得，

$$\frac{(-\mathrm{i}\lambda t/\hbar)^2}{2!}H^2|1_1 0_2 0_3\cdots 0_k 0_{k+1}\cdots 0_{N-1}0_N\rangle$$

$$=\frac{(-\mathrm{i}\lambda t/\hbar)^2}{2!}\left[\varepsilon_1|1_1 0_2 0_3\cdots 0_k 0_{k+1}\cdots 0_{N-1}0_N\rangle+2\varepsilon_1 J|0_1 1_2 0_3\cdots 0_k 0_{k+1}\cdots 0_{N-1}0_N\rangle\right.$$

$$\left.+J^2|0_1 0_2 1_3\cdots 0_k 0_{k+1}\cdots 0_{N-1}0_N\rangle\right]$$

由上式可知：$m=2$ 时，信息可从第 1 个量子比特传输到第 2 个和第 3 个量子比特。

同理可知：$m=3$ 时，信息可从第 1 个量子比特传输到第 2 个、第 3 个和第 4 个量子比特。

以此类推：由二项式定理可知：$m=n-2$ 时，H^{n-2}最后一项，$m=n-1$ 时，H^{n-1}末二项，和 $m=n$ 时，H^n 末三项能使单比特信息从$|1_1 0_2 0_3\cdots 0_k 0_{k+1}\cdots 0_{N-1}0_N\rangle$传输到量子点阵列末端的态$|0_1 0_2 0_3\cdots 0_{N-1}1_N\rangle$。

下面分别来求它们的系数。

当 $m=n-2$ 时，H^{n-2}最后一项系数为$\frac{(-\mathrm{i}\lambda t/\hbar)^{n-2}}{(n-2)!}J^{n-2}$。

当 $m=n-1$ 时，H^{n-1}末二项系数为$\frac{(-\mathrm{i}\lambda t/\hbar)^{n-1}}{(n-1)!}(n-1)\varepsilon_1 J^{n-1}$。

当 $m=n$ 时，H^n 末三项系数为$\frac{(-\mathrm{i}\lambda t/\hbar)^{n}}{n!}\varepsilon_1\varepsilon_2 J^n$。

由于书中的目标是单比特量子信息从多粒子态$|1_1 0_2 0_3\cdots 0_{N-1}0_N\rangle$传输到末端态为$|0_1 0_2 0_3\cdots 0_{N-1}1_N\rangle$，故不考虑其他项。

由文献①可知，实现单比特信息从多粒子态$|1_1 0_2 0_3\cdots 0_{N-1}0_N\rangle$传输到末端态为$|0_1 0_2 0_3\cdots 0_{N-1}1_N\rangle$的概率幅为

$$F(t)=\langle 0_1 0_2 0_3\cdots 0_{N-1}1_N|\exp\left(\frac{-\mathrm{i}\lambda t}{\hbar}H\right)|1_1 0_2 0_3\cdots 0_{N-1}0_N\rangle$$

$$=\frac{(-\mathrm{i}\lambda t/\hbar)^{n-2}}{(n-2)!}J^{n-2}+\frac{(-\mathrm{i}\lambda t/\hbar)^{n-1}}{(n-1)!}(n-1)\varepsilon_1 J^{n-1}+\frac{(-\mathrm{i}\lambda t/\hbar)^{n}}{n!}\varepsilon_1\varepsilon_2 J^n$$

三、一维量子点阵列上的单比特态的信息传输结果与讨论

从上面知，要想实现单量子比特信息从态$|1_1 0_2 0_3\cdots 0_{N-1}0_N\rangle$传输到末端态为$|0_1 0_2 0_3\cdots 0_{N-1}1_N\rangle$的概率为$|F(t)|=1$。由于$|F(t)|$比较复杂，在这里取 $\varepsilon_1=1$，$\varepsilon_2=1$，$J=1$。

从图 8.1 中看到随着量子点数的增大，概率为 1 时的时间变大，这些符合量子点阵列的自旋链在信息传输时符合量子点的单电子隧穿特性，使得透射堵塞得越来越厉害，因此时间变长。

---

① CHRISTANDL M, DATTA N, EKERT A, et al. Perfect state transfer in quantum spin networks [J] Physical Review Letters, 2004, 92 (18): 187902-1-187902-4.

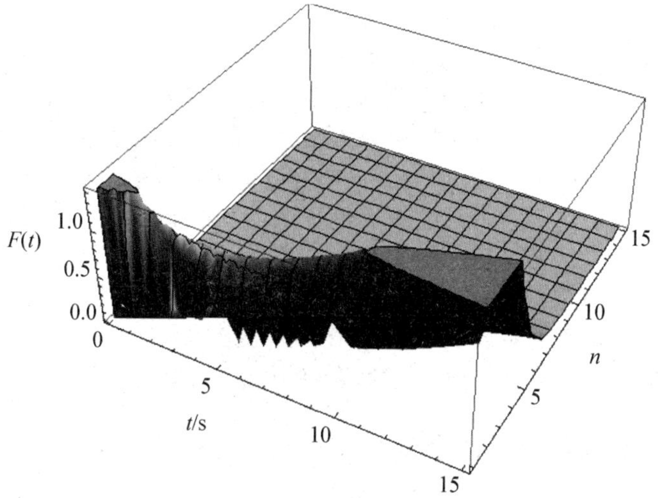

图 8.1　随时间和量子点数变化的概率图

总之，单比特的量子信息在一维线性均匀有序的量子点阵列的自旋链上传输是完全可行的。

第二节　未加磁场时一维量子点阵列自旋链上多比特态的信息传输

随着科学技术的发展，对量子态在自旋链通道上传输的研究已经取得了相当大的进展。如非均匀耦合自旋链上量子态的传输，在腔中三个原子的 W 态的传输、长距离相互作用的一维横向量子 Ising 链上的准粒子激发态的传输、一维可积自旋链上量子态的传输、一般的量子自旋链上的基态的传输、在量子自旋链上的纠缠态的完美传输，自旋链通道被认为是最具优势的量子态信息传输通道，在该体系中进行量子态的传输已成为量子信息研究领域的热点问题之一。如量子比特网络、N 个自旋的线性链、相互作用的蜂窝图自旋网络、手性自旋液体组成的海森堡自旋链网络、关联的 N 自旋网络、量子 Ising 链、带有缺陷的线性自旋链、超导量子比特自旋链。随着制造技术的进步，对量子点阵列的研究进入了实验的领域。近年来，对量子点阵列的研究受到很多人关注，如十五个量子点组成的量子点阵列、侧面耦合一个量子线的非相互作用的量子点阵列、通过偶氮苯衍生物连接的 CdSe 两个量子点、增加自旋弛豫时间的各向异性的 CdSe 量子点阵列、二维量子点 Ge/Si 阵列、在一个量子点阵列中的量子行走、连接金属电极的半导体量子点链。在量子点阵列两端间进行量子态传输信息提供了一种可行的量子通道。目前，在自旋链上传输量子信息的研究已经受到很多人的关注，如任何量子态在线性的任意长度的量子比特链上的完美传输、任意二维量子态在量子比特网上的完美传输。

Bose① 提出了一种一维的量子网络，他的方案是只考虑最近邻相互作用的哈密顿量的海森堡自旋链，这使量子态上的信息从自旋链的一端传输到另一端时实现完美传输。Bose 的工作激励了在自旋系统上实现信息完美传输的许多相关工作。Nikolopoulos 等②首先提出了使用量子点阵列来实现量子态传输的方案，讨论了在耦合量子点阵列中相干电子波包的传输。紧接着，Petrosyan 等③研究了在耦合量子点阵列中的相干布居传输。他们的创造性的工作已经大大提高了固态系统中的量子通信。但他们的方案在量子点的系统中实现量子通信有一些缺点。为克服这些缺点，本节使用量子点阵列建构自旋链来实现 Bose 的工作方案。最近罗国忠④研究了一维量子点阵列自旋链上的单比特态的量子信息的完美传输。本节利用演化算符的泰勒展开后作用于初态上的方法，研究了一维量子点阵列自旋链上的多比特态的量子信息传输，使得多比特信息达到完美传输。

一、一维量子点阵列理论模型

使用一维量子点阵列来实现量子信息传输，量子点阵列中的量子点被用格点表示，这些格点按顺序标志为 1，2，…，N，其中 N 为链的长度，如图 8.2 所示。这里仅考虑阵列中的量子点是单电子隧穿的，而且每个电子仅有一个自旋，在只考虑最近邻格点的相互作用时，量子点阵列的自旋链哈密顿量表示为

图 8.2 一维线性均匀有序的量子点阵列

$$\boldsymbol{H}=\sum_{k=1}^{N}\varepsilon_k a_k^+ a_k+\sum_{k=1}^{N-1}J(a_{k+1}^+ a_k+a_k^+ a_{k+1}) \tag{8.2.1}$$

其中，$1\leqslant k\leqslant N$，且 $N>3$。a_k^+ 和 a_k 分别为作用在第 k 个粒子态上的产生算符和湮灭算符，ε_k 是第 k 个量子点在格点 k 上的能量，J 代表两个近邻量子点之间的交换相互作用。

二、在一维量子点阵列的自旋链上的单比特态的信息传输

现在来研究单比特态量子信息在自旋链上的传输，即一维量子点自旋链上的量子信息传输。假设制备输入单量子比特 $|1_A\rangle$ 在态 $\alpha|0\rangle+\beta|1\rangle$ 上，那么一维量子点阵列的自旋链上的态将变成 $\alpha|0_A000\cdots000_B\rangle+\beta|1_A000\cdots000_B\rangle=\alpha|0\rangle+\beta|1\rangle$。

由于 $|0\rangle$ 是哈密顿量 H 的零能量本征态，所以上式中的系数 α 不随时间推移而变化。这将使态 $|1\rangle=|1_A000\cdots000_B\rangle=|1_1 0_2 0_3\cdots 0_{N-1}0_N\rangle$ 演化成一个自旋向上而其他自旋向下的叠加态。因此自旋链的初态随时间的演化是 $\alpha|0\rangle+\beta|1\rangle\rightarrow\alpha|0\rangle+\sum_{n=1}^{N}\beta_n(t)\,|n\rangle$。量子点阵列上的起始端上的量子比特态的量子信息为 $|1_1 0_2 0_3\cdots 0_{N-1}0_N\rangle$，它是由多个单粒子态组

① BOSE S. Quantum communication through an unmodulated spin chain [J]. Phys. Rev. Lett., 2003, 91 (20): 207901-1-207901-4.

② NIKOLOPOULOS G M, PETROSYAN D, LAMBROPOULOS P. Coherent electron wavepacket propagation and entanglement in array of coupled quantum dots [J]. Europhysics Letters, 2004, 65 (3): 297-303.

③ PETROSYAN D, LAMBROPOULOS P. Coherent population transfer in a chain of tunnel coupled quantum dots [J]. Optics Communications, 2006, 264 (2): 429-425.

④ 罗国忠. 一维量子点阵列自旋链上的信息传输 [J]. 量子电子学报, 2015, 32 (5): 595.

成。为了使自旋链上的初态在$|1\rangle$（即$|1_A000\cdots000_B\rangle$）的信息从始端的第一个位置上的量子比特$|1_{A1}\rangle$传输到自旋链的末端上的末态$|N\rangle$（即$|0_A000\cdots001_B\rangle$）第$N$个位置的量子比特$|1_{B1}\rangle$上，以下做研究计算。

现将演化算符$\exp\left(\frac{-\mathrm{i}\lambda t}{\hbar}\boldsymbol{H}\right)$作用于初态上，即$\exp\left(\frac{-\mathrm{i}\lambda t}{\hbar}\boldsymbol{H}\right)|1_A00\cdots00_B\rangle$就可能使信息传输到末端上的第$N$个量子比特上。其中，$t$表示量子信息传输的时间；$\exp\left(\frac{-\mathrm{i}\lambda t}{\hbar}\boldsymbol{H}\right)$为量子态的演化算符；$\lambda$是为平衡量纲而引入的常量，可令$\lambda=\hbar$为约化普朗克常量，$\hbar=1.054\times10^{-34}\ \mathrm{J\cdot s}$。

这里仅考虑λt较小的情况，将演化算符泰勒展开，

$$
\begin{aligned}
&\exp\left(\frac{-\mathrm{i}\lambda t}{\hbar}\boldsymbol{H}\right)|1_10_20_3\cdots0_{N-1}0_N\rangle\\
&=\left(1+\frac{(-\mathrm{i}\lambda t/\hbar)}{1!}\boldsymbol{H}+\frac{(-\mathrm{i}\lambda t/\hbar)^2}{2!}\boldsymbol{H}^2+\cdots+\frac{(-\mathrm{i}\lambda t/\hbar)^m}{m!}\boldsymbol{H}^m+\cdots\right)|1_10_20_3\cdots0_{N-1}0_N\rangle
\end{aligned}
\tag{8.2.2}
$$

利用

$$a_k^+a_k|0_10_20_3\cdots1_k0_{k+1}\cdots0_{N-1}0_N\rangle=|0_10_20_3\cdots1_k0_{k+1}\cdots0_{N-1}0_N\rangle \tag{8.2.3}$$

$$(a_{k+1}^+a_k+a_k^+a_{k+1})\ |0_10_20_3\cdots1_k0_{k+1}\cdots0_{N-1}0_N\rangle=|0_10_20_3\cdots0_k1_{k+1}\cdots0_{N-1}0_N\rangle \tag{8.2.4}$$

可使单比特态的量子信息从多粒子态$|1_A000\cdots000_B\rangle$传输到自旋链末端的态$|0_A000\cdots001_B\rangle$。其中$a_k^+$和$a_k$只对第$k$个粒子起作用。自旋链初态在$|1\rangle$经过时间$t$后演化到态$|N\rangle$（即$|0_A000\cdots001_B\rangle$）的概率幅为

$$
\begin{aligned}
F(t)&=\langle N|\exp\left(\frac{-\mathrm{i}\lambda t}{\hbar}\boldsymbol{H}\right)|1\rangle=\langle 0_A000\cdots001_B|\exp\left(\frac{-\mathrm{i}\lambda t}{\hbar}\boldsymbol{H}\right)|1_A000\cdots000_B\rangle\\
&=\frac{(-\mathrm{i}\lambda t/\hbar)^{N-1}}{(N-1)!}J^{N-1}
\end{aligned}
\tag{8.2.5}
$$

当然，要使单比特态的量子信息实现完美传输，需满足传输的保真度为1，即$|F(t)|=1$。

三、在一维量子点阵列的自旋链上的双比特态的信息传输

现在考虑两比特态信息在量子点阵列的自旋链上传输的情况，在自旋链体系的一端初态输入比特1_{A1}和1_{A2}时，即在初态$\alpha|0_{A1}0_{A2}\rangle+\beta|1_{B1}1_{B2}\rangle$上，则自旋链体系上的态将变成：

$$\alpha|0_{A1}0_{A2}00\cdots00_{B1}0_{B2}\rangle+\beta|1_{A1}1_{A2}00\cdots00_{B1}0_{B2}\rangle=\alpha|00\rangle+\beta|11\rangle$$

由算符的作用知道$|00\rangle$仍然是哈密顿量$\boldsymbol{H}$的零能量本征态，于是上式的系数α依然不随时间而变化。在哈密顿量$\boldsymbol{H}$的作用下，这将使双比特态$|11\rangle=|1_{A1}1_{A2}00\cdots\cdots00_{B1}0_{B2}\rangle$演化成两个位置自旋向上而其他位置自旋向下的叠加态。那么，自旋链的初态随时间的演化则为：$\alpha|00\rangle+\beta|11\rangle\rightarrow\alpha|00\rangle+\sum_{m<n}^{N}\beta_{mn}(t)\ |mn\rangle$。

要想实现双比特态的信息传输，即要求制备在自旋链上第1、2位置处的比特$|1_{A1}\rangle$、$|1_{A2}\rangle$的初始态$|1_{A1}1_{A2}00\cdots00_{B1}0_{B2}\rangle$和$N-1$、$N$位置处的比特$|1_{B1}\rangle$、$|1_{B2}\rangle$的$t$时刻量子态$|0_{A1}0_{A2}00\cdots01_{B1}1_{B2}\rangle$一样。那么自旋链上相应的初态$|12\rangle$（即$|1_{A1}1_{A2}00\cdots00_{B1}0_{B2}\rangle$）随时间演化到相应于$|0_{A1}0_{A2}00\cdots01_{B1}1_{B2}\rangle$的末态$|(N-1)N\rangle$态，仍然采用上边演化算符$\exp\left(\frac{-\mathrm{i}\lambda t}{\hbar}\boldsymbol{H}\right)$泰勒展开的方法，作用到初态上，可得自旋链初态在$|11\rangle$经过时间$t$后演化到态

$|(N-1)N\rangle$的概率幅为

$$
\begin{aligned}
F(t) &= \langle (N-1)N|\exp\left(\frac{-\mathrm{i}\lambda t}{\hbar}\boldsymbol{H}\right)|12\rangle \\
&= \langle 0_{A1}0_{A2}00\cdots01_{B1}1_{B2}|\exp\left(\frac{-\mathrm{i}\lambda t}{\hbar}\boldsymbol{H}\right)|1_{A1}1_{A2}00\cdots00_{B1}0_{B2}\rangle \\
&= \frac{(-\mathrm{i}\lambda t/\hbar)^{N-2}}{(N-2)!}J^{N-2}
\end{aligned}
\tag{8.2.6}
$$

当然，要想使两比特态的信息实现完美的传输，需要让信息传输的保真度为1，即$|F(t)|=1$。

四、在一维量子点阵列的自旋链上的三比特态的信息传输

从以上可知，三比特态的初态信息发生传输时，在量子点阵列的自旋链体系的左端上的初态输入比特$|1_{A1}\rangle$、$|1_{A2}\rangle$和$|1_{A3}\rangle$时，即在初态$\alpha|0_{A1}0_{A2}0_{A3}\rangle+\beta|1_{B1}1_{B2}1_{B3}\rangle$上，则自旋链体系上的态将变成：

$$\alpha|0_{A1}0_{A2}0_{A3}00\cdots00_{B1}0_{B2}0_{B3}\rangle+\beta|1_{A1}1_{A2}1_{A3}00\cdots00_{B1}0_{B2}0_{B3}\rangle=\alpha|000\rangle+\beta|111\rangle$$

由算符的作用知道$|000\rangle$仍然是哈密顿量$\boldsymbol{H}$的零能量本征态，于是上式的系数α依然不随时间而变化。在哈密顿量$\boldsymbol{H}$的作用下，这将使态$|111\rangle=|1_{A1}1_{A2}1_{A3}00\cdots00_{B1}0_{B2}0_{B3}\rangle$演化成三个位置自旋向上而其他位置自旋向下的叠加态。那么，自旋链的初态随时间的演化则为

$$\alpha|00\rangle+\beta|11\rangle\rightarrow\alpha|000\rangle+\sum_{m<n<l}^{N}\beta_{mnl}(t)\ |mnl\rangle$$

要想使三比特态的信息实现传输，那么自旋链上相应的初态$|123\rangle$（即$|1_{A1}1_{A2}1_{A3}00\cdots00_{B1}0_{B2}0_{B3}\rangle$）随时间演化到相应于$|0_{A1}0_{A2}0_{A3}00\cdots01_{B1}1_{B2}1_{B3}\rangle$的末态$|(N-2)(N-1)N\rangle$态仍然用上面的演化算符方法，可得自旋链初态在$|123\rangle$经过时间$t$后演化到态$|(N-2)(N-1)N\rangle$的概率幅为

$$
\begin{aligned}
F(t) &= \langle (N-2)(N-1)N|\exp\left(\frac{-\mathrm{i}\lambda t}{\hbar}\boldsymbol{H}\right)|123\rangle \\
&= \langle 0_{A1}0_{A2}0_{A3}00\cdots01_{B1}1_{B2}1_{B3}|\exp\left(\frac{-\mathrm{i}\lambda t}{\hbar}\boldsymbol{H}\right)|1_{A1}1_{A2}1_{A3}00\cdots00_{B1}0_{B2}0_{B3}\rangle \\
&= \frac{(-\mathrm{i}\lambda t/\hbar)^{N-3}}{(N-3)!}J^{N-3}
\end{aligned}
\tag{8.2.7}
$$

依次类推推广到多比特态的量子信息传输，从上面的推导可知：m比特态的量子信息传输的概率幅为

$$F(t)=\frac{(-\mathrm{i}\lambda t/\hbar)^{N-m}}{(N-m)!}J^{N-m} \tag{8.2.8}$$

五、未加磁场时一维量子点阵列自旋链上多比特态的信息传输的数值结果与讨论

从上面可知，要想实现单量子比特信息从态$|1_1 0_2 0_3\cdots0_{N-1}0_N\rangle$传输到末端态为$|0_1 0_2 0_3\cdots0_{N-1}1_N\rangle$的保真度为$|F(t)|=1$。在这里取$J=0.095$，$N=10$。一维量子点阵列中

的自旋链上的单比特量子信息传输的保真度随时间变化示意图如图 8.3 所示。

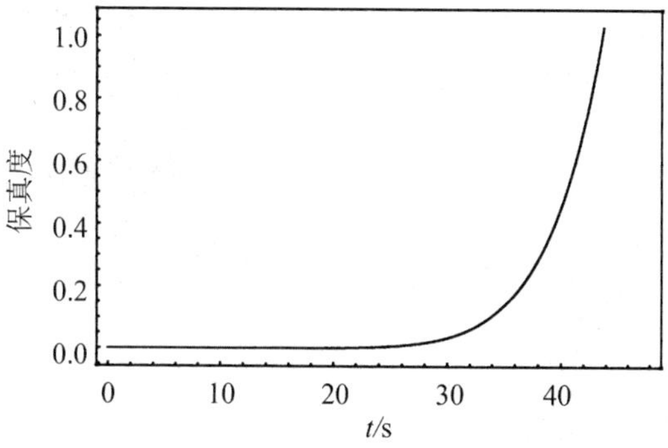

图 8.3　$J=0.095$，$N=10$ 时单比特信息传输保真度示意图

同样，要想实现两量子比特态信息从态 $|1_{A1}1_{A2}00\cdots00_{B1}0_{B2}\rangle$ 完美传输到末端态为 $|0_{A1}0_{A2}00\cdots01_{B1}1_{B2}\rangle$ 的保真度为 $|F(t)|=1$。这时取 $J=0.095$，$N=10$。一维量子点阵列中的自旋链上的双比特信息传输的保真度随时间变化示意图如图 8.4 所示。

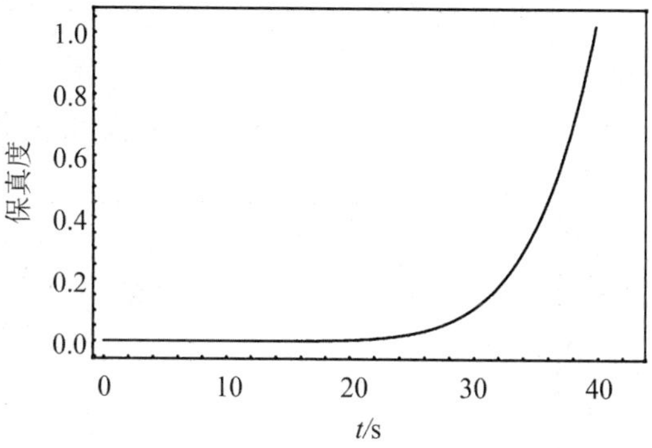

图 8.4　$J=0.095$，$N=10$ 时，两比特信息传输保真度示意图

同样，要想实现三量子比特态信息从态 $|1_{A1}1_{A2}1_{A3}00\cdots00_{B1}0_{B2}0_{B3}\rangle$ 完美传输到末端态为 $|0_{A1}0_{A2}00\cdots01_{B1}1_{B2}\rangle$ 的保真度为 $|F(t)|=1$。这时取 $J=0.095$，$N=10$。一维量子点阵列中的自旋链上的三比特信息传输的保真度随时间变化示意图如图 8.5 所示。

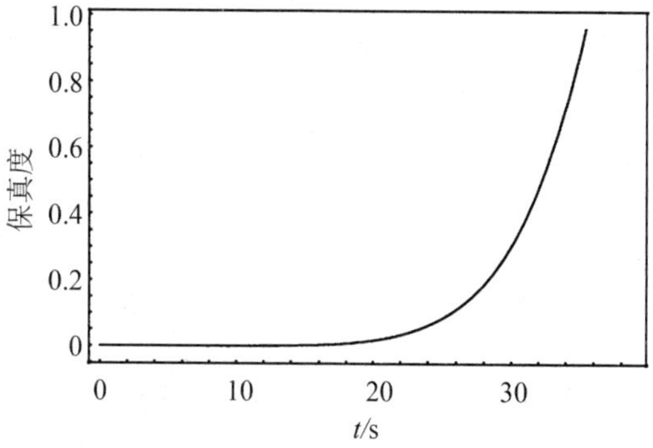

图 8.5　$J=0.095$，$N=10$ 时，三比特信息传输保真度示意图

从图 8.3、图 8.4、图 8.5 中看到在相邻量子点之间的交换相互作用和自旋链长度都相同时的保真度随时间的变化情况如下：两比特态信息完美传输的时间要比单比特态信息传输时间要短，三比特态信息的完美传输的时间要比两比特态信息传输时间要更短，以此类推多比特态信息完美传输总能传输到目标态，但是传输的比特数越大，传输时间越短。

从图 8.6、图 8.7 中也会看到在相邻量子点之间的交换相互作用和自旋链长度都相同时的保真度随时间的变化情况如下：八比特态的量子信息完美传输时比五比特态的信息完美传输时间要短，保真度都能达到 1，说明都能完美传输，而且传输的比特数越大，传输时间越短。

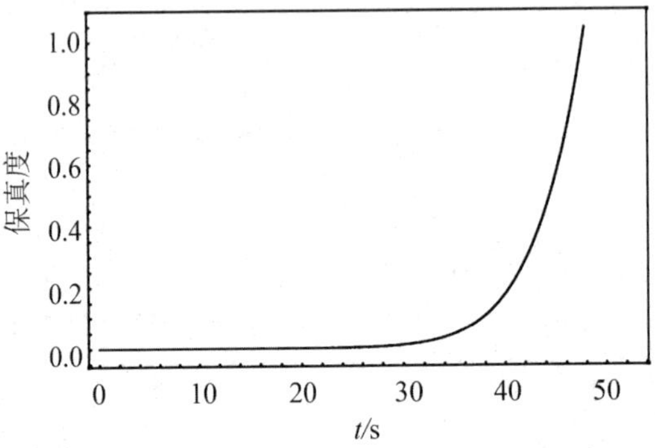

图 8.6 $J=0.095$，$N=15$ **时，五比特信息传输保真度示意图**

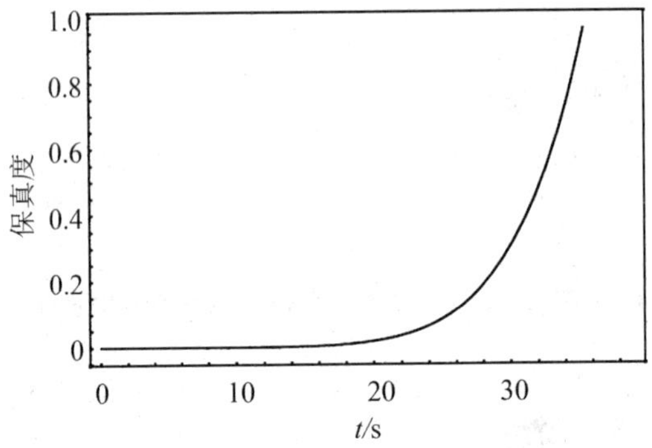

图 8.7 $J=0.095$，$N=15$ **时，八比特信息传输保真度示意图**

从图 8.6、图 8.7 与图 8.3、图 8.4、图 8.5 的对比中看到自旋链的长度变长时，多比特态的信息传输时间相对会变长。

因为随着量子点数的增大，多比特态的信息穿过量子点时间会变得较长，量子点阵列的自旋链在信息传输时量子点具有单电子隧穿特性，会发生库仑阻塞，使信息传输变得不通畅，因此时间会变长。

总之，利用演化算符做泰勒展开后作用于初态的方法，可使一维量子点阵列自旋链上的多比特态的量子信息完美传输。通过计算初态演化到末态的概率幅，使保真度达到 1 时，可实现信息完美传输。总而言之，多比特态的信息在一维量子点阵列的自旋链上实现完美传输是完全可能的。

第三节　磁场对电子自旋的控制

近年来，量子信息学得到了迅速的发展，量子信息的处理实质上就是对量子态的制备、操控和识别，其中量子控制已成为近期研究的一个热点。量子控制，简单地说就是利用激光、磁场和电场等控制手段操纵量子力学系统的状态，其主要研究对象是量子力学系统，其目的是有效地对量子系统状态进行主动控制，其结果是按人们的期望暂时或是永久地改变量子系统的状态。因此，量子控制问题有其特殊性，需要进行进一步的研究。

对电子自旋的量子控制的研究有时间的量子控制，恒定磁场对电子的量子控制等。本节在量子力学中的电子自旋研究的基础上，利用恒定磁场中的电子自旋的量子控制的方法，研究了随时间变化的磁场对电子自旋的量子控制，实现了对电子自旋方向的控制。

一、恒定磁场中的电子自旋的量子控制

（一）量子态的时间演化

如果给定初始时刻系统的量子态为 $|\psi(0)\rangle$，则 t 时刻量子态 $|\psi(t)\rangle$ 可通过幺正算符 $U(t)$ 对 $|\psi(0)\rangle$ 的作用来得到，即

$$|\psi(t)\rangle = U(t)\,|\psi(0)\rangle \tag{8.3.1}$$

则 t 时刻量子态 $|\psi(t)\rangle$ 可表示为

$$|\psi(t)\rangle = \mathrm{e}^{-\mathrm{i}\boldsymbol{H}t/\hbar}\,|\psi(0)\rangle \tag{8.3.2}$$

（二）恒定磁场对电子自旋的量子控制

设电子的磁矩为 $\boldsymbol{M}=k\boldsymbol{S}$（$k$ 为常系数），如果初始状态为电子自旋向上，即 $|\psi(0)\rangle = |+\rangle$，就让电子沿 y 轴方向运动，用 y 轴方向的恒定磁场作为控制磁场，即 $\boldsymbol{B}=u_0\boldsymbol{e}_y$。

根据量子力学知识可得系统的哈密顿量为

$$\boldsymbol{H}=-\boldsymbol{M}\cdot\boldsymbol{B}=-ku_0\boldsymbol{S}\cdot\boldsymbol{e}_y=-ku_0S_y \tag{8.3.3}$$

$\boldsymbol{S}=\dfrac{\hbar}{2}\boldsymbol{\sigma}$，其中 $\boldsymbol{\sigma}$ 为泡利矩阵。

根据式（8.3.3），可以写出 $\boldsymbol{t}$ 时刻系统的状态为

$$|\psi(t)\rangle = \mathrm{e}^{-\mathrm{i}\boldsymbol{H}t/\hbar}\,|\psi(0)\rangle = \mathrm{e}^{\frac{ku_0t}{2}\mathrm{i}\sigma_y}\,|+\rangle \tag{8.3.4}$$

根据量子力学中的方法，可得到

$$\mathrm{e}^{\frac{ku_0t}{2}\mathrm{i}\sigma_y}=\sigma_0\cos\left(\frac{ku_0t}{2}\right)+\mathrm{i}\sigma_y\sin\left(\frac{ku_0t}{2}\right) \tag{8.3.5}$$

根据电子自旋和泡利矩阵的性质可得 t 时刻电子自旋态为

$$|\psi(t)\rangle = =\cos\left(\frac{ku_0t}{2}\right)|+\rangle-\sin\left(\frac{ku_0t}{2}\right)|-\rangle \tag{8.3.6}$$

从上式可以看出：①这正是本书提出的时间量子控制方法的依据。②根据式（8.3.6）还可以看出，电子自旋态随作用时间周期性地变化，因而周期为 $T=2\pi/ku_0$，量子控制任务是将电子自旋进行翻转，则作用时间和控制的磁场满足

$$\frac{ku_0 t}{2}=\left(n\pi+\frac{\pi}{2}\right),\ n=0,\ 1,\ 2,\ \cdots \tag{8.3.7}$$

这是恒定磁场和静磁场存在时对电子的量子控制。现在来研究随时间变化的磁场对电子的量子控制。

二、随时间变化的磁场对电子自旋的量子控制

现在引入随时间变化的磁场

$$B_1(t)=e_x B_1\cos\omega t+e_y B_1\sin\omega t \tag{8.3.8}$$

$B_1(t)$ 位于 xy 平面中，大小不变但以角速度 ω 绕 z 轴转动。自旋$\frac{1}{2}$的电子处于随时间变化的磁场 $B(t)$ 中，

$$B(t)=B_0+B_1(t) \tag{8.3.9}$$

相应的哈密顿量为

$$\hat{\boldsymbol{H}}=-\boldsymbol{\mu}\cdot\boldsymbol{B}=-\gamma B_0\hat{S}_z-\gamma B_1\hat{S}_n \tag{8.3.10}$$

其中，$\boldsymbol{\mu}$ 为磁矩，$\hat{\boldsymbol{S}}_n$ 表示电子自旋沿磁场 $B_1(t)$ 方向的分量，即

$$\hat{S}_n=\hat{S}_x\cos\omega t+\hat{S}_y\sin\omega t \tag{8.3.11}$$

可以将 $\hat{S}_n$ 表示为

$$\hat{S}_n=\mathrm{e}^{-\mathrm{i}\omega t\hat{S}_z/\hbar}\hat{S}_x\mathrm{e}^{\mathrm{i}\omega t\hat{S}_z/\hbar} \tag{8.3.12}$$

于是式（8.3.10）所示的哈密顿量可改写为

$$\hat{\boldsymbol{H}}=-\boldsymbol{\mu}\cdot\boldsymbol{B}=-\gamma B_0\hat{S}_z-\gamma B_1\mathrm{e}^{-\mathrm{i}\omega t\hat{S}_z/\hbar}\hat{S}_x\mathrm{e}^{\mathrm{i}\omega t\hat{S}_z/\hbar} \tag{8.3.13}$$

在薛定谔绘景中求解方程：

$$\mathrm{i}\hbar\frac{\partial}{\partial t}|\psi(t)\rangle=\hat{\boldsymbol{H}}|\psi(t)\rangle \tag{8.3.14}$$

在方程两端左乘酉算符 $\mathrm{e}^{\mathrm{i}\omega t\hat{S}_z/\hbar}$，有

$$\begin{aligned}\mathrm{i}\hbar\frac{\partial}{\partial t}\mathrm{e}^{\mathrm{i}\omega t\hat{S}_z/\hbar}|\psi(t)\rangle&=\mathrm{e}^{\mathrm{i}\omega t\hat{S}_z/\hbar}\hat{\boldsymbol{H}}\mathrm{e}^{-\mathrm{i}\omega t\hat{S}_z/\hbar}\mathrm{e}^{\mathrm{i}\omega t\hat{S}_z/\hbar}|\psi(t)\rangle\\&=-[\gamma B_0\hat{S}_z+\gamma B_1\hat{S}_x]\ \mathrm{e}^{\mathrm{i}\omega t\hat{S}_z/\hbar}|\psi(t)\rangle\end{aligned} \tag{8.3.15}$$

对量子态 $|\psi(t)\rangle$ 做变换，令

$$|\psi(t)\rangle=\mathrm{e}^{-\mathrm{i}\omega t\hat{S}_z/\hbar}|\varphi(t)\rangle \tag{8.3.16}$$

并代入式（8.3.15）得到：

$$\mathrm{i}\hbar\frac{\partial}{\partial t}|\psi(t)\rangle=-[(\gamma B_0+\omega)\hat{S}_z+\gamma B_1\hat{S}_x]\ \mathrm{e}^{\mathrm{i}\omega t\hat{S}_z/\hbar}|\varphi(t)\rangle=\hat{\boldsymbol{H}}_{\mathrm{eff}}|\varphi(t)\rangle \tag{8.3.17}$$

$$\hat{\boldsymbol{H}}_{\mathrm{eff}}=-[(\gamma B_0+\omega)\hat{S}_z+\gamma B_1\hat{S}_x]=-[(\gamma B_0+\omega)\hat{S}_z+\gamma B_1\hat{S}_x] \tag{8.3.18}$$

这里 $\hat{\boldsymbol{H}}_{\mathrm{eff}}$ 被当作等效哈密顿量，它是不随时间变化的。通过式（8.3.16）所示的变换，原先的含时问题变为定态问题了。即在绕 z 轴以角速度 ω 旋转的参考系中，磁场 B_1

(t) 不再是旋转的了，而是等效于一个 x 方向的分量 $B_1(t)$ 和 z 方向的分量为 ω/γ 的静磁场。

设 $t=0$ 时刻，在匀强的静磁场中，自旋$\frac{1}{2}$的电子处于 $\hat{S}_z$ 的本征值为 $\hbar/2$ 的自旋向上的本征态 $|+\rangle$。同时假定，旋转磁场式介入但仅在时间间隔 $0\leqslant t\leqslant T$ 中存在；当 $t>T$ 时，旋转磁场去除。

对于初态 $|\psi(0)\rangle=|+\rangle$，相应 $|\varphi(0)\rangle=|+\rangle$，$|\varphi(t)\rangle$ 的时间演化由式（8.3.17）（8.3.18）确定。在 T 时刻，

$$|\varphi(T)\rangle=e^{-i\hat{H}_{\mathrm{eff}}T/\hbar}|+\rangle \tag{8.3.19}$$

故

$$|\psi(T)\rangle=e^{-i\omega TS_z/\hbar}e^{-i\hat{H}_{\mathrm{eff}}T/\hbar}|+\rangle \tag{8.3.20}$$

令 $-\gamma B_0=2\omega_0$，$-\gamma B_1=2\omega_1$，有效哈密顿量改写为

$$\boldsymbol{H}_{\mathrm{eff}}=\hbar\left[(\omega_0-\omega/2)\boldsymbol{\sigma}_z+\omega_1\boldsymbol{\sigma}_x\right] \tag{8.3.21}$$

考虑 xz 平面中一个具有如下形式的方向单位矢量 $\boldsymbol{u}$：

$$\boldsymbol{u}=\left[\omega_1 e_x-(\omega_0-\omega/2)e_z\right]/\left[\omega_1^2+(\omega_0-\omega/2)^2\right]^{\frac{1}{2}}, \tag{8.3.22}$$

那么可以看出，$\hat{\boldsymbol{H}}_{\mathrm{eff}}$ 与 $\boldsymbol{\sigma}\cdot\boldsymbol{u}=\sigma_u$ 有关，即

$$\hat{\boldsymbol{H}}_{\mathrm{eff}}=\hbar\Omega\sigma_u \tag{8.3.23}$$

其中，

$$\Omega=\left[\omega_1^2+(\omega_0-\omega/2)^2\right]^{\frac{1}{2}} \tag{8.3.24}$$

有效哈密顿量 $\hat{H}_{\mathrm{eff}}$ 确定了时间演化算符：

$$\begin{aligned}\exp\left(-\frac{i\hat{\boldsymbol{H}}_{\mathrm{eff}}T}{\hbar}\right)&=I\cos\Omega t+i\sigma_u\sin\Omega t\\&=\begin{bmatrix}\cos\Omega t+\dfrac{i(\omega_0-\omega/2)}{\Omega}\sin\Omega t & \dfrac{i\omega_1}{\Omega}\sin\Omega t\\ \dfrac{i\omega_1}{\Omega}\sin\Omega t & \cos\Omega t-\dfrac{i(\omega_0-\omega/2)}{\Omega}\sin\Omega t\end{bmatrix}\end{aligned} \tag{8.3.25}$$

上式作用于初态 $|+\rangle$ 上，得到 t 时刻的 $|\varphi(t)\rangle$：

$$|\varphi(t)\rangle=\exp\left(-\frac{i\hat{\boldsymbol{H}}_{\mathrm{eff}}T}{\hbar}\right)|+\rangle=a_1(t)|+\rangle+a_2(t)|-\rangle \tag{8.3.26}$$

其中，系数 $a_1(t)$ 和 $a_2(t)$ 分别是式（8.3.25）中矩阵第一行中的两个矩阵元。由式（8.3.16），我们得到 $|\psi(t)\rangle$ 的形式：

$$\begin{aligned}|\psi(t)\rangle&=\exp\left(-\frac{i\omega\sigma_z t}{\hbar}\right)|\varphi(t)\rangle\\&=\exp\left(-\frac{i\omega t}{2}\right)a_1(t)|+\rangle+\exp\left(\frac{i\omega t}{2}\right)a_2(t)|-\rangle,\quad 0\leqslant t\leqslant T\end{aligned} \tag{8.3.27}$$

上式描述的是在时间间隔 $0\leqslant t\leqslant T$ 中态的演化情况。

当 $t>T$ 时，旋转磁场被移去，粒子在固定的静磁场 B_0 中演化，于是，当 $t>T$ 时，有

$$|\psi(t)\rangle=e^{-i\omega_0(t-T)}e^{-i\omega T/2}a_1(t)|+\rangle+e^{i\omega_0(t-T)}e^{i\omega T/2}a_2(t)|-\rangle \tag{8.3.28}$$

三、随时间变化的磁场对电子自旋的量子控制的结果和讨论

$|\psi(t)\rangle$为$|+\rangle$和$|-\rangle$的叠加态，它们分别对应于能级 $\hbar\omega_0$ 和 $-\hbar\omega_0$。从式（8.3.28）可以得到电子处在能级 $-\hbar\omega_0$ 的概率：

$$|\langle -|\psi(t\geqslant T)\rangle|^2=|a_2(T)|^2=\frac{\omega_1^2}{\Omega^2}\sin^2\Omega T \tag{8.3.29}$$

这就是前面提到的由于旋转磁场的介入，电子的自旋方向发生翻转的概率。

上述讨论中，初态为$|+\rangle$，经历了 T 时间的演化后，系统有一定的概率处于能量不同的另一个态，说明电子与旋转磁场发生了能量交换。如果初态设为$|-\rangle$（对电子而言就是基态），那么类似的计算也会给出时刻 T 以后粒子处于高能级 $\hbar\omega_0$ 的概率。

如果将式（8.3.29）给出的概率视作旋转磁场的作用时间 T 的函数，那么其最大值为

$$\frac{\omega_1^2}{\Omega^2}=\frac{\omega_1^2}{\omega_1^2+(\omega_0-\omega/2)^2}\leqslant 1$$

进一步地，还可以调整旋转磁场的进动频率，使得 $\omega_0-\omega/2=0$，即 $\omega=-\gamma B_0$ 或者 $\Omega=\omega_1$，那么上式给出的概率为 1，意味着粒子的自旋方向一定发生翻转，$\omega_0-\omega/2=0$ 就是共振条件。

共振情形下，自旋发生翻转的概率式（8.3.31）可重新表示为 $|\langle -|\psi(t\geqslant T)\rangle|^2=\sin^2\omega_1 T$。

选择旋转磁场的进动频率，使之满足共振条件，然后调节其大小和作用时间，可以使电子的自旋方向在 $+z$ 和 $-z$ 方向之间发生周期性的改变，这就实现了对于电子自旋方向的操控。这一原理被用于核磁共振。

总之，在量子信息学中量子态作为量子信息的载体、量子信息的处理实质上就是对量子态的制备、操控和识别。本节利用恒定磁场中的电子自旋的量子控制的方案，研究了随时间变化的磁场对电子自旋的量子控制，即在 $0\leqslant t\leqslant T$，把随时间变化的磁场转化为旋转磁场，利用旋转磁场的进动频率，即调节磁场的大小和作用时间，可以使粒子的自旋方向在 $+z$ 和 $-z$ 方向之间发生周期性的改变，这就实现了对于粒子自旋方向的操控。在当 $t>T$ 后，旋转磁场去除等效于一个 x 方向的分量 $B_1(t)$ 而成为只有 z 方向的分量为 ω/γ 的静磁场，进而调节静磁场的大小和作用时间来控制电子的自旋，并且电子的能量将发生改变，并且以一定的概率发生能级跃迁。本原理经常被用于各种磁共振。

第四节　磁场对一维量子点阵列自旋链上单比特态信息传输的量子调控

量子信息传输是量子信息领域研究的重要问题之一。自旋链是量子信息传输的一种信道。在较近的未来，在固态物理系统中实现量子信息传输需要使用量子模拟器，被用作量子模拟器的固态物理系统有两种不同的物理方案：一种是掺杂物的量子点链，如磷、硅；另一种是量子点阵列。量子态的远距离转移是大规模量子信息处理中不可缺少的一

部分，即量子态从一个位置（A）到另一个位置（B）的转移是一个重要特征信息处理系统。光学系统，通常用于量子力学通信和加密应用。这些光子可能包含实际的消息或可用于创建 A 和 B 之间的纠缠用于未来两个站点之间的量子隐形传态。量子计算被俘获原子的应用程序使用各种信息载体将状态从 A 转移到 B，例如，原子中的光子腔 QED 和离子阱中的声子。这些光子和声子可以看作单独的量子载流子。然而，许多有前途的技术量子信息处理的实现，比如光学晶格，量子点阵列依靠集体现象来转移量子态。在这种情况下，“量子线（量子点阵列）”是最基本的量子处理设备的单元。Bose[1] 研究了一种两端开放的一维的海森堡自旋链，他只考虑最近邻相互作用的海森堡 XX 模型，量子信息的完美传输可以实现，但只能在短距离实现。Bose 的工作激励了在自旋系统上实现信息完美传输的许多相关工作。Gong 等[2]研究了使用末端开放的 N 自旋海森堡自旋链在常数磁场和抛物线脉冲磁场的控制下来实现量子信息传输的波包方法，得到理论验证。Shi 等[3]在耦合作用为均匀常数的铁磁自旋链上加一个抛物线磁场，调控空间的磁场使得量子信息达到近乎完美的传输。他们的创造性的工作已经大大发展了固态系统中的量子通信。但他们的方案在量子点的系统中实现量子通信有一些缺点。[4] 为克服这些缺点，本节使用量子点阵列来建构自旋链来实现 Bose 的工作方案。在此理论分析的基础上，本书关注这种类型的量子通道。本书在前期的工作中研究了一维量子点阵列自旋链上的单比特态的量子信息的完美传输。最近的实验表明，在量子点的自旋可能是一个特别有前途的量子信息，因为自旋弛豫时间（T_1）可以接近几十毫秒。固态量子比特的一个有吸引力的候选材料是半导体量子点，它允许一个或多个电子的受控耦合，使用可快速切换的电压施加在静电门。砷化镓 GaAs 是制备量子点的一种特殊材料，它的潜在缺点是受限电子通过超精细相互作用与 106 个自旋 3/2 原子核相互作用。这里考虑 GaAs 量子点组成的一维量子点阵列的自旋链，本节使用一维量子点阵列的自旋链作为量子信道来使量子信息得到完美传输，提出了一个单比特的态从量子点阵列的自旋链的一端传输到另一端的方案。但是没有考虑单比特信息传输时间如何控制，结合在自旋链上的量子信息的完美传输和目前的量子点技术，本节提出了一个长距离量子信息完美传输的方案克服了这个缺点。本节还提出了通过磁场和相互作用强度对量子点阵列自旋链上信息传输的时间进行量子调控。

一、在未加磁场的一维量子点阵列自旋链上单比特信息的传输

量子点阵列上的量子点用格点表示，格点的位置顺序用整数$-N$，$-(N-1)$，…，-2，-1，0，1，2，3，…，N 表示，其中 N 为格点的数目（即自旋链的长度），如图 8.7 表示。

图 8.7　一维线性均匀有序的量子点阵列

---

① BOSE S. Quantum communication through an unmodulated spin chain [J]. Phys. Rev. Lett, 2003, 91 (20): 207901-1-207901-4.

② GONG J B, BRUMER D. Controlled quantum state transfer in a spin chain [J]. Physicol Review A, 2007, 75 (20): 032331.

③ SHI T, LI Y, SONG Z, et al. Quantum-state transfer via the fewomagnetic chain in a spatially modulated field [J]. Phys. Rev. A, 2005, 71 (3): 032309-1-0323095.

④ 罗国忠. 一维量子点阵列自旋链上的信息传输 [J] 量子电子学报, 2015, 32 (5): 595。

这里的量子点中只有一个电子，并且每个电子有一个自旋，在仅仅考虑最近邻格点的相互作用时，则一维量子点阵列的自旋链哈密顿量表示为

$$H = \sum_{k=1}^{N} \varepsilon_k a_k^{+} a_k + \sum_{k=1}^{N-1} J(a_{k+1}^{+} a_k + a_k^{+} a_{k+1}) \tag{8.4.1}$$

其中，$1 \leqslant k \leqslant N$，且 $N \geqslant 3$，J 为第 k 个格点和第 $k+1$ 格点之间相互作用的耦合强度，N 为量子点阵列中的格点的总数目。a_k^{+} 和 a_k 分别为作用在第 k 个粒子态上的产生算符和湮灭算符，ε_k 是第 k 个量子点在格点 k 上的能量。

在进行单比特信息传输时，在量子点阵列自旋链的一端制备输入单比特信息 $|1_A\rangle$ 在态 $\alpha|0\rangle+\beta|1\rangle$ 上，使态传输到量子点阵列自旋链的另一端，自旋链的初态随时间的演化是 $\alpha|0\rangle+\beta|1\rangle \to \alpha|0\rangle + \sum_{n=1}^{N} \beta_n(t)\ |n\rangle$，为了使自旋链上的初态在 $|1\rangle$（即 $|1_A 000\cdots 000_B\rangle$）的信息从始端的第一个位置上的量子比特 $|1_{A1}\rangle$ 传输到自旋链的末端上的末态 $|N\rangle$（即 $|0_A 000\cdots 001_B\rangle$）第 N 个位置的量子比特 $|1_{B1}\rangle$ 上，再采用演化算符 $\exp\left(\frac{\mathrm{i}\lambda t}{h}H\right)$ 泰勒展开的数学方法去算从一维量子点阵列自旋链上初态 $|1\rangle$（$|1_A 000\cdots 000_B\rangle$）演化到自旋链的末端上的末态 $|N\rangle$（$|0_A 000\cdots 001_B\rangle$）的随时间变化的概率幅：

$$F(t) = \langle N|\exp\left(\frac{-\mathrm{i}\lambda t}{\hbar}\boldsymbol{H}\right)|1\rangle = \langle 0_A 000\cdots 001_B|\exp\left(\frac{-\mathrm{i}\lambda t}{\hbar}\boldsymbol{H}\right)|1_A 000\cdots 000_B\rangle$$

$$= \frac{(-\mathrm{i}\lambda t/\hbar)^{N-1}}{(N-1)!} J^{N-1} \tag{8.4.2}$$

当然，要使单比特态的量子信息实现完美传输，需满足传输信息的保真度为 1，即 $|F(t)|=1$。

通过取参数 t，λ，J，N 的值知道这是完全可行的，跟 2005 年 Matthias Christandl 等① 提出的基于此模型的量子信息完美传输是一致的。

二、磁场作用在一维量子点阵列的自旋链上的单比特态的信息传输时的保真度

对于只考虑具有开放边界条件和最近邻相互作用的自旋为 $\frac{1}{2}$ 的海森堡 XX 自旋链的哈密顿量为

$$\hat{\boldsymbol{H}} = \sum_{i=1}^{N-1} \frac{J_i(t)}{2} (\boldsymbol{\sigma}_i^x \boldsymbol{\sigma}_{i+1}^x + \boldsymbol{\sigma}_i^y \boldsymbol{\sigma}_{i+1}^y) \tag{8.4.3}$$

加磁场后哈密顿量变为

$$\hat{H}(t) = \sum_{i=1}^{N-1} \frac{J_i(t)}{2} (\sigma_i^x \sigma_{i+1}^x + \sigma_i^y \sigma_{i+1}^y) + \sum_{i=1}^{N} B_i \sigma_i^z \tag{8.4.4}$$

其中，$\boldsymbol{\sigma}_i^x$，$\boldsymbol{\sigma}_i^y$，$\boldsymbol{\sigma}_i^z$ 代表在自旋链位置 i 上的自旋为 $\frac{1}{2}$ 的泡利矩阵；$J_i(t)$ 为第 i 个格点和第 $i+1$ 格点之间随时间变化的相互作用的耦合强度；B_i 是加在自旋链位置 i 上的磁场大小，

① CHRISTANDL M, DATTA N, DORLAS T C, et al. Perfect transfer of arbitrary states in quantum spin networks [J]. Physical Review A, 2005, 71 (3): 032312-1-032312-11.

磁场方向沿泡利算符 z 分量方向。通过乔丹-维格纳（Jordan-Wigner）变换，在方程（8.4.2）中的哈密顿量可变换为一个无自旋的非相互作用的费米子模型：

$$\hat{\boldsymbol{H}}(t)=\sum_{i=1}^{N-1}J_i(t)(a_{i+1}^+a_i+a_i^+a_{i+1})+\sum_{i=1}^{N}B_i(a_i^+a_i-\frac{1}{2}) \tag{8.4.5}$$

其中 a_i^+ 和 a_i 分别为作用在第 i 个粒子态上的产生算符和湮灭算符。

现在将一维量子点阵列的自旋链置于磁场中，磁场方向沿着自旋 z 方向，如图 8.8 所示。

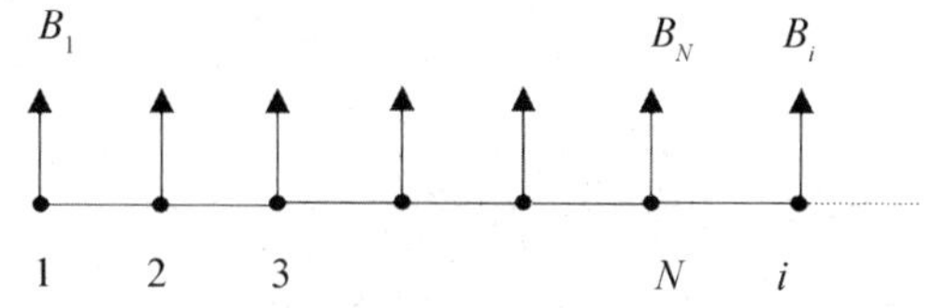

图 8.8　在一维量子点阵列自旋链上加磁场的示意图

这里，考虑一维量子点阵列中具有开放边界条件和最近邻相互作用的自旋为$\frac{1}{2}$的海森堡 XX 自旋链，其哈密顿量为：$\hat{\boldsymbol{H}}=\hat{\boldsymbol{H}}_0+\hat{\boldsymbol{H}}(t)$，其中，

$$\hat{\boldsymbol{H}}_0=\sum_{i=1}^{N}\varepsilon_i a_i^+a_i,\ \hat{\boldsymbol{H}}(t)=\sum_{i=1}^{N-1}J_i(t)(a_{i+1}^+a_i+a_i^+a_{i+1})+\sum_{i=1}^{N}B_i(a_i^+a_i-\frac{1}{2}) \tag{8.4.6}$$

ε_k 是第 i 个量子点在格点 i 上的格点能量。

令 λt 为小量，λ 为常数，现将系统的演化算符 $\exp\left(\frac{-\mathrm{i}\lambda t}{\hbar}H\right)$ 做泰勒展开：

$$\exp\left(\frac{-\mathrm{i}\lambda t}{\hbar}\boldsymbol{H}\right)=1+\frac{(-\mathrm{i}\lambda t/\hbar)}{1!}\boldsymbol{H}+\frac{(-\mathrm{i}\lambda t/\hbar)^2}{2!}\boldsymbol{H}^2+\cdots+\frac{(-\mathrm{i}\lambda t/\hbar)^m}{m!}\boldsymbol{H}^m+\cdots$$

因为

$$a_k^+a_k|0_10_20_3\cdots1_k0_{k+1}\cdots0_{N-1}0_N\rangle=|0_10_20_3\cdots1_k0_{k+1}\cdots0_{N-1}0_N\rangle \tag{8.4.7}$$

$$(a_{k+1}^+a_k+a_k^+a_{k+1})\ |0_10_20_3\cdots1_k0_{k+1}\cdots0_{N-1}0_N\rangle=|0_10_20_3\cdots0_k1_{k+1}\cdots0_{N-1}0_N\rangle \tag{8.4.8}$$

$m=1$ 时：现在让哈密顿量 $\hat{\boldsymbol{H}}$ 作用在 $|1_A000\cdots000_B\rangle$ 上，即

$$\begin{aligned}&\hat{\boldsymbol{H}}|1_10_20_3\cdots0_i0_{i+1}\cdots0_{N-2}0_{N-1}0_N\rangle\\&=\frac{(-\mathrm{i}\lambda t/\hbar)}{1!}[(\varepsilon_1+B_1)-\sum_{i=1}^{N}\frac{1}{2}B_i]|1_10_20_3\cdots0_i0_{i+1}\cdots0_{N-2}0_{N-1}0_N\rangle\\&\quad+\frac{(-\mathrm{i}\lambda t/\hbar)}{1!}J_1(t)\ |0_11_20_3\cdots0_{N-2}0_{N-1}0_N\rangle|0_11_20_3\cdots0_i0_{i+1}\cdots0_{N-2}0_{N-1}0_N\rangle\end{aligned}$$

使量子信息从第一位置传输到第二位置的系数为：$\frac{(-\mathrm{i}\lambda t/\hbar)}{1!}J_1(t)$。

$m=2$ 时：

$$\begin{aligned}&\hat{\boldsymbol{H}}^2|1_10_20_3\cdots0_i0_{i+1}\cdots0_{N-2}0_{N-1}0_N\rangle\\&=\frac{1}{2!}\left(\frac{-\mathrm{i}\lambda t}{\hbar}\right)^2\left[(\varepsilon_1+B_1)-\sum_{i=1}^{N}\frac{1}{2}B_i\right]2|1_10_20_3\cdots0_i0_{i+1}\cdots0_{N-2}0_{N-1}0_N\rangle\\&\quad+\frac{1}{2!}\left(\frac{-\mathrm{i}\lambda t}{\hbar}\right)^2\left[(\varepsilon_1+B_1)+(\varepsilon_2+B_2)-2\sum_{i=1}^{N}\frac{1}{2}B_i\right]J_1(t)\ |0_11_20_3\cdots0_i0_{i+1}\cdots0_{N-2}0_{N-1}0_N\rangle\end{aligned}$$

$$+\frac{1}{2!}\left(\frac{-\mathrm{i}\lambda t}{\hbar}\right)^2 J_2(t)J_1(t)\,|1_10_20_3\cdots 0_i0_{i+1}\cdots 0_{N-2}0_{N-1}0_N\rangle$$

使量子信息从第一位置传输到第二位置的系数为

$$\left(\frac{-\mathrm{i}\lambda t}{\hbar}\right)^2\left[(\varepsilon_1+B_1)+(\varepsilon_2+B_2)-2\sum_{i=1}^{N}\frac{1}{2}B_i\right]J_1(t)$$

使量子信息从第一位置传输到第三位置的系数为

$$\left(\frac{-\mathrm{i}\lambda t}{\hbar}\right)^2 J_2(t)J_1(t)$$

$m=3$ 时：

$$\begin{aligned}
&\hat{\boldsymbol{H}}^3\,|1_10_20_3\cdots 0_i0_{i+1}\cdots 0_{N-2}0_{N-1}0_N\rangle\\
&=\frac{1}{3!}\left(\frac{-\mathrm{i}\lambda t}{\hbar}\right)^3\left[(\varepsilon_1+B_1)-\sum_{i=1}^{N}\frac{1}{2}B_i\right]3J_1(t)\,|1_10_20_3\cdots 0_i0_{i+1}\cdots 0_{N-2}0_{N-1}0_N\rangle\\
&\quad+\frac{1}{3!}\left(\frac{-\mathrm{i}\lambda t}{\hbar}\right)^3\{[(\varepsilon_1+B_1)-\sum_{i=1}^{N}\frac{1}{2}B_i]2J_1(t)+[(\varepsilon_1+B_1)\\
&\quad-\sum_{i=1}^{N}\frac{1}{2}B_i][(\varepsilon_2+B_2)-\sum_{i=1}^{N}\frac{1}{2}B_i]J_1(t)+[(\varepsilon_2+B_2)\\
&\quad-\sum_{i=1}^{N}\frac{1}{2}B_i]2J_1(t)\}\,|0_11_20_3\cdots 0_i0_{i+1}\cdots 0_{N-2}0_{N-1}0_N\rangle+\frac{1}{3!}\left(\frac{-\mathrm{i}\lambda t}{\hbar}\right)^3\\
&\quad[\sum_{i=1}^{3}(\varepsilon_i+B_i)-3\sum_{i=1}^{N}\frac{1}{2}B_i]J_2(t)J_1(t)\,|0_10_21_30_4\cdots 0_i0_{i+1}\cdots 0_{N-2}0_{N-1}0_N\rangle\\
&\quad+\frac{1}{3!}\left(\frac{-\mathrm{i}\lambda t}{\hbar}\right)^3 J_3(t)J_2(t)J_1(t)\,|0_10_20_31_40_5\cdots 0_i0_{i+1}\cdots 0_{N-2}0_{N-1}0_N\rangle
\end{aligned}$$

使量子信息从第一位置传输到第二位置的系数为

$$\begin{aligned}
&\frac{1}{3!}\left(\frac{-\mathrm{i}\lambda t}{\hbar}\right)^3\left\{\left[(\varepsilon_1+B_1)-\sum_{i=1}^{N}\frac{1}{2}B_i\right]2J_1(t)+\left[(\varepsilon_1+B_1)-\sum_{i=1}^{N}\frac{1}{2}B_i\right]\right.\\
&\qquad\left.\left[(\varepsilon_2+B_2)-\sum_{i=1}^{N}\frac{1}{2}B_i\right]J_1(t)+\left[(\varepsilon_2+B_2)-\sum_{i=1}^{N}\frac{1}{2}B_i\right]2J_1(t)\right\}
\end{aligned}$$

使量子信息从第一位置传输到第三位置的系数为

$$\frac{1}{3!}\left(\frac{-\mathrm{i}\lambda t}{\hbar}\right)^3\left[\sum_{i=1}^{3}(\varepsilon_i+B_i)-3\sum_{i=1}^{N}\frac{1}{2}B_i\right]J_2(t)J_1(t)$$

使量子信息从第一位置传输到第四位置的系数为

$$\left(\frac{-\mathrm{i}\lambda t}{\hbar}\right)^3 J_3(t)J_2(t)J_1(t)$$

以此类推：

$m=N-1$ 时：$\hat{\boldsymbol{H}}^m\,|1_10_20_3\cdots 0_i0_{i+1}\cdots 0_{N-2}0_{N-1}0_N\rangle$ 的展开系数冗长复杂，在这就不详细写了。但此时，使量子信息从第一位置传输到第 N 位置的系数为

$$\frac{1}{(N-1)!}\left(\frac{-\mathrm{i}\lambda t}{\hbar}\right)^{N-1}J_{N-1}(t)J_{N-2}(t)J_{N-3}(t)J_{N-4}(t)\cdots J_3(t)J_2(t)J_1(t)$$

$m=N$ 时：$\hat{\boldsymbol{H}}^m\,|1_10_20_3\cdots 0_i0_{i+1}\cdots 0_{N-2}0_{N-1}0_N\rangle$ 时，使量子信息从第 1 位置传输到第 N 位置的系数为

$$\frac{1}{N!}\left(\frac{-\mathrm{i}\lambda t}{\hbar}\right)^{N}\left[\sum_{i=1}^{N}(\varepsilon_i+B_i)-N\sum_{i=1}^{N}\frac{1}{2}B_i\right]J_{N-1}(t)J_{N-2}(t)J_{N-3}(t)J_{N-4}(t)\cdots J_3(t)J_2(t)J_1(t)$$

根据 $\hat{\boldsymbol{H}}^m|1_10_20_3\cdots0_i0_{i+1}\cdots0_{N-2}0_{N-1}0_N\rangle$ 作用，如果 $m<N-1$，$\hat{\boldsymbol{H}}^m$ 任何一项都不会使信息 $|1_10_20_3\cdots0_i0_{i+1}\cdots0_{N-2}0_{N-1}0_N\rangle$ 传输到 $|0_10_20_3\cdots0_i0_{i+1}\cdots0_{N-2}0_{N-1}1_N\rangle$；由于 i 最大为 N，所以 $m>N+1$ 时，无论如何都不能使信息 $|1_10_20_3\cdots0_i0_{i+1}\cdots0_{N-2}0_{N-1}0_N\rangle$ 传输到 $|0_10_20_3\cdots0_i0_{i+1}\cdots0_{N-2}0_{N-1}1_N\rangle$。也就是说，能使信息 $|1_10_20_3\cdots0_i0_{i+1}\cdots0_{N-2}0_{N-1}0_N\rangle$ 传输到 $|0_10_20_3\cdots0_i0_{i+1}\cdots0_{N-2}0_{N-1}1_N\rangle$ 时成立的条件是 $m=N-1$ 和 $m=N$。

本书的目的是使一维量子点阵列的自旋链上的初态在 $|1\rangle$（即 $|1_10_20_3\cdots0_i0_{i+1}\cdots0_{N-2}0_{N-1}0_N\rangle$）的信息从始端的第一个位置上的量子比特 $|1_{A1}\rangle$ 传输到一维量子点阵列的自旋链的末端上的末态 $|N\rangle$（即 $|0_10_20_3\cdots0_i0_{i+1}\cdots0_{N-2}0_{N-1}1_N\rangle$）第 N 个位置的量子比特 $|1_{B1}\rangle$ 上，这时的自旋链初态在 $|1\rangle$ 经过时间 t 后演化到态 $|N\rangle$（即 $|0_10_20_3\cdots0_i0_{i+1}\cdots0_{N-2}0_{N-1}1_N\rangle$）的概率幅为

$$\begin{aligned}F(t)&=\langle N|\exp\left(\frac{-\mathrm{i}\lambda t}{\hbar}\boldsymbol{H}\right)|1\rangle=\langle 0_A000\cdots001_B|\exp\left(\frac{-\mathrm{i}\lambda t}{\hbar}\boldsymbol{H}\right)|1_A000\cdots000_B\rangle\\&=\frac{1}{(N-1)!}\left(\frac{-\mathrm{i}\lambda t}{\hbar}\right)^{N-1}J_{N-1}(t)J_{N-2}(t)J_{N-3}(t)J_{N-4}(t)\cdots J_3(t)J_2(t)J_1(t)\\&\quad+\frac{1}{N!}\left(\frac{-\mathrm{i}\lambda t}{\hbar}\right)^{N}\left[\sum_{i=1}^{N}(\varepsilon_i+B_i)-N\sum_{i=1}^{N}\frac{1}{2}B_i\right]J_{N-1}(t)J_{N-2}(t)J_{N-3}(t)J_{N-4}(t)\cdots\\&\quad J_3(t)J_2(t)J_1(t)\end{aligned}$$

要使量子信息达到完美传输需要保真度等于 1，即 $|F(t)|=1$。

三、磁场作用在一维量子点阵列的自旋链上的单比特态在信息传输时的保真度的结果与讨论

本节的目的是在一维均匀的线性量子点阵列的均匀的海森堡自旋链模型上制备单量子比特态，并且使其完美传输。为此均匀的海森堡自旋链上格点之间的相互作用耦合强度随时间的变化相同，即 $J_i(t)=J(t)$，且格点能量相同，即 $\varepsilon_i=\varepsilon$。因为 λ 为常数，为使计算方便，平衡量纲，不会改变物理规律，令 $\lambda=\hbar$，则

$$F(t)=\frac{1}{(N-1)!}(-\mathrm{i}t)^{N-1}(J(t))^{N-1}+\frac{1}{N!}(-\mathrm{i}t)^{N}\left[\sum_{i=1}^{N}(\varepsilon+B_i)-N\sum_{i=1}^{N}\frac{1}{2}B_i\right](J(t))^{N-1}$$

通过 $F(t)$ 表达式知道保真度 $|F(t)|$ 的大小与磁场 B、格点之间的最近邻相互作用耦合强度 $J(t)$、量子点数 N、传输时间 t 有关。

（1）当磁场是均匀的，即每个格点上的磁场相同，$B_i=B$，且格点之间相互作用耦合强度为常数，$J(t)=J$ 时，

$$F(t)=\frac{1}{(N-1)!}(-\mathrm{i}t)^{N-1}J^{N-1}\left[1+\left(\varepsilon+B-\frac{N}{2}B\right)(-\mathrm{i}t)\right]$$

$$|F(t)|=\frac{1}{(N-1)!}(t)^{(N-1)}J^{(N-1)}\sqrt{\left[1+\left(\varepsilon+B-\frac{N}{2}B\right)^2t^2\right]}$$

要使量子信息达到完美传输必须满足：

$$\frac{1}{[(N-1)!]}(t)^{(N-1)}J^{(N-1)}\sqrt{\left[1+(\varepsilon+B-\frac{N}{2}B)^2t^2\right]}=1$$

取 $N=5$，$\varepsilon=1.5$ J，$J=0.65$ 时，保真度先随时间和磁场的变化情况如图 8.9 所示，取 $N=5$，$\varepsilon=0.5$ J，$B=0.95$ T 时，保真度随时间 t 和磁场 B 的变化情况如图 8.10 所示。

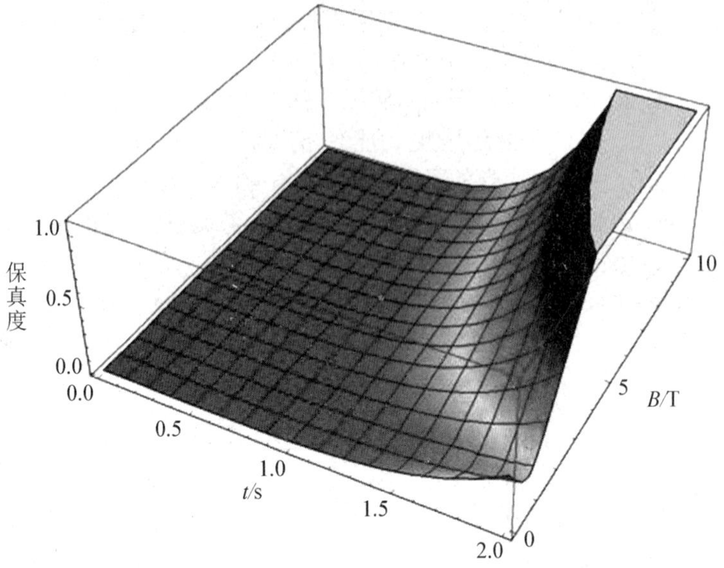

图 8.9　$N=5$，$\varepsilon=1.5$ J，$J=0.65$ 时保真度随时间 t 和磁场 B 的变化图

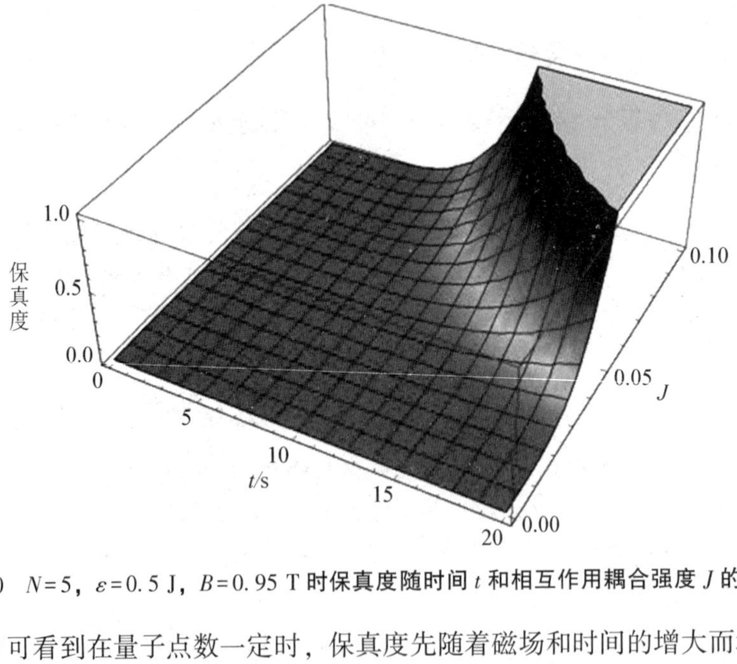

图 8.10　$N=5$，$\varepsilon=0.5$ J，$B=0.95$ T 时保真度随时间 t 和相互作用耦合强度 J 的变化图

从图 8.9 可看到在量子点数一定时，保真度先随着磁场和时间的增大而增大，然后减小，当大约达到 2 T 时保真度变为 0，随后随着磁场的增大，达到一定时间时，保真度逐渐增大到 1，使信息达到完美传输。从图 8.10 上可看出在相互作用耦合强度达不到一定值时，无论多长时间，保真度总为 0，只有相互作用耦合强度达到一定值时，保真度才逐渐增加达到 1，使其信息达到完美传输。从图 8.11 可以看出，只要格点能量 ε、传输时间 t、磁场强度 B 在合适的值，量子点数小于 4 时，保真度都能达到 1，并且随着量子点数的增加，传输时间逐渐增加，只有超过量子点数 6 时，保真度变为 0，这是由于发生库仑

阻塞，导致保真度和传输时间发生变化。

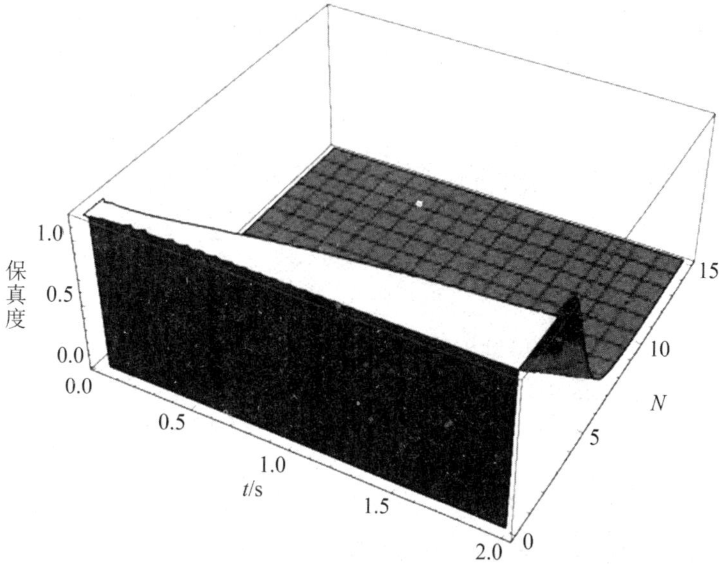

图 8.11　$J=0.65$，$\varepsilon=1.5$ J，$B=3$T 时，保真度随时间和量子点数变化的示意图

（2）当量子点数是奇数，磁场关于一维量子点阵列自旋链是中心对称时：

$$F(t)=\frac{1}{(N-1)!}(-\mathrm{i}t)^{N-1}J(t)^{N-1}(1-\mathrm{i}\varepsilon t)$$

$$|F(t)|=\frac{1}{(N-1)!}t^{N-1}J(t)^{N-1}(1+\varepsilon^2t^2)$$

要使量子信息达到完美传输必须满足：$\frac{1}{(N-1)!}t^{N-1}J(t)^{N-1}(1+\varepsilon^2t^2)=1$。

从保真度的表达式可知：此时保真度与磁场无关，只与格点能量 ε、传输时间 t、量子点数 N，格点之间相互作用耦合强度 $J(t)$ 有关。因此磁场对一维量子点阵列自旋链上的量子信息完美传输不影响，能通过改变格点能量和相互作用耦合强度 $J(t)$ 调控量子信息的传输，使其保真度达到 1，从而使信息达到完美传输。

（3）当磁场 $B=B(t)$ 和相互作用耦合强度 $J(t)$ 随时间变化，格点能量 ε、传输时间 t、量子点数 N 取合适的值时，当满足

$$|F(t)|=\left|\frac{1}{(N-1)!}(-\mathrm{i}t)^{N-1}(J(t))^{N-1}+\frac{1}{N!}(-\mathrm{i}t)^{N}\left[\sum_{i=1}^{N}(\varepsilon+B_i)-N\sum_{i=1}^{N}\frac{1}{2}B_i\right](J(t))^{N-1}\right|=1$$

时，一维量子点阵列自旋链上的信息也能达到完美传输。

总之，对一维量子点阵列自旋链上信息的传输和完美传输的控制是实现量子信息人工处理的一种方式和量子信息理论的关键问题之一。本节首先回顾了对一维量子点阵列的自旋链上未加磁场时单比特信息的完美传输，以此为基础，然后利用对演化算符泰勒展开的数学方法对加磁场后的一维量子点阵列自旋链上的单比特信息的传输进行研究，计算出概率幅的表达式，讨论了自旋链上的磁场强度和相互作用耦合强度为常数、磁场是中心对称和随时间变化时对量子信息的控制，格点能量和量子点数对信息完美传输的影响。研究表明：自旋链上的磁场为常数磁场和相互作用耦合强度为常数时，且量子点数一定时，保真度随时间和磁场变化，达到一定时间，信息总能达到完美传输。自旋链

磁场为中心对称，量子点数为奇数时，磁场对保真度不影响，这时量子信息的量子调控要依靠相互作用耦合强度、格点能量和量子点数。磁场和相互作用耦合强度随时间变化，格点能量 ε、传输时间 t、量子点数 N 取合适的值时，信息会达到完美传输。

第五节　抛物线磁场对量子点阵列自旋链上单比特态的信息传输的量子调控

量子信息传输是量子通信和量子计算的一个重要的分支，它是建立在经典信息传输和量子理论的基础上的。量子信息传输的主要任务是制备携带量子信息的量子态，这个量子态是在相应的通道里从一个起始位置传到最后的目的地位置。近年来，许多物理学家集中在这个领域研究并且在实验和理论上提出了许多传输信道可行的方案。在这些方案中，自旋链信道是最典型和最有希望的一个方案。一些研究已经表明获得量子信息完美传输的最高保真度的重要因素是由自旋链的动力学演化决定的，并且二量子比特量子信息能完美传输的条件与自旋链的长度无关。此外，Li 等①已经研究了在外部可调整的耦合相互作用的超导量子比特链上的量子态的完美传输并且验证了具有最近邻耦合的四个超导比特链的完美传输。Meher 等②已经讨论了在腔阵列设计制造的量子态。Cirac 等③已经提出了利用声子在量子网络的独立节点的原子之间的理想量子传输的方案。Neto 等④已经研究了在光力学阵列中的量子态的传输。在这些方案中有明显的缺点：没有一个方案能按照需要控制自旋链上的完美传输。然而，在量子通信和量子计算中量子调控是必要的。基于这些研究背景，本节提出了一维量子点阵列自旋链的传输信道方案，通过应用抛物线磁场对一维量子点阵列自旋链上的信息传输进行量子调控，使得信息传输达到高保真度。

一、抛物线磁场对一维量子点阵列自旋链上量子信息传输调控的理论方案

考虑一个一维量子点阵列的系统装置，在这个装置上考虑一个有 N 个位置自旋为$\frac{1}{2}$的海森堡自旋链，其哈密顿量为：$\hat{\boldsymbol{H}} = -J\sum_{i=1}^{N-1}\boldsymbol{\sigma}_i \cdot \boldsymbol{\sigma}_{i+1} + \sum_{i=1}^{N} B(i)\boldsymbol{\sigma}_i^z$。

抛物线磁场 $B(i) = 2B_0(i-N-1)^2$，其中 B_0 为常数。

在单激发不变子空间中，总自旋的固定 z 分量 $\boldsymbol{\sigma}_i^z = (2N-1)/2$。

① LI X，MA Y，HAN J，et al. Perfect quantum state transfer in a superconducting qubit chain with parametrically tunable couplings [J]. Phys. Rev. Applied，2018，10 (5)：054009-1-054009-11.

② MEHER N，SIVAKUMAR S，PANIGRAHI P K. Duality and quantum state engineering in a cavity arrays [J]. Scientific Reports，2017，7 (1)：9251.

③ CIRAC J I，ZOLLER P，KIMBLE H J，et al. Quantum state transfer and entanglement distribution among distant nodes in a quantum network [J]. Physical Review Letters，1996，78 (16)：3221-3224.

④ NETO G，ANDRADE F M，MONTENEGRO V，et al. Quantum state transfer in a optomechanical arrays [J] Physical Review A，2016，93 (6)：062339-1-062339-8.

这个模型等效于无自旋费米跃迁模型，因此哈密顿量可以改写为

$$\hat{\boldsymbol{H}} = \frac{-J}{2}\sum_{i=1}^{N-1}(a_i^+ a_{i+1} + a_{i+1}^+ a_i) + \frac{1}{2}\sum_{i=1}^{N} B(i)\, a_i^+ a_i \tag{8.5.1}$$

其中，$1 \leqslant k \leqslant N$，且 $N>3$，$B(i)=2B_0(i-N-1)^2$，a_k^+ 和 a_k 分别为作用在第 k 个粒子态上的产生算符和湮灭算符，ε_k 是第 k 个量子点在格点 k 上的能量，J 代表两个近邻量子点之间的交换相互作用。

对单粒子情况，位置基矢

$$|n\rangle = |0,\ 0,\ 0,\ \cdots,\ 0,\ 1,\ 0,\ \cdots\rangle,\ n=1,\ 2,\ 3,\ \cdots$$

现在来研究初态上的量子信息在自旋链上的传输，即一维量子点自旋链上的量子信息传输。假设制备输入量子信息在态 $|\psi(r,\ 0)\rangle$ 上，传输到自旋链的末端上的末态 $|\psi(r',\ t)\rangle$，现将演化算符 $\exp\left(\frac{-\mathrm{i}\lambda t}{\hbar}\boldsymbol{H}\right)$ 作用于初态 $|\psi(r,\ 0)\rangle$ 上，即 $\exp\left(\frac{-\mathrm{i}\lambda t}{\hbar}\boldsymbol{H}\right)|\psi(r,\ 0)\rangle$ 就可能使信息传输到末端上的态 $|\psi(r',\ t)\rangle$ 上。其中，t 表示量子信息传输的时间；$\exp\left(\frac{-\mathrm{i}\lambda t}{\hbar}\boldsymbol{H}\right)$ 为量子态的演化算符；λ 是为平衡量纲而引入的常量，可令 $\lambda=\hbar$ 为约化普朗克常量，$\hbar=1.054\times10^{-34}\ \mathrm{J\cdot s}$。

这里仅考虑 λt 较小的情况，将演化算符泰勒展开：

$$\begin{aligned}&\exp\left(\frac{-\mathrm{i}\lambda t}{\hbar}\boldsymbol{H}\right)|\psi(r,\ 0)\rangle\\ =&\left[1+\frac{(-\mathrm{i}\lambda t/\hbar)}{1!}\boldsymbol{H}+\frac{(-\mathrm{i}\lambda t/\hbar)^2}{2!}\boldsymbol{H}^2+\cdots+\frac{(-\mathrm{i}\lambda t/\hbar)^m}{m!}\boldsymbol{H}^m+\cdots\right]|\psi(r,\ 0)\rangle\end{aligned} \tag{8.5.2}$$

可使量子信息从起始态 $|\psi(r,\ 0)\rangle$ 传输到自旋链末端的态 $|\psi(r',\ t)\rangle$。其中 a_k^+ 和 a_k 只对第 k 个粒子起作用。自旋链初态在 $|\psi(r,\ 0)\rangle$ 经过时间 t 后演化到态 $|\psi(r',\ t)\rangle$ 的概率幅为

$$|F(t)| = \left|\langle\psi(r',\ t)|\exp\left(\frac{-\mathrm{i}\lambda t}{\hbar}\boldsymbol{H}\right)|\psi(r,\ 0)\rangle\right|$$

当然，要使单比特态的量子信息实现完美传输，需满足传输的保真度为 1，即 $|F(t)|=1$。

二、起始态为 $|\psi(r,\ 0)\rangle=\alpha|0\rangle+\beta|1\rangle$ 的单比特的信息传输

现在来研究抛物线磁场对单比特态量子信息在自旋链上的传输的量子调控，即抛物线磁场对一维量子点阵列自旋链上的量子信息传输的量子调控。假设制备输入单量子比特信息 $|1_A\rangle$ 在态 $|\psi(r,\ 0)\rangle=\alpha|0\rangle+\beta|1\rangle$ 上，那么一维量子点阵列的自旋链上的初态将变成：

$$\alpha|0_A000\cdots000_B\rangle+\beta|1_A000\cdots000_B\rangle=\alpha|0\rangle+\beta|1\rangle$$

由于 $|0\rangle$ 是哈密顿量 $\boldsymbol{H}$ 的零能量本征态，所以上式的系数 α 不随时间而变化。因此自旋链的初态随时间的演化是 $\alpha|0\rangle+\beta|1\rangle\to\alpha|0\rangle+\sum_{n=1}^{N}\beta_n(t)\,|n\rangle$。单比特信息传输的目标态为 $|\psi(r',\ t)\rangle=\alpha|0\rangle+\sum_{n=1}^{N}\beta_n(t)\,|n\rangle$，以下做研究计算：

利用

$$a_k^+ a_k|0_1 0_2 0_3\cdots 1_k 0_{k+1}\cdots 0_{N-1}0_N\rangle = |0_1 0_2 0_3\cdots 1_k 0_{k+1}\cdots 0_{N-1}0_N\rangle \tag{8.5.3}$$

$$(a_{k+1}^+ a_k + a_k^+ a_{k+1})\ |0_1 0_2 0_3\cdots 1_k 0_{k+1}\cdots 0_{N-1}0_N\rangle = |0_1 0_2 0_3\cdots 0_k 1_{k+1}\cdots 0_{N-1}0_N\rangle \tag{8.5.4}$$

其中，a_k^+ 和 a_k 只对第 k 个粒子起作用。

自旋链初态 $|\psi(1, 0)\rangle = |1\rangle$ 在经过时间 t 后演化到态 $|\psi(N, 0)\rangle = |N\rangle$ 的概率幅为

$$
\begin{aligned}
F(t) &= \langle N|\exp\left(\frac{-\mathrm{i}\lambda t}{\hbar}\boldsymbol{H}\right)|1\rangle = \langle 0_A000\cdots 001_B|\exp\left(\frac{-\mathrm{i}\lambda t}{\hbar}\boldsymbol{H}\right)|1_A000\cdots 000_B\rangle \\
&= \frac{(-\mathrm{i}\lambda t/\hbar)^{N-1}}{(N-1)!}\left(\frac{-\mathrm{i}\lambda t}{\hbar}\right)^{N-1} + \frac{(-\mathrm{i}\lambda t/\hbar)^N}{N!}\frac{(-J)^{N-1}}{2^N}\sum_{i=1}^{N} B(i)
\end{aligned} \tag{8.5.5}
$$

其中，$B(i) = 2B_0(i-N-1)^2$。当然，要使单比特态的量子信息实现完美传输，需满足传输的保真度为 1，即 $|F(t)| = 1$。

三、起始态为高斯波包的单比特信息传输

这里考虑在 $t=0$，$x=N_A$ 的高斯波包作为起始态，即

$$
|\psi(N_A, 0)\rangle = C\sum_{i=1}^{N} \mathrm{e}^{-\alpha^2(i-N_A-1)^2/2}|i\rangle \tag{8.5.6}
$$

其中，$|i\rangle$ 指 N 自旋的态是第 i 个自旋向上其他自旋向下的态，并且 C 是正规化因子。系数 α^2 是由高斯波包的宽度 Δ 决定的，即 $\alpha^2 = \dfrac{4\ln 2}{\Delta^2}$ 时，这个态 $|\psi(0)\rangle$ 演化为 $|\psi(t)\rangle = \mathrm{e}^{-\mathrm{i}Ht}|\psi(N_A, 0)\rangle$。

将在时间 t 并且态 $|\psi(N_A, 0)\rangle$ 从 N_A 位置传输到 N_B 的保真度定义为

$$
|F(t)| = |\langle\psi(N_B, 0)|\mathrm{e}^{-\mathrm{i}Ht}|\psi(N_A, 0)\rangle| \tag{8.5.7}
$$

当 $N_A = -N_B = -x_0$ 时，其中 N_B 是 N_A 的相应对称部分，但是在 Δ 极限时，如果我们取 $B_0 = 8(\ln 2/\Delta^2)^2$，保真度如下：

$$
|F(t)| = \exp\left[\frac{-1}{2}\alpha^2 N_A^2\left(1+\cos\frac{2t}{\alpha^2}\right)\right] \tag{8.5.8}
$$

$|F(t)|$ 是时间 t 的周期函数且最大值为 1，即抛物线磁场能量子调控信息传输保真度达到完美传输。

四、抛物线磁场对量子点阵列自旋链上单比特态的信息传输的量子调控结果与讨论

（一）起始态为 $|\psi(r, 0)\rangle = \alpha|0\rangle + \beta|1\rangle$ 的单比特的信息传输

从上面内容可知，实现单量子比特信息从态 $|\psi(r, 0)\rangle = \alpha|0\rangle + \beta|1\rangle$ 完美传输到末端态 $|\psi(r', t)\rangle = \alpha|0\rangle + \sum_{n=1}^{N}\beta_n(t)|n\rangle$ 时的保真度为 $|F(t)| = 1$。在这里取 $J = 0.085$，$N = 10$。一维量子点阵列中的自旋链上的单比特量子信息传输的保真度随时间变化示意图如图 8.12~8.14 所示。

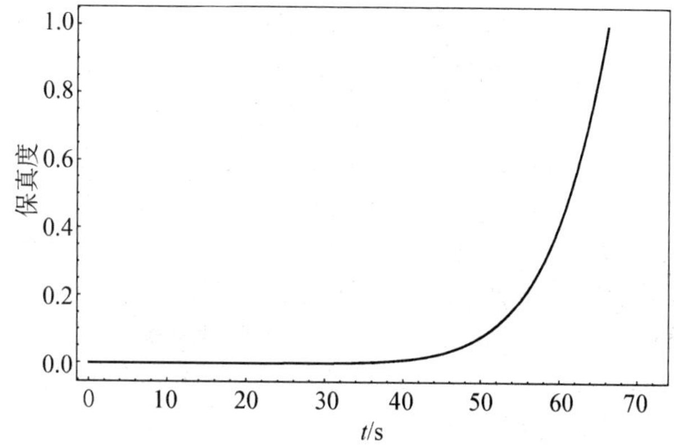

图 8.12　$J=0.085$，$N=10$，$B_0=0.5$ T，**单比特量子信息传输到第三个位置时的保真度随时间变化示意图**

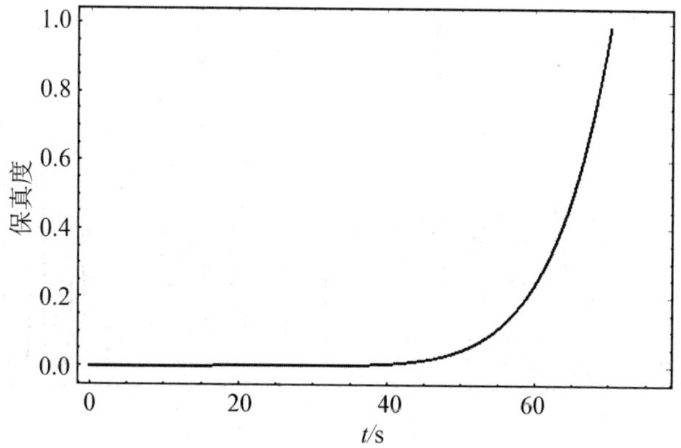

图 8.13　$J=0.085$，$N=10$，$B_0=0.5$ T，**单比特量子信息传输到第五个位置时的保真度随时间变化示意图**

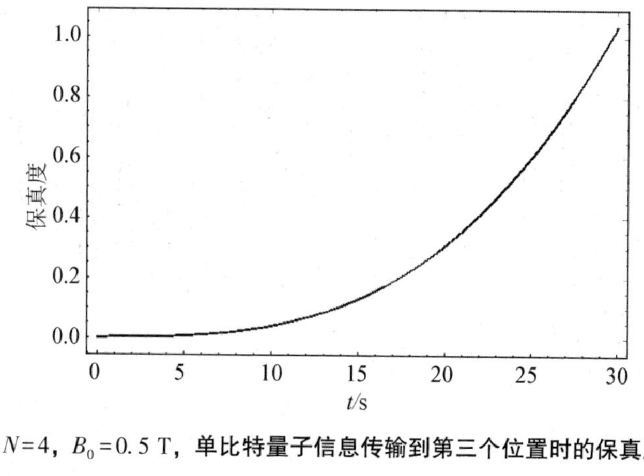

图 8.14　$J=0.085$，$N=4$，$B_0=0.5$ T，**单比特量子信息传输到第三个位置时的保真度随时间变化示意图**

从图 8.12、图 8.13、图 8.14 中看到对于同样长的一维量子点阵列的自旋链，传输的位置越远，单比特量子信息的保真度达到 1 时达到完美传输的时间越长，对于单比特量子信息传输到同样位置的一维量子点阵列的自旋链，一维量子点阵列的自旋链越长的，达到完美传输时的时间越长，这是因为自旋链越长时，量子点阵列中的量子点数越多，由于单电子隧穿和库仑阻塞，造成时间变长。在这里，可看到一维量子点阵列的自旋链长

度 N 的不断改变，从而使抛物线磁场的大小发生改变，调控使量子信息达到完美传输。

（二）起始态为高斯波包的信息传输

从上面知，高斯波包作为起始态，在时间 t 并且态 $|\psi(N_A, 0)\rangle$ 从 N_A 位置完美传输到 N_B 时的保真度为 $|F(t)|=1$。在这里取 $\Delta=1.2$，$\alpha=0.5$，从图 8.15 和图 8.16 中可以看到：在镜像对称的一维量子点阵列中，$N_A=-N_B$，在信息传输距离 $L\gg\Delta$，且 $L=2|N_A|=2|N_B|$ 时，信息传输的保真度随时间变化是一个波，达到波峰时保真度为 1，即达到完美传输，N_A 值越大，波峰数越少，即每次完美传输的时间越长，而且波谷的宽度越宽，由于量子点阵列的库仑阻塞使得宽度变宽，即这时保真度为 0，不再传输。由此知道高斯波包宽度 Δ、N_A 的改变导致抛物线磁场的改变，调控使一维量子点阵列的自旋链上单比特信息传输达到完美传输。

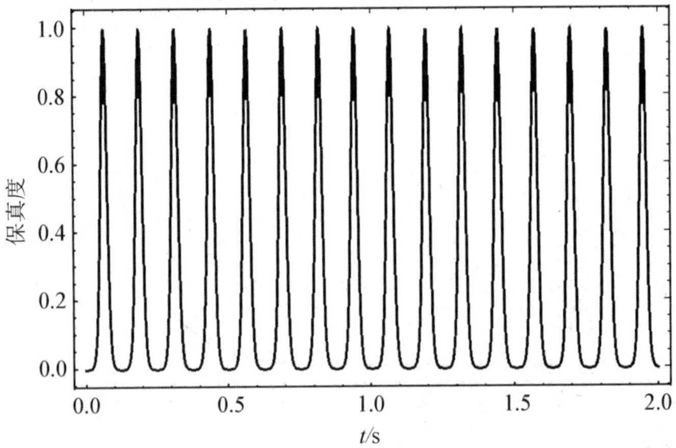

图 8.15　$\Delta=1.2$，$\alpha=0.5$，$N_A=13$，起始态为高斯波包时的信息传输保真度随时间变化示意图

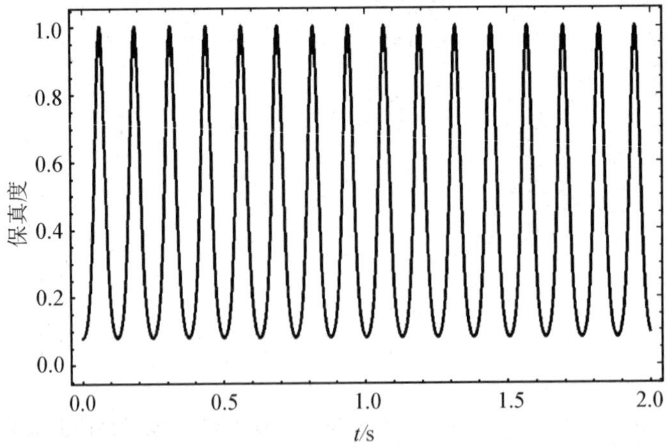

图 8.16　$\Delta=1.2$，$\alpha=0.5$，$N_A=8$，起始态为高斯波包时的一维量子点阵列的自旋链上信息传输保真度随时间变化示意图

总之，将随空间变化的可调控的抛物线外磁场作用于任意长的一维量子点阵列的自旋链上，利用自旋为$\frac{1}{2}$的海森堡自旋链模型转化为无自旋费米跃迁模型，然后将演化算

符做泰勒展开后作用于初始态，使在一维量子点阵列自旋链上的量子信息传输到末端态，最后利用初态 $|\psi(r,\ 0)\rangle$ 传输到末端态 $|\psi(r',\ t)\rangle$ 的保真度公式 $|F(t)| = \left|\langle\psi(r',\ t)|\exp\left(\frac{-\mathrm{i}\lambda t}{\hbar}\boldsymbol{H}\right)|\psi(r,\ 0)\rangle\right|$，通过改变传输的位置、量子点自旋链的长度 N、以及 B_0 的大小从而使抛物线磁场改变调控起始态为 $|\psi(r,\ 0)\rangle = \alpha|0\rangle + \beta|1\rangle$ 的和起始态为高斯波包的单比特信息完美传输时的保真度达到 1。

今后还能用磁场对一维量子点阵列自旋链上多比特态信息的完美传输进行量子调控。

第九章　势垒的量子隧穿

传输矩阵法是计算多个方势垒的量子隧穿特性时常用的计算方法。本章以单方势垒的量子模型为研究对象，先利用基本方法计算了对称和非对称单方势垒的透射系数，进而再利用传输矩阵法计算双势垒模型和三势垒模型的透射系数和隧穿特性；还研究了一维时间周期势的量子隧穿；进一步研究了双势阱中时间周期势的量子隧穿。

第一节　方势垒的量子隧穿

粒子的能量小于势垒高度时仍能隧穿势垒的现象，称为隧道效应。金属电子冷发射和 α 衰变等现象都是由隧道产生的，1981 年 IBM 公司在瑞士苏黎世实验室的宾尼希和罗勒①发明了基于量子隧道效应的扫描隧穿显微镜，极大地推动了众多领域科学研究的发展。方势垒是量子隧穿最基本的模型，本节以单方势垒为基本模型来阐述一下量子隧穿的基本方法。

一、方势垒量子隧穿的基本方法

单方势垒的隧穿模型是最简单的一个隧穿模型，所以本节以单方势垒为例，阐述求解方势垒量子隧穿的基本方法。假设具有一定能量 E 的微观粒子在一维空间运动，其以 x 轴的方向为正方向由方形势垒左方向右方运动，隧穿模型如图 9.1 所示。

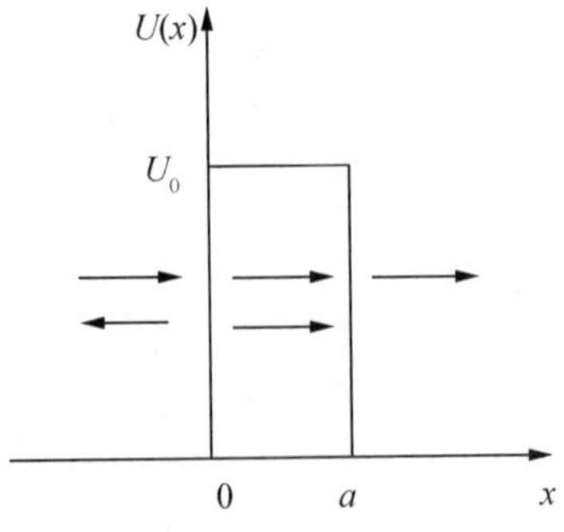

图 9.1　单方势垒隧穿模型

① 周世勋. 量子力学［M］. 上海：上海科学技术出版社，1961.

方势垒的高度为

$$U(x)=\begin{cases}0, & x<0,\ x>a\\ U_0, & 0<x>a\end{cases} \tag{9.1.1}$$

微观粒子的波函数 ψ 满足的定态薛定谔方程分别为

$$\frac{d^2\psi}{dx^2}+\frac{2m}{\hbar^2}E\psi=0,\ x<0,\ x>a \tag{9.1.2}$$

和

$$\frac{d^2\psi}{dx^2}+\frac{2m}{\hbar^2}(E-U_0)\psi=0,\ 0<x<a \tag{9.1.3}$$

当 $E>U_0$ 时，由公式（9.1.2）和公式（9.1.3）解得的波函数为

$$\psi(x)=\begin{cases}Ae^{ikx}+Be^{-ikx}, & x<0\\ Ce^{i\alpha x}+De^{-i\alpha x}, & 0<x<a\\ Ee^{ikx}+Fe^{-ikx}, & x>a\end{cases} \tag{9.1.4}$$

$$k=\frac{\sqrt{2mE}}{\hbar^2},\quad \alpha=\frac{\sqrt{2m(E-U_0)}}{\hbar^2} \tag{9.1.5}$$

由图 9.1 可看出，在单方势垒的右侧区域中没有出现由右向左的粒子，说明在该区域不会出现由右向左传播的波。因此该波的波函数中的系数 F 一定为 0。

该单方势垒模型在各区域其对应的波函数及一阶导数在单方势垒边界 $x=0$、$x=a$ 处连续，则边界条件有

$$\frac{d^2\psi_1(0)}{dx^2}=\frac{d^2\psi_2(0)}{dx^2} \tag{9.1.6}$$

$$\frac{d^2\psi_2(a)}{dx^2}=\frac{d^2\psi_3(a)}{dx^2} \tag{9.1.7}$$

$$\psi_2(a)=\psi_3(a) \tag{9.1.8}$$

经计算有

$$(A-B)ik=(C-D)i\alpha \tag{9.1.9}$$

$$i\alpha\left(Ce^{i\alpha a}-De^{-i\alpha a}\right)=ikEe^{ika} \tag{9.1.10}$$

$$Ce^{i\alpha a}+De^{-i\alpha a}=Ee^{ika} \tag{9.1.11}$$

由公式（9.1.9），（9.1.10）和（9.1.11），可以解得 E，B 分别与 A 之间的关系为

$$E=\frac{4k\alpha e^{-ika}}{(k+\beta)^2e^{-i\alpha a}-(k-\alpha)^2e^{i\alpha a}}A \tag{9.1.12}$$

$$B=\frac{2i\left(k^2+\alpha^2\right)\sin\alpha a}{(k+\alpha)^2e^{i\alpha a}-(k+\alpha)^2e^{-i\alpha a}}A \tag{9.1.13}$$

根据概率流密度公式 $J\equiv\frac{i\hbar}{2m}\left(\psi\nabla\psi^*-\psi^*\nabla\psi\right)$ 可得到入射波的概率流密度为

$$J=\frac{i\hbar}{2m}\left[Ae^{-ikx}\frac{d}{dx}(A^*e^{-ikx})-A^*e^{-ikx}\frac{d\psi}{dx}(Ae^{ikx})\right]=\frac{\hbar k}{m}|A|^2$$

透射波的概率流密度为

$$J_D=\frac{\hbar k}{m}|E|^2$$

反射波的概率流密度为

$$J_R=-\frac{\hbar k}{m}|B|^2$$

则透射系数 D 与反射系数 R 分别为

$$D=\frac{J_D}{J}=\frac{|E|^2}{|A|^2}=\frac{4k^2\alpha^2}{(k^2-\alpha^2)^2\sin^2\alpha a+4k^2\alpha^2} \tag{9.1.14}$$

$$R=\left|\frac{J_R}{J}\right|=\frac{|B|^2}{|A|^2}=\frac{(k^2-\alpha^2)^2\sin^2\alpha a}{(k^2-\alpha^2)^2\sin^2\alpha a+4k^2\alpha^2}=1-D \tag{9.1.15}$$

当 $E<U_0$ 时，令 $k=\mathrm{i}k_1$，其中 k 为虚数，k_1 是实数。由公式（9.1.5），得到

$$k_1=\left[\frac{2m(U_0-E)}{\hbar^2}\right]^{\frac{1}{2}} \tag{9.1.16}$$

把 k 换成 $\mathrm{i}k_1$，前面的计算仍然成立。经计算，公式（9.1.12）可改写成

$$E=\frac{2\mathrm{i}kk_1\mathrm{e}^{-\mathrm{i}ka}}{(k^2-k_1^2)\ \mathrm{sh}k_1a+2\mathrm{i}kk_1\mathrm{ch}k_1a}A \tag{9.1.17}$$

其中，双曲正弦函数为

$$\mathrm{sh}x=\frac{\mathrm{e}^x-\mathrm{e}^{-x}}{2}$$

双曲余弦函数为

$$\mathrm{ch}x=\frac{\mathrm{e}^x+\mathrm{e}^{-x}}{2}$$

所以得到透射系数 D 和反射系数 R 分别为

$$D=\frac{4k^2k_1^2}{(k^2-k_1^2)^2\mathrm{sh}^2k_1a+4k^2k_1^2} \tag{9.1.18}$$

$$R=1-D=1-\frac{4k^2k_1^2}{(k^2-k_1^2)^2\mathrm{sh}^2k_1a+4k^2k_1^2} \tag{9.1.19}$$

二、对称单方势垒量子模型的量子隧穿

假设能量为 E 的微观粒子以 x 轴为正方向向势垒右方运动，粒子隧穿的单势垒的宽度为 $2a$，高度为

$$U(x)=\begin{cases}0, & -a<x,\ x>a\\ U_0, & -a<x<a\end{cases} \tag{9.1.20}$$

单方势垒隧穿模型如图 9.2 所示。

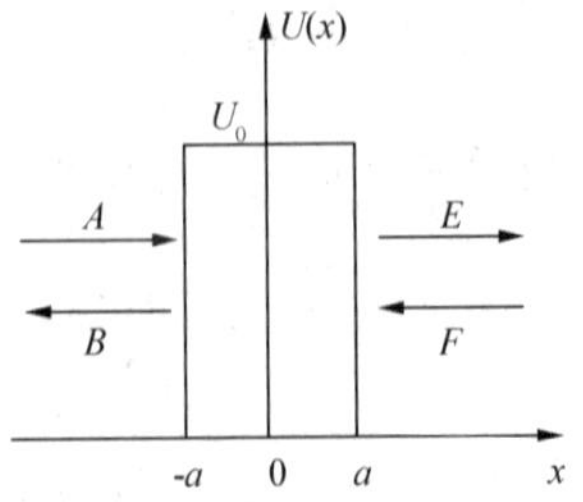

图 9.2　对称单方势垒隧穿模型

微观粒子的波函数 ψ 所满足的定态薛定谔方程为

$$\frac{\mathrm{d}^2\psi}{\mathrm{d}x^2}+\frac{2m}{\hbar^2}E\psi=0,\ x<-a,\ x>a \tag{9.1.21}$$

和

$$\frac{\mathrm{d}^2\psi}{\mathrm{d}x^2}+\frac{2m}{\hbar^2}(E-U_0)\psi=0,\ -a<x<a \tag{9.1.22}$$

假设电子既有左入射又有右入射，则在 $x<-a$，$x>a$ 区域中，由于单势垒的存在，区域内既存在入射波，也存在反射波。

当 $E<U_0$ 时，解方程可得到粒子在各区域中遵守的波函数为

$$\Psi(x)=\begin{cases}A\mathrm{e}^{\mathrm{i}kx}+B\mathrm{e}^{-\mathrm{i}kx}, & x<-a\\ C\mathrm{e}^{\beta x}+D\mathrm{e}^{-\beta x}, & -a<x<a\\ E\mathrm{e}^{\mathrm{i}kx}+F\mathrm{e}^{-\mathrm{i}kx}, & x>a\end{cases} \tag{9.1.23}$$

其中，$k=\dfrac{\sqrt{2mE}}{\hbar}$为势垒外部波矢，$\beta=\dfrac{\sqrt{2m(U_0-E)}}{\hbar}$为中间势垒层波矢。

系数 A，B 分别是由势垒左端入射的入射波、反射波的振幅，而系数 E，F 分别是由势垒右端入射的入射波、反射波的振幅。

该对称单势垒在边界 $x=-a$ 和 $x=a$ 处对应的波函数及其一阶导数连续，则边界条件有

$$\psi_{\mathrm{I}}(-a)=\psi_{\mathrm{II}}(-a) \tag{9.1.24}$$

$$\left.\frac{\mathrm{d}\psi_{\mathrm{I}}(x)}{\mathrm{d}x}\right|_{x=-a}=\left.\frac{\mathrm{d}\psi_{\mathrm{II}}(x)}{\mathrm{d}x}\right|_{x=-a} \tag{9.1.25}$$

$$\psi_{\mathrm{II}}(a)=\psi_{\mathrm{III}}(a) \tag{9.1.26}$$

$$\left.\frac{\mathrm{d}\psi_{\mathrm{II}}(x)}{\mathrm{d}x}\right|_{x=a}=\left.\frac{\mathrm{d}\psi_{\mathrm{III}}(x)}{\mathrm{d}x}\right|_{x=a} \tag{9.1.27}$$

将公式（9.1.23）代入边界条件中，得到

$$A\mathrm{e}^{-\mathrm{i}ka}+B\mathrm{e}^{\mathrm{i}ka}=C\mathrm{e}^{-\beta a}+D\mathrm{e}^{\beta a} \tag{9.1.28}$$

$$\mathrm{i}k[A\mathrm{e}^{-\mathrm{i}ka}-B\mathrm{e}^{\mathrm{i}ka}]=\beta[C\mathrm{e}^{-\beta a}-D\mathrm{e}^{\beta a}] \tag{9.1.29}$$

$$C\mathrm{e}^{\beta a}+D\mathrm{e}^{-\beta a}=E\mathrm{e}^{\mathrm{i}ka}+F\mathrm{e}^{-\mathrm{i}ka} \tag{9.1.30}$$

$$\beta[C\mathrm{e}^{\beta a}-D\mathrm{e}^{-\beta a}]=\mathrm{i}k[E\mathrm{e}^{\mathrm{i}ka}-F\mathrm{e}^{-\mathrm{i}ka}] \tag{9.1.31}$$

将公式（9.1.28），（9.1.29），（9.1.30）和（9.1.31）改写成矩阵的形式，有

$$\begin{bmatrix}\mathrm{e}^{-\mathrm{i}ka} & \mathrm{e}^{\mathrm{i}ka}\\ \mathrm{i}k\mathrm{e}^{-\mathrm{i}ka} & -\mathrm{i}k\mathrm{e}^{\mathrm{i}ka}\end{bmatrix}\begin{bmatrix}A\\ B\end{bmatrix}=\begin{bmatrix}\mathrm{e}^{-\beta a} & \mathrm{e}^{\beta a}\\ \beta\mathrm{e}^{-\beta a} & -\beta\mathrm{e}^{\beta a}\end{bmatrix}\begin{bmatrix}C\\ D\end{bmatrix}$$

$$\begin{bmatrix}\mathrm{e}^{\beta a} & \mathrm{e}^{-\beta a}\\ \beta\mathrm{e}^{\beta a} & -\beta\mathrm{e}^{-\beta a}\end{bmatrix}\begin{bmatrix}C\\ D\end{bmatrix}=\begin{bmatrix}\mathrm{e}^{\mathrm{i}ka} & \mathrm{e}^{-\mathrm{i}ka}\\ \mathrm{i}k\mathrm{e}^{\mathrm{i}ka} & -\mathrm{i}k\mathrm{e}^{-\mathrm{i}ka}\end{bmatrix}\begin{bmatrix}E\\ F\end{bmatrix}$$

由公式（9.1.28），（9.1.29），（9.1.30）和（9.1.31）可得到系数 A，B 与系数 C，D 间的关系式和系数 C，D 与系数 E，F 间的关系式分别为

$$\begin{bmatrix}A\\ B\end{bmatrix}=\begin{bmatrix}\dfrac{\mathrm{i}k+\beta}{2\mathrm{i}k}\mathrm{e}^{(\mathrm{i}k-\beta)a} & \dfrac{\mathrm{i}k-\beta}{2\mathrm{i}k}\mathrm{e}^{(\mathrm{i}k+\beta)a}\\ \dfrac{\mathrm{i}k-\beta}{2\mathrm{i}k}\mathrm{e}^{-(\mathrm{i}k+\beta)a} & \dfrac{\mathrm{i}k+\beta}{2\mathrm{i}k}\mathrm{e}^{-(\mathrm{i}k-\beta)a}\end{bmatrix}\begin{bmatrix}C\\ D\end{bmatrix} \tag{9.1.32}$$

$$\begin{bmatrix} C \\ D \end{bmatrix} = \begin{bmatrix} \frac{ik+\beta}{2\beta}e^{(ik-\beta)a} & -\left(\frac{ik-\beta}{2\beta}\right)e^{-(ik+\beta)a} \\ -\left(\frac{ik-\beta}{2\beta}\right)e^{(ik+\beta)a} & \frac{ik+\beta}{2\beta}e^{-(ik-\beta)a} \end{bmatrix} \begin{bmatrix} E \\ F \end{bmatrix} \tag{9.1.33}$$

由公式（9.1.32）和（9.1.33），可得到

$$\begin{bmatrix} A \\ B \end{bmatrix} = \begin{bmatrix} M_{11} & M_{12} \\ M_{21} & M_{22} \end{bmatrix} \begin{bmatrix} E \\ F \end{bmatrix} \tag{9.1.34}$$

其中，$M_{22}=M_{11}^*$，$M_{12}=M_{21}^*$且

$$M_{11}=\left(\frac{ik+\beta}{2ik}\right)\left(\frac{ik+\beta}{2\beta}\right)e^{2(ik-\beta)a}-\left(\frac{ik-\beta}{2ik}\right)\left(\frac{ik-\beta}{2\beta}\right)e^{2(ik+\beta)a}$$

$$=\left[\cosh(2\beta a)-\frac{i}{2}\left(\frac{k^2-\beta^2}{k\beta}\right)\sinh(2\beta a)\right]e^{2ika}$$

$$M_{12}=-\left(\frac{ik+\beta}{2ik}\right)\left(\frac{ik-\beta}{2\beta}\right)e^{-2\beta a}+\left(\frac{ik-\beta}{2ik}\right)\left(\frac{ik+\beta}{2\beta}\right)e^{2\beta a}$$

$$=-\frac{i}{2}\left(\frac{k^2-\beta^2}{k\beta}\right)\cosh(2\beta a)$$

$$M_{21}=\left(\frac{ik-\beta}{2ik}\right)\left(\frac{ik+\beta}{2\beta}\right)e^{-2\beta a}-\left(\frac{ik+\beta}{2ik}\right)\left(\frac{ik-\beta}{2\beta}\right)e^{2\beta a}$$

$$=-\frac{i}{2}\left(\frac{k^2+\beta^2}{k\beta}\right)\sinh\ (2\beta a)$$

$$M_{22}=-\left(\frac{ik-\beta}{2ik}\right)\left(\frac{ik-\beta}{2\beta}\right)e^{-2(ik+\beta)a}+\left(\frac{ik+\beta}{2ik}\right)\left(\frac{ik+\beta}{2\beta}\right)e^{2(\beta-ik)a}$$

由公式（9.1.34），可得到势垒两边的反射系数 B，E 与入射系数 A，F 之间的关系式为

$$\begin{bmatrix} B \\ E \end{bmatrix} = \boldsymbol{S}\begin{bmatrix} A \\ F \end{bmatrix} = \begin{bmatrix} S_{11} & S_{12} \\ S_{21} & S_{22} \end{bmatrix} \begin{bmatrix} A \\ F \end{bmatrix} \tag{9.1.35}$$

其中，$\boldsymbol{S}$ 被称为散射矩阵，S_{11}，S_{12}，S_{21}和 S_{22}分别为

$$S_{11}=\frac{M_{21}}{M_{11}},\ S_{12}=M_{22}-\frac{M_{21}\cdot M_{12}}{M_{11}},$$

$$S_{22}=-\frac{M_{12}}{M_{11}},\ S_{21}=\frac{1}{M_{11}}$$

如果电子只从势垒的左边入射，则 F 必定为0。由公式（9.1.35）可得到透射系数 r_{L} 和反射系数 t_{L} 分别为

$$r_L=\frac{B}{A}=S_{11}=\frac{M_{21}}{M_{11}} \tag{9.1.36}$$

$$t_L=\frac{E}{A}=S_{21}=\frac{1}{M_{11}} \tag{9.1.37}$$

如果电子只从势垒的右边入射，则 A 必定为0。由公式（9.1.35）可得到透射系数 r_{R} 和反射系数 t_{R} 分别为

$$r_{\mathrm{R}}=\frac{E}{F}=S_{22}=-\frac{M_{12}}{M_{11}} \tag{9.1.38}$$

$$t_{\mathrm{R}}=\frac{B}{F}=S_{12}=M_{22}-\frac{M_{12}\cdot M_{21}}{M_{11}} \tag{9.1.39}$$

则散射矩阵 $\boldsymbol{S}$ 还可表示为

$$\boldsymbol{S}=\begin{bmatrix} S_{11} & S_{12} \\ S_{21} & S_{22} \end{bmatrix}=\begin{bmatrix} r_{\mathrm{L}} & t_{\mathrm{R}} \\ t_{\mathrm{L}} & r_{\mathrm{R}} \end{bmatrix} \tag{9.1.40}$$

由公式（9.1.40）得到

$$\boldsymbol{S}^{+}\boldsymbol{S}=\boldsymbol{S}\boldsymbol{S}^{+}=\boldsymbol{I}$$

其中，$\boldsymbol{I}$ 是单位矩阵。

三、非对称单势垒量子模型的量子隧穿

假设能量为 E 的微观粒子以 x 轴为正方向向势垒右方运动，粒子隧穿的单势垒的宽度为 $2a$，高度为

$$U(x)=\begin{cases} 0, & -a<x \\ U_0, & -a<x<a \\ -U_1, & a<x \end{cases}$$

非对称的单方势垒隧穿模型如图 9.3 所示。

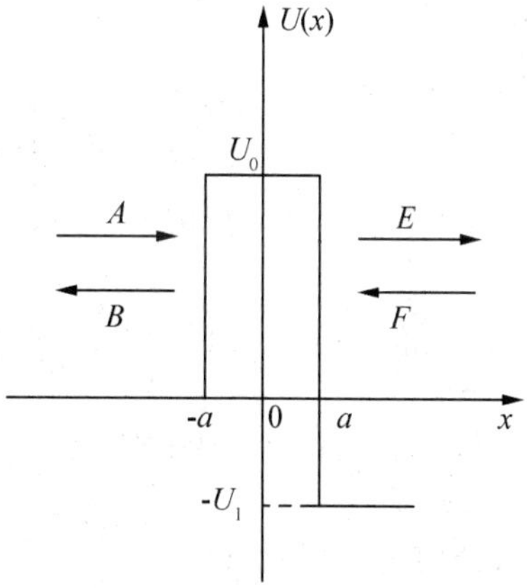

图 9.3 非对称单方势垒隧穿模型

在 $E<U_0$ 时，解其对应的定态薛定谔方程可得到各个区域中的波函数为

$$\Psi(x)=\begin{cases} A\mathrm{e}^{\mathrm{i}kx}+B\mathrm{e}^{-\mathrm{i}kx}, & x<-a, \\ C\mathrm{e}^{\beta x}+D\mathrm{e}^{-\beta x}, & -a<x<a \\ E\mathrm{e}^{\mathrm{i}k_1x}+F\mathrm{e}^{-\mathrm{i}k_1x}, & x>a \end{cases} \tag{9.1.41}$$

其中，$k=\frac{\sqrt{2mE}}{\hbar}$为势垒左侧波矢，$\beta=\frac{\sqrt{2m(U_0-E)}}{\hbar}$为中间势垒层波矢，$k_1=\frac{\sqrt{2m(E+U_1)}}{\hbar}$为势垒右侧波矢。

系数 A，B 分别是由势垒左边入射的入射波、反射波的振幅，而系数 E，F 分别表示由势垒右边入射的入射波、反射波的振幅。

该非对称单方势垒在边界 $x=-a$，$x=a$ 处对应的波函数及其一阶导数连续，则边界条件有

$$\psi_{\mathrm{I}}(-a)=\psi_{\mathrm{II}}(-a) \tag{9.1.42}$$

$$\left.\frac{\mathrm{d}\psi_{\mathrm{I}}(x)}{\mathrm{d}x}\right|_{x=-a}=\left.\frac{\mathrm{d}\psi_{\mathrm{II}}(x)}{\mathrm{d}x}\right|_{x=-a} \tag{9.1.43}$$

$$\psi_{\mathrm{II}}(a)=\psi_{\mathrm{III}}(a) \tag{9.1.44}$$

$$\left.\frac{\mathrm{d}\psi_{\mathrm{II}}(x)}{\mathrm{d}x}\right|_{x=a}=\left.\frac{\mathrm{d}\psi_{\mathrm{III}}(x)}{\mathrm{d}x}\right|_{x=a} \tag{9.1.45}$$

将公式（9.1.41）代入上式，有

$$A\mathrm{e}^{-\mathrm{i}ka}+B\mathrm{e}^{\mathrm{i}ka}=C\mathrm{e}^{-\beta a}+D\mathrm{e}^{\beta a} \tag{9.1.46}$$

$$\mathrm{i}k\left[A\mathrm{e}^{-\mathrm{i}ka}-B\mathrm{e}^{\mathrm{i}ka}\right]=\beta\left[C\mathrm{e}^{-\beta a}-D\mathrm{e}^{\beta a}\right] \tag{9.1.47}$$

$$C\mathrm{e}^{\beta a}+D\mathrm{e}^{-\beta a}=E\mathrm{e}^{\mathrm{i}k_1a}+F\mathrm{e}^{-\mathrm{i}k_1a} \tag{9.1.48}$$

$$\beta\left[C\mathrm{e}^{\beta a}-D\mathrm{e}^{-\beta a}\right]=\mathrm{i}k\left[E\mathrm{e}^{\mathrm{i}k_1a}-F\mathrm{e}^{-\mathrm{i}k_1a}\right] \tag{9.1.49}$$

将公式（9.1.46），（9.1.47），（9.1.48）和（9.1.49）改写成矩阵的形式，有

$$\begin{bmatrix}\mathrm{e}^{-\mathrm{i}ka} & \mathrm{e}^{\mathrm{i}ka}\\ \mathrm{i}k\mathrm{e}^{-\mathrm{i}ka} & -\mathrm{i}k\mathrm{e}^{\mathrm{i}ka}\end{bmatrix}\begin{bmatrix}A\\ B\end{bmatrix}=\begin{bmatrix}e^{-\beta a} & \mathrm{e}^{\beta a}\\ \beta\mathrm{e}^{-\beta a} & -\beta\mathrm{e}^{\beta a}\end{bmatrix}\begin{bmatrix}C\\ D\end{bmatrix}$$

$$\begin{bmatrix}\mathrm{e}^{\beta a} & \mathrm{e}^{-\beta a}\\ \beta\mathrm{e}^{\beta a} & -\beta\mathrm{e}^{-\beta a}\end{bmatrix}\begin{bmatrix}C\\ D\end{bmatrix}=\begin{bmatrix}\mathrm{e}^{\mathrm{i}k_1a} & \mathrm{e}^{-\mathrm{i}k_1a}\\ \mathrm{i}k\mathrm{e}^{\mathrm{i}k_1a} & -\mathrm{i}k\mathrm{e}^{-\mathrm{i}k_1a}\end{bmatrix}\begin{bmatrix}E\\ F\end{bmatrix}$$

可得到系数 A、B 与系数 C、D 之间的关系式和系数 C、D 与系数 E、F 之间的关系式分别为

$$\begin{bmatrix}A\\ B\end{bmatrix}=\begin{bmatrix}\dfrac{\mathrm{i}k+\beta}{2\mathrm{i}k}\mathrm{e}^{(\mathrm{i}k-\beta)a} & \dfrac{\mathrm{i}k-\beta}{2\mathrm{i}k}\mathrm{e}^{(\mathrm{i}k+\beta)a}\\ \dfrac{\mathrm{i}k-\beta}{2\mathrm{i}k}\mathrm{e}^{-(\mathrm{i}k+\beta)a} & \dfrac{\mathrm{i}k+\beta}{2\mathrm{i}k}\mathrm{e}^{-(\mathrm{i}k-\beta)a}\end{bmatrix}\begin{bmatrix}C\\ D\end{bmatrix} \tag{9.1.50}$$

$$\begin{bmatrix}C\\ D\end{bmatrix}=\begin{bmatrix}\dfrac{\mathrm{i}k_1+\beta}{2\beta}\mathrm{e}^{(\mathrm{i}k_1-\beta)a} & -\left(\dfrac{\mathrm{i}k_1-\beta}{2\beta}\right)\mathrm{e}^{-(\mathrm{i}k_1+\beta)a}\\ -\left(\dfrac{\mathrm{i}k_1-\beta}{2\beta}\right)\mathrm{e}^{(\mathrm{i}k_1+\beta)a} & \dfrac{\mathrm{i}k_1+\beta}{2\beta}\mathrm{e}^{-(\mathrm{i}k_1-\beta)a}\end{bmatrix}\begin{bmatrix}E\\ F\end{bmatrix} \tag{9.1.51}$$

由公式（9.1.50）和（9.1.51），可得到

$$\begin{bmatrix}A\\ B\end{bmatrix}=\begin{bmatrix}M_{11} & M_{12}\\ M_{21} & M_{22}\end{bmatrix}\begin{bmatrix}E\\ F\end{bmatrix} \tag{9.1.52}$$

其中，$M_{22}=M_{11}^*$，$M_{12}=M_{21}^*$ 且

$$M_{11}=\left(\frac{\mathrm{i}k+\beta}{2\mathrm{i}k}\right)\left(\frac{\mathrm{i}k_1+\beta}{2\beta}\right)\mathrm{e}^{(\mathrm{i}k+\mathrm{i}k_1-2\beta)a}-\left(\frac{\mathrm{i}k-\beta}{2\mathrm{i}k}\right)\left(\frac{\mathrm{i}k_1-\beta}{2\beta}\right)\mathrm{e}^{(\mathrm{i}k+\mathrm{i}k_1+2\beta)a}$$

$$=\left[\frac{1}{2}\left(1+\frac{k_1}{k}\right)\cosh(2\beta a)-\frac{\mathrm{i}}{2}\left(\frac{kk_1-\beta^2}{k\beta}\right)\sinh(2\beta a)\right]\mathrm{e}^{\mathrm{i}(k+k_1)a}$$

$$M_{12}=-\left(\frac{\mathrm{i}k+\beta}{2\mathrm{i}k}\right)\left(\frac{\mathrm{i}k_1-\beta}{2\beta}\right)\mathrm{e}^{(\mathrm{i}k-\mathrm{i}k_1-2\beta)a}+\left(\frac{\mathrm{i}k-\beta}{2\mathrm{i}k}\right)\left(\frac{\mathrm{i}k_1+\beta}{2\beta}\right)\mathrm{e}^{(\mathrm{i}k-\mathrm{i}k_1+2\beta)a}$$

$$M_{21}=\left(\frac{\mathrm{i}k-\beta}{2\mathrm{i}k}\right)\left(\frac{\mathrm{i}k+\beta}{2\beta}\right)\mathrm{e}^{-2\beta a-\mathrm{i}(k-k_1)a}-\left(\frac{\mathrm{i}k+\beta}{2\mathrm{i}k}\right)\left(\frac{\mathrm{i}k_1-\beta}{2\beta}\right)\mathrm{e}^{2\beta a-\mathrm{i}(k-k_1)a}$$

$$=-\left[\frac{\mathrm{i}}{2}\left(\frac{kk_1+\beta^2}{k\beta}\right)\sinh(2\beta a)+\frac{1}{2}\left(\frac{k_1}{k}-1\right)\cosh(2\beta a)\right]\mathrm{e}^{-\mathrm{i}(k-k_1)a}$$

$$M_{22}=-\left(\frac{\mathrm{i}k+\beta}{2\mathrm{i}k}\right)\left(\frac{\mathrm{i}k_1-\beta}{2\beta}\right)\mathrm{e}^{(\mathrm{i}k-\mathrm{i}k_1-2\beta)a}+\left(\frac{\mathrm{i}k-\beta}{2\mathrm{i}k}\right)\left(\frac{\mathrm{i}k_1+\beta}{2\beta}\right)\mathrm{e}^{(\mathrm{i}k-\mathrm{i}k_1+2\beta)a}$$

所以反射系数为

$$R(E)=\frac{|B|^2}{|A|^2}=\frac{|M_{21}|^2}{|M_{11}|^2}$$

不考虑电子在不相同的区域有效质量导致的影响，则透射系数为

$$T(E)=\frac{k_1}{k_2}\frac{|E|^2}{|A|^2}=\frac{k_1}{k_2}\frac{1}{|M_{11}|^2}=\frac{4kk_1/(k_1+k)^2}{1+\left[\frac{(k^2+\beta^2)(k_1^2+\beta^2)}{\beta^2(k_1^2+k^2)}\right]\sinh^2(2\beta a)}\tag{9.1.53}$$

第二节　双方势垒量子模型的量子隧穿

上一节研究了单方势垒的量子隧穿，现在在上一节方法的基础上来研究双方势垒的量子隧穿。

一、对称双方势垒的量子隧穿

假设在一维空间运动且具有一定能量 E 的微观粒子，以 x 轴为正方向由方形双势垒左方向右方运动。双势垒由两个相距 b，宽度为 $2a$ 的单方势垒组成。对称双方势垒隧穿模型如图 9.4 所示。

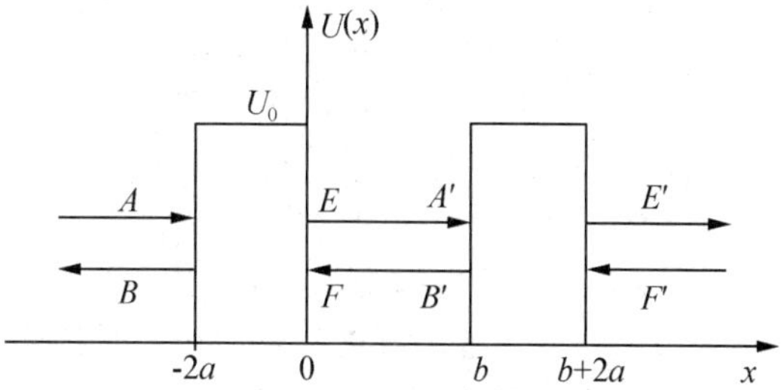

图 9.4　对称双方势垒隧穿模型

其双势垒的高度为

$$U(x)=\begin{cases}0, & x<-2a,\ 0<x<b,\ b+2a<x\\ U_0, & -2a<x<0,\ b<x<b+2a\end{cases}\tag{9.2.1}$$

当能量 $E<U_0$ 时，可利用定态薛定谔方程得出该对称双势垒隧穿模型在各个区域中对应的波函数分别为

$$\begin{aligned}
\Psi_{\mathrm{I}} &= A\mathrm{e}^{\mathrm{i}kx}+B\mathrm{e}^{-\mathrm{i}kx} \\
\Psi_{\mathrm{II}} &= C\mathrm{e}^{\beta x}+D\mathrm{e}^{-\beta x} \\
\Psi_{\mathrm{III}左} &= E\mathrm{e}^{\mathrm{i}kx}+F\mathrm{e}^{-\mathrm{i}kx} \\
\Psi_{\mathrm{III}右} &= A'\mathrm{e}^{\mathrm{i}kx}+B'\mathrm{e}^{-\mathrm{i}kx} \\
\Psi_{\mathrm{IV}} &= C'\mathrm{e}^{\beta x}+D'\mathrm{e}^{-\beta x} \\
\Psi_{\mathrm{V}} &= E'\mathrm{e}^{\mathrm{i}kx}+F'\mathrm{e}^{-\mathrm{i}kx}
\end{aligned} \tag{9.2.2}$$

其中，$k=\dfrac{\sqrt{2mE}}{\hbar}$为势垒外部波矢（大小），$\beta=\dfrac{\sqrt{2m(U_0-E)}}{\hbar}$为中间势垒层波矢（大小）。

系数 A，B 分别为第一势垒左边的入射、反射系数，而 E，F 分别为第一势垒右边的入射、反射系数。同理，系数 A'，B'分别为第二个势垒左边的入射、反射系数，而系数 E'，F'分别为第二个势垒右边的入射、反射系数。

该双势垒模型在边界 $x=-2a$，$x=0$，$x=b$，$x=b+2a$ 处对应的波函数与其的一阶导数会发生连续，即边界条件有

$$\psi_{\mathrm{I}}(-2a)=\psi_{\mathrm{II}}(-2a),\ \left.\frac{\mathrm{d}\psi_{\mathrm{I}}(x)}{\mathrm{d}x}\right|_{x=-2a}=\left.\frac{\mathrm{d}\psi_{\mathrm{II}}(x)}{\mathrm{d}x}\right|_{x=-2a} \tag{9.2.3}$$

$$\psi_{\mathrm{II}}(0)=\psi_{\mathrm{III}}(0),\ \left.\frac{\mathrm{d}\psi_{\mathrm{II}}(x)}{\mathrm{d}x}\right|_{x=0}=\left.\frac{\mathrm{d}\psi_{\mathrm{III}}(x)}{\mathrm{d}x}\right|_{x=0} \tag{9.2.4}$$

$$\psi_{\mathrm{III}}(b)=\psi_{\mathrm{IV}}(b),\ \left.\frac{\mathrm{d}\psi_{\mathrm{III}}(x)}{\mathrm{d}x}\right|_{x=b}=\left.\frac{\mathrm{d}\psi_{\mathrm{IV}}(x)}{\mathrm{d}x}\right|_{x=b} \tag{9.2.5}$$

$$\psi_{\mathrm{IV}}(b+2a)=\psi_{\mathrm{V}}(b+2a),\ \left.\frac{\mathrm{d}\psi_{\mathrm{IV}}(x)}{\mathrm{d}x}\right|_{x=b+2a}=\left.\frac{\mathrm{d}\psi_{\mathrm{IV}}(x)}{\mathrm{d}x}\right|_{x=b+2a} \tag{9.2.6}$$

将各个区域对应的波函数代入公式（9.2.3），（9.2.4），（9.2.5）和（9.2.6），有

$$A\mathrm{e}^{-2\mathrm{i}ka}+B\mathrm{e}^{2\mathrm{i}ka}=C\mathrm{e}^{-2\beta a}+D\mathrm{e}^{2\beta a} \tag{9.2.7}$$

$$\mathrm{i}k\left(A\mathrm{e}^{-2\mathrm{i}ka}-B\mathrm{e}^{2\mathrm{i}ka}\right)=\beta\left[C\mathrm{e}^{-2\beta a}-D\mathrm{e}^{2\beta a}\right] \tag{9.2.8}$$

$$C+D=E+F \tag{9.2.9}$$

$$\beta(C-D)=\mathrm{i}k(E-F) \tag{9.2.10}$$

$$A'\mathrm{e}^{\mathrm{i}kb}+B'\mathrm{e}^{-\mathrm{i}kb}=C'\mathrm{e}^{\beta b}+D'\mathrm{e}^{-\beta b} \tag{9.2.11}$$

$$\mathrm{i}k\left(A'\mathrm{e}^{\mathrm{i}kb}-B'\mathrm{e}^{-\mathrm{i}kb}\right)=\beta\left(C'\mathrm{e}^{\beta b}-D'\mathrm{e}^{-\beta b}\right) \tag{9.2.12}$$

$$C'\mathrm{e}^{\beta(b+2a)}+D'\mathrm{e}^{-\beta(b+2a)}=E'\mathrm{e}^{\mathrm{i}k(b+2a)}+F'\mathrm{e}^{-\mathrm{i}k(b+2a)} \tag{9.2.13}$$

$$\beta\left(C'\mathrm{e}^{\beta(b+2a)}-D'\mathrm{e}^{-\beta(b+2a)}\right)=\mathrm{i}k\left(E'\mathrm{e}^{\mathrm{i}k(b+2a)}-F'\mathrm{e}^{-\mathrm{i}k(b+2a)}\right) \tag{9.2.14}$$

将公式（9.2.6），（9.2.7），（9.2.8），（9.2.9），（9.2.10），（9.2.11），（9.2.12）和（9.2.13）采用矩阵表达的方法改写成矩阵的形式，有

$$\begin{bmatrix} \mathrm{e}^{-2\mathrm{i}ka} & \mathrm{e}^{2\mathrm{i}ka} \\ \mathrm{i}k\mathrm{e}^{-2\mathrm{i}ka} & -\mathrm{i}k\mathrm{e}^{2\mathrm{i}ka} \end{bmatrix}\begin{bmatrix} A \\ B \end{bmatrix}=\begin{bmatrix} \mathrm{e}^{-2\beta a} & \mathrm{e}^{2\beta a} \\ \beta\mathrm{e}^{-2\beta a} & -\beta\mathrm{e}^{2\beta a} \end{bmatrix}\begin{bmatrix} C \\ D \end{bmatrix} \tag{9.2.15}$$

$$\begin{bmatrix} 1 & 1 \\ \beta & -\beta \end{bmatrix}\begin{bmatrix} C \\ D \end{bmatrix}=\begin{bmatrix} 1 & 1 \\ \mathrm{i}k & -\mathrm{i}k \end{bmatrix}\begin{bmatrix} E \\ F \end{bmatrix} \tag{9.2.16}$$

$$\begin{bmatrix} \mathrm{e}^{\mathrm{i}kb} & \mathrm{e}^{-\mathrm{i}kb} \\ \mathrm{i}k\mathrm{e}^{\mathrm{i}kb} & -\mathrm{i}k\mathrm{e}^{-\mathrm{i}kb} \end{bmatrix}\begin{bmatrix} A' \\ B' \end{bmatrix}=\begin{bmatrix} \mathrm{e}^{\beta b} & \mathrm{e}^{-\beta b} \\ \beta\mathrm{e}^{\beta b} & -\beta\mathrm{e}^{-\beta b} \end{bmatrix}\begin{bmatrix} C' \\ D' \end{bmatrix} \tag{9.2.17}$$

$$\begin{bmatrix} e^{\beta(b+2a)} & e^{-\beta(b+2a)} \\ \beta e^{\beta(b+2a)} & -\beta e^{-\beta(b+2a)} \end{bmatrix}\begin{bmatrix} C' \\ D' \end{bmatrix}=\begin{bmatrix} e^{ik(b+2a)} & e^{-ik(b+2a)} \\ ike^{ik(b+2a)} & -ike^{-ik(b+2a)} \end{bmatrix}\begin{bmatrix} E' \\ F' \end{bmatrix} \tag{9.2.18}$$

令

$$\boldsymbol{M}_1=\begin{bmatrix} e^{-2ika} & e^{2ika} \\ ike^{-2ika} & -ike^{2ika} \end{bmatrix} \quad \boldsymbol{M}_2=\begin{bmatrix} e^{-2\beta a} & e^{2\beta a} \\ \beta e^{-2\beta a} & -\beta e^{2\beta a} \end{bmatrix}$$

$$\boldsymbol{M}_3=\begin{bmatrix} 1 & 1 \\ \beta & -\beta \end{bmatrix} \quad \boldsymbol{M}_4=\begin{bmatrix} 1 & 1 \\ ik & -ik \end{bmatrix}$$

$$\boldsymbol{M}_5=\begin{bmatrix} e^{ikb} & e^{-ikb} \\ ike^{ikb} & -ike^{-ikb} \end{bmatrix} \quad \boldsymbol{M}_6=\begin{bmatrix} e^{\beta b} & e^{-\beta b} \\ \beta e^{\beta b} & -\beta e^{-\beta b} \end{bmatrix}$$

$$\boldsymbol{M}_7=\begin{bmatrix} e^{\beta(b+2a)} & e^{-\beta(b+2a)} \\ \beta e^{\beta(b+2a)} & -\beta e^{-\beta(b+2a)} \end{bmatrix} \quad \boldsymbol{M}_8=\begin{bmatrix} e^{ik(b+2a)} & e^{-ik(b+2a)} \\ ike^{ik(b+2a)} & -ike^{-ik(b+2a)} \end{bmatrix}$$

又经观察发现，粒子在两个势垒之间的隧穿的关系为

$$A'=Ee^{ikb},\quad B'=Fe^{-ikb} \tag{9.2.19}$$

将公式（9.2.16）和（9.2.17）写成矩阵的形式有

$$\begin{bmatrix} E \\ F \end{bmatrix}=\begin{bmatrix} e^{-ikb} & 0 \\ 0 & e^{ikb} \end{bmatrix}\begin{bmatrix} A' \\ B' \end{bmatrix}=\boldsymbol{M}_W\begin{bmatrix} A' \\ B' \end{bmatrix} \tag{9.2.20}$$

其中，两势垒间的隧穿转移矩阵 $\boldsymbol{M}_W$ 为

$$\boldsymbol{M}_W=\begin{bmatrix} e^{-ikb} & 0 \\ 0 & e^{ikb} \end{bmatrix}$$

通过矩阵运算可获得势垒的入射振幅和出射振幅间的关系为

$$\begin{bmatrix} E' \\ F' \end{bmatrix}=\boldsymbol{M}_8\boldsymbol{M}_7^{-1}\boldsymbol{M}_6\boldsymbol{M}_5^{-1}\boldsymbol{M}_W\boldsymbol{M}_4\boldsymbol{M}_3^{-1}\boldsymbol{M}_2\boldsymbol{M}_1^{-1}\begin{bmatrix} A \\ B \end{bmatrix} \tag{9.2.21}$$

令

$$\boldsymbol{M}_K=\boldsymbol{M}_8\boldsymbol{M}_7^{-1}\boldsymbol{M}_6\boldsymbol{M}_5^{-1}\boldsymbol{M}_W\boldsymbol{M}_4\boldsymbol{M}_3^{-1}\boldsymbol{M}_2\boldsymbol{M}_1^{-1}$$

又令 $F'=0$，$E'=t$，$A=1$，$B=r$，上式可写成

$$\begin{bmatrix} t \\ 0 \end{bmatrix}=\begin{bmatrix} M_{K11} & M_{K12} \\ M_{K21} & M_{K22} \end{bmatrix}\begin{bmatrix} 1 \\ r \end{bmatrix} \tag{9.2.22}$$

则可得到

$$t=M_{K11}+rM_{K12}=M_{K11}+\frac{-M_{K21}M_{K12}}{M_{K22}}$$

则该双势垒透射系数为

$$T=|t|^2=\left|M_{K11}+\frac{-M_{K21}M_{K12}}{M_{K22}}\right|^2 \tag{9.2.23}$$

二、非对称双势垒量子模型的量子隧穿

对称方势垒模型在量子力学教材和众多文献中都有标准的处理方法，但是在实际生活环境中会导致势垒形状发生改变，对称方势垒会变成非对称方势垒。建立一个非对称双势垒模型，其左右势垒的宽度分别为 $2a_L$ 和 $2a_R$。两个势垒把空间分为Ⅰ、Ⅱ、Ⅲ、Ⅳ、Ⅴ共5个区。其非对称双势垒模型如图9.5所示。

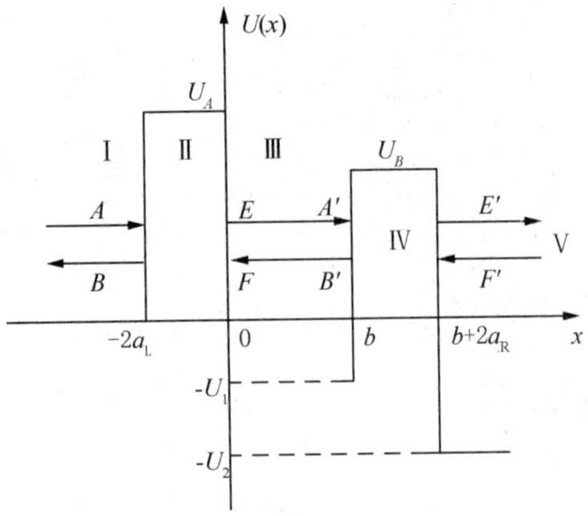

图 9.5　非对称双方势垒隧穿模型

其非对称双方势垒隧穿模型的高度为

$$U(x)=\begin{cases}0, & x<-2a_L,\ 0<x<b,\ b+2a_R<x\\ U_A, & -2a_L<x<0\\ U_B, & b<x<b+2a_R\end{cases} \tag{9.2.24}$$

当能量 $E<U_0$ 时，解非对称双势垒量子模型对应的定态薛定谔方程可得到其各个区域中对应的波函数分别为

$$\begin{aligned}\Psi_{\mathrm{I}}&=Ae^{ikx}+Be^{-ikx}\\ \Psi_{\mathrm{II}}&=Ce^{\gamma x}+De^{-\gamma x}\\ \Psi_{\mathrm{III}左}&=Ee^{ik_1x}+Fe^{-ik_1x}\\ \Psi_{\mathrm{III}右}&=A'e^{ik_1x}+B'e^{-ik_1x}\\ \Psi_{\mathrm{IV}}&=C'e^{\gamma_1x}+D'e^{-\gamma_1x}\\ \Psi_{\mathrm{V}}&=E'e^{ik_2x}+F'e^{-ik_2x}\end{aligned} \tag{9.2.25}$$

其中，

$$k_1=\frac{\sqrt{2mE}}{\hbar},\ \gamma=\frac{\sqrt{2m\ (U_A-E)}}{\hbar},\ k_1=\frac{\sqrt{2m\ (E+U_1)}}{\hbar},$$

$$\gamma_1=\frac{\sqrt{2m\ (U_B-E)}}{\hbar},\ k_{12}=\frac{\sqrt{2m\ (E+U_2)}}{\hbar}$$

该非对称双势垒量子模型在边界 $x=-2a_L$，$x=0$，$x=b$，$x=b+2a_R$ 处对应的波函数及其一阶导数连续，则可得到

$$\psi_{\mathrm{I}}(-2a_L)=\psi_{\mathrm{II}}\ (-2a_L),\ \left.\frac{d\psi_{\mathrm{I}}(x)}{dx}\right|_{x=-2a_L}=\left.\frac{d\psi_{\mathrm{II}}(x)}{dx}\right|_{x=-2a_L} \tag{9.2.26}$$

$$\psi_{\mathrm{II}}(0)=\psi_{\mathrm{III}}(0),\ \left.\frac{d\psi_{\mathrm{II}}(x)}{dx}\right|_{x=0}=\left.\frac{d\psi_{\mathrm{III}}(x)}{dx}\right|_{x=0} \tag{9.2.27}$$

$$\psi_{\mathrm{III}}(b)=\psi_{\mathrm{IV}}(b),\ \left.\frac{d\psi_{\mathrm{III}}(x)}{dx}\right|_{x=b}=\left.\frac{d\psi_{\mathrm{IV}}(x)}{dx}\right|_{x=b} \tag{9.2.28}$$

$$\psi_{\mathrm{IV}}(b+2a_R)=\psi_{\mathrm{V}}(b+2a_R),\ \left.\frac{d\psi_{\mathrm{IV}}(x)}{dx}\right|_{x=b+2a_L}=\left.\frac{d\psi_{\mathrm{IV}}(x)}{dx}\right|_{x=b+2a_L} \tag{9.2.29}$$

将各区域的波函数代入上式，有

$$Ae^{-2ika_L}+Be^{2ika_L}=Ce^{-2\gamma a_L}+De^{2\gamma a_L} \tag{9.2.30}$$

$$ik\left[Ae^{-2ika_L}-Be^{2ika_L}\right]=\gamma\left[Ce^{-2\gamma a_L}-De^{2\gamma a_L}\right] \tag{9.2.31}$$

$$C+D=E+F \tag{9.2.32}$$

$$\gamma\ (C-D)\ =ik_1\ (E-F) \tag{9.2.33}$$

$$A'e^{ik_1b}+B'e^{-ik_1b}=C'e^{\gamma_1b}+D'e^{-\gamma_1b} \tag{9.2.34}$$

$$ik_1\left[A'e^{ik_1b}-B'e^{-ik_1b}\right]=\gamma_1\left[C'e^{\gamma_1b}-D'e^{-\gamma_1b}\right] \tag{9.2.35}$$

$$C'e^{\gamma_1(b+2a_R)}+D'e^{-\gamma_1(b+2a_R)}=E'e^{ik_2(b+2a_R)}+F'e^{-ik_2(b+2a_R)} \tag{9.2.36}$$

$$\gamma_1\ \left(C'e^{\gamma_1(b+2a_R)}-D'e^{-\gamma_1(b+2a_R)}\right)\ =ik_2\ \left(E'e^{ik_2(b+2a_R)}-F'e^{-ik_2(b+2a_R)}\right) \tag{9.2.37}$$

将公式（9.2.30）~（9.2.37）改写成矩阵的形式，有

$$\begin{bmatrix} e^{-2ika_L} & e^{2ika_L} \\ ike^{-2ika_L} & -ike^{2ika_L} \end{bmatrix}\begin{bmatrix} A \\ B \end{bmatrix}=\begin{bmatrix} e^{-2\gamma a_L} & e^{2\gamma a_L} \\ \gamma e^{-2\gamma a_L} & -\gamma e^{2\gamma a_L} \end{bmatrix}\begin{bmatrix} C \\ D \end{bmatrix} \tag{9.2.38}$$

$$\begin{bmatrix} 1 & 1 \\ \gamma & -\gamma \end{bmatrix}\begin{bmatrix} C \\ D \end{bmatrix}=\begin{bmatrix} 1 & 1 \\ ik_1 & -ik_1 \end{bmatrix}\begin{bmatrix} E \\ F \end{bmatrix} \tag{9.2.39}$$

$$\begin{bmatrix} e^{ik_1b} & e^{-ik_1b} \\ ik_1e^{ik_1b} & -ik_1e^{-ik_1b} \end{bmatrix}\begin{bmatrix} A' \\ B' \end{bmatrix}=\begin{bmatrix} e^{\gamma_1b} & e^{-\gamma_1b} \\ \gamma_1e^{\gamma_1b} & -\gamma_1e^{-\gamma_1b} \end{bmatrix}\begin{bmatrix} C' \\ D' \end{bmatrix} \tag{9.2.40}$$

$$\begin{bmatrix} e^{\gamma_1(b+2a_R)} & e^{-\gamma_1(b+2a_R)} \\ \gamma_1e^{\gamma_1(b+2a_R)} & -\gamma_1e^{-\gamma_1(b+2a_R)} \end{bmatrix}\begin{bmatrix} C' \\ D' \end{bmatrix}=\begin{bmatrix} e^{ik_2(b+2a_R)} & e^{-ik_2(b+2a_R)} \\ ik_2e^{ik_2(b+2a_R)} & -ik_2e^{-ik_2(b+2a_R)} \end{bmatrix}\begin{bmatrix} E' \\ F' \end{bmatrix} \tag{9.2.41}$$

同上述单势垒类似，可得到系数 A，B 与 E，F 之间的关系和系数 A'，B' 与 E'，F' 之间的关系式分别为

$$\begin{bmatrix} A \\ B \end{bmatrix}=\begin{bmatrix} M_{L11} & M_{L12} \\ M_{L21} & M_{L22} \end{bmatrix}\begin{bmatrix} E \\ F \end{bmatrix}=\boldsymbol{M}_L\begin{bmatrix} E \\ F \end{bmatrix} \tag{9.2.42}$$

$$\begin{bmatrix} A' \\ B' \end{bmatrix}=\begin{bmatrix} M_{R11}' & M_{R12}' \\ M_{R21}' & M_{R22}' \end{bmatrix}\begin{bmatrix} E' \\ F' \end{bmatrix}=\boldsymbol{M}_2\begin{bmatrix} E' \\ F' \end{bmatrix} \tag{9.2.43}$$

$$M_L'=\begin{bmatrix} M_{L11} & M_{L12} \\ M_{L21} & M_{L22} \end{bmatrix},\quad M_R'=\begin{bmatrix} M_{R11}' & M_{R12}' \\ M_{R21}' & M_{R22}' \end{bmatrix}$$

$$M_{L11}=\frac{(ik+\gamma)\ (ik_1+\gamma)}{4ik\gamma}e^{2(ik-\gamma)a_L},\quad M_{L12}=\frac{(ik-\gamma)\ (ik_1-\gamma)}{-4ik\gamma}e^{2(ik+\gamma)a_L}$$

$$M_{L21}=\frac{(\gamma-ik_1)\ (\gamma-ik)}{-4ik\gamma}e^{-2(ik+\gamma)a_L},\quad M_{L22}=\frac{(ik+\gamma)\ (ik_1+\gamma)}{4ik\gamma}e^{2(\gamma-ik)a_L}$$

其中，

$$M'_{R11}=\frac{(ik_2+\gamma_1)\ (\gamma_1+ik_1)}{4ik_1\gamma_1}e^{(ik_2-ik_1)b-2(ik_2+\gamma_1)a_R}+\frac{(ik_2-\gamma_1)\ (ik_1-\gamma_1)}{-4ik_1\gamma_1}e^{(ik_2-ik_1)b+2(ik_2+\gamma_1)a_R}$$

$$M'_{R12}=\frac{(ik_1+\gamma_1)\ (\gamma_1-ik_2)}{4ik_1\gamma_1}e^{-(ik_2+ik_1)b-2(ik_2+\gamma_1)a_R}+\frac{(ik_1-\gamma_1)\ (ik_2-\gamma_1)}{4ik_1\gamma_1}e^{(ik_2-ik_1)b+2(ik_2-\gamma_1)a_R}$$

$$M'_{R21}=\frac{(\gamma_1-ik_1)\ (ik_2+\gamma_1)}{-4ik_1\gamma_1}e^{(ik_2-ik_1)b+2(ik_2+\gamma_1)a_R}+\frac{(ik_1+\gamma_1)\ (ik_2-\gamma_1)}{-4ik_1\gamma_1}e^{(ik_2-ik_1)b+2(ik_2+\gamma_1)a_R}$$

$$M'_{R22}=\frac{(\gamma_1-ik_1)\ (\gamma_1-ik_2)}{-4ik_1\gamma_1}e^{(-ik_2-ik_1)b-2(ik_2+\gamma_1)a_R}+\frac{(ik_1+\gamma_1)\ (ik_2-\gamma_1)}{4ik_1\gamma_1}e^{-(ik_2+ik_1)b+2(\gamma_1-ik_2)a_R}$$

粒子在势垒间隧穿时有以下关系：

$$A'=E\mathrm{e}^{\mathrm{i}kb},\ B'=F\mathrm{e}^{-\mathrm{i}kb} \tag{9.2.44}$$

其中，b 为左右两势垒间的间距，所以振幅 A'，B'和 E，F 之间通过以下矩阵相联系：

$$\begin{bmatrix}E\\F\end{bmatrix}=\begin{bmatrix}\mathrm{e}^{-\mathrm{i}kb} & 0\\0 & \mathrm{e}^{\mathrm{i}kb}\end{bmatrix}\begin{bmatrix}A'\\B'\end{bmatrix}=\boldsymbol{M}_{\mathrm{W}}\begin{bmatrix}A'\\B'\end{bmatrix} \tag{9.2.45}$$

其中，两势垒间的隧穿转移矩阵为

$$\boldsymbol{M}_{\mathrm{W}}=\begin{bmatrix}\mathrm{e}^{-\mathrm{i}kb} & 0\\0 & \mathrm{e}^{\mathrm{i}kb}\end{bmatrix}$$

这样入射振幅和出射振幅间的关系可以通过矩阵运算获得：

$$\begin{bmatrix}A\\B\end{bmatrix}=\boldsymbol{M}_{\mathrm{L}}'\boldsymbol{M}_{\mathrm{W}}\boldsymbol{M}_{\mathrm{R}}'\begin{bmatrix}E'\\F'\end{bmatrix}=\boldsymbol{M}_{T}\begin{bmatrix}E'\\F'\end{bmatrix} \tag{9.2.46}$$

其中，$\boldsymbol{M}_1'$和 $\boldsymbol{M}_2'$分别为左右势垒的隧穿矩阵，$\boldsymbol{M}_{\mathrm{T}}=\boldsymbol{M}_1'\boldsymbol{M}_{\mathrm{W}}\boldsymbol{M}_2'$为合成后的双结隧穿矩阵，公式（9.2.42）也可以表述为

$$\begin{bmatrix}A\\B\end{bmatrix}=\begin{bmatrix}M_{\mathrm{T11}} & M_{\mathrm{T12}}\\M_{\mathrm{T21}} & M_{\mathrm{T22}}\end{bmatrix}\begin{bmatrix}E'\\F'\end{bmatrix} \tag{9.2.47}$$

其中，

$$M_{\mathrm{T11}}=M_{\mathrm{L11}}M_{\mathrm{R11}}\mathrm{e}^{-\mathrm{i}kb}+M_{\mathrm{L12}}M_{\mathrm{R21}}\mathrm{e}^{\mathrm{i}kb} \tag{9.2.48}$$

将单个势垒隧穿矩阵元 $\boldsymbol{M}_{11}$写为

$$\boldsymbol{M}_{11}=m_{11}\mathrm{e}^{\mathrm{i}\theta} \tag{9.2.49}$$

上式中：m_{11}为矩阵元振幅，θ 为相位，则公式（9.2.49）各振幅和相位与相应矢量的对应关系是

$$m_{\mathrm{L11}}=\sqrt{\frac{1}{4}\left(1+\frac{k_1}{k}\right)^2\cosh^2(2\gamma a_{\mathrm{L}})+\frac{1}{4}\left(\frac{kk_1-\gamma^2}{k\gamma}\right)^2\sinh^2(2\gamma a_{\mathrm{L}})}$$

$$m_{\mathrm{L12}}=\sqrt{\frac{1}{4}\left(1-\frac{k_1}{k}\right)^2\cosh^2(2\gamma a_{\mathrm{L}})+\frac{1}{4}\left(\frac{kk_1+\gamma^2}{k\gamma}\right)^2\sinh^2(2\gamma a_{\mathrm{L}})}$$

$$m_{\mathrm{R11}}=\sqrt{\frac{1}{4}\left(1+\frac{k_2}{k_1}\right)^2\cosh^2(2\gamma_1 a_{\mathrm{R}})+\frac{1}{4}\left(\frac{k_1k_2-\gamma_1^2}{k_1\gamma_1}\right)^2\sinh^2(2\gamma_1 a_{\mathrm{R}})}$$

$$m_{\mathrm{R21}}=\sqrt{\frac{1}{4}\left(1-\frac{k_2}{k_1}\right)^2\cosh^2(2\gamma_1 a_{\mathrm{R}})+\frac{1}{4}\left(\frac{k_1k_2+\gamma_1^2}{k_1\gamma_1}\right)^2\sinh^2(2\gamma_1 a_{\mathrm{R}})}$$

$$\theta_{\mathrm{L11}}=-\arctan\left[\frac{kk_1-\gamma^2}{(k+k_1)\gamma}\tanh(2\gamma a_{\mathrm{L}})\right]+(k+k_1)a_{\mathrm{L}}$$

$$\theta_{\mathrm{L12}}=-\arctan\left[\frac{kk_1+\gamma^2}{(k_1-k)\gamma}\tanh(2\gamma a_{\mathrm{L}})\right]+\pi+(k-k_1)a_{\mathrm{L}}$$

$$\theta_{\mathrm{R11}}=-\arctan\left[\frac{k_1k_2-\gamma_1^2}{(k_1+k_2)\gamma_1}\tanh(2\gamma_1 a_{\mathrm{R}})\right]-(k_1+k_2)a_{\mathrm{R}}$$

$$\theta_{\mathrm{R21}}=\arctan\left[\frac{k_1k_2+\gamma_1^2}{(k_2-k_1)\gamma_1}\tanh(2\gamma_1 a_{\mathrm{R}})\right]+\pi+(k_1-k_2)a_{\mathrm{R}}$$

其中，m_{L}，m_{R} 分别为左势垒、右势垒的隧穿矩阵元的振幅，θ_{L} 和 θ_{R} 分别为左势垒、右

势垒的隧穿的相位。把各振幅与相位的关系代入公式（9.2.49）可得到

$$|\boldsymbol{M}_{T11}|^2=(m_{T11}m_{R11}-m_{T12}m_{R21})^2+4m_{T11}m_{R11}m_{T12}m_{R21}\cos^2\left(k_1b+\frac{\theta_{T12}+\theta_{R21}-\theta_{T11}-\theta_{R11}}{2}\right)$$

则双结总透射系数为

$$T(E)=\frac{k_2}{k}\frac{1}{|\boldsymbol{M}_{T11}|^2} \tag{9.2.50}$$

第三节　三方势垒量子模型的量子隧穿

一、等高且等宽的三势垒量子模型的量子隧穿

假设在一维空间运动且具有一定能量 E 的微观粒子，以 x 轴为正方向由等高且等宽的三势垒量子模型的左方向右方运动，且每个方势垒的宽度都为 $2a$。等高且等宽三势垒隧穿模型如图 9.6 所示。

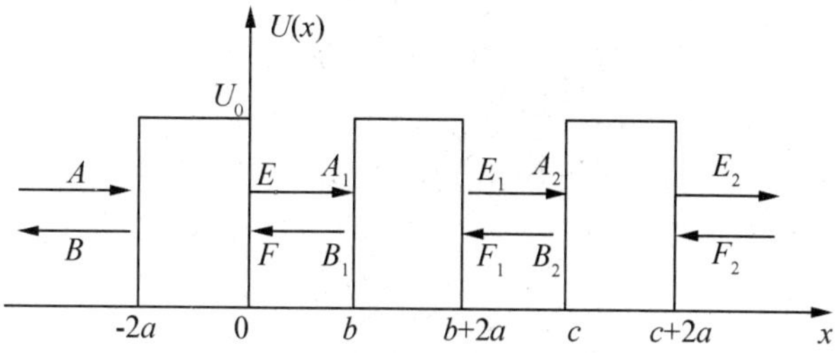

图 9.6　等高且等宽的三势垒隧穿模型

其等高且等宽三势垒量子模型的高度为

$$U(x)=\begin{cases}0, & x<-2a,\ 0<x<b,\ b+2a<x<c\\ U_0, & -2a<x<0,\ b<x<b+2a,\ c<x<c+2a\end{cases} \tag{9.3.1}$$

当能量 $E<U_0$ 时，解等高且等宽三势垒模型对应的定态薛定谔方程可得到其各个区域中对应的波函数分别为

$$\begin{aligned}&\Psi_{\mathrm{I}}=A\mathrm{e}^{ikx}+B\mathrm{e}^{-ikx},\ \Psi_{\mathrm{II}}=C\mathrm{e}^{\beta x}+D\mathrm{e}^{-\beta x},\ \Psi_{\mathrm{III}左}=E\mathrm{e}^{ikx}+F\mathrm{e}^{-ikx}\\&\Psi_{\mathrm{III}右}=A_1\mathrm{e}^{ikx}+B_1\mathrm{e}^{-ikx},\ \Psi_{\mathrm{IV}}=C_1\mathrm{e}^{\beta x}+D_1\mathrm{e}^{-\beta x},\ \Psi_{\mathrm{V}左}=E_1\mathrm{e}^{ikx}+F_1\mathrm{e}^{-ikx}\\&\Psi_{\mathrm{V}右}=A_2\mathrm{e}^{ikx}+B_2\mathrm{e}^{-ikx},\ \Psi_{\mathrm{VI}}=C_2\mathrm{e}^{\beta x}+D_2\mathrm{e}^{-\beta x},\ \Psi_{\mathrm{VII}}=E_2\mathrm{e}^{ikx}+F_2\mathrm{e}^{-ikx}\end{aligned} \tag{9.3.2}$$

其中，$k=\frac{\sqrt{2mE}}{\hbar}$为势垒外部波矢（大小），$\beta=\frac{\sqrt{2m(U_0-E)}}{\hbar}$为中间势垒层波矢（大小）。

系数 A，B 分别为第一势垒左端的入射、反射系数，而系数 E，F 是第一势垒右端的入射、反射系数。同理，系数 A_1，B_1 分别是第二势垒左边的入射、反射系数，而系数 E_1，F_1 分别为第二势垒右边的入射、反射系数。系数 A_2，B_2 分别为第三势垒左边的入射、反射系数，而系数 E_2，F_2 分别为第三势垒右边的入射、反射系数。

该等高且等宽的三势垒量子模型在边界 $x=-2a$，$x=0$，$x=b+2a$，$x=c+2a$，$x=c$，$x=$

b 处其对应的波函数及其一阶导数连续，即边界条件为

$$\psi_{\mathrm{I}}(-2a)=\psi_{\mathrm{II}}(-2a),\quad \left.\frac{\mathrm{d}\psi_{\mathrm{I}}(x)}{\mathrm{d}x}\right|_{x=-2a}=\left.\frac{\mathrm{d}\psi_{\mathrm{II}}(x)}{\mathrm{d}x}\right|_{x=-2a} \tag{9.3.3}$$

$$\psi_{\mathrm{II}}(0)=\psi_{\mathrm{III}}(0),\quad \left.\frac{\mathrm{d}\psi_{\mathrm{II}}(x)}{\mathrm{d}x}\right|_{x=0}=\left.\frac{\mathrm{d}\psi_{\mathrm{III}}(x)}{\mathrm{d}x}\right|_{x=0} \tag{9.3.4}$$

$$\psi_{\mathrm{III}}(b)=\psi_{\mathrm{IV}}(b),\quad \left.\frac{\mathrm{d}\psi_{\mathrm{III}}(x)}{\mathrm{d}x}\right|_{x=b}=\left.\frac{\mathrm{d}\psi_{\mathrm{IV}}(x)}{\mathrm{d}x}\right|_{x=b} \tag{9.3.5}$$

$$\psi_{\mathrm{IV}}(b+2a)=\psi_{\mathrm{V}}(b+2a),\quad \left.\frac{\mathrm{d}\psi_{\mathrm{IV}}(x)}{\mathrm{d}x}\right|_{x=b+2a}=\left.\frac{\mathrm{d}\psi_{\mathrm{IV}}(x)}{\mathrm{d}x}\right|_{x=b+2a} \tag{9.3.6}$$

$$\psi_{\mathrm{V}}(c)=\psi_{\mathrm{VI}}(c),\quad \left.\frac{\mathrm{d}\psi_{\mathrm{V}}(x)}{\mathrm{d}x}\right|_{x=c}=\left.\frac{\mathrm{d}\psi_{\mathrm{VI}}(x)}{\mathrm{d}x}\right|_{x=c} \tag{9.3.7}$$

$$\psi_{\mathrm{VI}}(c+2a)=\psi_{\mathrm{VII}}(c+2a),\quad \left.\frac{\mathrm{d}\psi_{\mathrm{VI}}(x)}{\mathrm{d}x}\right|_{x=c+2a}=\left.\frac{\mathrm{d}\psi_{\mathrm{VII}}(x)}{\mathrm{d}x}\right|_{x=c+2a} \tag{9.3.8}$$

将波函数代入边界条件中，有

$$A\mathrm{e}^{-2\mathrm{i}ka}+B\mathrm{e}^{2\mathrm{i}ka}=C\mathrm{e}^{-2\beta a}+D\mathrm{e}^{2\beta a} \tag{9.3.9}$$

$$\mathrm{i}k[A\mathrm{e}^{-2\mathrm{i}ka}-B\mathrm{e}^{2\mathrm{i}ka}]=\beta[C\mathrm{e}^{-2\beta a}-D\mathrm{e}^{2\beta a}] \tag{9.3.10}$$

$$C+D=E+F \tag{9.3.11}$$

$$\beta(C-D)=\mathrm{i}k(E-F) \tag{9.3.12}$$

$$A_1\mathrm{e}^{\mathrm{i}kb}+B_1\mathrm{e}^{-\mathrm{i}kb}=C_1\mathrm{e}^{\beta b}+D_1\mathrm{e}^{-\beta b} \tag{9.3.13}$$

$$\mathrm{i}k[A_1\mathrm{e}^{\mathrm{i}kb}-B_1\mathrm{e}^{-\mathrm{i}kb}]=\beta[C_1\mathrm{e}^{\beta b}-D_1\mathrm{e}^{-\beta b}] \tag{9.3.14}$$

$$C_1\mathrm{e}^{\beta(b+2a)}+D_1\mathrm{e}^{-\beta(b+2a)}=E_1\mathrm{e}^{\mathrm{i}k(b+2a)}+F_1\mathrm{e}^{-\mathrm{i}k(b+2a)} \tag{9.3.15}$$

$$\beta(C_1\mathrm{e}^{\beta(b+2a)}-D_1\mathrm{e}^{-\beta(b+2a)})=\mathrm{i}k(E_1\mathrm{e}^{\mathrm{i}k(b+2a)}-F_1\mathrm{e}^{-\mathrm{i}k(b+2a)}) \tag{9.3.16}$$

$$A_2\mathrm{e}^{\mathrm{i}kc}+B_2\mathrm{e}^{-\mathrm{i}kc}=C_2\mathrm{e}^{\beta c}+D_2\mathrm{e}^{-\beta c} \tag{9.3.17}$$

$$\mathrm{i}k[A_2\mathrm{e}^{\mathrm{i}kc}-B_2\mathrm{e}^{-\mathrm{i}kc}]=\beta[C_2\mathrm{e}^{\beta c}-D_2\mathrm{e}^{-\beta c}] \tag{9.3.18}$$

$$C_2\mathrm{e}^{\beta(c+2a)}+D_2\mathrm{e}^{-\beta(c+2a)}=E_2\mathrm{e}^{\mathrm{i}k(c+2a)}+F_2\mathrm{e}^{-\mathrm{i}k(c+2a)} \tag{9.3.19}$$

$$\beta(C_2\mathrm{e}^{\beta(c+2a)}-D_2\mathrm{e}^{-\beta(c+2a)})=\mathrm{i}k(E_2\mathrm{e}^{\mathrm{i}k(c+2a)}-F_2\mathrm{e}^{-\mathrm{i}k(c+2a)}) \tag{9.3.20}$$

对公式（9.3.9）～（9.3.20）采用矩阵表达的方法改写成矩阵的形式，有

$$\begin{bmatrix}\mathrm{e}^{-2\mathrm{i}ka} & \mathrm{e}^{2\mathrm{i}ka}\\ \mathrm{i}k\mathrm{e}^{-2\mathrm{i}ka} & -\mathrm{i}k\mathrm{e}^{2\mathrm{i}ka}\end{bmatrix}\begin{bmatrix}A\\ B\end{bmatrix}=\begin{bmatrix}\mathrm{e}^{-2\beta a} & \mathrm{e}^{2\beta a}\\ \beta\mathrm{e}^{-2\beta a} & -\beta\mathrm{e}^{2\beta a}\end{bmatrix}\begin{bmatrix}C\\ D\end{bmatrix}$$

$$\begin{bmatrix}1 & 1\\ \beta & -\beta\end{bmatrix}\begin{bmatrix}C\\ D\end{bmatrix}=\begin{bmatrix}1 & 1\\ \mathrm{i}k & -\mathrm{i}k\end{bmatrix}\begin{bmatrix}E\\ F\end{bmatrix}$$

$$\begin{bmatrix}\mathrm{e}^{\mathrm{i}kb} & \mathrm{e}^{-\mathrm{i}kb}\\ \mathrm{i}k\mathrm{e}^{\mathrm{i}kb} & -\mathrm{i}k\mathrm{e}^{-\mathrm{i}kb}\end{bmatrix}\begin{bmatrix}A_1\\ B_1\end{bmatrix}=\begin{bmatrix}\mathrm{e}^{\beta b} & \mathrm{e}^{-\beta b}\\ \beta\mathrm{e}^{\beta b} & -\beta\mathrm{e}^{-\beta b}\end{bmatrix}\begin{bmatrix}C_1\\ D_1\end{bmatrix}$$

$$\begin{bmatrix}\mathrm{e}^{\beta(b+2a)} & \mathrm{e}^{-\beta(b+2a)}\\ \beta\mathrm{e}^{\beta(b+2a)} & -\beta\mathrm{e}^{-\beta(b+2a)}\end{bmatrix}\begin{bmatrix}C_1\\ D_1\end{bmatrix}=\begin{bmatrix}\mathrm{e}^{\mathrm{i}k(b+2a)} & \mathrm{e}^{-\mathrm{i}k(b+2a)}\\ \mathrm{i}k\mathrm{e}^{\mathrm{i}k(b+2a)} & -\mathrm{i}k\mathrm{e}^{-\mathrm{i}k(b+2a)}\end{bmatrix}\begin{bmatrix}E_1\\ F_1\end{bmatrix}$$

$$\begin{bmatrix}\mathrm{e}^{\mathrm{i}kc} & \mathrm{e}^{-\mathrm{i}kc}\\ \mathrm{i}k\mathrm{e}^{\mathrm{i}kc} & -\mathrm{i}k\mathrm{e}^{-\mathrm{i}kc}\end{bmatrix}\begin{bmatrix}A_2\\ B_2\end{bmatrix}=\begin{bmatrix}\mathrm{e}^{\beta c} & \mathrm{e}^{-\beta c}\\ \beta\mathrm{e}^{\beta c} & -\beta\mathrm{e}^{-\beta c}\end{bmatrix}\begin{bmatrix}C_2\\ D_2\end{bmatrix}$$

$$\begin{bmatrix}\mathrm{e}^{\beta(c+2a)} & \mathrm{e}^{-\beta(c+2a)}\\ \beta\mathrm{e}^{\beta(c+2a)} & -\beta\mathrm{e}^{-\beta(c+2a)}\end{bmatrix}\begin{bmatrix}C_2\\ D_2\end{bmatrix}=\begin{bmatrix}\mathrm{e}^{\mathrm{i}k(c+2a)} & \mathrm{e}^{-\mathrm{i}k(c+2a)}\\ \mathrm{i}k\mathrm{e}^{\mathrm{i}k(c+2a)} & -\mathrm{i}k\mathrm{e}^{-\mathrm{i}k(c+2a)}\end{bmatrix}\begin{bmatrix}E_2\\ F_2\end{bmatrix}$$

令

$$M_1=\begin{bmatrix} e^{-2ika} & e^{2ika} \\ ike^{-2ika} & -ike^{2ika} \end{bmatrix},\ M_2=\begin{bmatrix} e^{-2\beta a} & e^{2\beta a} \\ \beta e^{-2\beta a} & -\beta e^{2\beta a} \end{bmatrix}$$

$$M_3=\begin{bmatrix} 1 & 1 \\ \beta & -\beta \end{bmatrix},\ M_4=\begin{bmatrix} 1 & 1 \\ ik & -ik \end{bmatrix}$$

$$M_5=\begin{bmatrix} e^{ikb} & e^{-ikb} \\ ike^{ikb} & -ike^{-ikb} \end{bmatrix},\ M_6=\begin{bmatrix} e^{\beta b} & e^{-\beta b} \\ \beta e^{\beta b} & -\beta e^{-\beta b} \end{bmatrix}$$

$$M_7=\begin{bmatrix} e^{\beta(b+2a)} & e^{-\beta(b+2a)} \\ \beta e^{\beta(b+2a)} & -\beta e^{-\beta(b+2a)} \end{bmatrix},\ M_8=\begin{bmatrix} e^{ik(b+2a)} & e^{-ik(b+2a)} \\ ike^{ik(b+2a)} & -ike^{-ik(b+2a)} \end{bmatrix}$$

$$M_9=\begin{bmatrix} e^{ikc} & e^{-ikc} \\ ike^{ikc} & -ike^{-ikc} \end{bmatrix},\ M_{10}=\begin{bmatrix} e^{\beta c} & e^{-\beta c} \\ \beta e^{\beta c} & -\beta e^{-\beta c} \end{bmatrix}$$

$$M_{11}=\begin{bmatrix} e^{\beta(c+2a)} & e^{-\beta(c+2a)} \\ \beta e^{\beta(c+2a)} & -\beta e^{-\beta(c+2a)} \end{bmatrix},\ M_{12}=\begin{bmatrix} e^{ik(c+2a)} & e^{-ik(c+2a)} \\ ike^{ik(c+2a)} & -ike^{-ik(c+2a)} \end{bmatrix}$$

又经观察发现，微观粒子在左右两个势垒间隧穿时其相位的关系为

$$A_1=Ee^{ikb},\ B_1=Fe^{-ikb},\ A_2=E_1e^{ikl_1},\ B_2=F_1e^{-ikl_1} \tag{9.3.21}$$

其中，b 为第一个势垒与第二个势垒间的间距，所以振幅 A_1，B_1 和 E，F 之间通过以下矩阵相联系：

$$\begin{bmatrix} E \\ F \end{bmatrix}=\begin{bmatrix} e^{-ikb} & 0 \\ 0 & e^{ikb} \end{bmatrix}\begin{bmatrix} A_1 \\ B_1 \end{bmatrix}=M_W\begin{bmatrix} A_1 \\ B_1 \end{bmatrix} \tag{9.3.22}$$

$l_1=c-b-2a$ 为第二个势垒与第三个势垒间的间距，所以振幅 A'，B' 和 E，F 之间通过以下矩阵相联系：

$$\begin{bmatrix} E_1 \\ F_1 \end{bmatrix}=\begin{bmatrix} e^{-ikl_1} & 0 \\ 0 & e^{ikl_1} \end{bmatrix}\begin{bmatrix} A_2 \\ B_2 \end{bmatrix}=M_Y\begin{bmatrix} A_2 \\ B_2 \end{bmatrix} \tag{9.3.23}$$

其中，第一个势垒与第二个势垒间的隧穿转移矩阵：

$$M_W=\begin{bmatrix} e^{-ikb} & 0 \\ 0 & e^{ikb} \end{bmatrix}$$

表示第二个势垒与第三个势垒间的隧穿转移矩阵：

$$M_Y=\begin{bmatrix} e^{-ikl_1} & 0 \\ 0 & e^{ikl_1} \end{bmatrix}$$

这样入射振幅和出射振幅间的关系可以通过矩阵运算获得：

$$\begin{bmatrix} E_2 \\ F_2 \end{bmatrix}=M_{12}M_{11}^{-1}M_{10}M_9^{-1}M_WM_8M_7^{-1}M_6M_5^{-1}M_YM_4M_3^{-1}M_2M_1^{-1}\begin{bmatrix} A \\ B \end{bmatrix} \tag{9.3.24}$$

令

$$M_X=M_{12}M_{11}^{-1}M_{10}M_9^{-1}M_WM_8M_7^{-1}M_6M_5^{-1}M_YM_4M_3^{-1}M_2M_1^{-1}$$

又令 $F_2=0$，$E_2=t$，$A=1$，$B=r$，则公式（9.3.24）可写成

$$\begin{bmatrix} t \\ 0 \end{bmatrix}=\begin{bmatrix} M_{X11} & M_{X12} \\ M_{X21} & M_{X22} \end{bmatrix}\begin{bmatrix} 1 \\ r \end{bmatrix} \tag{9.3.25}$$

则有

$$t=M_{X11}+rM_{X12}=M_{X11}+\frac{-M_{X21}M_{X12}}{M_{X22}}$$

则等高且等宽的三势垒量子模型的透射系数公式为

$$T=|t|^2=\left|M_{X11}+\frac{-M_{X21}M_{X12}}{M_{X22}}\right|^2 \tag{9.3.26}$$

二、不同高度与宽度的三势垒量子模型的量子隧穿

在实际的微电子器件中还具有不同高度与宽度的三势垒结构模型，其势垒模型如图9.7所示。从左往右看，第一个势垒宽度为 $2a$，第二个势垒和第三个势垒的宽度分别为 s 和 f。三个势垒从左往右依次把空间分为Ⅰ、Ⅱ、Ⅲ、Ⅳ、Ⅴ、Ⅵ、Ⅶ共7个区域。

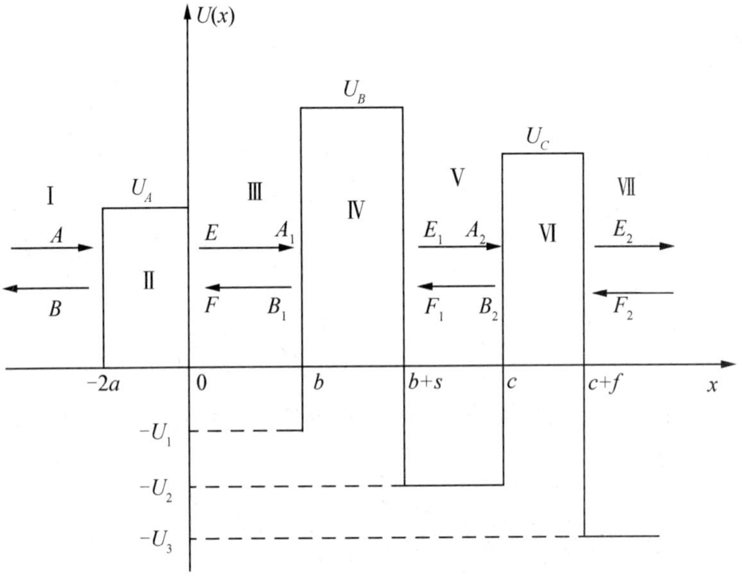

图9.7　不同高度与宽度的三势垒隧穿模型

其不同高度与宽度的三势垒量子模型的高度为

$$U(x)=\begin{cases}0, & x<-2a,\ 0<x<b,\ b+s<x<c,\ c+f<x\\ U_A, & -2a<x<0\\ U_B, & b<x<b+s\\ U_C, & c<x<c+f\end{cases}$$

当能量 $E<U_0$ 时，解得该三势垒量子模型在各个区域中对应的波函数为

$$\Psi_{\text{I}}=A\mathrm{e}^{\mathrm{i}kx}+B\mathrm{e}^{-\mathrm{i}kx},\ \Psi_{\text{II}}=C\mathrm{e}^{\gamma x}+D\mathrm{e}^{-\gamma x},\ \Psi_{\text{III左}}=E\mathrm{e}^{\mathrm{i}k_1x}+F\mathrm{e}^{-\mathrm{i}k_1x}$$

$$\Psi_{\text{III右}}=A_1\mathrm{e}^{\mathrm{i}k_1x}+B_1\mathrm{e}^{-\mathrm{i}k_1x},\ \Psi_{\text{IV}}=C_1\mathrm{e}^{\gamma_1x}+D_1\mathrm{e}^{-\gamma_1x},\ \Psi_{\text{V左}}=E_1\mathrm{e}^{\mathrm{i}k_2x}+F_1\mathrm{e}^{-\mathrm{i}k_2x}$$

$$\Psi_{\text{V右}}=A_2\mathrm{e}^{\mathrm{i}k_2x}+B_2\mathrm{e}^{-\mathrm{i}k_2x},\ \Psi_{\text{VI}}=C_2\mathrm{e}^{\gamma_2x}+D_2\mathrm{e}^{-\gamma_2x},\ \Psi_{\text{VII}}=E_2\mathrm{e}^{\mathrm{i}k_3x}+F_2\mathrm{e}^{-\mathrm{i}k_3x}$$

其中，

$$k=\frac{\sqrt{2mE}}{\hbar},\ \gamma=\frac{\sqrt{2m(U_A-E)}}{\hbar},\ k_1=\frac{\sqrt{2m(E+U_1)}}{\hbar},\ \gamma_1=\frac{\sqrt{2m(U_B-E)}}{\hbar},$$

$$k_2=\frac{\sqrt{2m(E+U_2)}}{\hbar},\ \gamma_2=\frac{\sqrt{2m(U_C-E)}}{\hbar},\ k_3=\frac{\sqrt{2m(E+U_3)}}{\hbar}$$

波函数中的系数 A，B 分别是第一势垒左边的入射、反射系数，而系数 E，F 分别为第一势垒右边的入射、反射系数。系数 A_1，B_1 分别为第二势垒左边的入射、反射系数，而系数 E_1，F_1 分别是第二势垒右边的入射、反射系数。同理，系数 A_2，B_2 分别为第三势垒左边的入射、反射系数，而系数 E_2，F_2 分别为第三势垒右边的入射、反射系数。

该三势垒量子模型在边界 $x=-2a$，$x=0$，$x=b$，$x=b+s$，$x=c$，$x=c+f$ 处其对应的波函数及其一阶导数连续，即边界条件为

$$\psi_{\mathrm{I}}(-2a)=\psi_{\mathrm{II}}(-2a),\ \left.\frac{\mathrm{d}\psi_{\mathrm{I}}(x)}{\mathrm{d}x}\right|_{x=-2a}=\left.\frac{\mathrm{d}\psi_{\mathrm{II}}(x)}{\mathrm{d}x}\right|_{x=-2a} \tag{9.3.27}$$

$$\psi_{\mathrm{II}}(0)=\psi_{\mathrm{III}}(0),\ \left.\frac{\mathrm{d}\psi_{\mathrm{II}}(x)}{\mathrm{d}x}\right|_{x=0}=\left.\frac{\mathrm{d}\psi_{\mathrm{III}}(x)}{\mathrm{d}x}\right|_{x=0} \tag{9.3.28}$$

$$\psi_{\mathrm{III}}(b)=\psi_{\mathrm{IV}}(b),\ \left.\frac{\mathrm{d}\psi_{\mathrm{III}}(x)}{\mathrm{d}x}\right|_{x=b}=\left.\frac{\mathrm{d}\psi_{\mathrm{IV}}(x)}{\mathrm{d}x}\right|_{x=b} \tag{9.3.29}$$

$$\psi_{\mathrm{IV}}(b+s)=\psi_{\mathrm{V}}(b+s),\ \left.\frac{\mathrm{d}\psi_{\mathrm{IV}}(x)}{\mathrm{d}x}\right|_{x=b+s}=\left.\frac{\mathrm{d}\psi_{\mathrm{IV}}(x)}{\mathrm{d}x}\right|_{x=b+s} \tag{9.3.30}$$

$$\psi_{\mathrm{V}}(c)=\psi_{\mathrm{VI}}(c),\ \left.\frac{\mathrm{d}\psi_{\mathrm{V}}(x)}{\mathrm{d}x}\right|_{x=c}=\left.\frac{\mathrm{d}\psi_{\mathrm{VI}}(x)}{\mathrm{d}x}\right|_{x=c} \tag{9.3.31}$$

$$\psi_{\mathrm{VI}}(c+f)=\psi_{\mathrm{VII}}(c+f),\ \left.\frac{\mathrm{d}\psi_{\mathrm{VI}}(x)}{\mathrm{d}x}\right|_{x=c+f}=\left.\frac{\mathrm{d}\psi_{\mathrm{VII}}(x)}{\mathrm{d}x}\right|_{x=c+f} \tag{9.3.32}$$

将各个区域的波函数代入边界条件公式（9.3.27）~（9.3.32），有

$$A\mathrm{e}^{-2\mathrm{i}ka}+B\mathrm{e}^{2\mathrm{i}ka}=C\mathrm{e}^{-2\gamma a}+D\mathrm{e}^{2\gamma a} \tag{9.3.33}$$

$$\mathrm{i}k[A\mathrm{e}^{-2\mathrm{i}ka}-B\mathrm{e}^{2\mathrm{i}ka}]=\gamma[C\mathrm{e}^{-2\gamma a}-D\mathrm{e}^{2\gamma a}] \tag{9.3.34}$$

$$C+D=E+F \tag{9.3.35}$$

$$\gamma(C-D)=\mathrm{i}k_1(E-F) \tag{9.3.36}$$

$$A_1\mathrm{e}^{\mathrm{i}k_1b}+B_1\mathrm{e}^{-\mathrm{i}k_1b}=C_1\mathrm{e}^{\gamma_1b}+D_1\mathrm{e}^{-\gamma_1b} \tag{9.3.37}$$

$$\mathrm{i}k_1[A_1\mathrm{e}^{\mathrm{i}k_1b}-B_1\mathrm{e}^{-\mathrm{i}k_1b}]=\gamma_1[C_1\mathrm{e}^{\gamma_1b}-D_1\mathrm{e}^{-\gamma_1b}] \tag{9.3.38}$$

$$C_1\mathrm{e}^{\gamma_1(b+s)}+D_1\mathrm{e}^{-\gamma_1(b+s)}=E_1\mathrm{e}^{\mathrm{i}k_2(b+s)}+F_1\mathrm{e}^{-\mathrm{i}k_2(b+s)} \tag{9.3.39}$$

$$\gamma_1\left(C_1\mathrm{e}^{\gamma_1(b+s)}-D_1\mathrm{e}^{-\gamma_1(b+s)}\right)=\mathrm{i}k_2\left(E_1\mathrm{e}^{\mathrm{i}k_2(b+s)}-F_1\mathrm{e}^{-\mathrm{i}k_2(b+s)}\right) \tag{9.3.40}$$

$$A_2\mathrm{e}^{\mathrm{i}k_2c}+B_2\mathrm{e}^{-\mathrm{i}k_2c}=C_2\mathrm{e}^{\gamma_2c}+D_2\mathrm{e}^{-\gamma_2c} \tag{9.3.41}$$

$$\mathrm{i}k_2[A_2\mathrm{e}^{\mathrm{i}k_2c}-B_2\mathrm{e}^{-\mathrm{i}k_2c}]=\gamma_2[C_2\mathrm{e}^{\gamma_2c}-D_2\mathrm{e}^{-\gamma_2c}] \tag{9.3.42}$$

$$C_2\mathrm{e}^{\gamma_2(c+f)}+D_2\mathrm{e}^{-\gamma_2(c+f)}=E_2\mathrm{e}^{\mathrm{i}k_3(c+f)}+F_2\mathrm{e}^{-\mathrm{i}k_3(c+f)} \tag{9.3.43}$$

$$\gamma_2\left(C_2\mathrm{e}^{\gamma_2(c+f)}-D_2\mathrm{e}^{-\gamma_2(c+f)}\right)=\mathrm{i}k_3\left(E_2\mathrm{e}^{\mathrm{i}k_3(c+f)}-F_2\mathrm{e}^{-\mathrm{i}k_3(c+f)}\right) \tag{9.3.44}$$

对公式（9.3.33）~（9.3.44）采用矩阵表达的方法改写成矩阵的形式，有

$$\begin{bmatrix}\mathrm{e}^{-2\mathrm{i}ka} & \mathrm{e}^{2\mathrm{i}ka}\\ \mathrm{i}k\mathrm{e}^{-2\mathrm{i}ka} & -\mathrm{i}k\mathrm{e}^{2\mathrm{i}ka}\end{bmatrix}\begin{bmatrix}A\\ B\end{bmatrix}=\begin{bmatrix}\mathrm{e}^{-2\gamma a} & \mathrm{e}^{2\gamma a}\\ \gamma\mathrm{e}^{-2\gamma a} & -\gamma\mathrm{e}^{2\gamma a}\end{bmatrix}\begin{bmatrix}C\\ D\end{bmatrix}$$

$$\begin{bmatrix}1 & 1\\ \gamma & -\gamma\end{bmatrix}\begin{bmatrix}C\\ D\end{bmatrix}=\begin{bmatrix}1 & 1\\ \mathrm{i}k_1 & -\mathrm{i}k_1\end{bmatrix}\begin{bmatrix}E\\ F\end{bmatrix}$$

$$\begin{bmatrix}\mathrm{e}^{\mathrm{i}k_1b} & \mathrm{e}^{-\mathrm{i}k_1b}\\ \mathrm{i}k_1\mathrm{e}^{\mathrm{i}k_1b} & -\mathrm{i}k_1\mathrm{e}^{-\mathrm{i}k_1b}\end{bmatrix}\begin{bmatrix}A_1\\ B_1\end{bmatrix}=\begin{bmatrix}\mathrm{e}^{\gamma_1b} & \mathrm{e}^{-\gamma_1b}\\ \gamma_1\mathrm{e}^{\gamma_1b} & -\gamma_1\mathrm{e}^{-\gamma_1b}\end{bmatrix}\begin{bmatrix}C_1\\ D_1\end{bmatrix}$$

$$\begin{bmatrix} e^{\gamma_1(b+s)} & e^{-\gamma_1(b+s)} \\ \gamma_1 e^{\gamma_1(b+s)} & -\gamma_1 e^{-\gamma_1(b+s)} \end{bmatrix}\begin{bmatrix} C_1 \\ D_1 \end{bmatrix}=\begin{bmatrix} e^{ik_2(b+s)} & e^{-ik_2(b+s)} \\ ik_2 e^{ik_2(b+s)} & -ik_2 e^{-ik_2(b+s)} \end{bmatrix}\begin{bmatrix} E_1 \\ F_1 \end{bmatrix}$$

$$\begin{bmatrix} e^{ik_2c} & e^{-ik_2c} \\ ik_2 e^{ik_2c} & -ik_2 e^{-ik_2c} \end{bmatrix}\begin{bmatrix} A_2 \\ B_2 \end{bmatrix}=\begin{bmatrix} e^{\gamma_2c} & e^{-\gamma_2c} \\ \gamma_2 e^{\gamma_2c} & -\gamma_2 e^{-\gamma_2c} \end{bmatrix}\begin{bmatrix} C_2 \\ D_2 \end{bmatrix}$$

$$\begin{bmatrix} e^{\gamma_2(c+f)} & e^{-\gamma_2(c+f)} \\ \gamma_2 e^{\gamma_2(c+f)} & -\gamma_2 e^{-\gamma_2(c+f)} \end{bmatrix}\begin{bmatrix} C_2 \\ D_2 \end{bmatrix}=\begin{bmatrix} e^{ik_3(c+f)} & e^{-ik_3(c+f)} \\ ik_3 e^{ik_3(c+f)} & -ik_3 e^{-ik_3(c+f)} \end{bmatrix}\begin{bmatrix} E_2 \\ F_2 \end{bmatrix}$$

令

$$\boldsymbol{M}_1=\begin{bmatrix} e^{-2ika} & e^{2ika} \\ ike^{-2ika} & -ike^{2ika} \end{bmatrix},\ \boldsymbol{M}_2=\begin{bmatrix} e^{-2\gamma a} & e^{2\gamma a} \\ \gamma e^{-2\gamma a} & -\gamma e^{2\gamma a} \end{bmatrix},$$

$$\boldsymbol{M}_3=\begin{bmatrix} 1 & 1 \\ \gamma & -\gamma \end{bmatrix},\ \boldsymbol{M}_4=\begin{bmatrix} 1 & 1 \\ ik_1 & -ik_1 \end{bmatrix},$$

$$\boldsymbol{M}_5=\begin{bmatrix} e^{ik_1b} & e^{-ik_1b} \\ ik_1 e^{ik_1b} & -ik_1 e^{-ik_1b} \end{bmatrix},\ \boldsymbol{M}_6=\begin{bmatrix} e^{\gamma_1b} & e^{-\gamma_1b} \\ \gamma_1 e^{\gamma_1b} & -\gamma_1 e^{-\gamma_1b} \end{bmatrix},$$

$$\boldsymbol{M}_7=\begin{bmatrix} e^{\gamma_1(b+s)} & e^{-\gamma_1(b+s)} \\ \gamma_1 e^{\gamma_1(b+s)} & -\gamma_1 e^{-\gamma_1(b+s)} \end{bmatrix},\ \boldsymbol{M}_8=\begin{bmatrix} e^{ik_2(b+s)} & e^{-ik_2(b+s)} \\ ik_2 e^{ik_2(b+s)} & -ik_2 e^{-ik_2(b+s)} \end{bmatrix},$$

$$\boldsymbol{M}_9=\begin{bmatrix} e^{ik_2c} & e^{-ik_2c} \\ ik_2 e^{ik_2c} & -ik_2 e^{-ik_2c} \end{bmatrix},\ \boldsymbol{M}_{10}=\begin{bmatrix} e^{\gamma_2c} & e^{-\gamma_2c} \\ \gamma_2 e^{\gamma_2c} & -\gamma_2 e^{-\gamma_2c} \end{bmatrix},$$

$$\boldsymbol{M}_{11}=\begin{bmatrix} e^{\gamma_2(c+f)} & e^{-\gamma_2(c+f)} \\ \gamma_2 e^{\gamma_2(c+f)} & -\gamma_2 e^{-\gamma_2(c+f)} \end{bmatrix},\ \boldsymbol{M}_{12}=\begin{bmatrix} e^{ik_3(c+f)} & e^{-ik_3(c+f)} \\ ik_3 e^{ik_3(c+f)} & -ik_3 e^{-ik_3(c+f)} \end{bmatrix}$$

微观粒子在势垒间隧穿时其相位通过以下关系相关联：

$$A_1=Ee^{ikb},\ B_1=Fe^{-ikb},\ A_2=E_1e^{ikl_2},\ B_2=F_1e^{-ikl_2} \tag{9.3.45}$$

其中，b 为第一个势垒与第二个势垒间的间距，所以振幅 A_1，B_1 和 E，F 之间通过以下矩阵相联系：

$$\begin{bmatrix} E \\ F \end{bmatrix}=\begin{bmatrix} e^{-ikb} & 0 \\ 0 & e^{ikb} \end{bmatrix}\begin{bmatrix} A_1 \\ B_1 \end{bmatrix}=\boldsymbol{M}_W\begin{bmatrix} A_1 \\ B_1 \end{bmatrix} \tag{9.3.46}$$

$l_2=c-b-s$ 为第二个势垒与第三个势垒间的间距，所以振幅 A'，B' 和 E，F 之间通过以下矩阵相联系：

$$\begin{bmatrix} E_1 \\ F_1 \end{bmatrix}=\begin{bmatrix} e^{-ikl_2} & 0 \\ 0 & e^{ikl_2} \end{bmatrix}\begin{bmatrix} A_2 \\ B_2 \end{bmatrix}=\boldsymbol{M}_Y\begin{bmatrix} A_2 \\ B_2 \end{bmatrix} \tag{9.3.47}$$

其中，$\boldsymbol{M}_W=\begin{bmatrix} e^{-ikb} & 0 \\ 0 & e^{ikb} \end{bmatrix}$表示第一个与第二个势垒之间的隧穿转移矩阵，$\boldsymbol{M}_Y=\begin{bmatrix} e^{-ikl_2} & 0 \\ 0 & e^{ikl_2} \end{bmatrix}$表示第二个与第三个势垒之间的隧穿转移矩阵。

入射与出射振幅之间的关系可利用矩阵运算得到：

$$\begin{bmatrix} E_2 \\ F_2 \end{bmatrix}=\boldsymbol{M}_{12}\boldsymbol{M}_{11}^{-1}\boldsymbol{M}_{10}\boldsymbol{M}_9^{-1}\boldsymbol{M}_W\boldsymbol{M}_8\boldsymbol{M}_7^{-1}\boldsymbol{M}_6\boldsymbol{M}_5^{-1}\boldsymbol{M}_Y\boldsymbol{M}_4\boldsymbol{M}_3^{-1}\boldsymbol{M}_2\boldsymbol{M}_1^{-1}\begin{bmatrix} A \\ B \end{bmatrix} \tag{9.3.48}$$

令

$$\boldsymbol{M}_F=\boldsymbol{M}_{12}\boldsymbol{M}_{11}^{-1}\boldsymbol{M}_{10}\boldsymbol{M}_9^{-1}\boldsymbol{M}_W\boldsymbol{M}_8\boldsymbol{M}_7^{-1}\boldsymbol{M}_6\boldsymbol{M}_5^{-1}\boldsymbol{M}_Y\boldsymbol{M}_4\boldsymbol{M}_3^{-1}\boldsymbol{M}_2\boldsymbol{M}_1^{-1}$$

又令 $F_2=0$，$E_2=t$，$A=1$，$B=r$，上式可写成

$$\begin{bmatrix} t \\ 0 \end{bmatrix} = \begin{bmatrix} M_{F11} & M_{F12} \\ M_{F21} & M_{F22} \end{bmatrix} \begin{bmatrix} 1 \\ r \end{bmatrix} \tag{9.3.49}$$

则有

$$t = M_{F11} + rM_{F12} = M_{F11} + \frac{-M_{F21}M_{F12}}{M_{F22}}$$

则不同高度与宽度的三势垒量子模型的透射系数公式为

$$T = |t|^2 = \left| M_{F11} + \frac{-M_{F21}M_{F12}}{M_{F22}} \right|^2 \tag{9.3.50}$$

总之，量子隧穿从基础量子力学的理论出发，通过转移矩阵（传输矩阵）的方法分别讨论了对称双方势垒与非对称双方势垒量子隧穿模型、对称单方势垒与非对称单方势垒量子隧穿模型，以及相同宽度且相等高度的三方势垒与不等宽不等高的三方势垒的量子隧穿模型，使读者深刻体会到经典与微观的差异，以及微观世界的诸多精彩可能。计算结果表明，在单方势垒量子模型与双方势垒量子模型中，随着势垒的高度改变其势垒的透射系数也发生了变化。而且在三方势垒量子模型中，随着势垒的高度及宽度改变其势垒的透射系数也跟着发生变化。希望其结果可以对今后量子隧穿的研究提供一定的参考价值。

第四节　一维时间周期势的量子隧穿

量子隧穿作为一种特有的量子现象，人们对其发现与研究可以说是伴随着量子力学的发展而深入的。自其发现以来，它就一直在核工业、电子工业、纳米科技等领域发挥着重要作用。对其研究可以深化认识量子力学对微观现象解释的意义，同时隧穿效应的应用是非常广泛的，它在集成电路、冷电子发射、核衰变、量子泵浦中都有着重要的应用。最近发现了量子隧穿效应的超光速现象，可见隧穿效应在微观世界是极为普遍的现象，其在现实的应用中有重要价值。

在本科阶段的初等量子力学教材中对不含时的量子隧穿尽管已有广泛的讨论，但缺乏对含时势场下的量子隧穿进行讨论，导致在教学上学生对量子隧穿的概念模糊，本节主要对微观粒子在一维时间周期势的隧穿效应进行整体分析，结合已有的不含时势场下的量子隧穿研究，深化对一维势下量子隧穿问题的认识。

一、一维周期势的隧穿模型

经典力学的粒子的能量方程为 $E = \frac{1}{2}mx^2 - U(x)$，因为在经典力学中动能总是非零的，所以粒子的总能量必定是大于或等于其所在位置的势能的，不然就无法在经典理论下求解。

若周期势处于一段有限区域中，可设其为 $\mathfrak{R}$，则在此区域以外的运动和能量是可以确定的。若粒子的运动远离这一区域，则周期势对其运动无影响。然而，当粒子接近或者进入到 $\mathfrak{R}$，运动就会受到影响。最后当粒子射出 $\mathfrak{R}$ 时，其能量并不只是由初始状态确定，而且与时间原点的选择有关。当时间关系为周期性时，时间原点的选择与平均周期有关。由于本节主要讨论的是量子隧穿，所以对于经典模型只做简单的定性推导。现在让我来考虑两种矩形正弦周期势垒模型。

（一）振幅周期型势垒

首先取如下势垒：

$$V(x, t)=\begin{cases}V_0+V_1\cos(\omega t+\varphi), & 0\leqslant x\leqslant a\\ 0, & 其他\end{cases} \tag{9.4.1}$$

其中，$V_0>V_1$ 为正数。一个能量为 E 的粒子（$0<E<V_0-V_1$）沿 x 轴由左至右入射，其相位为 φ。当 $E>V_0+V_1$ 时，经典理论可行。设这个粒子初始时（$t=0$ 时）处在 $x=0$ 处，当它从 $x=a$ 处射出时，则时间为 $T=a/\sqrt{2[E-(V_0+V_1\cos\varphi)]/m}$，其中 m 为粒子的质量。

因此，当选取适当的 T 和 φ 的值，粒子能量就可以处于 $E-2V_1$ 和 $E+2V_1$ 之间。当初始能量处在 V_0-V_1 和 V_0+V_1 之间时，粒子会在 φ 处于某些值时被反射或者穿过势垒。在所有的可能情形中，粒子被反射时其能量不会改变，而当其穿过势垒时能量会在拐点（turning point）改变，其值由势垒高度所决定，如图 9.8 所示。

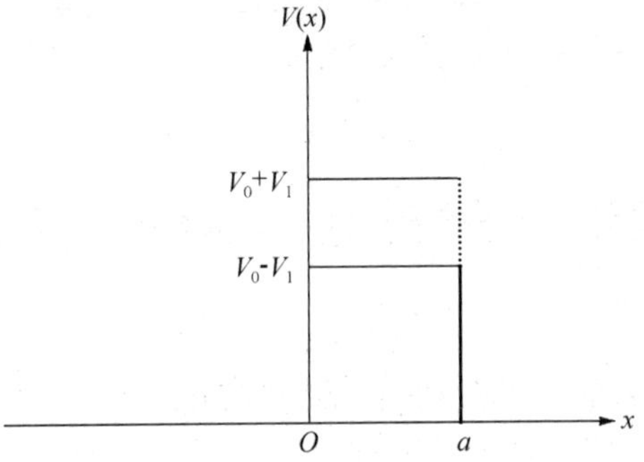

图 9.8　振幅周期型势垒

（二）位置周期型势垒

取如下势垒：

$$V(x, t)=U[x-\alpha\cos(\omega t+\varphi)] \tag{9.4.2}$$

其中，$U(x)$ 为一高为 V_0 宽为 a 的矩形势垒

$$U(x)=V_0[\theta(x)-\theta(x-a)]=\begin{cases}V_0, & 0\leqslant x\leqslant a\\ 0, & 其他\end{cases} \tag{9.4.3}$$

其中，阶跃函数为 $\theta(x)=\begin{cases}1, & x\geqslant 0\\ 0, & 其他\end{cases}$。

则 $\mathfrak{R}$ 现在与时间有关，且其范围在 $\alpha\cos(\omega t+\varphi)$ 和 $a+\alpha\cos(\omega t+\varphi)$ 之间。

假设一个能量为 E、速度为 $\dot{x}$（$\dot{x}>0$）的粒子由左侧入射。为了具有概括性，选取初始时（$t=0$）该粒子处于 $x=-a$ 处。当 $t=T>0$ 时粒子与势垒接触，则

$$-\alpha+\dot{x}_0T=\cos(\omega t+\varphi) \tag{9.4.4}$$

此时势垒的速度为

$$v_b=-\alpha\omega\sin(\omega t+\varphi) \tag{9.4.5}$$

粒子与势垒之间相对运动的能量之差为

$$E_{\mathrm{Rd}}=\frac{1}{2}m\left(\dot{x}_0-v_b\right)^2 \tag{9.4.6}$$

由此可知道，当 $E_{\mathrm{Rd}}<V_0$ 时粒子被反射，当 $E_{\mathrm{Rd}}>V_0$ 时粒子可以穿过势垒。但是要注意的是此模型并不像振幅周期型势垒，当频率 ω 足够高的时候，总会有 $E_{\mathrm{Rd}}>V_0$。同样地，当粒子被反射时，其动能会改变，这个改变量的大小为

$$\Delta E=\frac{1}{2}m\{(-\dot{x}_0+2v_b)^2-\dot{x}_0^2\}=2mv_b(v_b-\dot{x}_0) \tag{9.4.7}$$

当 $E_{\mathrm{Rd}}>V_0$ 时粒子可以进入区域 $\mathfrak{R}$，此时粒子与势垒间的相对速度 v_{Rd} 由以下公式给出：

$$\frac{1}{2}mv_{\mathrm{Rd}}^2=E_{\mathrm{Rd}}-V_0 \tag{9.4.8}$$

在实验室坐标系下粒子速度为

$$\dot{x}(t>T)\equiv\dot{x}_1=v_{\mathrm{Rd}}-v_b \tag{9.4.9}$$

粒子在势垒内以恒定速度 $\dot{x}_1$ 运动，直到碰到势垒的左壁或者右壁，取时间为 T_1 或 $T_1'>T$，则

$$-\alpha+\dot{x}_0T+\dot{x}_1T_1=\alpha\cos(\omega T+\omega T_1+\varphi) \tag{9.4.10}$$

对应于碰到势垒左壁：

$$-\alpha+\dot{x}_0T+\dot{x}_1T'_1=\alpha\cos(\omega T+\omega T'_1+\varphi) \tag{9.4.11}$$

二、一维周期势的量子隧穿

（一）周期矩形势垒下的量子隧穿

对于单个含时振幅周期矩形势垒，其势场为

$$V(x,\ t)=V(x,\ t+P)=\begin{cases}V_0+V_1\cos(\omega t+\theta), & 0<x<a\\ 0, & \text{其他}\end{cases} \tag{9.4.12}$$

由薛定谔方程可知

$$i\hbar\frac{\partial\psi(x,\ t)}{\partial t}=\psi(x,\ t) \tag{9.4.13}$$

其中，$\hat{\boldsymbol{H}}$ 为哈密顿算符：

$$\hat{\boldsymbol{H}}(x,\ t)=-\frac{\hbar^2}{2m}\frac{\partial^2}{\partial x^2}+V(x,\ t) \tag{9.4.14}$$

当势为周期势时，可知周期为$\dfrac{2\pi}{\omega}$，则薛定谔方程可做以下变换：

$$t\to t+\frac{2\pi}{\omega} \tag{9.4.15}$$

由弗洛凯（Floquet）理论可以知道波函数可以转换成如下形式：

$$\psi(x,\ t)=\mathrm{e}^{-\mathrm{i}\varepsilon t/\hbar}\varphi(x,\ t) \tag{9.4.16}$$

其中，ε 为粒子的准能量，$\varphi(x,\ t)$ 与势有着相同的周期：

$$\varphi(x,\ t)=\varphi\left(x,\ t+\frac{2\pi}{\omega}\right) \tag{9.4.17}$$

对 φ 做傅里叶展开可以得到

$$\varphi(x,\ t)=\sum_{n=-\infty}^{\infty}\exp\left[-\frac{\mathrm{i}}{\hbar}(-\varepsilon-n\omega)t\right]F_n(x) \tag{9.4.18}$$

其中，F_n 为傅里叶展开系数，对于哈密顿算符 $\mathrm{i}\hbar\dfrac{\partial}{\partial t}$其第 n 项的能量为 $\hbar\varepsilon+\hbar n\omega$。该方程可认为是一初始能量为 $E=\hbar\varepsilon$ 的粒子由于周期势作用下的波函数。对于上述的周期势，可求出其薛定谔方程的解即为

$$F_n(x)=\exp\left(\frac{\mathrm{i}px}{\hbar}\right)J_n\left(\frac{V_1}{\hbar}\right),\quad x>a \text{ 或 } x<0 \tag{9.4.19}$$

其中，$\dfrac{p^2}{2m}=\hbar\varepsilon=E$，$J_n$ 为贝塞尔系数。由此可知，当 $V_1\to 0$ 时，$J_n\left(\dfrac{V_1}{\hbar}\right)\to 1$，所以 $F_n(x)=\exp\left(\dfrac{\mathrm{i}px}{\hbar}\right)$，$\varphi(x,\ t)=\exp\left[\mathrm{i}\left(\varepsilon t+\dfrac{px}{\hbar}\right)\right]$即为自由粒子的波函数形式。

同时本节知道波函数的第 0 项为 0，即初始时刻粒子未进入空间时真空态。

由于在振幅周期势下的波函数不能唯一确定，所以下面考虑另外一种更为常见的位置周期矩形势垒：

$$V(x,\ t)=U(x-\alpha\cos(\omega t+\varphi)) \tag{9.4.20}$$

其中，$U(x)$ 为一高为 V_0，宽为 a 的矩形势垒

$$U(x)=V_0[\theta(x)-\theta(x-a)]=\begin{cases}V_0, & 0\leqslant x\leqslant a\\ 0, & \text{其他}\end{cases} \tag{9.4.21}$$

取如下的坐标变换：

$$\begin{gathered}x\to x'=x-\alpha\cos(\omega t+\varphi)\\ t\to t'=t\\ \psi\to\psi'=\psi(x',\ t')\end{gathered} \tag{9.4.22}$$

则其薛定谔方程可变为

$$\mathrm{i}\hbar\frac{\partial\psi(x',\ t')}{\partial t'}=\mathrm{i}\hbar\frac{\partial\psi}{\partial t'}-\mathrm{i}\hbar f(t)\frac{\partial\psi}{\partial x'}=\left[-\frac{\hbar^2}{2m}\frac{\partial^2}{\partial x'^2}+U(x)\right]\psi(x',\ t') \tag{9.4.23}$$

其中，$f(t)=\alpha\omega\sin(\omega t+\varphi)$。

由 Floquet 理论可以知道波函数可以转换成如下形式：

$$\psi(x,\ t)=\mathrm{e}^{-\mathrm{i}Et/\hbar}\varphi(x,\ t) \tag{9.4.24}$$

其中，E 为入射粒子的能量，$\varphi(x,\ t)$ 与势有着相同的周期：

$$\varphi(x,\ t)=\varphi\left(x,\ t+\frac{2\pi}{\omega}\right) \tag{9.4.25}$$

这样可得到如下形式的薛定谔方程：

$$E\varphi+i\hbar\frac{\partial\varphi}{\partial t}-\mathrm{i}\hbar\alpha\omega\sin(\omega t+\varphi)\frac{\partial\varphi}{\partial x}=\left[-\frac{\hbar^2}{2m}\frac{\partial^2}{\partial x^2}+U(x)\right]\varphi \tag{9.4.26}$$

其中，为了形式简洁将上标去掉。

接着将 $\varphi(x,\ t)$ 分离变量为

$$\varphi(x,\ t)=g(x)f(t) \tag{9.4.27}$$

且 $f(0)=1$。

将上述条件代入薛定谔方程，即可求出波函数：

$$\psi(x,\ t)=\mathrm{e}^{\mathrm{i}kx/\hbar}\exp\left[-\frac{\mathrm{i}}{\hbar}Et-k\alpha\cos(\omega t+\varphi)\right],\ x<a,\ x>0 \tag{9.4.28}$$

其中，$\frac{k^2}{2m}=E$。

可以看到若该波函数做傅里叶展开则与振幅周期矩形势垒下的波函数式（9.4.18）相似，所以可以认为在量子力学中，两种周期模型并无太大差异。

由散射理论可以取

$$\psi(x,\ t)=\mathrm{e}^{-\mathrm{i}Et/\hbar}\times\begin{cases}\mathrm{e}^{\frac{\mathrm{i}k}{\hbar}(x+\alpha\cos(\omega t+\varphi))}+R\mathrm{e}^{-\frac{\mathrm{i}k}{\hbar}(x+\alpha\cos(\omega t+\varphi))} & (x<0)\\ A\mathrm{e}^{\frac{\mathrm{i}k'}{\hbar}(x+\alpha\cos(\omega t+\varphi))}+B\mathrm{e}^{-\frac{\mathrm{i}k'}{\hbar}(x+\alpha\cos(\omega t+\varphi))} & (0<x<a)\\ T\mathrm{e}^{\frac{\mathrm{i}k}{\hbar}(x+\alpha\cos(\omega t+\varphi))} & (x>a)\end{cases} \tag{9.4.29}$$

其中，$\frac{k'^2}{2m}+V_0=E$。

取 $t=0$ 时代入边界条件即可求得 R 和 T：

$$R=2\mathrm{i}\exp[\mathrm{i}k(a+2\alpha\cos\varphi)](k^2-k'^2)\sin(k'a)/D$$

$$T=-4kk'/D \tag{9.4.30}$$

其中 $D=-\exp(ika)[4kk'\cos(k'a)-2\mathrm{i}(k^2+k'^2)\sin(k'a)]$，为了形式简单取 $\hbar=1$。

可以明显看出只有反射系数与初相位有关，并且不难证明：

$$|R|^2+|T|^2=1 \tag{9.4.31}$$

（二）周期单 Delta 势垒的量子隧穿

根据上文对一维周期矩形势垒的讨论，可以将其拓展至一维周期 Delta 势垒的情况。

$$V(x,\ t)=U(t)\delta(x) \tag{9.4.32}$$

其中，$U(t)=u_0+u_1\cos\omega t$。其含时薛定谔方程为

$$\mathrm{i}\hbar\frac{\partial\psi(x,\ t)}{\partial t}=\left[-\frac{\hbar^2}{2m}\frac{\partial^2}{\partial x^2}+V(x,\ t)\right]\psi(x,\ t) \tag{9.4.33}$$

假设一个能量为 E 的粒子入射，则不同区域内的波函数为

$$\psi_{\mathrm{L}}=(\mathrm{e}^{\mathrm{i}kx/\hbar}+R\mathrm{e}^{-\mathrm{i}kx/\hbar})\exp\left(-\frac{\mathrm{i}Et}{\hbar}\right),\ x<0$$

$$\psi_{\mathrm{R}}=(T\mathrm{e}^{\mathrm{i}kx/\hbar})\exp\left(-\frac{\mathrm{i}Et}{\hbar}\right),\ x>0 \tag{9.4.34}$$

其中，$\frac{k^2}{2m}=E$。

取 $t=0$ 时的波函数分析，由连续性条件和跃变条件可得

$$1+R=T,\ \mathrm{i}(T-1+R)=2VT \tag{9.4.35}$$

其中，$V=\frac{mU(0)}{\hbar^2k}$。由此可得到散射矩阵 $\boldsymbol{S}$[13]：

$$\boldsymbol{S}=\frac{1}{1+\mathrm{i}V}\begin{pmatrix}-\mathrm{i}V & 1\\ 1 & -\mathrm{i}V\end{pmatrix} \tag{9.4.36}$$

可得

$$T=\frac{1}{1+\mathrm{i}V}$$

$$R=\frac{-\mathrm{i}V}{1+\mathrm{i}V} \tag{9.4.37}$$

很明显$|R|^2+|T|^2=1$，且由此可以看出振幅周期 Delta 势垒的反射与透射系数与$U(t)$有关。

对于另一种周期 Delta 势垒$v(x, t)=\frac{S}{2}\delta[x-\alpha\cos(\omega t+\varphi)]$，可以用相同的方式处理。

可得其透射振幅T与反射振幅R为

$$T=\frac{1}{1+\mathrm{i}V'}$$

$$R=\frac{V'}{1+\mathrm{i}V'} \tag{9.4.38}$$

其中，$V'=\frac{ms}{\hbar^2 k}$。

由此可以看出位置改变型与周期改变型 Delta 势垒的结果与周期矩形势垒一致，在确定时间后可等效于不含时势垒下的量子隧穿。

（三）复合型周期势垒的量子隧穿

取$V(x, t)$即周期势垒为一系列有限矩形势垒，如图 9.9 所示。

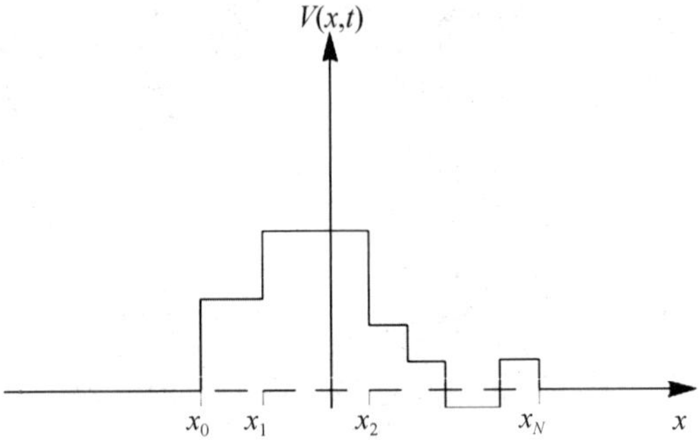

图 9.9　复合型周期势垒

$$V(x, t)=\sum_{n=1}^{N}V^n(t)C^n(x) \tag{9.4.39}$$

其中，

$$C^{(n)}=\begin{cases}1, & x\in(x_{n-1}, x_n],\ x_{n-1}<x_n,\ n=1, \cdots, N\\0, & 其他\end{cases} \tag{9.4.40}$$

由于该势垒的模型比较复杂，并且对一维周期矩形势垒和 Delta 势垒下的量子隧穿已经系统地进行了推导，所以可以根据单矩形势垒与 Delta 势垒隧穿的结果进行定性分析。

首先可以将复杂势垒视为若干个矩形周期势垒，在每个矩形周期势垒区间内势垒大小和周期一致。而在每个不同区间的重合点上，由于每个等效矩形势垒相互之间振幅并不相同，即有一个能量较大的改变，这时就可将这个交界面视为一个周期 Delta 势垒，这两种等效势垒的周期与原势垒周期相同。这时便可以进行定性分析。

根据上面的推导可知势垒外区域波函数的形式与式（9.4.18）相同，即为

$$\psi(x,\ t) = \sum_{n=-\infty}^{\infty} \exp\left[-\frac{\mathrm{i}}{\hbar}(-\varepsilon - n\omega)\,t \right] F_n(x) \tag{9.4.41}$$

并且根据之前的推导知道在各个矩形势垒交界面上的隧穿类似于定态势垒隧穿。根据散射理论，可知在不考虑内部反射的情况下粒子穿透这样一个势垒即可等效成穿透 n 个矩形周期势垒与 $n-1$ 个周期 Delta 势垒，即

$$T_t = \prod_i^n T_i^R \prod_i^{n-1} T_i^D \tag{9.4.42}$$

本节建立了一维时间周期势下的量子隧穿两种模型（振幅周期型模型与位置周期型模型），并且在波动力学下推导出两种模型的波函数基本一致，所以可将两种模型一样处理，进而推导出特定时间下位置周期型模型的透射与反射系数。

这两种模型在量子力学下的一致性可以做如下解释：

（1）一般认为普通的隧穿效应是粒子受到势的大小影响，根据的推导实际是粒子受到势的能量的影响，这个能量不光包含势的大小也包含了势的动能。

（2）在量子力学下势的周期性取决于其哈密顿量的周期性，所以其位置或振幅的周期性归根到底都是能量的周期性。

在对周期 Delta 势垒下的量子隧穿的讨论中，精确求解了其定态波函数与此时的透射与反射系数。由于 Delta 势垒的特殊性质，认为在对其大小施加的周期驱动对于入射粒子的波函数并无影响，这个驱动只影响其透射与反射系数。若对其位置施加周期驱动与振幅周期型势垒相似，其反射系数也要受到初相位的影响。

本节运用势垒等效模型的方法，给出定性的求得复杂周期势垒下量子隧穿的透射与反射系数的方法。

第十章　磁性 WSe_2 超晶格的量子输运

超晶格是一种周期性结构的势垒结构，这种势垒结构可以利用传输矩阵法来研究电子的透射系数，从而研究超晶格的量子输运的性质。本章基于单层石墨烯的周期性势垒结构的传输矩阵法来研究磁性 WSe_2（二硒化钨）超晶格在非共振圆偏振光照射下和加栅极电压的情况下，非共振圆偏振光和栅极电压对谷极化、自旋极化的影响，操纵单层 WSe_2 中的弹道输运和基于磁性 WSe_2 的 NM（正常层）/FM（铁磁层）/NM 结的周期性阵列中的量子输运的调控。

第一节　单层石墨烯的周期性势垒结构的传输矩阵法

在蜂窝晶格中致密堆积的稳定单层碳原子的实验引起了人们对其电子性质研究的极大兴趣。这种材料被称为石墨烯，原始石墨烯中的低能载流子由无质量狄拉克方程正式描述，该方程在价带和导带相互接触的狄拉克点附近具有许多不寻常的性质，如线性能量色散、手性行为、弹道传导和不寻常的量子霍尔效应、频率相关的导电性、栅极可调谐的光学跃迁等等。

人们对具有周期性电势结构的石墨烯超晶格进行了许多有趣的理论研究，这些超晶格可以通过不同的方法产生，如静电势和磁势垒。有时，波纹的周期性阵列也被认为是石墨烯超晶格。众所周知，超晶格在控制许多传统半导体材料的电子结构方面非常成功。在基于石墨烯的超晶格中，研究人员发现，一维周期性电势超晶格可能会导致低能量载流子的群速度的强各向异性，这些群速度在一个方向上降低到零，但在另一个方向上不变。此外，Brey 和 Fertig[①] 已经表明，各向异性的这种行为是在电子能带结构中形成更多狄拉克点的前兆，并且新的零能态由周期势的参数控制。与此同时，Park 等人[②]指出，当对石墨烯施加缓慢变化的周期电势时，可以产生新的无质量狄拉克费米子，而这种费米子在原始石墨烯中是不存在的；他们在这些新的狄拉克费米子附近进一步发现了朗道能级的不同寻常的性质和量子霍尔效应，它们可以通过超晶格势参数进行调节。最后，还应该提到的是基于石墨烯的 Kronig-Penney 电势的电子传输和电导，可以在具有非中心对

---

① BREY L, FERTIG H A. Emerging zero modes for graphene in a periodic potential [J]. Phys. Rev. Lett., 2009, 103: 046869.

② PARK C H, YANG L, SON Y W, et al. New generation of massless diracfemions in graphene under periodic potentials [J]. Phys. Rev. Lett., 2008, 101: 126804.

称超晶格电势的石墨烯中获得可调带隙。石墨烯超晶格不仅具有理论意义，而且已经在实验中实现。

例如，使用电子束诱导沉积在石墨烯上压印了周期性小至 5 nm 的超晶格图案。在元表面上外延生长的石墨烯也显示出具有几个纳米晶格周期的超晶格图案。周期性图案化栅电极的制造是制造石墨烯基超晶格的另一种可能方式。

受这些研究的启发，在本节中，将通过施加适当的栅极电压来考虑石墨烯在外部周期电位下的电子带隙结构的鲁棒性和输运特性。在之前的工作中，估计了晶格常数、入射电荷载流子的角度、结构无序和缺陷电势对电子能带结构和传输特性的影响。研究发现，一个新的狄拉克点正好位于一维周期势内平均波数为零（体积）的能量处，并且这样一个新狄拉克点的位置不取决于晶格常数，而是取决于势的宽度比；并且在新的狄拉克点附近的相关零平均波数间隙的位置不仅与晶格常数无关，而且较少地与入射角有关。随着晶格常数的增加，零平均波数间隙将振荡地打开和关闭，但该间隙的中心位置与晶格常数无关。此外，结果表明零平均波数间隙对结构无序不敏感，而一维周期势中的其他开放间隙对结构无序高度敏感。零平均波数间隙内的缺陷模式对入射角的依赖性较弱，而其他间隙中的缺陷模式则大大地依赖于入射角。

本节中，借助于附加的双分量基，引入了一种传输矩阵方法，来计算波函数的反射、透射和演化；传输矩阵方法对于处理周期势或多势结构是非常有用的。

存在静电势 $V(x)$ 时在单层石墨烯内移动的电子的哈密顿量为

$$\widehat{\boldsymbol{H}}=v_{\mathrm{F}}\boldsymbol{\sigma}\cdot\boldsymbol{P}+V(x)\widehat{\boldsymbol{I}} \tag{10.1.1}$$

其中，$\boldsymbol{p}=(p_x,\ p_y)=\left(-\mathrm{i}\hbar\dfrac{\partial}{\partial x},\ -\mathrm{i}\hbar\dfrac{\partial}{\partial y}\right)$是具有两分量的动量算符，$\boldsymbol{\sigma}=(\boldsymbol{\sigma}_x,\ \boldsymbol{\sigma}_y)$，$\boldsymbol{\sigma}_x$，$\boldsymbol{\sigma}_y$ 是赝自旋的泡利矩阵，$\widehat{\boldsymbol{I}}$是 2×2 的单位矩阵，$v_{\mathrm{F}}\approx10^6\mathrm{m/s}$ 是费米速度。这个哈密顿量的作用为两分量旋量 $\boldsymbol{\Psi}$ 的态，其中 $\boldsymbol{\Psi}=(\widetilde{\psi}_A,\ \widetilde{\psi}_B)^{\mathrm{T}}$，$\widetilde{\psi}_A$ 和$\widetilde{\psi}_B$ 是石墨烯的三角形子晶格的光滑包络函数。由于 y 方向上的平移不变性，$\widetilde{\psi}_{A,B}(x,\ y)=\psi_{A,B}(x)\mathrm{e}^{\mathrm{i}k_y y}$。因此，由公式（10.1.1）得到：

$$\frac{\mathrm{d}\psi_A}{\mathrm{d}x}-k_y\psi_A=\mathrm{i}k\psi_B \tag{10.1.2}$$

$$\frac{\mathrm{d}\psi_B}{\mathrm{d}x}-k_y\psi_B=\mathrm{i}k\psi_A \tag{10.1.3}$$

其中，$k=[E-V(x)]/\hbar v_{\mathrm{F}}$ 是势 $V(x)$ 内的波矢。E 是电荷载流子的入射能量，并且 $k_0=E/\hbar v_{\mathrm{F}}$ 是入射电子波矢，很显然，当 $E<V(x)$ 时，在势垒内波矢是与电子速度的方向是相反的。这种性质导致了石墨烯 p-n 结中的 Veselago 透镜，这已经被 Cheianov 等人①预测。在下文中，假设电势 $V(x)$ 由方形势垒的周期性电势组成，如图 10.1.1 所示. 在第 j 个势垒内，$V_j(x)$ 是常数。因此，由方程（10.1.2）和（10.1.3）能得到：

$$\frac{\mathrm{d}^2\psi_A}{\mathrm{d}x^2}+(k_j^2-k_y^2)\psi_A=0 \tag{10.1.4}$$

---

① CHEIANOV V V，FAL'KO V，ALTSHULER B L. The focusing of eletron flow and a veselago lens in graphene p-n junction [J]. Science，2007，315：1252.

$$\frac{\mathrm{d}^2\psi_B}{\mathrm{d}x^2}+(k_j^2-k_y^2)\psi_B=0 \tag{10.1.5}$$

其中，下角标“j”指第 j 个势垒的量。

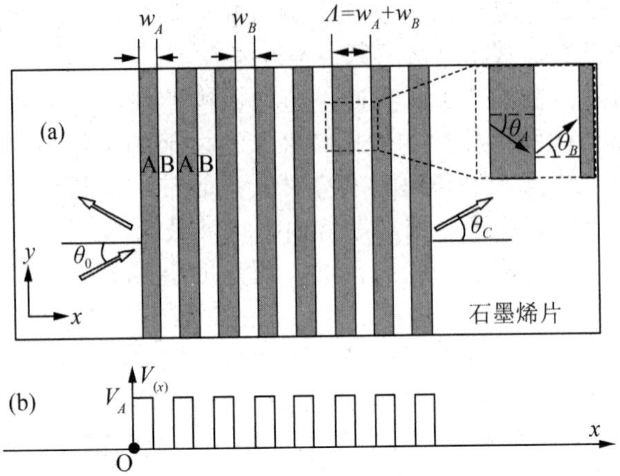

图 10.1　(a) 在 x-y 平面内方形势垒的有限周期势垒示意图；(b) 应用在单层石墨烯上的周期势的轮廓图

方程（10.1.4）和（10.1.5）的解是下面的形式：

$$\psi_A(x)=a\mathrm{e}^{\mathrm{i}q_jx}+b\mathrm{e}^{-\mathrm{i}q_jx} \tag{10.1.6}$$

$$\psi_B(x)=c\mathrm{e}^{\mathrm{i}q_jx}+d\mathrm{e}^{-\mathrm{i}q_jx} \tag{10.1.7}$$

其中，$q_j=\mathrm{sign}\,(k_j)\sqrt{k_j^2-k_y^2}$，$q_j$ 是在 $k_j^2>k_y^2$ 时，第 j 个势垒 V_j 中波矢的 x 分量。否则，$q_j=\sqrt{k_y^2-k_j^2}$；并且 a（c）和 b（d）是向前和向后传播的旋量分量的振幅。把方程（10.1.6）和（10.1.7）代入式（10.1.2）和（10.1.3）得到关系：

$$c=\frac{\mathrm{i}k_j}{\mathrm{i}q_{j+k_y}}a \tag{10.1.8}$$

$$d=\frac{-\mathrm{i}k_j}{\mathrm{i}q_{j-k_y}}b \tag{10.1.9}$$

利用方程（10.1.8）和（10.1.9）可以得到：

$$\psi_A(x)=a\mathrm{e}^{\mathrm{i}q_jx}+b\mathrm{e}^{-\mathrm{i}q_jx} \tag{10.1.10}$$

$$\psi_B(x)=a\,\frac{\mathrm{i}k_j}{\mathrm{i}q_{j+k_y}}\mathrm{e}^{\mathrm{i}q_jx}-b\,\frac{\mathrm{i}k_j}{\mathrm{i}q_{j-k_y}}\mathrm{e}^{-\mathrm{i}q_jx} \tag{10.1.11}$$

为了得出在第 j 个势垒中任何两个位置 x_{j-1} 和 $x_{j-1}+\Delta x$ 之间的波函数 $\psi_{A,B}(x)$ 的连接。假定一个基矢 $\boldsymbol{\Phi}(x)=\begin{bmatrix}\varphi_1(x)\\ \varphi_2(x)\end{bmatrix}$，这被表示为

$$\varphi_1(x)=a\mathrm{e}^{\mathrm{i}q_jx}+b\mathrm{e}^{-\mathrm{i}q_jx} \tag{10.1.12}$$

$$\varphi_2(x)=a\mathrm{e}^{\mathrm{i}q_jx}-b\mathrm{e}^{-\mathrm{i}q_jx} \tag{10.1.13}$$

利用以上基矢，能把方程（10.1.10）和（10.1.11）写为下面的形式：

$$\begin{bmatrix}\psi_A(x)\\ \psi_B(x)\end{bmatrix}=\boldsymbol{R}_j\,[E,\ k_y)\begin{bmatrix}\varphi_1(x)\\ \varphi_2(x)\end{bmatrix} \tag{10.1.14}$$

其中，

$$R_j(E, k_y)=\begin{bmatrix}1 & 0\\ \mathrm{i}\sin\theta_j & \cos\theta_j\end{bmatrix} \tag{10.1.15}$$

这里，$\theta_j=\arcsin(k_y/k_j)$ 是在第 j 个势垒中两个波矢分量 q_j 和 k_y 之间的夹角。在同样的势垒和势阱区域里，从位置 x_{j-1} 到 $x_{j-1}+\Delta x$ 位置，波函数 $\begin{bmatrix}\psi_A(x_{j-1})\\ \psi_B(x_{j-1})\end{bmatrix}$ 演化成另一种形式 $\begin{bmatrix}\psi_A(x_{j-1}+\Delta x)\\ \psi_B(x_{j-1}+\Delta x)\end{bmatrix}$，这也能根据以上的基矢 $\boldsymbol{\Phi}(x)$ 表示为

$$\begin{bmatrix}\psi_A(x_{j-1}+\Delta x)\\ \psi_B(x_{j-1}+\Delta x)\end{bmatrix}=\boldsymbol{T}_j(\Delta x, E, k_y)\begin{bmatrix}\varphi_1(x_{j-1})\\ \varphi_2(x_{j-1})\end{bmatrix} \tag{10.1.16}$$

其中，

$$\boldsymbol{T}_j(\Delta x, E, k_y)=\begin{bmatrix}\cos(q_j\Delta x) & \mathrm{i}\sin(q_j\Delta x)\\ \mathrm{i}\sin(q_j\Delta x+\theta_j) & \cos(q_j\Delta x+\theta_j)\end{bmatrix} \tag{10.1.17}$$

因此，在 $\begin{bmatrix}\psi_A(x_{j-1})\\ \psi_B(x_{j-1})\end{bmatrix}$ 和 $\begin{bmatrix}\psi_A(x_{j-1}+\Delta x)\\ \psi_B(x_{j-1}+\Delta x)\end{bmatrix}$ 之间的关系能被写为

$$\begin{bmatrix}\psi_A(x_{j-1}+\Delta x)\\ \psi_B(x_{j-1}+\Delta x)\end{bmatrix}=\boldsymbol{M}_j(\Delta x, E, k_y)\begin{bmatrix}\psi_A(x_{j-1})\\ \psi_B(x_{j-1})\end{bmatrix} \tag{10.1.18}$$

其中，矩阵

$$\begin{aligned}\boldsymbol{M}_j(\Delta x, E, k_y)&=T_j(\Delta x, E, k_y)R_j^{-1}(E, k_y)\\ &=\begin{bmatrix}\dfrac{\cos(q_j\Delta x-\theta_j)}{\cos(\theta_j)} & \dfrac{\mathrm{i}\sin(q_j\Delta x)}{\cos(\theta_j)}\\ \dfrac{\mathrm{i}\sin(q_j\Delta x)}{\cos(\theta_j)} & \dfrac{\cos(q_j\Delta x+\theta_j)}{\cos(\theta_j)}\end{bmatrix}\end{aligned} \tag{10.1.19}$$

容易验证等式 $\mathrm{Det}[\boldsymbol{M}_j]=1$。这里需指出的是，当 $E=V_j$ 时，公式（10.1.19）应该以类似的方法重新计算并且给出：

$$\boldsymbol{M}_j(\Delta x, E, k_y)=\begin{bmatrix}\exp(k_y\Delta x) & 0\\ 0 & \exp(-k_y\Delta x)\end{bmatrix} \tag{10.1.20}$$

同时，在第 j 个电势 $(x_{j-1}<x<x_j)$ 中，这个波函数 $\psi_{A,B}(x)$ 也能与 $\psi_{A,B}(x_0)$ 通过下列公式联系起来：

$$\begin{bmatrix}\psi_A(x)\\ \psi_B(x)\end{bmatrix}=\boldsymbol{Q}(\Delta x_j, E, k_y)\begin{bmatrix}\psi_A(x_0)\\ \psi_B(x_0)\end{bmatrix} \tag{10.1.21}$$

其中，$\Delta x_j=x-x_{j-1}$，$\psi_{A,B}(x_0)$ 是整个结构的入射端的波函数，并且矩阵 $\boldsymbol{Q}$ 由下列式子表示出来：

$$\boldsymbol{Q}(\Delta x_j, E, k_y)=\boldsymbol{M}_j(\Delta x, E, k_y)\prod_{i=1}^{j=1}\boldsymbol{M}_i(w_i, E, k_y) \tag{10.1.22}$$

这里 w_i 是第 i 个势垒的宽度，并且矩阵 $\boldsymbol{Q}$ 与电荷粒子在 x 方向上输运的转变有关。这样，利用传输矩阵就能知道在每一个势垒中在任何位置 x 处的波函数。初始两分量波函数 $\begin{pmatrix}\psi_A(x_0)\\ \psi_B(x_0)\end{pmatrix}$ 可以通过匹配边界条件来确定。正如在图 10.1 中所示的，假设能量为 E 的自

由电子以任何入射角 θ_0 从区域 $x<0$ 入射。在这个区域，电子波函数是入射波包和反射波包的叠加，因此在入射端（$x=0$），波函数 $\psi_A(0)$ 和 $\psi_B(0)$ 有如下的形式：

$$\psi_A(0)=\psi_i(E,\ k_y)+\psi_r(E,\ k_y)=(1+r)\psi_i(E,\ k_y) \tag{10.1.23}$$

其中，$\psi_i(E,\ k_y)$ 是在 $x=0$ 处的电子的入射波包。为了获得在入射端的波函数 $\psi_B(0)$，从式子（10.1.12）和（10.1.13），能根据入射波包重写两分量基矢，通过下列表达式给出：

$$\varphi_1(0)=\psi_i(E,\ k_y)+\psi_r(E,\ k_y)=(1+r)\psi_i(E,\ k_y) \tag{10.1.24}$$

$$\varphi_2(0)=\psi_i(E,\ k_y)-\psi_r(E,\ k_y)=(1-r)\psi_i(E,\ k_y) \tag{10.1.25}$$

因此，利用方程（10.1.14）的关系，得到：

$$\psi_B(0)=\mathrm{i}\sin\theta_0\varphi_1(0)+\cos\theta_0\varphi_2(0)=(\mathrm{e}^{\mathrm{i}\theta_0}-r\mathrm{e}^{-\mathrm{i}\theta_0})\psi_i(E,\ k_y) \tag{10.1.26}$$

其中，θ_0 为在入射区（$x<0$）内电子的入射角。

在上述的推导过程中，我们已经利用了关系 $\psi_r(E,\ k_y)=r\psi_i(E,\ k_y)$，其中 r 是反射系数。很显然，能得到：

$$\begin{bmatrix}\psi_A(0)\\ \psi_B(0)\end{bmatrix}=\begin{bmatrix}1+r\\ (\mathrm{e}^{\mathrm{i}\theta_0}-r\mathrm{e}^{-\mathrm{i}\theta_0})\end{bmatrix}\psi_i(E,\ k_y) \tag{10.1.27}$$

同样，在出射端，得到：

$$\begin{bmatrix}\psi_A(x_e)\\ \psi_B(x_e)\end{bmatrix}=\begin{bmatrix}t\\ t\mathrm{e}^{\mathrm{i}\theta_e}\end{bmatrix}\psi_i(E,\ k_y) \tag{10.1.28}$$

假设 $\psi_A(x_e)=t\psi_i(E,\ k_y)$，其中 t 是整个超晶格结构的电子波函数的透射系数。θ_e 是出射端的出射角度。假设矩阵 $\boldsymbol{X}$ 连接方程（10.1.27）的入射端和方程（10.1.28）中出射端的电子波函数，以便能通过下列方程来连接入射和出射波函数：

$$\begin{bmatrix}\psi_A(x_e)\\ \psi_B(x_e)\end{bmatrix}=\boldsymbol{X}\begin{bmatrix}\psi_A(0)\\ \psi_B(0)\end{bmatrix} \tag{10.1.29}$$

$$\boldsymbol{X}=\begin{bmatrix}x_{11} & x_{12}\\ x_{21} & x_{22}\end{bmatrix}=\prod_{j=1}^{N}M_i(w_i,\ E,\ k_y) \tag{10.1.30}$$

通过把方程（10.1.27）和（10.1.28）代入方程（10.1.29），有下列关系：

$$t=(1+r)x_{11}+(\mathrm{e}^{\mathrm{i}\theta_0}-r\mathrm{e}^{-\mathrm{i}\theta_0})x_{12} \tag{10.1.31}$$

$$t\mathrm{e}^{\mathrm{i}\theta_e}=(1+r)x_{21}+(\mathrm{e}^{\mathrm{i}\theta_0}-r\mathrm{e}^{-\mathrm{i}\theta_0})x_{22} \tag{10.1.32}$$

解以上两个方程，得出反射系数和透射系数为

$$r(E,\ k_y)=\frac{(x_{22}\mathrm{e}^{\mathrm{i}\theta_0}-x_{11}\mathrm{e}^{\mathrm{i}\theta_e})-x_{12}\mathrm{e}^{\mathrm{i}(\theta_e+\theta_0)}+x_{21}}{(x_{22}\mathrm{e}^{-\mathrm{i}\theta_0}+x_{11}\mathrm{e}^{\mathrm{i}\theta_e})-x_{12}\mathrm{e}^{\mathrm{i}(\theta_e-\theta_0)}-x_{21}} \tag{10.1.33}$$

$$t(E,\ k_y)=\frac{2\cos\theta_0}{(x_{22}\mathrm{e}^{-\mathrm{i}\theta_0}+x_{11}\mathrm{e}^{\mathrm{i}\theta_e})-x_{12}\mathrm{e}^{\mathrm{i}(\theta_e-\theta_0)}-x_{21}} \tag{10.1.34}$$

这里，利用了 $\det[\boldsymbol{X}]=1$ 的性质。利用方程（10.1.21），（10.1.23）和（10.1.26），现在能计算在任何位置的两分量电子波函数，分别为

$$\psi_A(x)=\psi_i(E,\ k_y)\ [(1+r)Q_{11}+(\mathrm{e}^{\mathrm{i}\theta_0}-r\mathrm{e}^{-\mathrm{i}\theta_0})Q_{12}] \tag{10.1.35}$$

$$\psi_B(x)=\psi_i(E,\ k_y)\ [(1+r)Q_{21}+(\mathrm{e}^{\mathrm{i}\theta_0}-r\mathrm{e}^{-\mathrm{i}\theta_0})Q_{22}] \tag{10.1.36}$$

其中，Q_{mn} 是矩阵 $\boldsymbol{Q}$ 中的元素。

为了获得波函数 $\widetilde{\psi}_{A,B}(x,\ y)$，应当考虑在 y 方向的电子的平移，用波函数 $\psi_{A,B}(x)$ 乘

以因子 $Y(y, k_y)$，其中 $Y(y, k_y)=\exp(\mathrm{i}k_y\Delta y_i)\prod_{i=1}^{j-1}\exp(\mathrm{i}k_y\Delta y_i)$，$\Delta y_i=w_i\tan\theta_i$，并且 $\Delta y_i=\Delta x_j\tan\theta_j$。因此，最后得到：

$$\widetilde{\psi}_A(x, y)=\psi_i(E, k_y)Y(y, k_y)\left[(1+r)Q_{11}+(\mathrm{e}^{\mathrm{i}\theta_0}-r\mathrm{e}^{-\mathrm{i}\theta_0})Q_{12}\right] \tag{10.1.37}$$

$$\widetilde{\psi}_B(x, y)=\psi_i(E, k_y)Y(y, k_y)\left[(1+r)Q_{21}+(\mathrm{e}^{\mathrm{i}\theta_0}-r\mathrm{e}^{-\mathrm{i}\theta_0})Q_{22}\right] \tag{10.1.38}$$

当入射电子波包 $\psi_i(E, k_y)$ 给出时，上述方程可以用来描述石墨烯势垒结构的电势里的两分量赝自旋旋量的波函数。例如，这些方程有助于人们了解载流子束穿过这种基于石墨烯的超晶格或石墨烯中的多势结构的演化，比如电子束的聚焦。

第二节　磁性 WSe_2 超晶格的量子输运

随着自旋电子学和谷电子学的发展，二维材料越来越受到研究者的关注，成为国际材料科学领域研究的热点。过渡金属二卤化物作为一种新型的二维材料，其卓越的电子性质与石墨烯的电子性质同时被研究。人们对单层过渡金属二卤化物产生了浓厚的兴趣，单层过渡金属二卤化物是 MX_2 形式的原子能薄半导体，其中 M 表示过渡金属原子，如 Mo、W、Ta 等，夹在 2 个硫族原子（S、Se 或 Te）之间，用 X 表示。由于单层过渡金属二卤化物独特的自旋轨道耦合特性，它已被确定为自旋电子学和谷电子学特别有前途的候选材料。首先，它表现出源自重金属原子 d 轨道的强自旋轨道耦合，其次，单层过渡金属二卤化物晶体结构的反转对称破缺导致位于六方布里渊区角部的两个不相等的能谷（K 和 K'）处的非零 Berry 曲率，这与布洛赫电子的轨道磁矩有关。这些在能谷 K 和 K' 处形成对比的电子 Berry 曲率导致了对不同圆偏振的光的对比响应，因此，谷可以用作许多光电子应用中编码信息的一个标志。

尽管单层过渡金属二卤化物表现出各种显著的光学和电子特性，如晶体管、逻辑电路和光电探测器，但在对这些原子能薄半导体材料进行优化的金属接触方面，单层过渡金属二卤化物遇到了困难。

由于实验方法的改革，通过使用石墨烯作为可调谐接触材料，实现了具有接近 0 接触势垒的 MoS_2 的高透明接触，这为研究基于过渡金属二卤化物的量子传输和光电子器件铺平了道路。

众所周知，超晶格结构是设计制造石墨烯、硅烯和 MoS_2 输运性质的有效方法。在硅烯超晶格磁势垒中，Missault 等①发现，由于传播模式几乎被抑制，电导曲线中的输运能隙随着势垒数量以及自旋和谷极化的增加而变宽。在 MoS_2 结阵列中，通过增加势垒的数量可以实现完美的自旋极化。

MoS_2 是过渡金属二卤化物家族中的典型成员，许多人已经对自旋和谷电子学进行了广泛的理论和实验研究。例如，栅极电压和 FM 交换场控制自旋和谷极化，以及共振和非共振光诱导的谷极化等，这些结果表明，MoS_2 对于设计纳米电子学非常有用。与 MoS_2 不

① MISSAULT N, VASILOPOULOS P, VARGIAMIDIS V, et al. Spin-and valley-dependent transport throngh arrays of ferromagnetic silceane junctions [J]. Phys. Rev. B, 2015, 92 (19): 195423.

同，高质量的 WSe_2 具有更大的自旋轨道耦合，导带边缘为 $2\lambda_c = 230$ meV，价带边缘为 $2\lambda_v = 245$ meV。故此，WSe_2 是可以作为实现自旋极化和谷极化的重要系统。作为控制单层 WSe_2 中谷自由度工作的开始，Srivastava 等①在实验中证实了通过谷塞曼效应操纵谷赝自旋的可能性。因为谷赝自旋与磁矩有关，所以可以使用圆偏振光场来选择性地处理它。最近，Hashmi 等②从理论上通过磁和电控制在单层 WSe_2 上获得了全自旋和谷极化的电流，相关的自旋和谷电导尚未被考虑。

本节考虑磁性 WSe_2 超晶格系统，探讨了非共振圆偏振光和栅极电压对谷极化、自旋极化的影响，发现了操纵单层 WSe_2 中的弹道输运和基于磁性 WSe_2 的 NM/FM/NM 结的周期性阵列中的量子输运的调控。

一、磁性 WSe_2 超晶格的量子输运哈密顿模型与理论方案

磁性 WSe_2 超晶格是周期性阵列，其中静电栅极电压和非共振圆偏振光位于铁磁(FM)区域；WSe_2 层的铁磁性是通过邻近效应引起的。在这种结构中，每个原胞由一个正常(NM)层和一个铁磁(FM)层组成，它们被周期性地分类。每个原胞单元的长度为 d，$d = D+L$，其中 D 和 L 分别是铁磁 FM 和正常层的长度。

圆偏振光对单层过渡金属二卤化物中谷偏振的影响已通过实验和理论进行了研究。使用 Floquet 理论，圆偏振光由电磁势 $A(t) = (A\sin(\pm\omega t), A\cos(\pm\omega t))$ 描述，其中 ω 是光的频率，正负号对应于右（左）圆偏振。其中 $A = E_0/\omega$，E_0 是电场的振幅，并且 $E(t) = \frac{\partial A(t)}{\partial t}$。在这种情况下，通过虚拟光子吸收和发射过程而不是直接激发来调整电子带。

当 $qAv_f/\omega \ll 1$（式中 $v_f = 5\times10^5\ \mathrm{ms^{-1}}$ 是 WSe_2 中的费米速度，q 是一个电子的电量）时，在 WSe_2 中的铁磁区中低能有效哈密顿量为

$$\widehat{\boldsymbol{H}} = \hbar v_f(\eta k_x\boldsymbol{\sigma}_x + k_y\boldsymbol{\sigma}_y) + (\Delta + \eta\Delta_\omega(x) + \eta s_z\lambda_-)\boldsymbol{\sigma}_z + \eta s_z\lambda_+ + U(x) - s_z h(x) \tag{10.2.1}$$

式中，$\Delta_\omega = (qAv_f)^2/\hbar\omega$，$\Delta_\omega$ 是描述圆偏振光效应的有效能量尺度，$s_z = +1$（-1）指电子自旋向上（向下）。$\eta = +1$（-1）对应于 K（K'）谷，σ_x，σ_y，σ_z 是子晶格空间的泡利矩阵，$\Delta = 850$ meV 是 WSe_2 中破坏反演对称的质量项。同时，定义 $\lambda_\pm =（\lambda_c \pm \lambda_v）$，其中 $4\lambda_c = 30$ meV 和 $4\lambda_v = 450$ meV 分别是在 WSe_2 的导带和价带的边缘的自旋劈裂。此外，

$$h(x) = \begin{cases} h，铁磁区 \\ 0，正常区 \end{cases} \tag{10.2.2}$$

$$U(x) = \begin{cases} U，铁磁区 \\ 0，正常区 \end{cases} \tag{10.2.3}$$

$$\Delta_\omega(x) = \begin{cases} \Delta_\omega，铁磁区 \\ 0，正常区 \end{cases} \tag{10.2.4}$$

根据 Floquet 理论的要求，光线必须满足条件 $\hbar\omega \gg t$，其中 $t = 1.1$ eV 是 WSe_2 的最近邻分子之间的跃迁参数。由于它的最低光频率由带宽 $3t \approx 800$ THz 决定，典型的实验场强

① SRIVASTAVA A, SIDLER M, ALLAIN A V, et al. Valley zeeman effect in elementary optical excitations of monolayer WSe_a [J]. Nature Physics, 2015, 11 (2): 141-147.

② HASHMI A, YAMADA S, YAMADA A, et al. Nonlinear dynamics of electromagnetic field and valley polarization in WSe_2 monolayer. [J] Applied physics letters, 2022, 120 (5), 051108-1-051108-6.

度可以被认为是 $qA=0.01\ A^{-1}$，因此相应的激光强度为：$I=(qA\omega)^2/8\pi\hbar\alpha=3\times10^8 w\ cm^{-2}$，式中 α 是精细结构常数，q 是一个正电子电荷量。

在铁磁区方程（10.2.1）的本征值为

$$E=\pm\sqrt{(\hbar v_f k')^2+\Delta_{\eta,s_z}}+U_{\eta,s_z} \tag{10.2.5}$$

其中，$\Delta_{\eta,s_z}=\Delta+\eta\Delta_\omega(x)+\eta s_z\lambda_-$ 是有效带隙函数，$U_{\eta,s_z}=\eta s_z\lambda_+-s_z h(x)+U(x)$ 是有效势，$\pm$ 代表导带和价带。值得注意的是，通过设置 $U=h=\Delta_\omega=0$ 可以获得正常区域的特征值。利用哈密顿量的一般解，铁磁区波函数为

$$\psi(x)=a_{\eta,s_z}\begin{bmatrix}\hbar v_f\eta k'_-\\ E_F\end{bmatrix}e^{ik'_x x}e^{ik'_y y}+b_{\eta,s_z}\begin{bmatrix}-\hbar v_f\eta k'_+\\ E_F\end{bmatrix}e^{-ik'_x x}e^{ik'_y y} \tag{10.2.6}$$

其中，$k'_\pm=k'_x\pm i\eta k'_y$，$E_F=E-\Delta-\eta s_z\lambda_--\eta s_z\lambda_++s_z h-U-\eta\Delta_\omega$。

正常区波函数为：

$$\psi(x)=c_{\eta,s_z}\begin{bmatrix}\hbar v_f\eta k_-\\ E_N\end{bmatrix}e^{ik_x x}e^{ik_y y}+d_{\eta,s_z}\begin{bmatrix}-\hbar v_f\eta k_+\\ E_N\end{bmatrix}e^{-ik_x x}e^{ik_y y} \tag{10.2.7}$$

其中，$k_\pm=k_x\pm i\eta k_y$，$E_N=E-\Delta-\eta s_z\lambda_--\eta s_z\lambda_+$。

这里，k_x（k'_x）和 k_y（k'_y）分别是正常区和铁磁区的波矢的垂直和平行分量。

对于 WSe_2 磁性超晶格的电子透射率，由 N 势垒组成的正常区和铁磁区界面的波函数连续性得到下列关系：

$$\begin{bmatrix}t_{\eta,s_z}\\ 0\end{bmatrix}=[\boldsymbol{R}_W(D)]^{-N}[\boldsymbol{R}_W(D)T(0)]^N\begin{bmatrix}1\\ r_{\eta,s_z}\end{bmatrix} \tag{10.2.8}$$

其中，N 是势垒的数目，

$$\boldsymbol{M}_W=\begin{bmatrix}\hbar v_f\eta k_+ & -\hbar v_f\eta k_-\\ E_N & E_N\end{bmatrix},\ \boldsymbol{M}_B=\begin{bmatrix}\hbar v_f\eta k'_+ & -\hbar v_f\eta k'_-\\ E_F & E_F\end{bmatrix},$$

$$\boldsymbol{R}_W(x)=\begin{bmatrix}e^{ik_x x} & 0\\ 0 & e^{-ik_x x}\end{bmatrix},\ \boldsymbol{R}_B(x)=\begin{bmatrix}e^{ik'_x x} & 0\\ 0 & e^{-ik'_x x}\end{bmatrix},$$

$$T(0)=\boldsymbol{R}_W^{-1}(D)\boldsymbol{M}_W^{-1}\boldsymbol{M}_B\boldsymbol{M}_B(D)\boldsymbol{M}_B^{-1}\boldsymbol{M}_W=\begin{bmatrix}T_{11} & T_{12}\\ T_{21} & T_{22}\end{bmatrix}。$$

通过计算得到：

$$T_{11}=\frac{1}{2E_F E_N k'_x k_x}e^{-iD_1k_x}\left(2E_F E_N k'_x k_x\cos(D_1k'_x)+i\left(E_N^2k'^2_x+E_F^2k_x^2+(E_F-E_N)^2k_y^2\right)\sin(D_1k'_x)\right)$$

$$T_{12}=\frac{1}{4E_F E_N k'_x k_x}e^{-iD_1(k'_x+k_x)}\left(-1+e^{2iD_1k'_x}\right)\left(E_N^2k'^2_x-E_F^2k_x^2+2iE_F(-E_F+E_N)k_xk_y\eta+(E_F-E_N)^2k_y^2\right)$$

$$T_{21}=\frac{1}{2E_F E_N k'_x k_x}e^{iD_1k_x}\left(-iE_Nk'_x+iE_Fk_x+E_Fk_y\eta-E_Nk_y\eta\right)\left(E_Nk'_x+E_Fk_x+i(-E_F+E_N)k_y\eta\right)\sin(D_1k'_x)$$

$$T_{22}=\frac{1}{2E_F E_N k'_x k_x}e^{iD_1k_x}\left(2E_F E_N k'_x k_x\cos(D_1k'_x)-i\left(E_N^2k'^2_x+E_F^2k_x^2+(E_F-E_N)^2k_y^2\right)\sin(D_1k'_x)\right)$$

如果透射率被计算出来，自旋和谷分辨透射率就能计算出来。自旋和谷分辨透射率为

$$T_\uparrow=\frac{T_{K\uparrow}+T_{K'\uparrow}}{2},\ T_\downarrow=\frac{T_{K\downarrow}+T_{K'\downarrow}}{2},\ T_K=\frac{T_{K\uparrow}+T_{K\downarrow}}{2},\ T_{K'}=\frac{T_{K'\uparrow}+T_{K'\downarrow}}{2}$$

因此透射的谷极化定义为

$$P_v = \frac{T_K - T_{K'}}{T_K + T_{K'}} \tag{10.2.9}$$

透射的自旋极化定义为

$$P_s = \frac{T_\uparrow - T_\downarrow}{T_\uparrow + T_\downarrow} \tag{10.2.10}$$

按照标准的 Landauer-Büttiker 公式得到零温下自旋-谷分辨电导为

$$G_{\eta,\ s_z} = G_0 \int_{-\pi/2}^{\pi/2} T_{\eta,\ s_z} \cos\theta \mathrm{d}\theta \tag{10.2.11}$$

其中，$G_0 = q^2 k L_y / 2\pi h$ 是电导的简化单位，L_y 是系统的横向长度，q 是一个电子电荷量。

因此自旋和谷分辨电导分别定义为

$$G_\uparrow = \frac{G_{K\uparrow} + G_{K'\uparrow}}{2},\ G_\downarrow = \frac{G_{K\downarrow} + G_{K'\downarrow}}{2},\ G_K = \frac{G_{K\uparrow} + G_{K\downarrow}}{2},\ G_{K'} = \frac{G_{K'\uparrow} + G_{K'\downarrow}}{2} \tag{10.2.12}$$

二、磁性 WSe_2 超晶格的量子输运结果与讨论

（一）有能隙的带结构

本节首先分析了在没有交换场（$h=0$）和非共振光照射下，电荷载流子通过基于磁性 WSe_2 的 NM/FM/NM 结的带结构和传输特性。注意，为了使交换场不存在，实际上必须去除铁磁体或使其呈顺磁性，即 $h=0$。然而，通过自旋轨道耦合与谷自由度耦合，即使当 $h=0$ 时，自旋指数 s_z 仍然存在。从方程（10.2.5）中可知，WSe_2 的能带结构具有由本征值中的有效能隙函数 Δ_{η,s_z} 描述的有效带隙。因此，为消除在 WSe_2 中的能隙，必须使有效带隙函数为零。即：$\Delta_{\eta,s_z} = \Delta + \eta\Delta_\omega + \eta s_z \lambda_- = 0$。因此 $\eta\Delta_\omega = -(\Delta + \eta s_z \lambda_-)$，这意味着 $\Delta_\omega = \begin{cases} -\Delta - s_z\lambda_-), & K\text{谷}, \\ \Delta - s_z\lambda_-), & K'\text{谷}。\end{cases}$

在这些情况下，通过在 WSe_2 的 K 和 K' 点施加圆偏振光的有效能标的临界值能消除这个带隙，圆偏振光的有效能标的临界值为 Δ_ω^c。因此，WSe_2 将是具有线性能谱的无带隙的过渡金属二卤化物，类似于石墨烯。现在应用这些值来找到无间隙色散图（见图 10.2）。

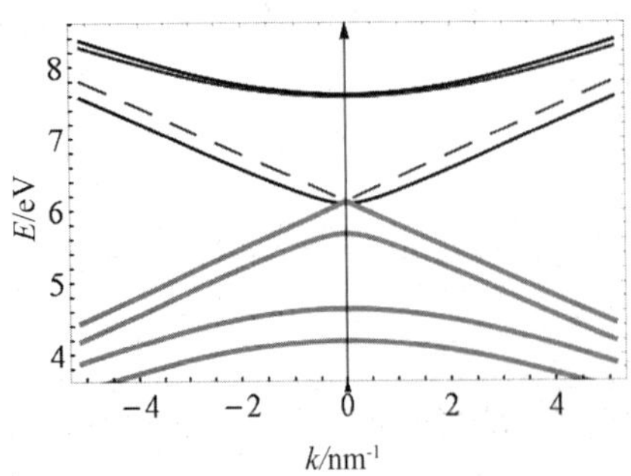

(a) $\Delta_\omega^c = 0.745\text{eV}$

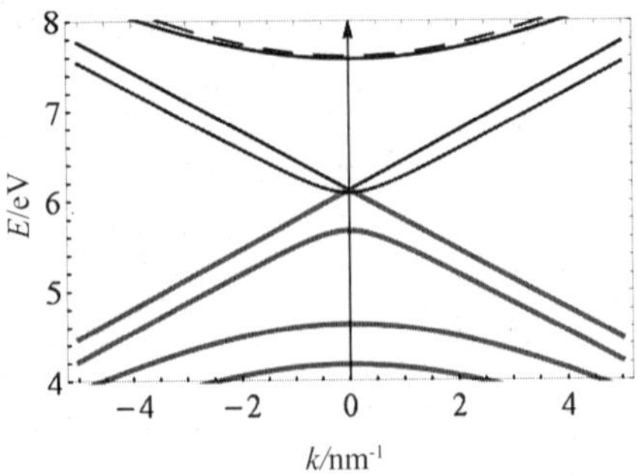

(b) $\Delta_\omega^c = -0.745\text{eV}$

图 10.2　$\Delta_\omega = \Delta_\omega^c$，$U=6\text{eV}$，$h=0$ 时的 WSe_2 能带结构

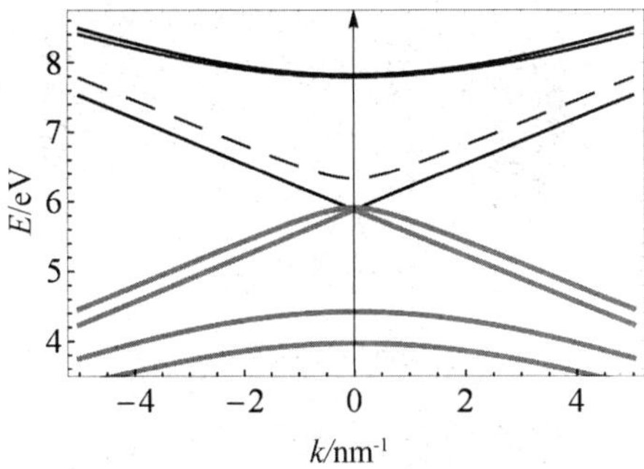

(c) $\Delta_{\omega}^{c}=0.955\text{eV}$

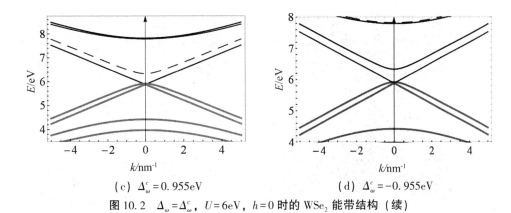

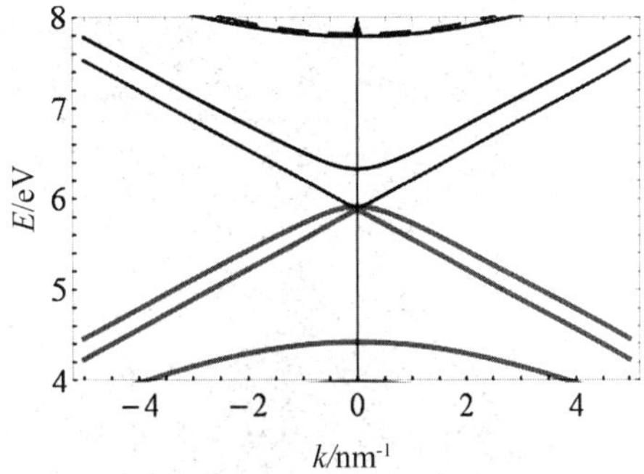

(d) $\Delta_{\omega}^{c}=-0.955\text{eV}$

图 10.2 $\Delta_{\omega}=\Delta_{\omega}^{c}$，$U=6\text{eV}$，$h=0$ 时的 WSe$_2$ 能带结构（续）

对于自旋向上的电子，在 K'谷的 Δ_{ω}^{c} 是 745 meV，对自旋向下的电子，在 K'谷的 Δ_{ω}^{c} 是 955 meV，对于自旋向上的电子，在 K 谷的 Δ_{ω}^{c} 是−955 meV，对自旋向下的电子，在 K 谷的 Δ_{ω}^{c} 是−745 meV。

由图 10.1 可见：$\Delta_{\omega}=\Delta_{\omega}^{c}$ 时，每一个具有自旋-谷的特点的带隙将被消除。换句话说，$\Delta_{\omega}=\Delta_{\omega}^{c}$ 时，一个具有自旋-谷的特点的导带和价带在 $k=0$ 处互相交于一点，因为 $k=0$ 时，能带呈现线性色散关系。因此，具有正入射角（$\theta=0$）的电子可以通过所有费米能量值而没有任何能隙区域的结，这是克莱因隧穿的表现。石墨烯的克莱因隧穿是由于石墨烯具有线性色散关系的无质量狄拉克费米子的手性性质，以正入射角注入的电子可以完美地穿过势垒，即使势垒高度大于电子的能量。可以看出，WSe$_2$ 中的克莱因隧穿是自旋-谷相关的，这意味着，当 $\Delta_{\omega}=\Delta_{\omega}^{c}$ 并且没有交换场（$h=0$）时，一个自旋谷能带变得无能隙，而其他自旋-谷特点的能带仍然有能隙的［见图 10.2］。这是由于非共振光与两个自旋和谷指数相互作用的不同的事实，这两个自旋指数和谷指数来源于 WSe$_2$ 的强自旋轨道耦合，谷指数（η）伴随着方程（10.2.5）的有效间隙参数中的非共振光能量标度（Δ_{ω}）。本书所提出的结的单个超晶格周期中的自旋谷分辨透射率可以写为

$$T_{\eta,s_z}=\frac{1}{\{1+\sin^2(k'_xD)\ [M^2(k_x,\ k'_x,\ k_y)-1]\}}$$

其中，$M(k_x,\ k'_x,\ k_y)=\dfrac{k_x^2E_{\rm F}^2+k_x^{'2}E_{\rm N}^2-2k_y^2E_{\rm F}E_{\rm N}}{2k_xE_{\rm F}k'_xE_{\rm N}}$。

很明显，在 $k'_xD=n\pi$ 情况下，其中 n 是一个整数，自旋谷分辨适射率表达式中的正弦函数将是零并且引起 $T=1$。如果考虑电子正入射（$\theta=0$），自旋谷分辨率适射率表达式简化为：$T_{\eta,s_z}=\dfrac{1}{1+\sin^2(k'_xD)(\Gamma-\Gamma^{-1})^2/4}$。式中 $\Gamma=\dfrac{k_xE_{\rm F}}{k'_xE_N}$，由于无带隙的能带结构，在 $\Delta_{\omega}=\Delta_{\omega}^{c}$，$\theta=0$ 时，不论势垒的高度和长度多大，势垒都有完美的透射。这是因为满足条件 $M^2(k_x,\ k'_x,\ k_y)=1$，这是隧道结中克莱茵隧穿的表现。

在图 10.3 中，通过使 $N=1$，$D=10$ nm，$L=20$ nm，$\Delta_{\omega}=\Delta_{\omega}^{c}=0.745$ eV，$U=6$ eV，$h=0$，绘制了 K 谷和 K'谷的单个超晶格周期的透射率随费米能量和入射角的变化的等高线图（如图 10.3）。

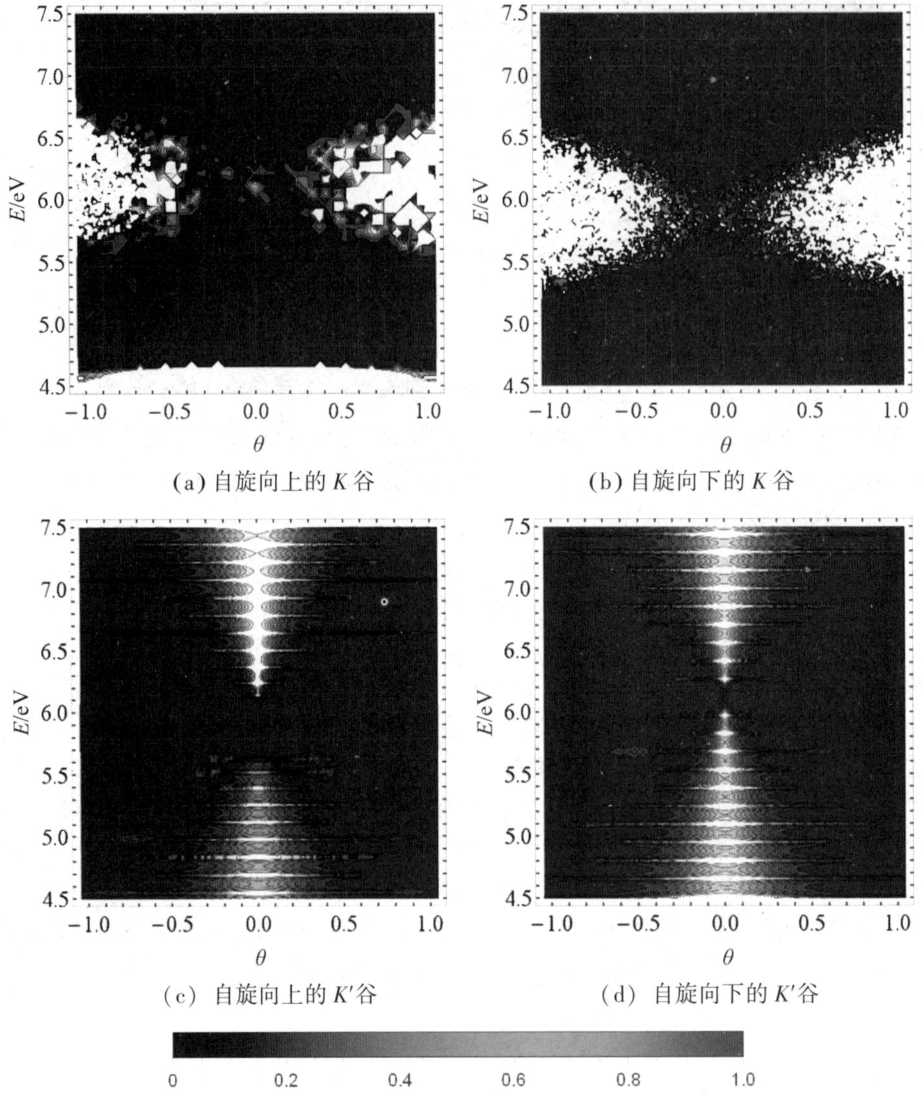

图 10.3 $N=1$，$D=10$ nm，$L=20$ nm，$\Delta_{\omega}=\Delta_{\omega}^{c}=0.745$ eV，$U=6$ eV，$h=0$ **时透射率的等高线图**

由图 10.3 可以看出，$N=1$ 时，对于来自 K 谷的自旋向下（向上）电子，$\Delta_{\omega}^{c}=0.745$ eV 且在正入射角 $\theta=0$ 不产生带隙，对于来自 K'谷的自旋向下（向上）电子，$\Delta_{\omega}^{c}=0.745$ eV 且在正入射角 $\theta=0$ 产生带隙。对于自旋向上的电子，带隙较宽，K 谷的自旋向下（向上）电子在此时的透射率较小，电子在此时的传播过程中受到抑制，K'谷的自旋向下（向上）电子的透射率较大，但不能发生完全透射。

在图 10.3 中，通过使 $\Delta_{\omega}=\Delta_{\omega}^{c}$ 绘制了 K'谷的单个超晶格周期的透射率随费米能量和入射角的变化的等高线图。可以看出，当 $N=1$ 时，对于来自 K'谷的自旋向下（向上）电子，$\Delta_{\omega}^{c}=0.745$ eV（$\Delta_{\omega}^{c}=0.955$ eV）且在正入射角 $\theta=0$ 处发生完全透射，这显示了自旋谷相关的克莱因隧穿，如图 10.3（b）[图 10.3（c）] 所示。主要原因是，基于哈密顿量[方程（10.2.1）]，非共振光直接影响谷指数（η），然而，通过 WSe_2 的巨大的自旋轨道耦合，它也影响了自旋指数（s_z）。因此，在 WSe_2 超晶格中的克莱因隧穿是自旋–谷相关的。

在图 10.4 中，通过使 $\Delta_\omega=\Delta_\omega^c$，$U=6\text{eV}$，$h=0$，绘制了 K' 谷的两个超晶格周期（左列）和六个超晶格周期（右列）的透射率随费米能量和入射角的变化的等高线图。

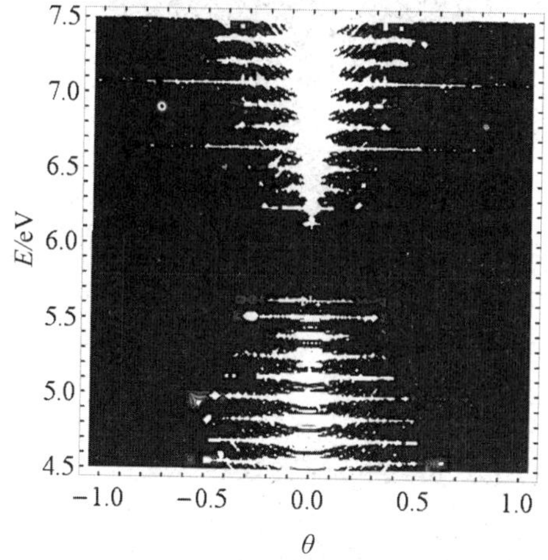

(a) 自旋向上的 K' 谷

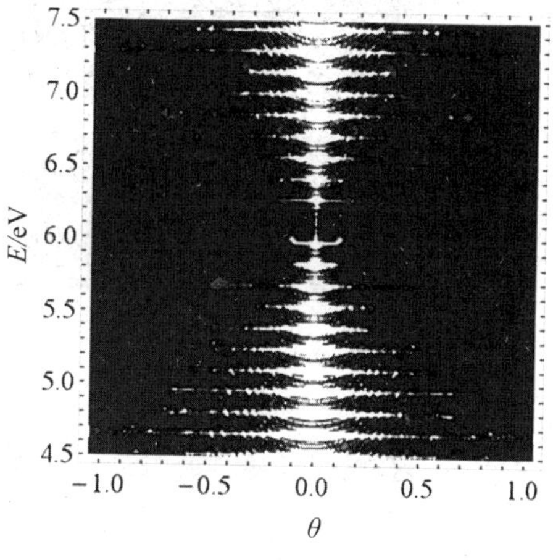

(b) 自旋向下的 K' 谷

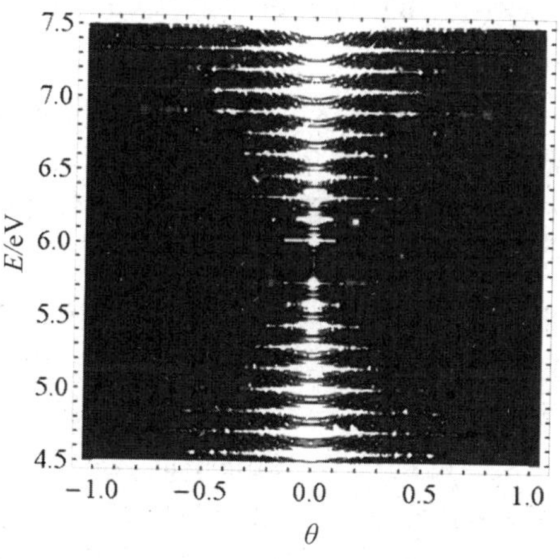

（c）自旋向上的 K' 谷

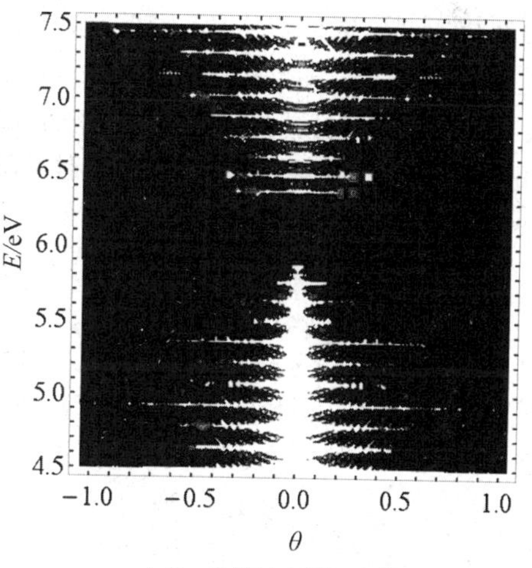

（d）自旋向下的 K' 谷

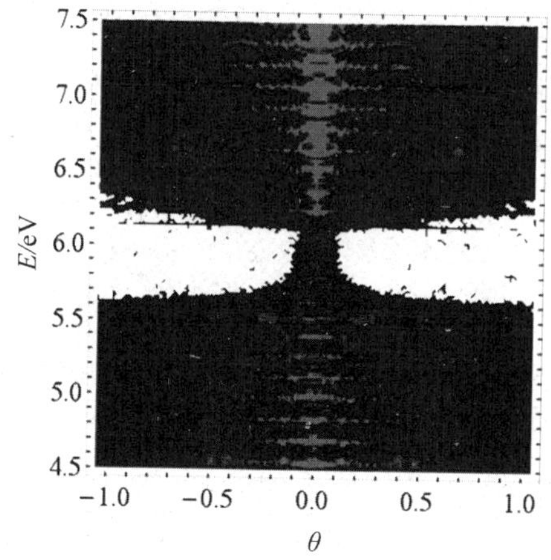

（e）自旋向上的 K' 谷

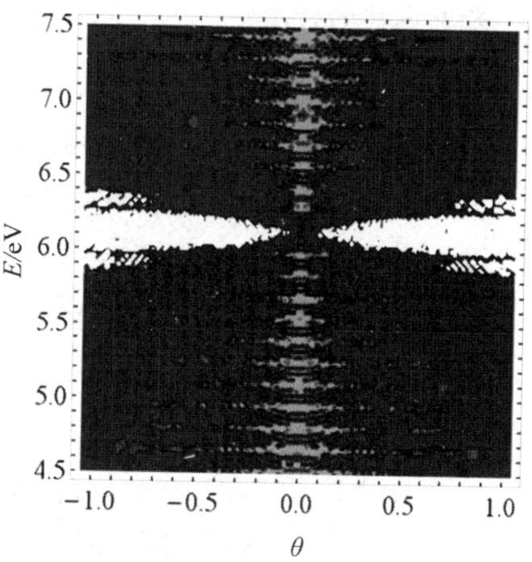

（f）自旋向下的 K' 谷

图 10.4　$U=6\text{eV}$，$h=0$，$\Delta_\omega=\Delta_\omega^c$ 时 K' 谷作为费米能量和入射角函数的透射率等高线图

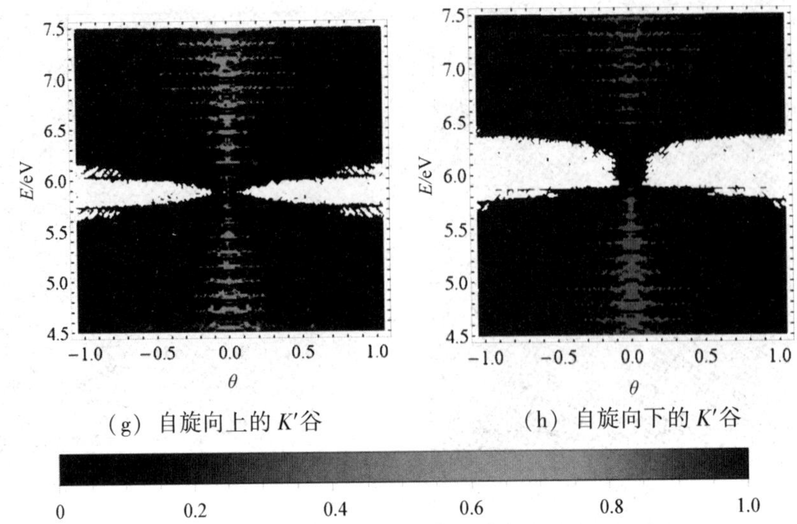

(g) 自旋向上的 K' 谷　　(h) 自旋向下的 K' 谷

图 10.4　$U=6\text{eV}$，$h=0$，$\Delta_\omega=\Delta_\omega^c$ 时 K' 谷作为费米能量和入射角函数的透射率等高线图（续）

左列和右列分别代表 $N=2$ 和 $N=6$。在图 10.4(a)（b）（e）和（f）中 $\Delta_\omega^c=0.745\ \text{eV}$，在图（c）（d）（g）和（h）中 $\Delta_\omega^c=0.955\ \text{eV}$。

在图 10.4 中，通过使 $\Delta_\omega=\Delta_\omega^c$，$U=6\ \text{eV}$，$h=0$，绘制了 K' 谷的两个超晶格周期（左列）和六个超晶格周期（右列）的透射率随费米能量和入射角的变化的等高线图。由图 10.4 可以看出，对于来自 K' 谷自旋向上（向下）的电子，设置圆偏振光的有效能标 $\Delta_\omega^c=0.745\ \text{eV}$，（$\Delta_\omega^c=0.955\ \text{eV}$）带结构是有能隙的，如图 10.4（a）和图 10.4（d）所示，对于 $E\cong U$，电子不能通过这个结传播，导致抑制透射（透射间隙）。相比图 10.4（a）~10.4（d）和 10.4（e）~10.4（h），通过增加势垒的数目，透射共振将更加尖锐，但主要共振的位置仍然是固定的，因为它们被所有势垒所共享。与 $N=2$ 的情况类似，在 $N=6$ 的超晶格结构中，利用 Δ_ω^c 的每个正值可以消除 K' 谷处的一个自旋带中的透射能隙，如图 10.4（e）~10.4（h）所示。通过反转非共振光的极性，即：$\Delta_\omega^c=-0.955\ \text{eV}$（$\Delta_\omega^c=-0.745\ \text{eV}$），可以获得来自 K 谷的自旋向下（向上）电子的无能隙透射。

（二）光电调控的透射

在本部分中感兴趣的是探索非共振光、栅极电压和势垒数量对透射率的影响。

所以，在图 10.5(a)~10.5（d），10.6(a)~10.6（d）上绘制了 $h=0.5\ \text{eV}$ 和 $U=3\ \text{eV}$ 时两个铁磁区长度和正常区长度相同但不同数量的势垒（$N=2$ 和 $N=6$）的透射率随 Δ_ω 的变化曲线。

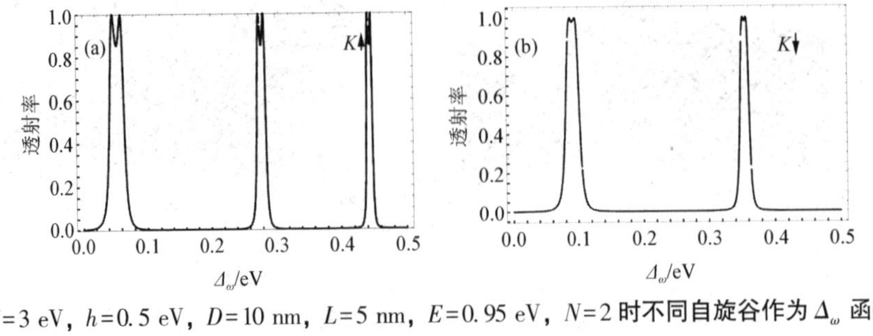

图 10.5　$U=3\ \text{eV}$，$h=0.5\ \text{eV}$，$D=10\ \text{nm}$，$L=5\ \text{nm}$，$E=0.95\ \text{eV}$，$N=2$ 时不同自旋谷作为 Δ_ω 函数的透射谱

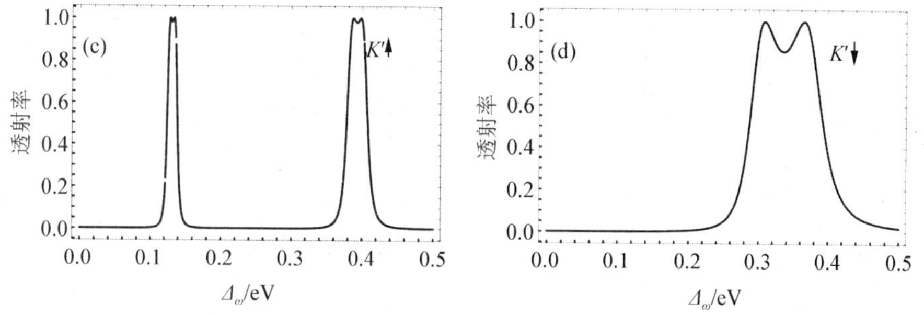

图 10.5 $U=3$ eV，$h=0.5$ eV，$D=10$ nm，$L=5$ nm，$E=0.95$ eV，$N=2$ 时不同自旋谷作为 Δ_ω 函数的透射谱（续）

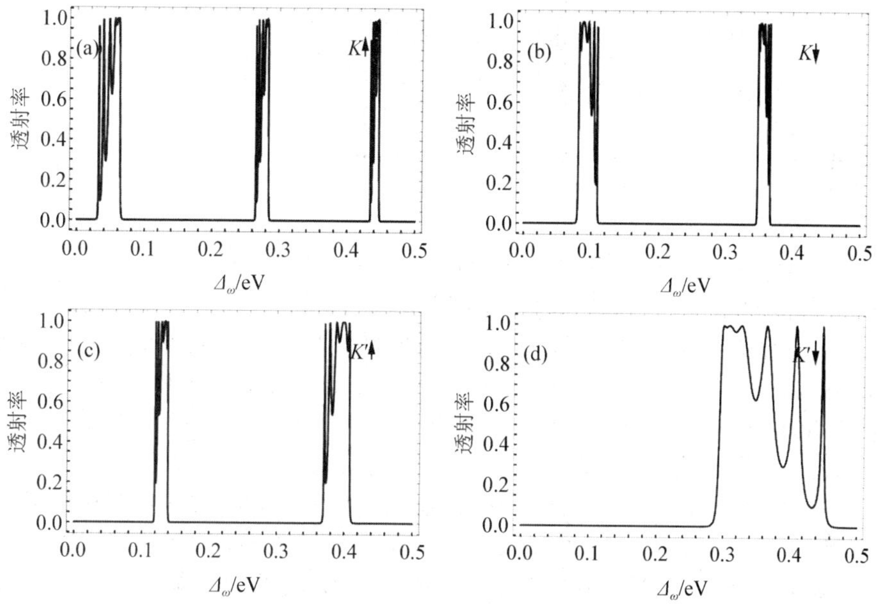

图 10.6 $U=3$ eV，$h=0.5$ eV，$D=10$ nm，$L=5$ nm，$E=0.95$ eV，$N=6$ 时不同自旋谷作为 Δ_ω 函数的透射谱

由图 10.5 和图 10.6 可以看出，对于两个超晶格周期，透射相对于非共振光具有振荡行为。然而，通过增加势垒的数量，可以看到透射率作为 Δ_ω 的函数曲线中的一些共振峰和非共振间隙。这是因为，通过增加势垒的数量，势垒的隧穿将减小。因此，在 $N=2$ 的情况下，透射的最小点将改变为 $N=6$ 的透射能隙。因此，在本节所提出的 WSe_2 超晶格中，Δ_ω 可以充当传输阀，这意味着可以通过调整非共振光的强度来控制电子的流动。

此外，透射率振荡在 Δ_ω 的不同的范围内发生，这意味着在 Δ_ω 的某些值处，透射率曲线中的一种自旋-谷的特点被保留下来，而其他的则被抑制。这导致了完全自旋-谷极化，通过 Δ_ω 它是可调谐和可切换的。

有趣的是，非共振能隙的宽度与自旋-谷有关。换句话说，不同的自旋-谷的特点会改变能隙的宽度。通过增加 Δ_ω，K（K'）谷的透射能隙将更加狭窄（宽阔）。同时，势垒数目的增加使得峰值更加振荡，从而使峰值显示（$N-1$）振荡（$N>2$）。

在图 10.7 中，绘制了 $U=3$ eV，$h=0.5$ eV，$D=20$ nm，$L=10$ nm，$E=0.95$ eV，$N=6$ 时不同自旋谷作为 Δ_ω 函数的透射率。

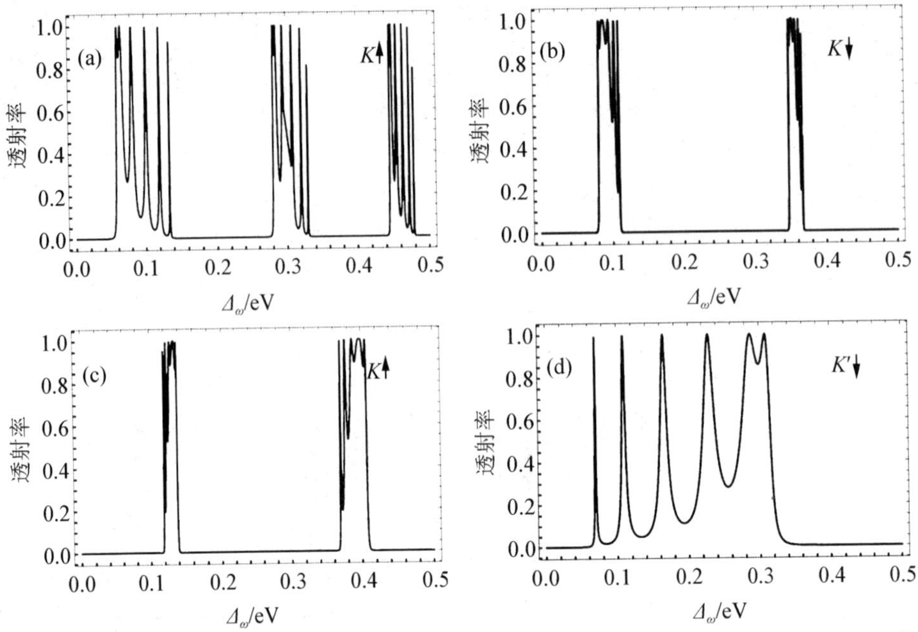

图 10.7 $U=3$ eV，$h=0.5$ eV，$D=20$ nm，$L=10$ nm，$E=0.95$ eV，$N=6$ **时不同自旋谷作为** Δ_ω **函数的透射率**

图 10.7 相比图 10.6，铁磁区的长度不变，正常区的长度变为原来长度的 4 倍，其他参数不变时，共振峰的振荡变得不密集，共振峰的宽度变宽，共振峰跟势垒数量一致，每一个周期的共振峰是六个。尤其是对于 K' 谷自旋向下的电子其共振峰变得更加清晰，并且每个周期的共振峰之间的透射率为零。说明在磁性 WSe_2 超晶格中不存在正在传播的电子态。因此，电子被阻挡，相应的透射率被抑制为零。改变铁磁区域的长度 D 和正常区域的长度 L 会影响透射谱，特别是 FM 区域的长度 D。因此，在图 10.6 和图 10.7 中，绘制了透射率随非共振光 Δ_ω 变化的曲线，以显示增加 D 对自旋-谷分辨传输的影响。可以看出，加宽 D 增加了透射峰（能隙）的数量。由于这些峰（能隙）是与自旋和谷相关的，因此，自旋和基于磁性 WSe_2 的 NM/FM/NM 结的谷过滤波效应被强烈地增强并且变得更加共振。

图 10.8 和图 10.9 分别绘制了 $\Delta_\omega=0$，$h=0.5$ eV，$D=20$ nm，$L=10$ nm，$E=0.95$ eV 时，$N=2$ 和 $N=6$ 势垒数量不同时的透射率随栅极电压变化的关系图。将栅极电压作为一个变量，以找出其在透射率中的作用。图 10.8(a)~10.8（d）和10.9（a）~10.9（d）显示了当 $N=2$ 和 $N=6$ 时，在没有非共振光（$\Delta_\omega=0$）的情况下，所有具有自旋和谷特点的透射率与 U 的关系。

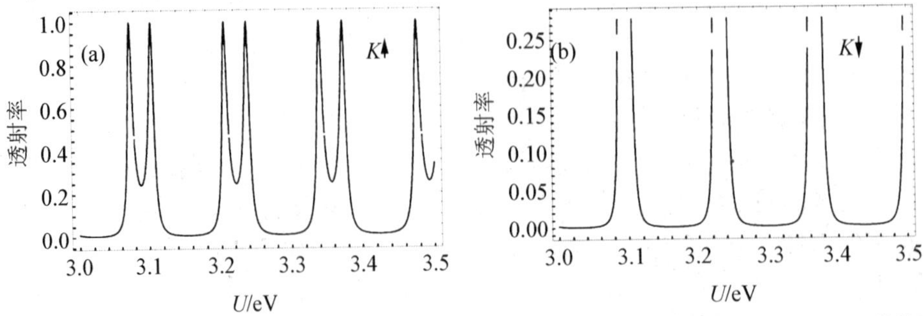

图 10.8 $\Delta_\omega=0$，$h=0.5$ eV，$D=20$ nm，$L=10$ nm，$E=0.95$ eV，$N=2$ **时，不同自旋谷作为** U **函数的透射谱**

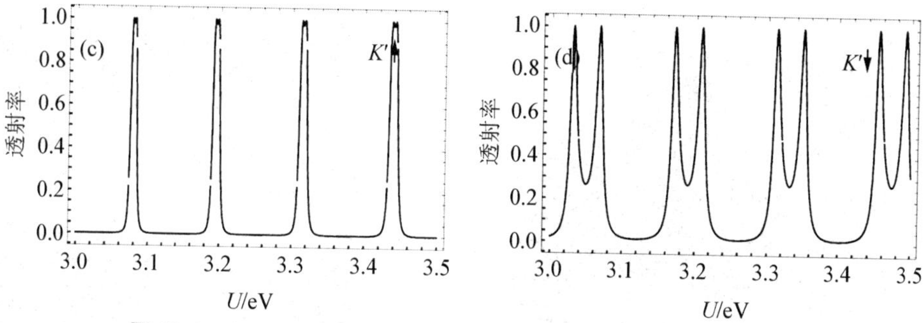

图 10.8　$\Delta_\omega=0$，$h=0.5$ eV，$D=20$ nm，$L=10$ nm，$E=0.95$ eV，$N=2$ 时，不同自旋谷作为 U 函数的透射谱（续）

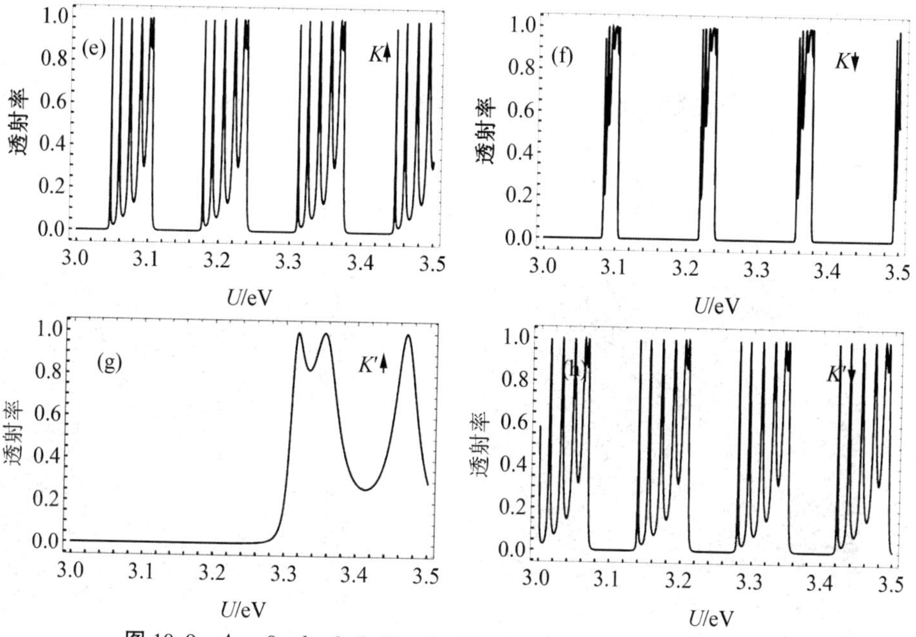

图 10.9　$\Delta_\omega=0$，$h=0.5$ eV，$D=20$ nm，$L=10$ nm，$E=0.95$ eV，$N=6$ 时不同自旋谷作为 U 函数的透射谱

由图 10.8 和图 10.9 可以看出，通过增加势垒的数量，透射率下降将改变为透射能隙，这允许将栅极电压视为另一个透射阀，也可用作控制自旋极化和谷极化的敏感旋钮。同样，在这里，振荡的透射率相对于各个栅极电压是不相同的，导致了完美的自旋谷极化，自旋-谷极化可以利用栅极电压 U 来调整和转换。与图 10.4(a)~10.4（d）相比，其中透射能隙的宽度取决于自旋谷，这里透射能隙的长度是常数，这可以通过如下事实来解释：正如公式（10.2.1）的哈密顿量算符期待的那样，U 是与自旋-谷相关的参数。由于 WSe_2 的巨大自旋轨道耦合作用，透射曲线中能隙和共振的位置仍然取决于自旋谷，这允许谷指数（η）与交换场（$\hbar$）相互作用，导致四个分离的能带。

（三）光电调控的自旋极化和谷极化

现在本节将研究自旋极化强度（P_s）和谷极化强度（P_v）作为非共振光 Δ_ω 和栅极电压 U 的函数。由于在实验中控制栅极电压更加容易，首先，在图 10.10 和图 10.11 中研究了栅极电压 U 对自旋极化和谷极化的影响。

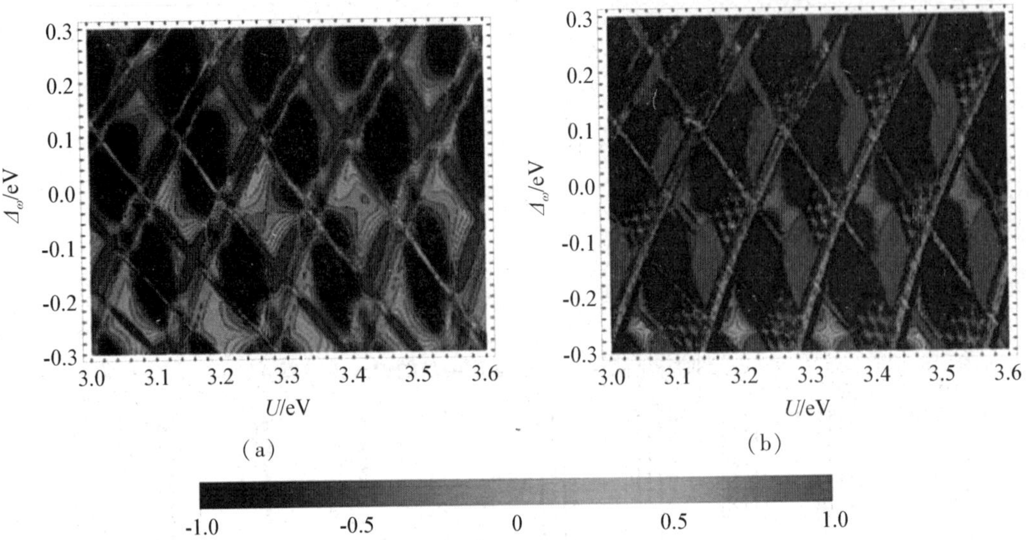

图 10.10 $h=0.5$ eV，$D=10$ nm，$L=20$ nm，$E=0.95$ eV，$N=2$（左边），$N=6$（右边）时自旋极化的等高线图

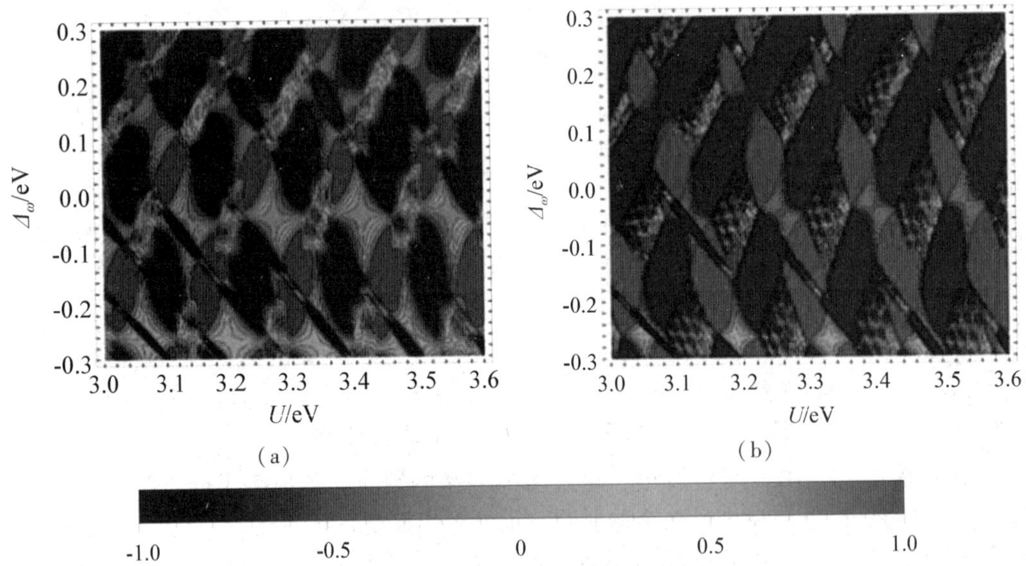

图 10.11 $h=0.5$ eV，$D=10$ nm，$L=20$ nm，$E=0.95$ eV，$N=2$（左边），$N=6$（右边）时谷极化的等高线图

根据哈密顿量［方程(10.2.1)］，栅极电压 U 不直接与谷或自旋自由度相互作用。可以看出，施加栅极电压的正（负）值能使所有能带向上（向下）移动。在裸 WSe_2 中，能带没有完全分离。因此，栅极电压 U 不会导致费米能级仅与一个自旋或谷带相交。因此，栅极电压本身不能使这种材料中产生完美的自旋和谷极化强度。然而，由于施加非共振光会破坏谷（自旋）简并这一事实，伴随着非共振光的栅极电压会导致显著的可切换自旋和谷极化强度，这与自旋轨道耦合结合会导致导带和价带中的四个分离能带［见图 10.2］。

在图 10.10 和图 10.11 中展示了自旋极化强度和谷极化强度作为栅极电压 U 和非共振

光 Δ_ω 的函数的等高线图。这里可以看到自旋极化强度和谷极化强度将得到增强并且它们的振荡将通过增加势垒的数量而变得尖锐。比较图 10.10 和图 10.11，当 $N=6$ 时，可以找到理想的自旋和谷极化，而当 $N=2$ 时自旋和谷极化强度的最大值不能高于 1.0。这一现象主要源于势垒数较大的自旋-谷的相关透射能隙的出现，换句话说，在图 10.4(a)～10.4（d）和 10.5(a)-10.5（d）中，增加势垒的数量会导致透射曲线中出现一些带隙。这些带隙发生在不同的 Δ_ω 和 U 值上，这意味着当一个具有自旋-谷的特点的透射率显示为 $T=1$ 时，在特定非共振光值和栅极电压 U 其他的值下透射率消失为 0。因此，理想的光学和电学可调谐的自旋谷极化被期待。但是，当势垒的数量设置为 $N=1$ 时，不存在 $T=0$ 的透射区，因此，无法在这个参数范围内看到完美的极化。比较图 10.10 和 10.11，可以同时实现完美的自旋极化和谷极化，这些极化可以使用以下参数之一进行调谐和切换：U 或 Δ_ω，这是本节的另一个主要结果。

众所周知，基于 WSe_2 的 NM/FM/NM 结，在栅极电压或非共振光的存在下，可以显示出完全自旋和谷极化输运。然而，如果去掉其中一个参数（即，单独应用 U 或 Δ_ω），自旋和谷极化将失去切换能力。换句话说，在 NM/FM/NM 结中，有一个完美的自旋（谷）极化，然而，极化不会通过改变其中一个变量来切换：U 或 Δ_ω。这促使在基于磁性 WSe_2 的 NM/FM/NM 结的超晶格中探索这一特性。因此，图 9 显示了在［见图 10. 10（a）和 $N=6$ 图 10. 11（a））和（见图 10. 10（b）和 10. 11（b）］的情况下，自旋极化和谷极化作为 Δ_ω 和 U 的函数。在图 10.10 和图 10.11 中，注意到快速变化的红-紫颜色变化，代表自旋和谷极化切换，在图 10.11（a）中，当 $N=2$ 时，分辨率看起来非常微弱，但在图 10.11（b）中，当 $N=6$ 时，分辨率更高。这表明，由于自旋谷耦合，改变非共振光 Δ_ω 也会导致快速振荡的自旋切换效应，而不需要交换场（$h=0$）。如图 10.11（b）所示，当隧道结的势垒数量越大时，效果越明显。尽管快速的红-紫颜色变化似乎对控制参数非常灵敏，但它们可能在自旋电子学/谷电子学器件中有特定的应用，例如用于偏置电压波动的高灵敏度传感器。该行为与方程（10.2.1）非常一致，方程（10.2.1）表明自旋自由度和谷自由度通过自旋轨道耦合项相互连接。值得注意的是，由于调整费米能量 E 以及栅极电压可以改变费米能级和能带的交点，因此费米能量 E 可以被视为控制这类超晶格中极化的另一个旋钮，此外，霍尔测量可以用于基于磁性 WSe_2 的 NM/FM/NM 结的超晶格的末端区域，以直接检测谷极化。在基于磁性 WSe_2 的 NM/FM/NM 结的结构中，不需要改变光的极性以切换自旋极化和谷极化。此外，无须改变栅极电压或非共振光的位置以获得完美的自旋和谷极化。

（四）光电调控的自旋和谷分辨电导

在图 10.12 中绘制了 $h=0.5$ eV，$D=10$ nm，$L=20$ nm，$E=0.95$ eV，$\Delta_\omega=0.2$ eV，$N=2$（左边）和 $N=6$（右边）时谷和自旋分辨电导。(a)(b)（c）（d）为自旋分辨电导，(e)（f）（g）（h）为谷分辨电导。

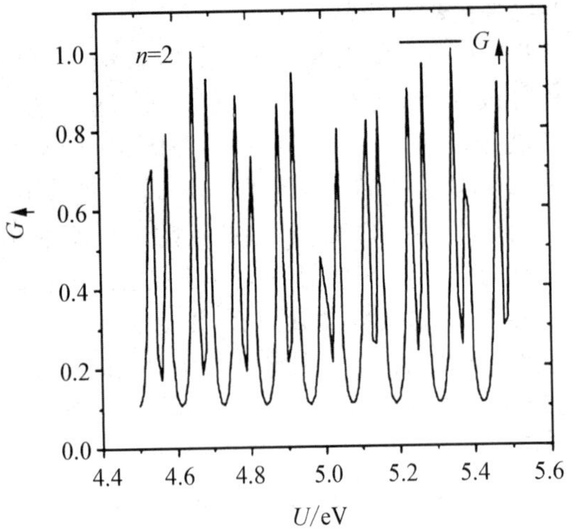

(a) 自旋向上分辨电导

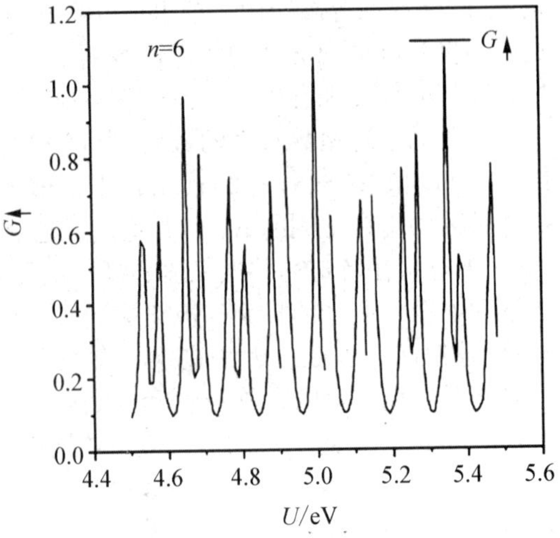

（b） 自旋向上分辨电导

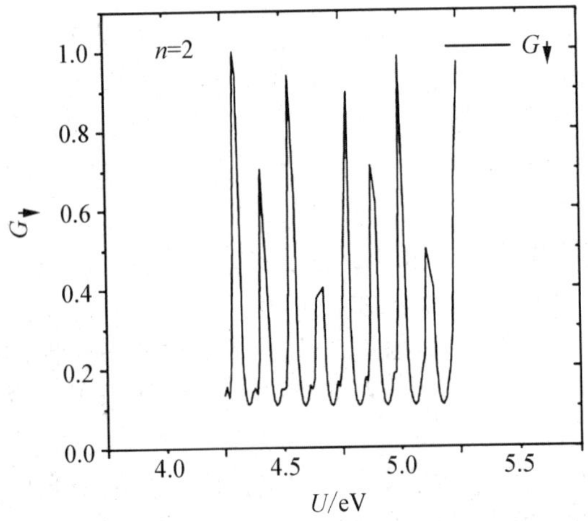

（c） 自旋向下分辨电导

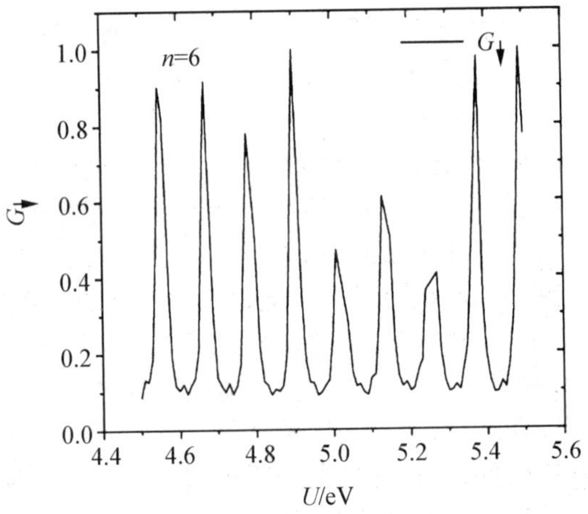

（d） 自旋向下分辨电导

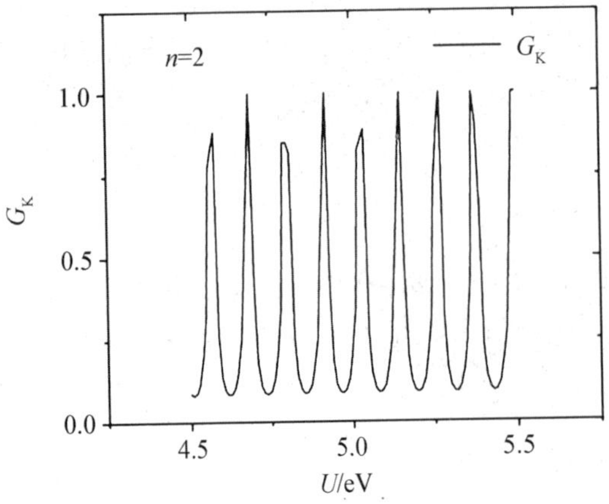

（e） K 谷分辨电导

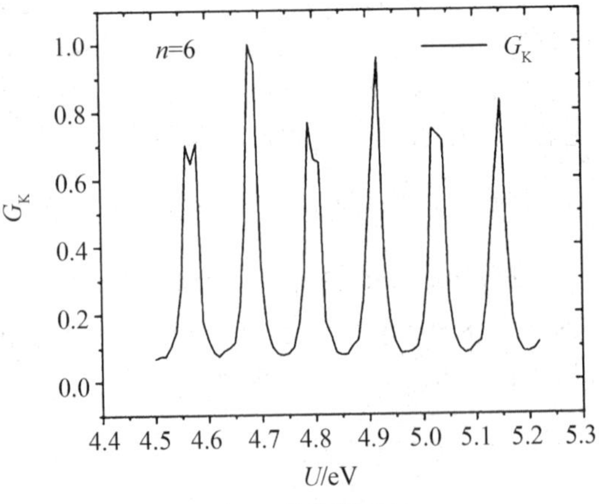

（f） K 谷分辨电导

图 10.12 $h=0.5$ eV，$D=10$ nm，$L=20$ nm，$E=0.95$ eV，$\Delta_\omega=0.2$ eV，$N=2$（左边）和 $N=6$（右边）时谷和自旋分辨电导

（a）（b）（c）（d） 为自旋分辨电导，（e）（f）（g）（h） 为谷分辨电导

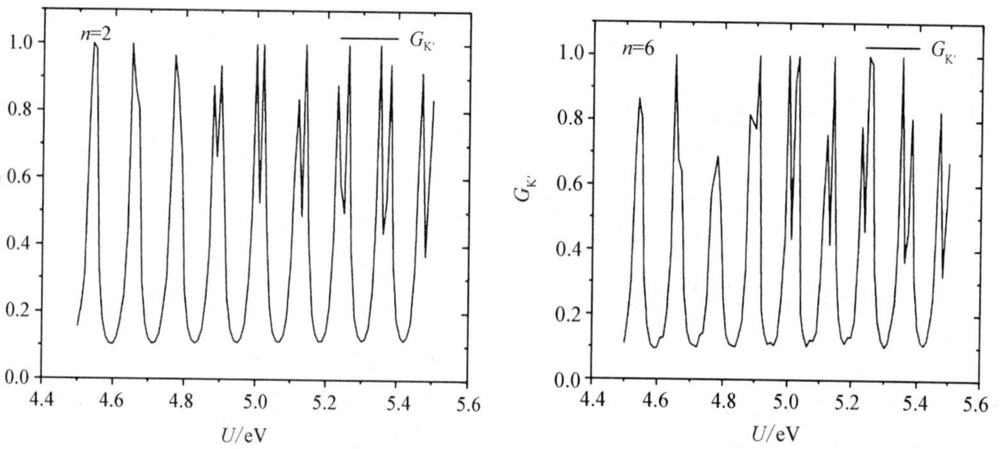

（g）K'谷分辨电导　　（h）K'谷分辨电导

图 10.12　$h=0.5$ eV，$D=10$ nm，$L=20$ nm，$E=0.95$ eV，$\Delta_\omega=0.2$ eV，$N=2$（左边）和 $N=6$（右边）时谷和自旋分辨电导（续）

（a）（b）（c）（d）为自旋分辨电导，（e）（f）（g）（h）为谷分辨电导

与透射不同，电导是一个可测量的量。因此，在图 10.12 中，显示了当 $N=2$ 和 $N=6$ 的交换场（$h=0.5$ eV）和非共振光（$\Delta_\omega=0.2$ eV）时自旋和谷分辨电导作为栅极电压的函数。如图 10.12（a）和 10.12（c）中所示，当隧道结仅由两个势垒组成时，自旋和谷分辨电导曲线几乎在 0.1 和 1.0 之间振荡。而通过增加 N（例如，$N=6$），自旋和谷分辨电导几乎从 0 开始。这种行为源于透射的抑制，这种抑制通过增加势垒的数量发生［见图 10.8(a)～10.8（d）］，从而产生完美的自旋和谷极化。此外，比较图 10.12（a）和 10.12（b），图 10.12（c）和 10.12（d）中，观察到通过将 N 从 2 改变为 6，总电荷电导（自旋和谷分辨电导之和）将减小。这种行为的起源可以在透射光谱中发现，当将 N 从 2 改变为 6 时，某些区域的透射将显示出间隙，这可以降低总电导。注意，使用 $N>5$ 不会改变峰值的位置和振幅或间隙的宽度，只会使峰值更为共振，从而可以看到每个峰中的 $N-1$ 倍分裂。因此，本节将 N 限制在 6 以内，以确保输运是弹道的输运。

（五）结论

本节研究了在非共振光和栅极电压存在下，电子通过磁性 WSe_2 超晶格的量子输运。①首先，本节利用传输矩阵法计算出磁性 WSe_2 超晶格的电子透射率。②然后分析了磁性 WSe_2 隧道结中的克莱因隧穿是自旋-谷相关的。③研究了非共振光、栅极电压和势垒数量对透射率的影响，通过分析势垒数量 $N=2$ 和 $N=6$ 的超晶格情况，得出非共振光可以充当传输阀，即通过调整非共振光的强度来控制电子的流动；通过增加非共振光的强度，K 谷（K'谷）的透射能隙将更加狭窄（宽阔）；同时势垒数量的增加使得峰值更加振荡，从而使峰值显示 $N-1$ 振荡，栅极电压可看作一个透射阀，用于控制自旋极化和谷极化的敏感旋钮。④通过栅极电压和非共振光的调谐和切换，可以同时实现完美的自旋极化和谷极化，并且组成隧道结的势垒数量 N 越大，效果越明显。⑤当隧道结由 $N=2$ 改变为 $N=6$ 时，自旋和谷分辨电导之和减小，某些区域的透射出现间隙，使每一个电导峰显示 $N-1$ 倍分裂，N 必须限制在 6 以内，以确保输运是弹道的输运。⑥基于 WSe_2 的 NM/FM/NM 隧道结，在栅极电压或非共振光的存在下，可以显示出完美自旋和谷极化的输运。⑦通过增加势垒的数量，一些自旋和谷相关的透射共振和透射能隙将出现在相对于 U 和 Δ_{ω} 的不同范围中，导致完美的自旋和谷极化电子输运。这些完美的自旋和谷极化可以在（U，Δ_{ω}）平面的某些值中切换，以使极化呈现周期性变化，这在单个势垒结中无法获得，与基于过渡金属二卤化物的 NM/FM/NM 结不同。在本节的超晶格结构中，仅通过调整 Δ_{ω}，就可以调谐和切换完美的自旋极化和谷极化，而无须使用栅极电压。这些结果可用于基于单层过渡金属二卤化物的光学可调谐自旋电子学和谷电子学中的应用。

三、量子输运理论的前景

介观系统是介于宏观和微观之间的系统，其确切的尺寸范围应视所研究的物性和所处的温度而定。在 20 世纪 50 年代初期，对于直径为微米量级的圆柱薄膜和小线圈的电导研究，观察到一系列反映电子波相干性的引人注目的新效应，从而建立了介观系统物理学。20 世纪 80 年代以来，对介观系统的研究已逐步成为凝聚态物理学的一个新领域。

介观物理是近几十年发展起来的前沿研究领域，介观结构中的电子输运一直是人们非常关心的问题，它不仅是重要的基础理论问题，而且为量子器件的设计提供了理论基础。

目前，由于纳米技术的快速发展，人们可以制造出平均自由程比体系尺度大的介观结构，如量子点、量子环等。在这些体系中，量子力学规律起支配作用进而出现了许多有趣的量子现象。

近十多年来，以石墨烯为代表的二维材料已经成为凝聚态物理学和材料科学领域的研究热点。石墨烯独特的能带结构，特别是低能态的电子行为，使其在电学、光学和力学等方面表现出卓越的性能。但是，石墨烯的零带隙特性极大地限制了其在电子和光电子器件中的应用。继石墨烯后，其他二维晶体材料也相继涌现，如：硅烯、单层二硫化钼、二硒化钨等。这些二维材料由于具有与石墨烯类似的结构特征，即实空间原子排列的平面投影均呈六角蜂窝状晶格结构，因此可以将它们统称为类石墨烯材料。类石墨烯材料在构成原子的本身性质、实空间的价键结构及对称性方面与石墨烯存在着显著的关系，这必将导致不同的电子性质。随着对各种二维材料的研究，人们发现电子除了具有电荷和自旋外，还有另一个属性，即谷自由度。如何高效地控制电子的自旋和谷自由度，并设计出具有特殊功能的电子和光电器件已经成为一个新兴的研究方向。

参考文献

[1] 郑厚植．超微结构中的 Landauer-Büttiker 输运理论［J］．物理学进展．1992，3：249.

[2] 周义昌，李华钟．介观尺度上的物理［J］．物理学进展，1993，13：423.

[3] 李华钟，周义昌．正常态介观环上的持续电流［J］．物理学进展，1995，15：391.

[4] 朱建新，汪子丹．介观系统中的几何位相和持续电流［J］．物理学进展，1996，16：203.

[5] 朱建新，汪子丹．蒋祺，等．弹道区的电子输运［J］．物理学进展，1997，17：233.

[6] 阎守胜，甘子钊．介观物理［M］．北京：北京大学出版社，1995.

[7] 冯瑞，金国钧．凝聚态物理学（上卷）［M］．北京：高等教育出版社，2003.9.

[8] 曾谨言．量子力学（卷 I）［M］．北京：科学出版社，2000.1.

[9] 黄昆．固体物理学［M］．北京：高等教育出版社，1988.10.

[10] BERGGREN K F, JI Z L. Nonlinear transport in a ballistic quantum channel modulated with a double-bend strcture［J］. Phys. Rev. B. 1991, 43：4360.

[11] WANG C K, BERGGREN K F, JI Z L. Quantum bound states in a double-bend quantum channel［J］. Appl. Phys. Lett. , 1995, 77：2564.

[12] WEISSHAR A, LARY J, GOODNICK S M, et al. Analysis and modeling of quantum waveguide structures and devices［J］. Appl. Phys. 1991, 70：355.

[13] DATTA S. Quantum Transport Atom to Transistor［J］. Cambridge：Cambridge University Press, 2005.

[14] DATTA S. Electronic Transport in Mesoscopic Systems［J］. Cambridge：Cambridge University Press, 1995.

[15] BÜTTIKER M. Small normal-metal loop coupled to an electron reservoir［J］. Phys. Rev. B, 1985, 32：1846-1849.

[16] BÜTTIKER M, IMRY Y. AZBEL M Y. Quantum oscillations in one-dimensional normal-metal rings［J］. Phys. Rev A, 1984, 30：1982-1989.

[17] JAYANNAVAR, A M, DEO P S. Persistent currents in the presence of a transport current［J］. Phys. Rev. B, 1995, 51：10175-10186.

[18] TAKAI D, OHTA K. Quantum oscillation in multiply connected mesoscopic rings at finite temperature［J］. Phys. Rev. B, 1994, 50：2685-2688.

[19] BOYKIN T B, PEZESHKI B, HARRIS J S. Antiresonances in the transmission of a simple two-state model［J］. Phys. Rev. B, 1992, 46：12769-12772.

[20] TEKMAN E, BAGWELL P F. Fano resonances inquasi-one-dimensional electron wave guides［J］. F E Phys. Rev. B, 1993, 48：2553-2559.

[21] NITTA J, MEIJER F E, TAKAYANAGI H. Spin-interference Device [J]. Appl. Phys. Lett. 1999, 75 (5): 695-697.

[22] WEBB R A, WASHBURN S. Quantum transport in small disordered samples from the diffusive to the ballistic regime [J]. Rep. Prog. Phys. 1992, 55 (8): 1311-1383.

[23] XIA J B. Quantum waveguide theory for mesoscopic structures [J]. Phys. Rev. B, 1992, 45 (7): 3593-3599.

[24] 周世勋. 量子力学教程 [M]. 北京: 高等教育出版社, 2009.

[25] BÜTTIKER M, IMRY Y, LANDAUER R, et al. Generalized many-channel conductance formula with application to small rings [J]. Phys. Rev. B, 1985, 31 (10): 6207-6215.

[26] LIN Z P, HOU Z L, LIU Y Y. Quantum waveguide theory of a fractal structure [J]. Physics Letters A, 2007, 365 (3): 240-247.

[27] DANESHVAR A J, FORD C J B, HAMILTON A R, et al. Enhanced g factors of a one-dimensional hole gas with quantized conductance [J]. Phys. Rev. B, 1997, 55 (20): R13409-R13412.

[28] ECONOMOU E N, SOUKOULIS C M. Static Conductance and Scaling Theory of Localization in One Dimension [J]. Phys. Rev. Lett., 1981, 46 (9): 618-621.

[29] FISHER D S, LEE P A. Relation between conductivity and transmission matrix [J]. Phys. Rev. B, 1981, 23 (12): 6851-6854.

[30] BÜTTIKER M. Four-terminal phase-coherent conductance [J]. Phys. Rev. Lett., 1986, 57 (14): 1761-1764.

[31] KUCERA J, STREDA P. The relation between transport coefficients and scattering matrices in strong magnetic fields [J]. Journal of Physics C: Solid State Physics, 1988, 21 (23): 4357.

[32] KIRCZENOW G. Resonant conduction in ballistic quantum channels [J]. Phys. Rev. B, 1989, 39 (14): 10452(R).

[34] ULLOA S E, CASTAO E, KIRCZENOW G. Ballistic transport in a novel one-dimensional superlattice [J]. Phys. Rev. B, 1990, 41 (17): 12350(R).

[35] BRUM J A. Electronic properties of quantum-dot superlattices [J]. Phys. Rev. B, 1991, 43 (14): 12082-12085.

[36] TAMURA H, ANDO T. Conductance fluctuations in quantum wires [J]. Phys. Rev. B, 1991, 44 (4): 1792-1800.

[37] XU H Q. Conductivity of the disordered linear chain [J]. Phys. Rev. B, 1991, 44 (10): 1792.

[38] XU H Q, JI Z L, BERGGEN K F. Electron transport in finite one-dimentional quantum-dot arrays [J]. Superlattices Microstruct, 1992, 12 (2), 237-242.

[39] XU H Q. Ballistic transport in quantum channels modulated with double-bend structures [J]. Phys. Rev. B, 1993, 47 (15): 9537-9544.

[40] XU H Q, Scattering-matrix method for ballistic electron transport: Theory and an application to quantum antidot arrays [J]. Physical. Review. B, 1994, 50 (12): 8469-8478.

[41] LUO G Z. Quantum transport through a two-dimension H-shaped quantum dot-array of four-terminal system [J]. Chinese Journal of Quantum Electronics (量子电子学报),

2014, 31 (5): 628-634 (in Chinese).
[42] ECONOMOU E N, SOUKOULIS C, STATIC M. Conductance and Scaling Theory of Localization in One Dimension [J]. Physical. Review. Letter, 1981, 46 (9): 618-621.
[43] FISHER D S, LEE P A. Relation between conductivity and transmission matrix [J]. Physical. Review. B, 1981, 23 (12): 6851-6854.
[44] BÜTTIKER M. Four-Terminal Phase-Coherent Conductance [J]. Physical. Review. Letter, 1986, 57 (14): 1761-1764.
[45] KUCERA J, STREDA P. The relation between transport coefficients and scattering matrices in strong magnetic fields [J]. Journal of Physics C: Solid State Physics, 1988, 21 (23): 4357-4365.
[46] JI Z L. Tunneling through rectangular quantum dots at high magnetic fields [J]. Physical. Review. B, 1994, 50 (7): 4658-4663.
[47] KIRCZENOW G. Resonant conduction in ballistic quantum channels [J]. Physical. Review B, 1989, 39 (14): 10452-10455.
[48] ULLOA S E, ELEUTERIO C, KIRCZENOW NOW G. Ballistic transport in a novel one-dimensional superlattice [J]. Physical. Review. B, 1990, 41 (17): 12350-12353.
[49] BRUM J A. Electronic properties of quantum-dot superlattices [J]. Physical. Review B, 1991, 43 (14): 12082-12085.
[50] TAMURA H, Ando T. Conductance fluctuations in quantum wires [J]. Physical. Review. B, 1991, 44 (4): 1792-1800.
[51] XU H Q, Conductivity of the disordered linear chain [J]. Physical. Review. B, 1981, 14 (3): 235-245.
[52] XU H Q, ZHEN L J, BERGGREN K F. Electron transport in finite one-dimentional quantum-dot arrays [J]. Superlattices Microstruct, 1992, 12 (2), 237-242.
[53] XU H Q. Ballistic transport in quantum channels modulated with double-bend structures [J]. Physical. Review. B, 1993, 47 (15): 9537-9544.
[54] LUO G Z. Quantum transport through a two-dimension T-shaped quantum dot-array of three-terminal system [J]. Chinese Journal of Quantum Electronics (量子电子学报), 2014, 31 (5): 628-634 (in Chinese).
[55] KOUWENHOVEN L P, HEKKING F W J, WEES B J V, et al. Transport through a finite one-dimensional crystal [J]. Phys. Rev. Lett., 1990, 65 (3): 361-364.
[56] ORELLANA P A, DOMINGUEZ-ADAME F, GOMEZ I, et al. Transport through a quantum wire with a side quantum-dot array [J]. Phys. Rev. B, 2003, 67: 085321.
[57] CHU I H, TRINASTIC J, WANG L W, et al. Using light-switching molecules to modulate charge mobility in a quantum dot array [J]. Phys. Rev. B, 2014, 89: 115415.
[58] ZINOVIEVA A F, STEPINA N P, NIKIFOROV A I, et al. Spin relaxation in inhomogeneous quantum dot arrays studied by electron spin resonance [J]. Phys. Rev. B, 2014, 89: 045305.
[59] STEPINA N P, KOPTEV E S, POGOSOV A G, et al. Universal behavior of magnetoresistance in quantum dot arrays with different degrees of disorder [J]. J. Phys.: Condens. Matter, 2013, 25: 505801.

[60] MANOUCHEHRI K, WANG J B. Quantum walks in an array of quantum dots [J]. Journal of Physics A: Mathematical and Theoretical, 2008, 41 (6): 065304.
[61] KUO D M T, CHANG Y C. Thermoelectric properties of a quantum dot array connected to metallic electrodes [J]. Nanotechnology, 2013, 24 (17): 175403.
[62] OU Y C, CHENG S F, JIAN W B. Size dependence in tunneling spectra of PbSe quantum -dot arrays [J]. Nanotechnology, 2009, 20 (28) 285401.
[64] BOSE S. Quantum Communication through an Unmodulated Spin Chain [J]. Phys. Rev. Lett, 2003, 91: 207901.
[65] CHRISTANDL M, DATTA N, EKERT A, et al. Perfect State Transfer in Quantum Spin Networks [J]. Phys. Rev. Lett, 2004, 92: 187902.
[66] CHRISTANDL M, DATTA N, DORLAS T C, et al. Perfect transfer of arbitrary states in quantum spin networks [J]. Phys. Rev. A, 2005, 71: 032312.
[67] BENNETT C H, BRASSARD G, CREPEAU C, et al. Teleporting an unknown quantum state via dual classical and Einstein - Podolsky - Rosen channels [J] Phys. Rev. Lett. 1993, 70 (13): 1895-1899.
[68] GUTHOHRLEIN G R, KELLER M, HAYASAKA K, et al. A single ion as a nanoscopic probe of an optical field [J]. Nature, 2001, 414 (6859): 49-51.
[69] LEIBFRIED D, DEMARCO B, MEYER V, et al. Experimental demonstration of a robust high-fidelity geometric two ion-qubit phase gate [J]. Nature, 2003, 422 (6930): 412-415.
[70] MANDEL O, GREINER M, WIDERA A, et al. Controlled collisions for multi-particle entanglement of optically trapped atoms [J] Nature (London), 2003, 425:, 937-940.
[71] YUE B, XI C, PLATERO G. Fast long-range state transfer in quantum dot arrays via shortcuts to adiabaticity [J]. Nanotechnology, 2018, 29: 505201-1-505201-11.
[72] BOSE S. Quantum Communication Through an Unmodulated Spin Chain [J]. Physical Review Letters, 2003, 91 (20): 207901.
[73] CHRISTANDL M, VINET L, ZHEDANOV A. Analytic next-to-nearest-neighbor XX models with perfect state transfer and fractional revival [J]. Physical Review A, 2017, 96 (3): 032335-1-032335-10.
[74] ZHANG C L, LIU W W. Generation of W state by combining adiabatic passage and quantum Zeno techniques [J] Indian Journal of Physics, 2019, 93 (1): 67-73.
[75] FANGLI L, REX L, PARAJ T, et al. Confined quasiparticle dynamics in long-range interacti- ng quantum spin chains [J]. Physical Review Letters, 2019, 122 (15): 150601-1-150601-4.
[76] BALAZS P. Algebraic construction of current operators in integrable spin chains [J]. Physical Review Letters, 2020, 125 (7): 070602-1-070602-4.
[77] LAURENS V, MAARTEN V D, HANS P B, et al. Quasiparticles in quantum spin chains with long-range interactions [J]. Physical Review Letters, 2020, 121 (9): 090603-1-090603-4.
[78] GABRIEL F, FLAVIA B R, REINHOLD E, et al. Spin chain network construction of chiral spin liquids [J]. Physical Review Letters, 2019, 123 (13): 137202-1-137202-4.
[79] ALVIR R, DEVER S, LOVITZ B, et al. Perfect state transfer in Laplacian quantum walk

[J]. Journal of Algebraic Combinatorics, 2016, 43 (4): 801-826.
[80] TEFANAK M, SKOUPY S. Perfect state transfer by means of discrete-time quantum walk search algorithms on highly symmetric graphs [J]. Physical Review A, 2016, 94 (2): 22301-22301.
[81] GONG J B, BRUMER P. Controlled Quantum State Transfer in a Spin Chain [J]. Physical Review A, 2007, 75 (20): 032331.
[82] SHI T, LI Y, SONG Z, et al. Quantum-state transfer via the ferromagnetic chain in a spatially modulated field [J]. Phys. Rev. A, 2005, 71 (3): 032309-1-032309-5.
[83] 罗国忠. 一维量子点阵列自旋链上的信息传输 [J]. 量子电子学报, 2015, 32 (05): 595-599.
[84] LOSS D, DI VINCENZO D P. Quantum computation with quantum dots [J]. Phys. Rev. A, 1998, 57 (1): 120-126.
[85] CIORGA M, SACHRAJDA A S, HAWRYLAK P, et al. Addition spectrum of a lateral dot from Coulomb and spin-blockade spectroscopy [J]. Phys. Rev. B, 2000, 61 (24), R16315-R16318.
[86] ENGEL H A, LOSS D. Fermionic bell-state analyzer for spin qubits [J]. Science, 2005, 309, 586-588.
[87] JOHNSON, A C, PETTA J R, TAYLOR J M, et al. Triplet-singlet spin relaxation via nuclei in a double quantum dot [J]. Nature, 435, 925-928 (2005).
[88] PETTA J R, JOHNSON A C, TAYLOR J M, et al. Coherent manipulation of coupled electron spins in semiconductor quantum dots [J]. Science, 2005, 309 (5744): 2180-2184.
[89] CHRISTANDL M, DATTA N, EKERT A, et al. Perfect state transfer in quantum spin networks [J]. Physical Review Letters, 2004, 92 (18): 187902-1-187902-4.
[90] CHRISTANDL M, DATTA N, EKERT A, et al. Perfect state transfer in quantum spin networks [J]. Phy-sical Review Letters, 2004, 92 (18): 187902-1-187902-4.
[91] BALAZS P. Algebraic construction of current operators in integrable spin chains [J]. Physical Review Letters, 2020, 125 (7): 070602-1-070602-4.
[92] AN B N. Optimal processing of quantum information via W-type entangled coherent states [J]. Physical Review A, 2004, 69 (2): 022315-1-022315-9.
[93] BOSE S. Quantum Communication through an Unmodulated Spin Chain [J]. Phys. Rev. Lett, 2003, 91 (20): 207901-1-207901-4.
[94] VOSK R, ALTMAN E. Dynamical Quantum Phase Transitions in Random Spin Chains [J]. Physical Review Letters, 2014, 112 (21): 217204-1-217204-5.
[95] HUANG Y, MOORE J E. Excited-state entanglement and thermal mutual information in random spin chains [J]. Physical review, B. Condensed matter and materials physics, 2014, 90 (22) . 220202-1-220202-5.
[96] ASOUDEH M, KARIMIPOUR V. Perfect state transfer on spin-1 chains [J]. Quantum Information Processing, 2014, 13 (3): 601-614.
[97] ZHANG X P, SHAO B, HU S, et al. Optimal control of fast and high-fidelity quantum state transfer in spin-$\frac{1}{2}$ chains [J]. Annals of Physics, 2016: 435-443.

[98] CHRISTANDL M, VINET L, ZHEDANOV A. Analytic next-to-nearest-neighbor XX models with perfect state transfer and fractional revival [J]. Physical Review A, 2017, 96 (3): 032335-1-032335-10.

[99] KHORDAD, R. Calculation of exchange interaction for modified Gaussian coupled quantum dots [J]. Indian Journal of Physics, 2017. 91: 869-873.

[100] CHEN T, XUE Z Y. Nonadiabatic geometric quantum computation with parametrically tunable coupling [J]. Physical Review Applied, 2018, 10 (5): 054051-1-054051-13.

[101] FANGLI L, REX L, PARAJ T, et al. Confined quasiparticle dynamics in long-range interacting quantum spin chains [J]. Physical Review Letters, 2019, 122 (15): 150601-1-150601-4.

[102] BAYAT A. Arbitrary perfect state transfer in d-level spin chains [J]. Phys. Rev. A, 2014, 89 (6): 2044-2049.

[103] CHRISTANDL M, DATTA N, DORLAS T C, et al. Perfect Transfer of Arbitrary States in Quantum Spin Networks [J]. Physical Review A, 2004, 71 (3): 309-315.

[104] RONKE R, SPILLER T P, AMICO I D. Effect of perturbations on information transfer in spin chains [J]. Physical Review A, 2011, 83 (1): 12325-12325.

[105] AJOY A, CAPPELLARO P. Mixed-state quantum transport in correlated spin networks [J]. Physical Review A, 2012, 85 (4): 959-960.

[106] GABRIEL F, FLAVIA B R, REINHOLD E, et al. Spin chain network construction of chiral spin liquids [J]. Physical Review Letters, 2019, 123 (13): 137202-1-137202-4.

[107] FEDER D L. Perfect quantum state transfer with spinor bosons on weighted graphs [J]. Physical Review Letters, 2006, 97 (18): 180502-1-180502-4.

[108] MAN Z X, AN N B, XIA Y J, et al. Universal scheme for finite-probability perfect transfer of arbitrary multispin states through spin chains [J]. Annals of Physics, 2014, 351: 739-750.

[109] RAFIEE M, LUPO C, MANCINI S. Noise to lubricate qubit transfer in a spin network [J]. Physical Review A, 2013, 88 (3): 32325-32325.

[110] LAURENS V, MAARTEN V D, HANS P B, et al. Quasiparticles in quantum spin chains with long-range interactions [J]. Physical Review Letters, 2020, 121 (9): 090603-1-090603-4.

[111] LI, MA Y, HAN J, et al. Perfect Quantum State Transfer in a Superconducting Qubit Chain with Parametrically Tunable Couplings [J]. Phys. Rev. Applied, 2018, 10 (5): 054009-1-054009-11.

[112] MEHER N, SIVAKUMAR S, PANIGRAHI P K. Duality and quantum state engineering in cavity arrays [J]. Scientific Reports, 2017, 7 (1): 9251.

[113] CIRAC J I, ZOLLER P, KIMBLE H J, et al. Quantum state transfer and entanglement distribution among distant nodes in a quantum network [J]. Physical Review Letters, 1996, 78 (16): 3221-3224.

[114] NETO G, ANDRADE F M, MONTENEGRO V, et al. Quantum state transfer in a optomechanical arrays [J] Physical Review A, 2016, 93 (6): 062339-1-062339-8.

[115] CHRISTANDL M, VINET L, ZHEDANOV A. Analytic next-to-nearest-neighbor XX models with perfect state transfer and fractional revival [J]. Physical Review A, 2017, 96 (3): 032335-1-032335-10.

[116] ZHANG C L, LIU W W. Generation of W state by combining adiabatic passage and quantum Zeno techniques [J]. Indian Journal of Physics, 2019, 93 (1): 67-73.

[117] FANGLI L, REX L, PARAJ T, et al. Confined quasiparticle dynamics in long-range interacting quantum spin chains [J]. Physical Review Letters, 2019, 122 (15): 150601-1-150601-4.

[118] BALAZS P. Algebraic construction of current operators in integrable spin chains [J]. Physical Review Letters, 2020, 125 (7): 070602-1-070602-4.

[119] LAURENS V, MAARTEN V D, HANS P B, et al. Quasiparticles in quantum spin chains with long-range interactions [J]. Physical Review Letters, 2020, 121 (9): 090603-1-090603-4.

[120] GABRIEL F, FLAVIA B R, REINHOLD E, et al. Spin chain network construction of chiral spin liquids [J]. Physical Review Letters, 2019, 123 (13): 137202-1-137202-4.

[121] CHRISTANDL M, DATTA N, EKERT A, et al. Perfect state transfer in quantum spin networks [J] Physical Review Letters. 2004, 92 (18): 187902-1-187902-4.

[122] BENJAMIN S C, BOSE S. Quantum computing with an always-on Heisenberg interaction [J]. Physical Review Letters, 2003, 90 (24): 247901-1-247901-4.

[123] CHRISTANDL M, DATTA N, DORLAS T C, et al. Perfect transfer of arbitrary states in quantum spin networks [J]. Physical Review A, 2005, 71 (3): 032312-1-032312-11.

[124] CHEN J L, WANG Q L. Perfect transfer of entangled states on spin chain [J]. International Journal of Theoretical Physics, 2007, 46 (3): 614-624.

[125] AJOY A, CAPPELLARO P. Mixed-state quantum transport in correlated spin networks [J]. Physical Review A, 2012, 85 (4): 042305-1-042305-10.

[126] HUANG Y C, MOORE J E. Excited-state entanglement and thermal mutual information in random spin chains [J]. Physical Review B, 2014, 90 (22): 220202-1-220202-5.

[127] RONKE R, SPILLER T P, DAMID I. Effect of perturbations on information transfer in spin chains [J]. Physical Review A, 2011, 83 (1): 012325-1-012325-11.

[128] LI X, MA Y, HAN J, et al. Perfect quantum state transfer in a superconducting qubit chain with parametrically tunable couplings [J]. Physical Review Applied, 2018, 10 (5): 054009-1-054009-11.

[129] KOUWENHOVEN L P, HEKKING F W J, WEES B J V, et al. Transport through a finite one-dimensional crystal [J]. Phys. Rev. Lett., 1990, 65 (3): 361-364.

[130] ORELLANA P A, DOMINGUEZ-ADAME F, GOMEZ I, et al. Transport through a quantum wire with a side quantum-dot array [J]. Phys. Rev. B, 2003, 67: 085321.

[131] CHU I H, TRINASTIC J, LIN W W, et al. Using light-switching molecules to modulate charge mobility in a quantum dot array [J]. Phys. Rev. B, 2014, 89: 115415.

[132] ZINOVIEVA A F, STEPINA N P, NIKIFOROV A I, et al. Spin relaxation in inhomoge-

neous quantum dot arrays studied by electron spin resonance [J]. Phys. Rev. B, 2014, 89: 045305.

[133] STEPINA N P, KOPTEV E S, POGOSOV A G, et al. Universal behavior of magnetoresistance in quantum dot arrays with different degrees of disorder [J]. J. Phys.: Condens. Matter, 2013, 25: 505801.

[134] MANOUCHEHRI K, WANG J B. Quantum walks in an array of quantum dots [J]. Journal of Physics A: Mathematical and Theoretical, 2008, 41 (6): 065304.

[135] KUO D M T, CHANG Y C. Thermoelectric properties of a quantum dot array connected to metallic electrodes [J]. Nanotechnology, 2013, 24 (17): 175403.

[136] CHRISTANDL M, DATTA N, EKERT A, et al. Perfect State Transfer in Quantum Spin Networks [J]. Phys. Rev. Lett, 2004, 92: 187902.

[137] MATTHIAS CHRISTANDL, NILANJANA DATTA, TONY C. DORLAS, et al. Perfect transfer of arbitrary states in quantum spin networks [J]. Phys. Rev. A, 2005, 71: 032312.

[138] BOSE S. Quantum Communication through an Unmodulated Spin Chain [J]. Phys. Rev. Lett, 2003, 91 (20): 207901-1-207901-4.

[139] NIKOLOPOULOSE G, PETROSYAN D, LAMBROPOULOUS P. Coherent electron wave-packet propagation and entanglement in array of coupled quantum dots [J]. Euro. phys. Letter, 2004, 65 (3): 297-303.

[140] PETROSYAN D, LAMBROPOULOS P. Coherent population transfer in a chain of tunnel coupled quantum dots [J]. Optics Communications, 2006, 264 (2): 419-425.

[141] BENNETT C H, SHOR P W. Quantum information theory [J]. IEEE Transactions on In-for-mation Theory, 1998, 44 (6): 2724-2742.

[142] BENNETT C H, DIVINCENZO D P. Quantum information and computation [J]. Nature, 2000, 404 (6775): 247-255.

[143] DONG D Y, CHEN Z H. Clustering recognition of quantum states based on quantum modu-le distance [J]. Acta Sinica Quantum Optica, 2003, 9 (4): 144-148.

[144] 张永德. 量子力学 [M]. 北京: 科学出版社, 2002.

[145] CHEN Z H, DONG D Y. Quantum control theory [J]. Chinese Journal of Quantum Electronics, 2004, 21 (5): 546-554.

[146] 董道毅, 陈宗海. 电子自旋的时间量子控制 [J]. 控制与决策, 2006, 21 (1): 38-41.

[147] 陈宗海, 朱明清, 张陈斌, 等. 基于恒定磁场的电子自旋量子比特系统任意量子态的最优制备 [J]. 控制理论与应用, 2008, 25 (3): 497-500.

[148] LANDAUER R. Electrical transport in open and closed systems [J]. Phys. B 68, 217 (1987).

[149] SARAGA D S, BIANCHI M S D, HELV. On the One-Dimensional Scattering by Time-Periodic Potentials: General Theory and Application to Two Specific Models [J]. Phys. Acta 70, 751 (1997).

[150] COON D D, LIU H C, APPL J. Time-dependent quantum-well and finite superlattice tunneling [J]. Phys. 58, 2230 (1985); Phys. Scr. 32, 429 (1985).

[151] WAGNER M. Electroweak symmetry breaking and bottom-top Yukawa unification [J].

Phys. Rev. B 49, 16 544 (1994); Phys. Rev. A 51, 798 (1995); Phys. Rev. Lett. 76, 4010 (1996).

[152] TKACHENKO O A, BAKSHEYEV D G, TKACHENKO V A. Resonant reflection, cooling, and quasitrapping of ballistic electrons by dynamic potential barriers [J]. Phys. Rev. B 1996, 54: 13452.

[153] RAZAVY M. Quantum theory of tunneling. [M]. New York: World Scientific, 2003.

[156] SAKURAI J J, NAPOLITANO J. Modern Quantum Mechanics (Second Edition). [M]. Bost on: Addison Wesley (2010).

[157] 钟克菊. 含时双势垒的量子泵浦研究 [D]. 广州: 华南理工大学, 2003.

[158] BURMEISTER G, MASCHKE K. Scattering by time-periodic potentials in one dimension and its influence on electronic transport [J]. Phys. Rev. B, 1998, 57: 13050.

[159] XU X D, WANG Y, DI X, et al, Spin and pseudospins in layered transition metal dichalcogenides [J]. Nature Physics, 2014, 10; 343-350.

[160] ZIBOUCHE N, PHILIPSEN P, KUC A, et al. Transition-metal dichalcogenide bilayers: Switching materials for spintronic and valleytronics applications [J]. Phys. Rev. B, 2014, 90 (12): 125440-1-125440-5.

[161] REYES-RETANA J A, CERVANTES-SODI F. Spin-orbital effects in metal-dichalcogenide semiconducting monolayers [J]. Scientific Reports, 2016, 6: 24093-1-24093-10.

[162] ZHU Z Y, CHENG Y C. SCHWINGENSCHLOG U. Giant spin-orbit-induced spin splitting in two-dimensional transition-metal dichalcogenide semiconductors [J]. Phys. Rev. B, 2011, 84 (15): 153402-1-153402-5.

[163] XIAO D, LIU G B, FENG W X, et al. Coupled Spin and Valley Physics in Monolayers of MoS_2 and Other Group-VI Dichalcogenides [J]. Phys. Rev. Lett. 2012, 108 (19): 196802-1-196802-5.

[164] XIE L, CUI X D. Manipulating spin-polarized photocurrents in 2D transition metal dichalcogenides [J]. Proc. Natl. Acad. Sci. U. S. A (Proceedings of the National Academy of Sciences of the United States of America), 2016, 113 (14): 3746-3750.

[165] ARQUM H, SHUNSUKE Y, ATSUSHI Y, et al. Nonlinear dynamics of electromagnetic field and valley polarization in WSe_2 monolayer [J]. Applied Physics Letters, 2022, 120: 051108-1-051108-6.

[166] ZENG H L, DAI J F, YAO W, et al. Valley polarization in MoS_2 monolayers by optical pumping [J]. Nature Nanotechnology, 2012. 7: 490-493.

[167] TIAN H, CHIN M L, SINA N, et al. Optoelectronic devices based on two-dimensional transition metal dichalcogenides [J]. Nano Research, 2016 (9): 1543-1560.

[168] LEE H S, MIN S W, CHANG Y G, et al. MoS_2 Nanosheet Phototransistors with Thickness-Modulated Optical Energy Gap [J]. Nano Lett. 2012, 12 (7): 3695-3700.

[169] LIU Y, WU H, CHENG H C, et al. Toward Barrier Free Contact to Molybdenum Disulfide Using Graphene Electrodes [J]. Nano Lett., 2015, 15 (5): 3030-3034.

[170] CUI X, LEE G H, KIM Y D, et al. Multi-terminal transport measurements of MoS_2 using a van der Waals heterostructure device platform [J]. Nature Nanotechnology, 2015, 10: 534-540.

[171] SUN J F. CHENG F. Spin and valley transport in monolayers of MoS_2 [J]. J. Appl. Phys. 2014, 115 (13): 133703-1-133703-4.

[172] LI H, SHAO J M, YAO D X, et al. Gate-Voltage-Controlled Spin and Valley Polarization Transport in a Normal/Ferromagnetic/Normal MoS_2 Junction [J]. ACS Appl. Mater. Interfaces, 2014, 6 (3): 1759-1764.

[173] REZANIA H, ABDI M, ASTINCHAP B, et al. The effects of spin-orbit coupling on optical properties of monolayer MoS_2 due to mechanical strains [J]. Scientific Reports, 2023, 13 (197): 1159-1-1159-16.

[174] WU Q S, ZHANG S N, YANG S J. Transport of the graphene electrons through a magnetic superlattice [J]. J. Phys.: Condens. Matter, 2008, 20 (48): 485210-1-485210-4.

[175] WANG L G, ZHU S Y., Electronic band gaps and transport properties in graphene superlattices with one-dimensional periodic potentials of square barriers [J]. Phys. Rev. B, 2010, 81 (20): 205444-1-205444-9.

[176] ZHANG Q, CHAN K, LI J. Electrically controllable sudden reversals in spin and valley polarization in silicene [J]. Sci. Rep., 2016, 6: 33701-1-33701-9.

[177] MISSAULT N, VASILOPOULOS P, VARGIAMIDIS V, et al. Spin-and valley-dependent transport through arrays of ferromagnetic silicene junctions [J], Phys. Rev. B, 2015, 92 (19): 195423-1-195423-9.

[178] QIU X, CAO Z, CHENG Y, et al. Spin and valley dependent electron transport through arrays of ferromagnet on monolayer MoS_2 [J]. J. Phys.: Condens. Matter, 2017, 29: 105301-1-105301-6.

[179] QIU X J, LV Q, CAO Z Z. Velocity barrier-controlled of spin-valley polarized transport in monolayer WSe_2 junction [J]. Superlattices and Microstructures, 2018, 117 (10): 449-456.

[180] MAJIDI L, ASGARI R. Valley- and spin-switch effects in molybdenum disulfide superconducting spin valve [J]. Phys. Rev. B, 2014, 90 (16): 165440-1-165440-13.

[181] HAJATI Y, RASHIDIAN Z. Gate-controlled spin and valley polarization transport in a ferromagnetic/nonmagnetic/ferromagnetic silicene junction [J]. Superlattices & Microstructures, 2016, 92: 264-277.

[182] KHEZERLOU M, GOUDARZI H. Valley permitted Klein tunneling and magnetoresistance in ferromagnetic monolayer MoS_2 [J]. Superlattices and Microstructures, 2015, 86: 243-249.

[183] YU Y J, ZHOU Y F, WAN L H, et al. Photoinduced valley-polarized current of layered MoS_2 by electric tuning [J]. Nanotechnology, 2016, 27 (18): 185202-1-185202-6.

[184] TAHIR M, MANCHON A, SCHWINGENSCHLOGL U. Photoinduced quantum spin and valley Hall effects, and orbital magnetization in monolayer MoS_2 [J]. Phys. Rev. B, 2014, 90: 125438-1-125438-5.

[185] SAITO Y, NAKAMURA Y, BAHRAMY M S, et al. Superconductivity protected by spin-valley locking in ion-gated MoS_2 [J]. Nat. Phys., 2016, 12: 144-149.

[186] MAK K F, MCGILL K L, PARK J, et al. The valley Hall effect in MoS_2 transistors [J]. Science, 2014, 344 (6191): 1489-1492.

[187] JONES A M, YU H, ROSS J S, et al. Spin-layer locking effects in optical orientation of exciton spin in bilayer WSe_2 [J]. Nat. Phys., 2014, 10 (2): 130-134.
[188] SRIVASTAVA A, SIDLER M, ALLAIN A V, et al. Valley Zeeman effect in elementary optical excitations of monolayer WSe_2 [J]. Nat. Phys., 2015, 11: 141-147.
[189] AIVAZIAN G, GONG Z R, JONES A M, et al. Magnetic control of valley pseudospin in monolayer WSe_2 [J]. Nat. Phys., 2015, 11: 148-152.
[190] TAHIR M, KRSTAJIC P M, VASILOPOULOS P. Magnetic and electric control of spin- and valley-polarized transport across tunnel junctions on monolayer WSe_2 [J]. Phys. Rev. B, 2017, 95 (23): 235402-1-235402-6.
[191] WANG Z Y, TANG C, RAYMOND S, et al. Proximity-Induced Ferromagnetism in Graphene Revealed by the Anomalous Hall Effect [J]. Phys. Rev. Lett. 2015, 114 (01): 016603-1-016603-5.
[192] WANG D, HUANG Z, ZHANG Y, et al. Spin-valley filter and tunnel magnetoresistance in asymmetrical silicene magnetic tunnel junctions [J]. Phys. Rev. B, 2016, 93 (19): 195425-1-195425-6.
[193] SOGHRA M, FARHAD S. Spin and valley dependent transport in strained silicene superlattice [J]. Physica E: Low-dimensional Systems and Nanostructures, 2020, 115 (11): 113696-1-113696-5.
[194] SATTARI F, MIRERSHADI S. Spin and valley dependent transport in a monolayer MoS_2 superlattice with extrinsic Rashba spin-orbit interaction [J]. Journal of Magnetism and Magnetic Materials, 2020, 514 (16): 167256-1-167256-6.
[195] YANG Q, YUAN R, GUO Y. Valley switch effect based on monolayer WSe_2 modulated by circularly polarized light and valley Zeeman field [J]. J. Phys. D: Appl. Phys. 2019, 52: 335301-1-335301-9.
[196] HAJATI Y, ALIPOURZADEH M, MAKHFUDZ I. Spin- and valley-polarized transport and magnetoresistance in asymmetric ferromagnetic WSe_2 tunnel junctions [J]. Physical Review B, 2021, 103 (24): 245435-1-245435-10.
[197] ZENG H, DAI J, YAO W, et al. Valley polarization in MoS_2 monolayers by optical pumping [J]. Nat. Nanotechnol. 2012, 7: 490-493.
[198] DORA B, CAYSSOL J, SIMON F, et al. Optically Engineering the Topological Properties of a Spin Hall Insulator [J]. Phys. Rev. Lett. 2012, 108 (05): 056602-1-056602-5.
[199] LIU D N, GUO Y. Optoelectronic superlattices based on 2D transition metal dichalcogenides [J]. Appl. Phys. Lett. 2021, 118 (12): 123101-1-123101-5.

附录一　作者已发表与本书相关的核心论文

论文题目	刊物名称	发表时间	卷号期号
光电调控的磁性 WSe_2 超晶格中的自旋和谷极化输运	北京师范大学学报（自然科学版）	已接收，待发表 网络首发	
二维十字形四终端量子点阵列的量子输运	量子电子学报	2022-05-15	39（03）
一维量子点阵列自旋链上多比特态的信息传输	北京师范大学学报（自然科学版）	2021-10-30	57（04）
二维 T 形三终端量子点阵列的量子输运	量子电子学报	2020-05-15	37（03）
随时间变化的磁场对电子自旋的量子控制	大学物理	2018-12-15	37（12）
一维时间周期势的量子隧穿	大学物理	2017-05-15	36（05）
一维量子点阵列自旋链上的信息传输	量子电子学报	2015-09-15	32（05）
二维 H 形四终端量子点阵列的量子输运	量子电子学报	2014-09-15	31（05）
1 维格子组成环形带绝缘体上的持续电流	河南师范大学学报（自然科学版）	2013-07-15	41（04）

附录二　基本常数与其他符号说明

基本常数

电子电荷	$q=1.602\times10^{-19}\mathrm{C}$
普朗克常数	$h=6.626\times10^{-34}\mathrm{J\cdot s}$
	$\hbar=h/2\pi\mathrm{J\cdot s}$
自由电子质量	$m=9.11\times10^{-31}\mathrm{kg}$
电导量子	$G_0=q^2/h=1/(25.8\times10^3\Omega)$

其他符号说明

波矢	$\boldsymbol{k}$
速度	$\boldsymbol{v}$
有效质量	m^*
哈密顿量	H
费米函数	$f(E)$
态密度	$D(E)$
格林函数	$G(E)$
透射几率	$T(E)$
自能	$\Sigma(E)$
狄拉克 δ 函数	$\delta(E)$
克罗内克 δ 函数	$\delta_{mn}=\begin{cases}1, & n=m\\0, & n\neq m\end{cases}$